可视化Java GUI程序设计教程

——基于Swing组件库及NetBeans IDE（第2版）

◎ 赵满来 曹建英 编著

清華大学出版社

北京

内 容 简 介

Java是当今比较流行的程序设计语言之一，GUI(Graphical User Interface，图形用户界面)是当今计算机程序和用户之间的主流接口。使用可视化方法开发 Java GUI 程序具有直观、快捷、易学易用等优点。

本书以最新版的 Apache NetBeans IDE 为开发环境，采用 Swing 开发工具包提供的 GUI 组件，使用 GUI 构建器为可视化开发工具，结合学生成绩管理系统和资源管理器式文本阅读器等实例程序的逐步设计过程，详细阐述了窗口、基本组件、布局管理、容器、事件处理、菜单、工具栏、表格和树等组件的可视化创建、属性设置、事件处理、数据呈现及其在 Java GUI 程序设计中的应用，阐述了 Java GUI 程序的设计思路、可视化快速开发方法和步骤，以及程序设计必要的相关知识、原理和开发工具的使用方法与技巧。

通过本书的学习，读者可以快速具备完整的图形用户界面的程序设计能力。本书适合作为高等院校计算机相关专业“可视化程序设计”(Java 方向)和“Java GUI 程序设计”等课程的教材，也适合非计算机专业具有 Java 基础的学生以及 Java GUI 程序设计爱好者自学使用。

图书在版编目(CIP)数据

可视化 Java GUI 程序设计教程：基于 Swing 组件库及 NetBeans IDE/赵满来，曹建英编著. —2 版. —北京：清华大学出版社，2022.1 (2024.2重印)
21 世纪高等学校计算机专业实用系列教材
ISBN 978-7-302-58836-8

Ⅰ. ①可… Ⅱ. ①赵… ②曹… Ⅲ. ①JAVA 语言－程序设计－高等学校－教材 Ⅳ. ①TP312.8

中国版本图书馆 CIP 数据核字(2021)第 158154 号

责任编辑：闫红梅 薛 阳
封面设计：刘 键
责任校对：郝美丽
责任印制：刘海龙

出版发行：清华大学出版社
网　　址：https://www.tup.com.cn, https://www.wqxuetang.com
地　　址：北京清华大学学研大厦 A 座　　**邮　　编**：100084
社 总 机：010-83470000　　**邮　　购**：010-62786544
投稿与读者服务：010-62776969，c-service@tup.tsinghua.edu.cn
质量反馈：010-62772015，zhiliang@tup.tsinghua.edu.cn
课件下载：https://www.tup.com.cn，010-83470236
印 装 者：三河市君旺印务有限公司
经　　销：全国新华书店
开　　本：185mm×260mm　　**印　　张**：21.25　　**字　　数**：518 千字
版　　次：2015 年 9 月第 1 版　2022 年 1 月第 2 版　　**印　　次**：2024 年 2月第 2次印刷
印　　数：1501～2000
定　　价：59.80 元

产品编号：092126-01

出版说明

随着我国改革开放的进一步深化，高等教育也得到了快速发展，各地高校紧密结合地方经济建设发展需要，科学运用市场调节机制，加大了使用信息科学等现代科学技术提升、改造传统学科专业的投入力度，通过教育改革合理调整和配置了教育资源，优化了传统学科专业，积极为地方经济建设输送人才，为我国经济社会的快速、健康和可持续发展以及高等教育自身的改革发展做出了巨大贡献。但是，高等教育质量还需要进一步提高以适应经济社会发展的需要，不少高校的专业设置和结构不尽合理，教师队伍整体素质亟待提高，人才培养模式、教学内容和方法需要进一步转变，学生的实践能力和创新精神亟待加强。

教育部一直十分重视高等教育质量工作。2007 年 1 月，教育部下发了《关于实施高等学校本科教学质量与教学改革工程的意见》，计划实施"高等学校本科教学质量与教学改革工程(简称'质量工程')"，通过专业结构调整、课程教材建设、实践教学改革、教学团队建设等多项内容，进一步深化高等学校教学改革，提高人才培养的能力和水平，更好地满足经济社会发展对高素质人才的需要。在贯彻和落实教育部"质量工程"的过程中，各地高校发挥师资力量强、办学经验丰富、教学资源充裕等优势，对其特色专业及特色课程(群)加以规划、整理和总结，更新教学内容、改革课程体系，建设了一大批内容新、体系新、方法新、手段新的特色课程。在此基础上，经教育部相关教学指导委员会专家的指导和建议，清华大学出版社在多个领域精选各高校的特色课程，分别规划出版系列教材，以配合"质量工程"的实施，满足各高校教学质量和教学改革的需要。

本系列教材立足于计算机专业课程领域，以专业基础课为主、专业课为辅，横向满足高校多层次教学的需要。在规划过程中体现了如下一些基本原则和特点。

(1) 反映计算机学科的最新发展，总结近年来计算机专业教学的最新成果。内容先进，充分吸收国外先进成果和理念。

(2) 反映教学需要，促进教学发展。教材要适应多样化的教学需要，正确把握教学内容和课程体系的改革方向，融合先进的教学思想、方法和手段，体现科学性、先进性和系统性，强调对学生实践能力的培养，为学生知识、能力、素质协调发展创造条件。

(3) 实施精品战略，突出重点，保证质量。规划教材把重点放在公共基础课和专业基础课的教材建设上；特别注意选择并安排一部分原来基础比较好的优秀教材或讲义修订再版，逐步形成精品教材；提倡并鼓励编写体现教学质量和教学改革成果的教材。

(4) 主张一纲多本，合理配套。专业基础课和专业课教材配套，同一门课程有针对不同层次、面向不同应用的多本具有各自内容特点的教材。处理好教材统一性与多样化，基本教材与辅助教材、教学参考书，文字教材与软件教材的关系，实现教材系列资源配套。

(5) 依靠专家，择优选用。在制定教材规划时要依靠各课程专家在调查研究本课程教材建设现状的基础上提出规划选题。在落实主编人选时，要引入竞争机制，通过申报、评审确定主题。书稿完成后要认真实行审稿程序，确保出书质量。

繁荣教材出版事业，提高教材质量的关键是教师。建立一支高水平教材编写梯队才能保证教材的编写质量和建设力度，希望有志于教材建设的教师能够加入到我们的编写队伍中来。

21 世纪高等学校计算机专业实用系列教材

联系人：魏江江 weijj@tup. tsinghua. edu. cn

前　言

桌面GUI(图形用户界面)程序是当今使用广泛的计算机应用程序。在Java语言开发领域,桌面应用程序和C/S结构的企业级分布式网络应用程序都需要设计GUI。以使用类库和代码编写为主的方式设计GUI程序时,设计和运行效果一般靠设计者的经验和形象思维进行预判,对程序员要求比较高,且设想的结果与实际显示结果之间存在一定的差距,设计效率也较低。可视化GUI设计方法易学易用,开发速度快,且能激发学习兴趣。

本书是作者编著出版的"可视化Java GUI程序设计"系列教材之《可视化Java GUI程序设计教程——基于Swing组件库及NetBeans IDE》的更新修订版。本书第1版使用和讲述的NetBeans已于2016年由Oracle公司捐赠给了Apache软件基金会继续开发和维护,Apache NetBeans的界面和功能都有了变化;JDK更新了近十个版本,Java语法也有了发展,使得Java GUI程序可以编写得更为简洁优雅。本书第2版采用Apache NetBeans 12.2开发环境,英文软件界面和Ant项目构建工具;对例题项目的程序进行了重构改进,将简易学生成绩管理系统中有关数据库的操作全部移到了相关的DAO类中,从而进一步突出了GUI的编程;同时,程序中使用了switch表达式、Lambda表达方式等Java语言的新语法;删除了Apache NetBeans目前尚不支持的数据绑定节次;为精简篇幅、方便教学,删除了较为次要的原第1版中的"第11章 系统资源的使用"。

全书共分为11章。第1章简要介绍GUI的概念、发展和基本组成,介绍Java GUI程序的实现原理,可视化程序设计的概念,开发环境的搭建及其界面。第2章以设计一个简单的用户登录GUI为例,较为详细地介绍了GUI构建器的使用方法和技巧,同时还介绍了标签、文本字段、按钮以及按钮组等基本Swing GUI组件的可视化设计方法。第3章介绍了Java GUI程序的事件处理概念和机制,事件监听器的设计方法,常用事件及其监听器接口的实现方法,使用SwingWorker改进程序GUI反应速度和性能的思路及方法。第4章介绍了AWT和Swing各类主要布局管理器的特点、使用方法和设计技巧,以及Swing填充器组件的使用。第5章介绍了Swing主要容器组件的使用方法、属性设置及应用,多文档界面(MDI)的设计方法,以及工具栏的设计。第6章介绍了对话框、选项窗格、颜色选择器和文件选择器的设计与使用方法。第7章介绍了菜单、各类菜单项和弹出式菜单的设计与使用方法。第8章介绍了文本输入控件、选择控件、数值组件和系统托盘的设计与使用方法。第9章介绍了使用NetBeans IDE操作数据库的方法,Swing表格组件的创建与定制方法,数据库表等表格组件数据源的使用方法。第10章介绍了树组件的构建、树节点设计、路径描述与选择、节点绘制与编辑等内容。第11章对前面各章陆续设计的简易学生成绩管理系统的界面和模块进行了整合,对这些界面和模块进行了程序实现和组装,最终使它们成为一个基本完整的应用系统。曹建英教授修改编写了第2~4章。

学习本书之前需要具备 Java 程序设计基础。本书的案例代码等教学资源请到清华大学出版社官方网站下载,也可以到超星 MOOC 在线课程网站下载。

本书内容参考了《Java 核心技术 卷Ⅰ:基础知识/卷Ⅱ:高级特性 第 8 版》(Cay S. Horstmann),Java GUI 应用程序学习资源 https://netbeans.org/kb/trails/matisse_zh_CN.html,mylxiaoyi 网友的博文(mylxiaoyi.blog.chinaunix.net)等,作者在此对他们表示衷心感谢!同时感谢陇东学院为作者提供使用本书讲授 Java 方向可视化程序设计课程的机会。感谢清华大学出版社为本书的出版所付出的辛勤劳动。

赵满来

2021 年 2 月

目　录

第1章 概　述

图形用户界面是当今计算机程序和用户之间的主流接口。本章简要介绍GUI的概念、发展和基本组成,介绍Java GUI程序的实现原理和可视化程序设计的概念及简况。

1.1 GUI简介

1.1.1 GUI概述

GUI是Graphical User Interface的简写,中文译作图形用户界面或图形用户接口,是指采用图形方式显示的计算机操作用户界面,是屏幕产品的视觉体验和人机互动操作接口。

与早期计算机使用的命令行界面相比,图形界面使人们不再需要记忆大量的命令,取而代之的是通过窗口、菜单、按键等方式方便地进行操作,使用户在视觉上更易于接受,减少了认知负担,使程序的操作更加人性化,极大地方便了普通用户使用计算机。

1.1.2 计算机GUI简史

图形用户界面的概念是20世纪70年代由施乐公司帕洛阿尔托研究中心提出的,他们在1973年构建了WIMP(即视窗、图标、菜单和点选器/下拉菜单)的范例,并率先在施乐一台实验性的计算机上使用。1983年,电子表格软件VisiCalc通过VisiOn的研制,在PC环境下首次引入了视窗和鼠标的概念。1984年,苹果公司发布了Macintosh计算机,其中配有GUI操作系统,成为首例成功使用GUI的商用产品。由英格兰Acorn Computers公司开发设计、1988年发布的RISC OS是一种彩色GUI操作系统,使用三键鼠标、任务栏和一个文件导航器。

苹果公司在1984年1月发布的Macintosh计算机的GUI操作系统称为System 1.0,已经含有桌面、窗口、图标、光标、菜单和滚动栏等。1997年7月26日发布的Mac OS 8.0是具有多线程查找器、3D图标及新的计算机帮助(辅助说明)等特性的经典的GUI操作系统。2020年11月正式发布的macOS Big Sur操作系统具有更加时尚现代的GUI设计风格(见图1.1)。

1984年,麻省理工学院与DEC制定计划发展X Window System,同年发布了第一个版本。1986年,DEC公司发布了第一套商业化X Window System。1987年1月的X技术研讨会中,许多工作站销售商共同声明支持X Window System作为工作站的标准GUI,同年9月发布了X Window System的第11版(X11)。1992年,有4位程序员强化改善当时已有的将X Window System移植到x86结构的UNIX系统成果,发起了XFree86计划。目前,

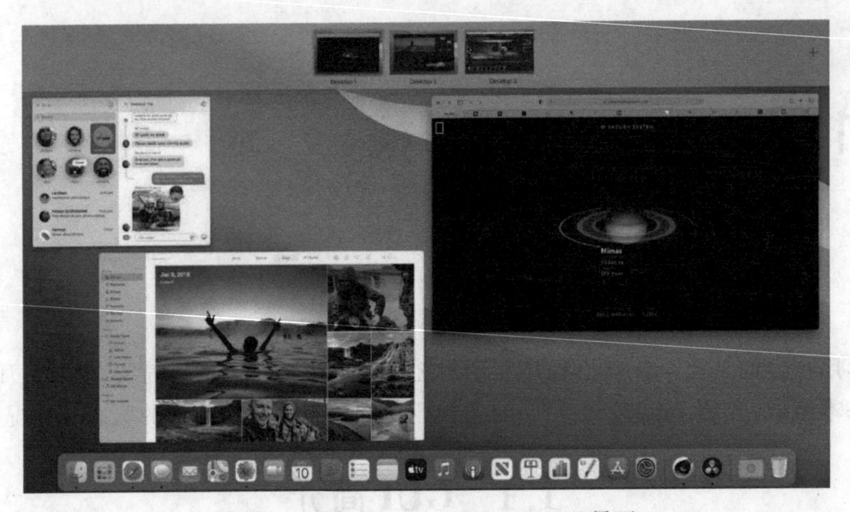

图 1.1　macOS 11 Big Sur(2020.11)界面

许多免费 UNIX 如 FreeBSD UNIX、NetBSD UNIX 和 Linux 的多种发行版都以 XFree86 作为 GUI 的基础。

随着大数据等新技术的流行，Linux 操作系统日益普及。不与内核捆绑的桌面环境提供了 Linux(包括 UNIX)的 GUI，包括 KDE(见图 1.2)、GNOME、Xfce、FVWM 等几十种。DDE(深度桌面环境，见图 1.3)是我国深度科技自主开发的美观易用、极简操作的桌面环境，符合国内用户使用习惯，已被移植到 Manjaro、Arch、Ubuntu、Fedora 等多种主流 Linux 发行版，我国的 Deeping Linux 发行版、统信 UOS 操作系统等采用 DDE。优麒麟用户界面(UKUI，见图 1.4)是由我国优麒麟开发小组设计开发、为 Debian/Ubuntu 发行版及其全球衍生版提供的桌面环境，具有类似 Windows 的交互功能及友好的用户体验。

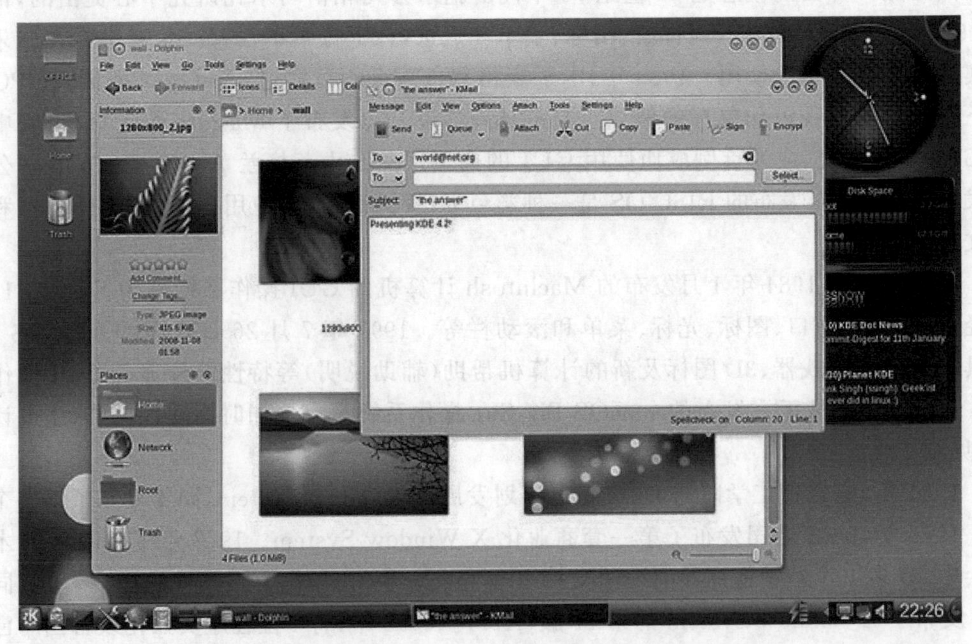

图 1.2　基于 XFree86 的 GUI(桌面环境 KDE 4.0(2009))

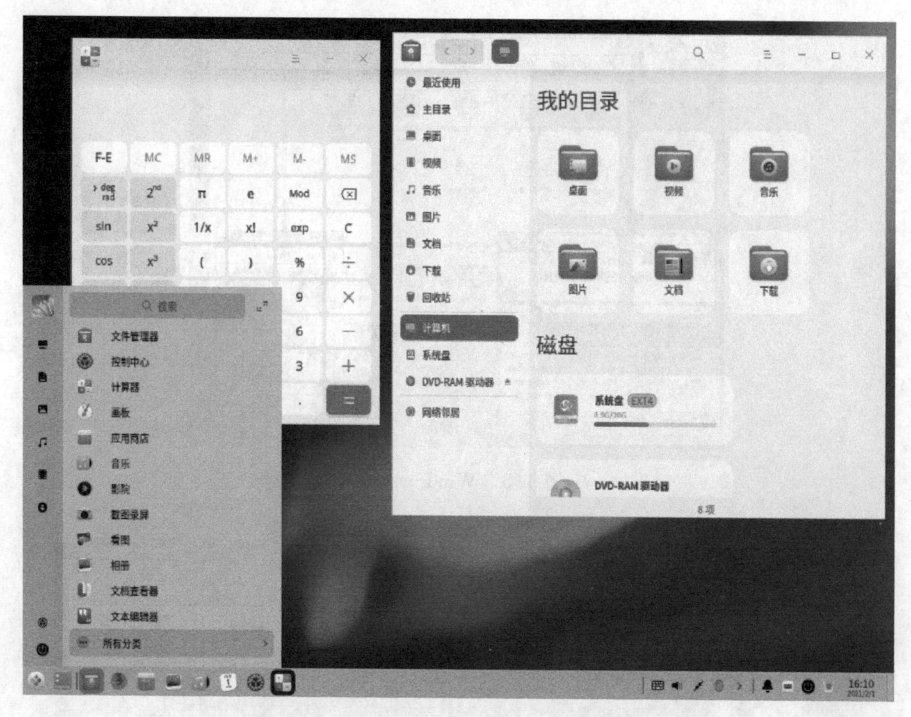

图 1.3　Deepin 2010 的 DDE 截图(2020)

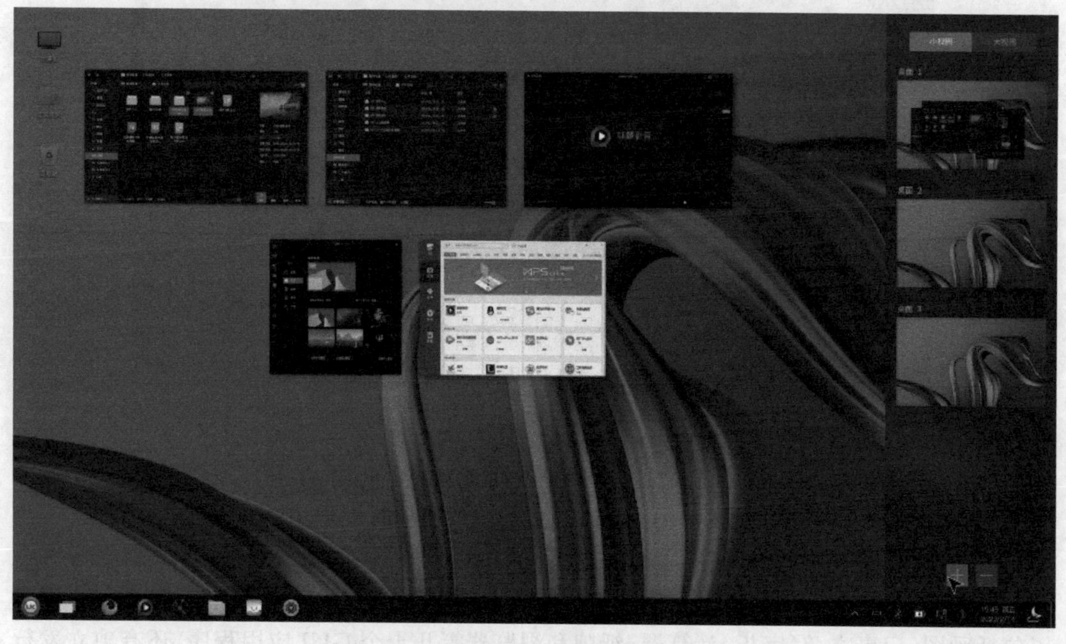

图 1.4　优麒麟用户界面(UKUI 3.0)

微软公司于 1985 年发布 Windows 1.0，是运行于 MS-DOS 操作系统的 GUI。1990 年，Microsoft Windows 3.0 发布，成为当时广泛使用的个人计算机 GUI 操作系统(见图 1.5)。1995 年，微软公司发布了 Windows 95 操作系统，摆脱了 Windows 3.X 及以前版本对 DOS 的依赖，从此使 GUI 成为个人计算机程序的主要用户界面(见图 1.6)。2012 年，微软公司发

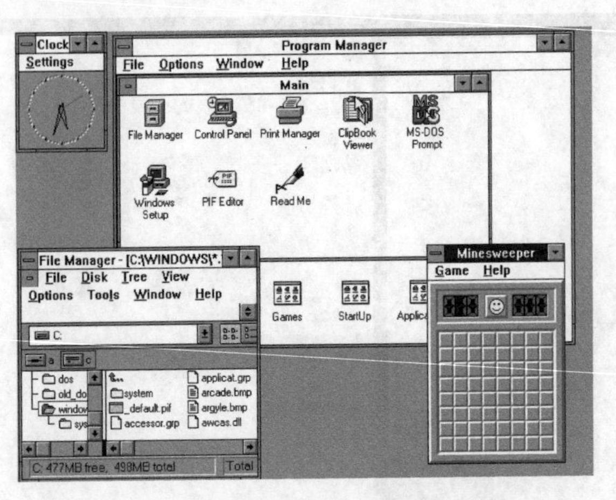

图 1.5　Windows 3.0

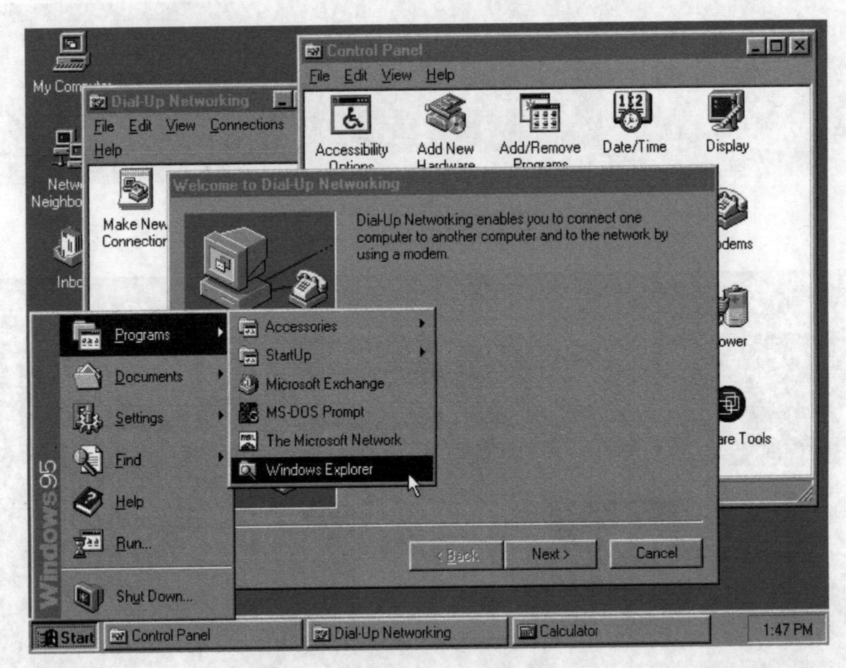

图 1.6　Windows 95

布的 Windows 8 操作系统采用了带有 Aero 视觉特效，同时适用于 PC 及平板电脑的 Metro/Modern 界面。Windows 10 界面采用传统视窗界面，同时融入了适合移动类系统的 Metro 界面(见图 1.7)。

自 Windows 3.1 开始，PC 上的应用程序逐渐采用图形用户界面，如随 Windows 附带了包括画图、记事本、写字板、计算器、纸牌和浏览器等几十个 GUI 应用程序，还有独立发行的 Office 等采用 GUI 的应用软件。Windows 操作系统提供了一整套 GUI 程序设计的 API（应用程序编程接口），出现了 Visual Basic、Borland Delphi、Borland C++、Visual C++、Visual J++、JBuilder 和 Visual Age 等 GUI 程序设计 IDE 和工具。同样地，UNIX 和 Linux 操作系统下的 X Window 也提供了 Xlib、Glib、Gtk+等 GUI 库和 Xt、Motif、Qt 等 GUI 工具包。当前，各种应用程序几乎都采用图形用户界面。

图 1.7　Windows 10 桌面

1.1.3　GUI 的基本组成

在 GUI 中,计算机屏幕上显示窗口、图标、按钮等图形表示不同资源对象和动作,用户通过鼠标等指针设备进行选择、移动和运行程序等操作。GUI 通常有以下主要组成元素(见图 1.8)。

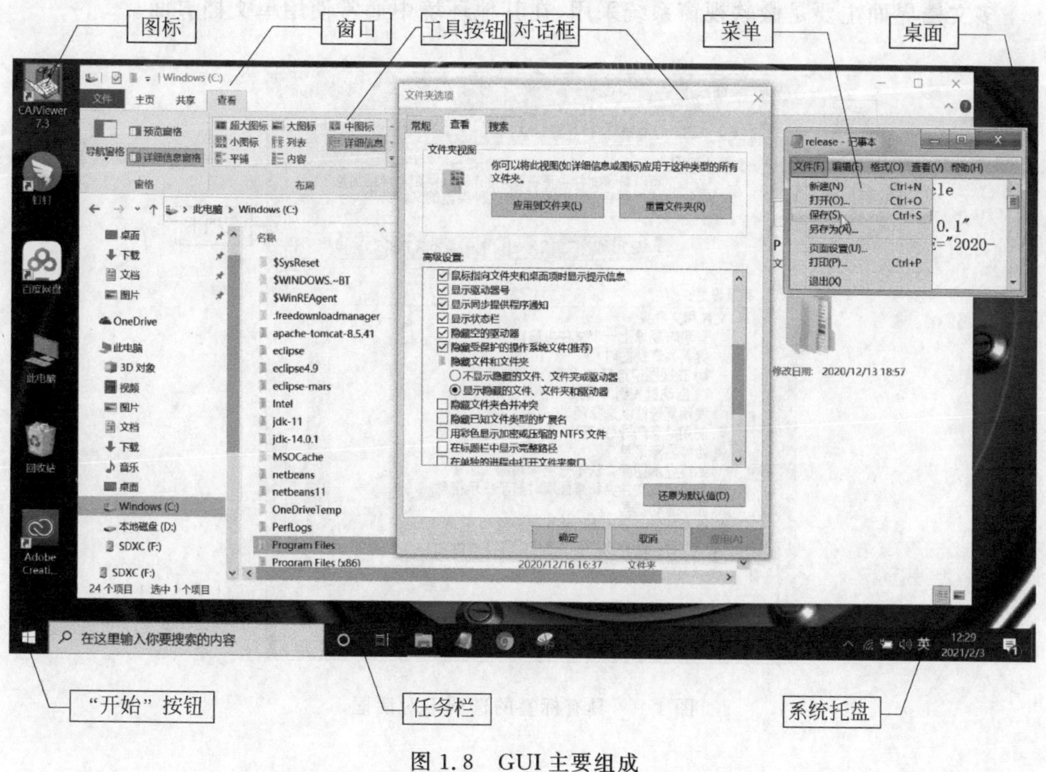

图 1.8　GUI 主要组成

1. 桌面

桌面指 GUI 操作系统显示程序、数据和其他资源的计算机屏幕。一般桌面上显示各种应用程序和数据的图标，作为用户对它们操作的入口。如在微软公司的 Windows 10 系统中，各种用户的桌面内容实际保存在系统盘（默认为 C 盘）的"\Users\[用户名]\Desktop"文件夹里。

通过设置墙纸（即桌面背景）为各种图片和某种附件，可以改变桌面的视觉效果。

2. 窗口

窗口指应用程序在图形用户界面中显示的使用界面。应用程序和数据在窗口内实现一体化。用户可以在窗口中操作应用程序，进行数据的生成、编辑和管理。通常在窗口四周设有菜单、图标、滚动条和状态栏等功能部件，数据显示在中央。

在窗口中，根据各种数据/应用程序的内容设有标题栏，一般放在窗口的最上方，并设有最大化、最小化、最前面、缩进（即仅显示标题栏）等按钮，可以对窗口进行简单操作。

单一文档界面（Single Document Interface，SDI）：是指在一个窗口内显示和操作一套数据的管理方式。在这种情况下，数据和显示窗口的数量是一样的。若要在其他应用程序中使用数据，将会生成新的窗口。因此，窗口数量多，管理复杂。

多文档界面（Multiple Document Interface，MDI）：是指在一个窗口内管理多套数据的方式。在这种情况下，窗口的管理简单化，但是操作变为双重管理。

标签与选项卡：是多文档界面的数据管理方式中使用的一种界面（见图 1.9），将数据的标题在窗口中并排显示，通过选择标签标题显示必要的数据，这样使查看和修改数据更为便捷。

多文档界面主要是微软视窗系统采用，在其他环境中通常使用单文档界面。

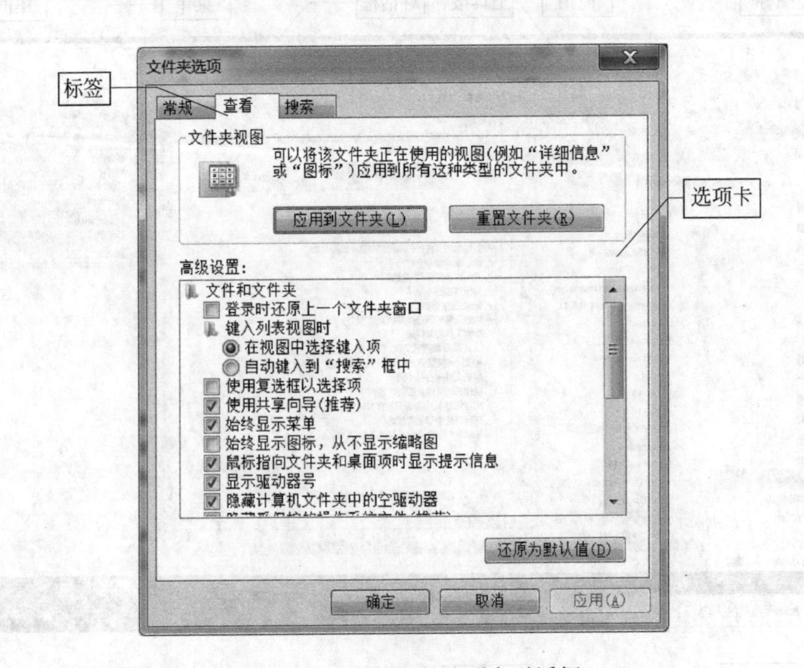

图 1.9　具有标签的选项卡对话框

3. 菜单

菜单是把程序提供的执行命令以分级列表的方式显示的一个界面，包括下拉式菜单、弹出式菜单等类型。应用程序提供的所有命令几乎全部能组织为菜单，根据命令的层次还可以组织成多级菜单。使用鼠标的第一按钮（一般是左键）或键盘上的组合键（如 Alt＋F）进行操作。

快捷菜单：在菜单栏以外程序窗口的工作区，通过鼠标的第二按钮（一般是右键）调出的菜单称为快捷菜单。根据调出位置的不同，菜单内容也不相同，其中列出所关联的对象目前可以进行的操作。

4. 工具按钮及功能区

工具按钮是将菜单中使用频繁的命令用图形表示出来，放置在窗口中较为显眼的位置。应用程序中的按钮通常可以代替相应的菜单，这样就不必通过菜单逐层查找调用，从而提高了工作效率。但即使是同一个应用程序，各种用户使用同一个命令的频率也是不一样的，因此工具按钮也可以由用户自定义。

Microsoft Office 2007 及 Windows 7 及以后版本的一些程序（如画图程序）中，使用了一种以皮肤及标签页为架构的功能区（Ribbon）用户界面，以替代传统的菜单栏、工具栏和下拉菜单。该界面将相关的选项组织在一组，将最常用的命令放到窗口的最突出位置，用户可以更轻松地找到并使用这些功能，并减少鼠标的单击次数，总体来说比起之前的下拉菜单在效率上有较大提高。例如，文件资源管理器“主页”主功能区提供了核心的文件管理功能，包括“复制”“粘贴”“剪切”“删除”等（见图 1.10）。这些通常是用户使用最频繁的功能。

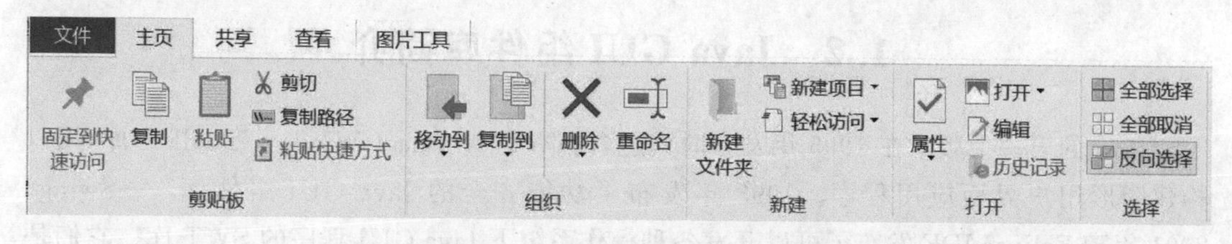

图 1.10　Windows 10 的文件资源管理器功能区

5. 图标

图标是 GUI 操作系统桌面或程序中显示的代表应用程序或程序所管理的数据的图形符号，一般是一个指向相应程序或文件的链接。

目录（也称为文件夹）中的用户数据和程序管理的特定数据通过图标显示出来。通常情况下显示的是数据内容缩图，或与数据相关联的应用程序的代表图案（见图 1.11）。单击数据图标可以完成启动相关应用程序及显示数据本身两项工作，而单击应用程序的图标只能启动应用程序。

6. 对话框

对话框是 GUI 中的一种特殊窗口，用于向用户显示信息，或在需要时获取用户的响应，或者两者皆有。程序使用对话框与用户交互的方式就是计算机和用户之间进行“对话”。

非模态对话框：用于向用户请求非必需信息，可以不理会或不向其提供任何信息而继续进行当前的工作。对话框所属程序窗口与该对话框均可处于打开及活动状态。

模态对话框：这种对话框强制要求用户响应，在用户与该对话框完成交互之前不能再

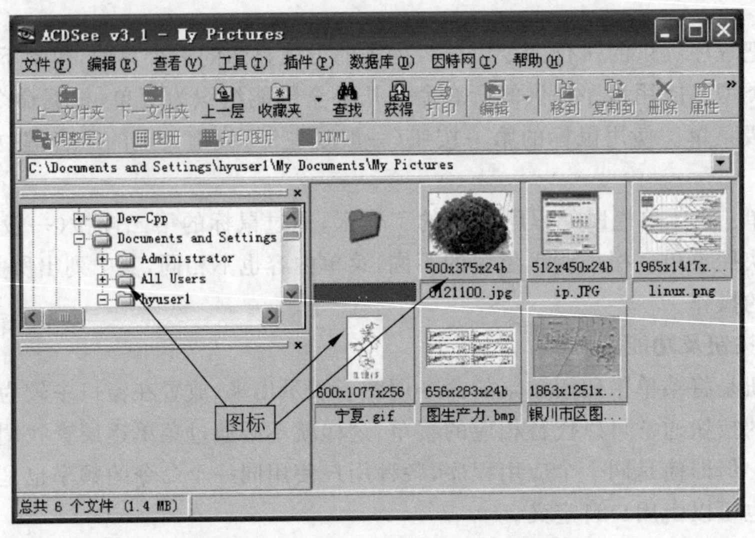

图 1.11　程序中代表数据的图标

继续进行其他操作。模态对话框用在需要一些必需的信息然后才可以继续进行其他操作，或确认用户想要进行一项具有潜在危险性操作的情况下。模态对话框一般分为系统级和应用程序级。系统级对话框出现时，用户在完成与这个对话框交互之前不能在该计算机系统中进行其他操作，如关机对话框。应用程序级的模态对话框则只对它所属的程序有所限制。

1.2　Java GUI 组件库简介

Java 的第一个版本在 1995 年发布时就包含 AWT(Abstract Window Toolkit)库，用以构建图形用户界面应用程序。1998 年发布了功能齐全的 Java GUI 组件库——Swing。2001 年随 Eclipse IDE 发布了可以开发各种操作系统下 Java GUI 程序的 SWT 库。它们是主要的构建 GUI 程序的库。

1.2.1　AWT

起初，Java 技术令人激动的特性基于 Applet——一个可以让程序通过 Internet 发布并在浏览器内执行的新技术。Applet 简化了跨平台应用程序的开发、维护和发布，跨平台是商业软件开发中几个最富挑战性的题目之一。

为了方便用 Java 构建 GUI，SUN 公司最初提供了一个能在所有平台下运行的具有独特 Java 外观的图形界面库。当时，SUN 公司的首要伙伴 Netscape 提出 Applet 应该与运行时平台具有一样的显示外观，在显示和行为上能够像该平台运行的其他应用程序一样。为了实现这个目标，在 JDK 的第一个发布版中包含 AWT 库，使每一个 Java GUI 窗口部件都在底层的窗口系统中有一个对应的组件。但是，不同的操作系统平台提供的 GUI 元素总有一些不同，为了保持 Java 的“一次编写，到处运行”的特性，SUN 公司采用了“最大公约数”原则，即 AWT 只提供所有本地窗口系统都提供的 GUI 组件的公有集合，并映射到不同操作系统上的原生窗口组件。

一个 AWT 组件通常是一个包含对等体接口类型引用的组件类。这个引用指向本地对等体实现。如 java.awt.Label 类,它的对等体接口是 LabelPeer,具有平台无关性。在不同平台上,AWT 提供不同的对等体类来实现 LabelPeer。在 Windows 上,对等体类是 WlabelPeer,它调用 JNI(Java Native Interface,Java 本地接口)实现 label 的功能。这些 JNI 方法用 C 或 C++ 编写,它们关联到一个本地的 label,真正的行为都在本地发生。AWT 组件由 AWT 组件类和 AWT 对等体给应用程序提供了一个全局公用的 API(见图 1.12)。组件类和它的对等体接口是平台无关的,但它们调用的底层对等体类和 JNI 代码则是平台相关的。

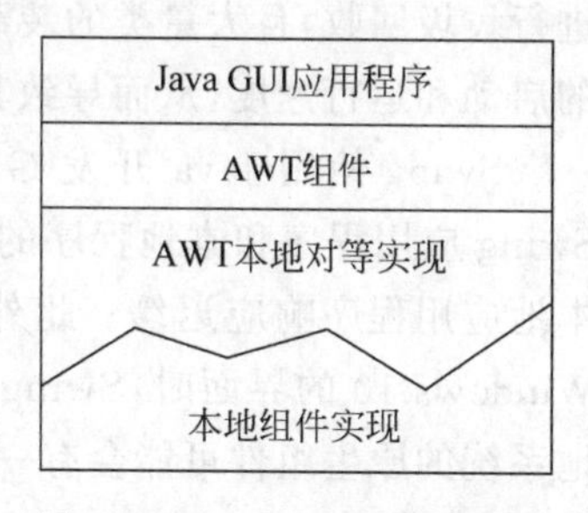

图 1.12 AWT 组件实现机制

由于 AWT 提供的 GUI 组件一般比本地操作系统平台使用的 GUI 组件少,因此需要为非公共子集的更多高级特性开发它们自己的窗口部件。此外,Java Applet 运行在一个安全的"沙箱"里,并阻止恶意的 Applet 对文件系统和网络连接等资源的滥用。在沙箱提供安全性的同时,也限制了应用程序的功能。同时,Java GUI 应用程序也不能像本地程序一样响应灵敏。这些问题减缓了人们对 Applet 的接受和承认。由此,用 AWT 开发的应用程序既缺少流行 GUI 程序的许多特性,又达不到在显示和行为上像用本地窗口构件库开发的程序一样的目标,需要一个更好的库来开发 Java GUI。

1.2.2 Swing

1997 年在 JavaOne 大会上提出并于 1998 年 5 月发布的 JFC(Java Foundation Classes)中包含一个新的称为 Swing 的 GUI 组件库。Swing 使用 Java 开发了一套模拟的 GUI 组件库,遵循"最小公倍数"原则,除了依赖于 AWT 顶层容器(如 Applet、Window、Frame 和 Dialog 等)之外,几乎实现了所有平台上的标准组件。Swing 对组件特征的设计也遵循"最小公倍数"原则,它拥有所有平台上可提供的组件特征。

除了顶层容器外,Swing 的实现不依赖于具体平台,它掌控了所有的控制和资源。Swing 组件在操作系统中没有相应的对等体,普通的 Swing 组件可以看作 AWT 容器的一块逻辑区域,从顶层容器(AWT 组件)的对等体中借用资源。所有添加到同一顶层容器的 Swing 组件共享它的 AWT 对等体以获取系统资源,如字体和图形处理等。Swing 将组件的数据结构存储在 JVM 的空间中,完全自主管理画图处理、事件分发和组件布局。Swing 的事件并不是底层系统产生的事件,而是由顶层容器处理 AWT 事件所产生的伪事件。

Swing 默认情况下采用本地平台的显示外观,此外还可以采用插件式的显示外观。因此 Swing 应用程序可以具有像 Windows 应用程序、Motif 应用程序和 Mac 应用程序的外观,以及它自己的"金属"显示外观——Metal。Swing 拥有很好的 Look And Feel 支持,甚至可以动态地改变 Swing 应用程序的 Look And Feel。Look 指的是界面显示外观,Feel 指的是它如何响应用户操作。从 JDK 1.1.3 开始,Sun 在 Swing 中提供了三个 LookAndFeel 的子类,分别提供了 Metal、Motif 与 Windows 的界面式样,JDK 1.6 则增加到五个。任何基于 Swing 的界面都可以使用其中之一。此外,也可以通过直接或间接继承 LookAndFeel 类开发新的观感。

由于 Swing 自己实现了所有组件,因此程序运行时会装载大量的类,创建了大量小的可变对象,因而导致了额外的堆空间消耗。由于许多小的对象相较大的对象更难以有效地进行垃圾回收,且大量类的装载导致频繁的 I/O 操作,明显地降低了 Java Swing 应用程序的启动和运行速度,从而导致其性能下降。

Swing 使用 Java 开发 GUI 模拟组件而不是调用本地操作系统 GUI 库的方式,使 Swing 应用程序和本地程序的性能产生了一定的差距,Windows 平台下 Swing 程序显得比本地应用程序响应迟缓;此外,当操作系统的界面发生改变时,如从 Windows 7 改变为 Windows 10 的界面时,Swing 需要一段时间才能跟得上这种改变,且模拟组件的外观与本地系统的原生组件可能会有一些不同。

1.2.3 SWT/JFace

IBM 开发 VisualAge for Java 时认为"Swing 是个可怕的充满缺陷的怪兽",因此开始了一个新的项目,把他们的 Smalltalk 原生窗口组件移植到 Java 上,这个工具集后来被称为 SWT(Standard Widget Toolkit)。他们当时发现在 Swing 读事件队列时用了一种可能留下内存漏洞的方式,因此决定 SWT 和 AWT/Swing 不能共存。IBM 把 SWT 放到了 Eclipse 中。Eclipse 原本是 IBM 的开放源码计划 IBM WebSphere Studio Workbench 的通用工具平台,后来 IBM 把 Eclipse 捐赠出来。2001 年 11 月 7 日,SWT 作为 GUI 重要基础与 Eclipse IDE(Integrated Development Environment)一起集成发布,之后 SWT 发展和演化为一个独立的版本。使用 SWT 可以开发 Microsoft Windows、Mac OS X 以及几种不同风格的 UNIX/Linux 等操作系统下的 Java GUI 程序。

SWT 的设计采用"最小公倍数"原则提供各个平台上包含组件的并集。如果一个组件在操作系统平台中已经提供,SWT 就包装并用 Java 代码和 JNI 调用它。反之,如果某个组件在某一平台上不存在,就继承并以绘制 Composite 的方式模拟该组件。不同于 Swing 的模拟方式,SWT 的 Composite 类有操作系统相应的对等体,它从该对等体中获得所需资源,如图形处理的对象、字体和颜色等。SWT 直接从操作系统获取所有的事件并进行处理,将组件的控制交给本地操作系统。

可见,在实现机制方面 SWT 吸收了 AWT 和 Swing 的优点,当可以得到本地组件时使用本地实现,否则使用 Java 模拟实现。这样既保证了 SWT GUI 组件与本地窗口部件最大限度地具有一致的外观和响应速度,又提供了足够丰富的组件类型和特性。

JFace 的构建基于 SWT,提供了在 SWT 基础之上的抽象层,是对 SWT 组件的更进一步的 OOP(面向对象程序设计)封装,提供了 MVC 模式。SWT 使用直接的 API 提供了原生的窗口部件,而 JFace 对抽象层编程,抽象层与 SWT API 交互。例如,SWT 创建表时一般应创建一个 Table 组件并且插入要显示的行和列的数据。使用 JFace 中的 Table,先创建 Table 组件,但不向表格插入数据,而是指定表格查看器和内容器类、标签器类及输入数据对象,由表格查看器决定数据内容和显示。JFace 的目的不是取代 SWT,而是为一些复杂编程任务提供更为简单的实现机制和方法,与 SWT 组件共同完成程序功能。

总结上述,三个 Java GUI 库的优缺点如表 1.1 所示。

表 1.1 三个 Java GUI 库的优缺点

特　性	AWT	Swing	SWT/JFace
组件类型	少(最小子集)	多(最大子集)	丰富
组件特性	少(最小子集)	多(可定制)	丰富(平台+模拟)
响应速度	快	快	快
内存消耗	少	多	少
扩展性	无扩展性	强	不可扩展
Look And Feel	不支持	出色支持	不支持
成熟稳定性	好	好	Windows 平台高，其他平台不高
总体性能	高	一般	Windows 平台高，其他平台不高
API 模型支持	无	MVC	MVC
GUI 库来源	JRE 标准工具集	JRE 标准工具集	程序捆绑
启动速度	快	慢	快
可视化编程	可用	支持	支持

Java 发布之初就提供了构建跨平台的 GUI 库，随着对 AWT、Swing 和 SWT/JFace 库的持续改进开发，其组件种类、特性、响应和运行速度、对系统资源的消耗、构建 Java GUI 应用程序的方便快捷性、运行的效率和稳定性等方面都取得了巨大进步。同时，计算机硬件运行速度也有了极大提升，特别是大幅度增加的内存容量及 I/O 速度极高的 NVMe 硬盘的使用，使 Swing 应用程序和本地程序的性能差距不再明显，使 Java 成为一个构建桌面应用程序的可行选择，也使之成为一个具有优势的桌面程序开发平台。鉴于 Swing 类库与前期课程“Java 语言程序设计”的主环境 JDK 属于同一体系，内容衔接得较为紧密而便于教学内容体系的统一安排，本书选用 Swing 作为可视化构建 Java GUI 程序的组件库。

1.3 Java GUI 程序的实现原理

1.3.1 程序的图形用户界面显示原理

图形用户界面以图像的方式显示在屏幕上。当应用软件需经显示屏与用户通信时，它首先要以虚屏方式建立消息。然后将需要显示的消息作为内存块，从应用软件提交给操作系统，操作系统再把它格式化成表示图形或文本消息的像素图案，并传送到显示适配器的存储器中。由显示适配器硬件读取这些格式化信息，“画”到 PC 显示设备上。

组成显示屏上图像的点称为像素(pixel)。在彩色 LCD(液晶显示器)面板中，每一个像素都是由三个液晶单元格构成，其中每一个单元格前面都分别有红色、绿色或蓝色的过滤片。光线经过过滤片的处理照射到每个像素中不同色彩的液晶单元格上，利用三原色的原理组合出不同的色彩。程序的图形界面显示为一幅图像，每个图像像素映射为一个显示器像素。描述像素图案的信息包括组成图像的每个点的坐标、颜色、亮度等。

屏幕坐标与显示器分辨率密切相关。显示器分辨率是指显示器所能显示的像素数。屏幕分辨率为 1024×768 表示当前屏幕水平方向被划分为 1024 个单位，竖直方向被划分为

768 个单位，每个水平与竖直方向交界处即为一个屏幕像素，程序中用坐标描述其位置。与数学中的直角坐标系不同，屏幕的左上角为原点，记为(0,0)，水平坐标从左向右依次增加，竖直坐标从上向下依次增加。

图像表示的颜色数取决于每个像素使用的显示存储器的位数。如果用 8 位存储一个像素，则每个像素可有 256 种颜色，用 16 位存储则有 65 536 种颜色，用 24 位存储就有 16.8 兆种颜色。显示适配器将图像的各像素的 R(红)、G(绿)、B(蓝)色值等信息传送给显示器，即可在显示屏上显示 GUI 界面彩色图像。

1.3.2 Java GUI 程序的构成

桌面 Java GUI 程序一般在窗口中运行。从 1.1.3 节叙述的 GUI 基本组成可知，首先要生成和管理一个窗口。窗口是一个 Java GUI 程序的容器，其中包含图标、按钮、菜单等组件。在软件开发中，**组件**通常指可重复使用并且可以和其他对象进行交互的对象；**控件**则是提供(或实现)用户界面 (UI) 功能的组件，是以图形化的方式显示在屏幕上并与用户进行交互的对象。在以可视化方法设计 Swing GUI 时，除了用到窗口、按钮和表格等控件外，还用到不需要显示任何信息或用户界面的组件。为了简化叙述，本书不加区分地统一称为组件。

为了对相关组件进行分类组织和统一管理，可以把这些组件一起放到一个容器中。**容器**是一种能够容纳其他组件或容器的特殊组件。

在如图 1.13 所示的简单 Java GUI 程序界面中，首先有一个窗口(JFrame，程序代码的 main()方法中 new NumberAdditionUI()创建的对象)，其中包含一个面板 jPanel1 和一个按钮 jButton3。面板 jPanel1 是一个容器，包含三个标签(jLabel1、jLabel2 和 jLabel3)、三个文本字段(jTextField1、jTextField2 和 jTextField3)及两个按钮(jButton1 和 jButton2)。

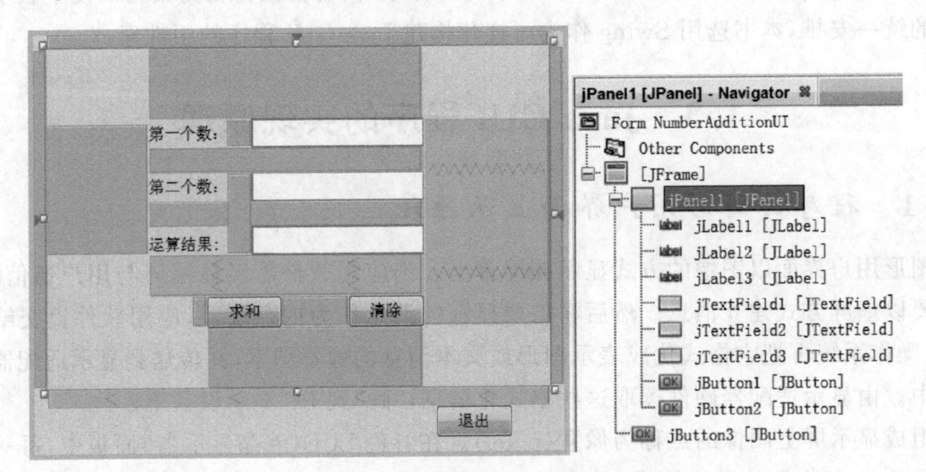

图 1.13 一个 Java Swing GUI 程序界面的组件构成

为了便于后续内容讲述，下面先给出图 1.13 程序的源代码。程序清单 1.1 是由 NetBeans 自动生成的，此处删除了原代码中的注释和空行，增加了中文注释。

程序清单 1.1：

```
package my.numberaddition;
```

```java
public class NumberAdditionUI extends javax.swing.JFrame {
    public NumberAdditionUI() {
        initComponents();
    }
    private void initComponents() {
//①创建组件对象
        jPanel1 = new javax.swing.JPanel();
        jLabel1 = new javax.swing.JLabel();
        jLabel2 = new javax.swing.JLabel();
        jLabel3 = new javax.swing.JLabel();
        jTextField1 = new javax.swing.JTextField();
        jTextField2 = new javax.swing.JTextField();
        jTextField3 = new javax.swing.JTextField();
        jButton1 = new javax.swing.JButton();
        jButton2 = new javax.swing.JButton();
        jButton3 = new javax.swing.JButton();
//②设置组件属性
        setDefaultCloseOperation(javax.swing.WindowConstants.EXIT_ON_CLOSE);
        jPanel1.setBorder(javax.swing.BorderFactory.createTitledBorder("Number Addition"));
        jLabel1.setText("第一个数：");
        jLabel2.setText("第二个数：");
        jLabel3.setText("运算结果：");
        jTextField3.addActionListener(new java.awt.event.ActionListener() {//③注册事件监听器
            public void actionPerformed(java.awt.event.ActionEvent evt) {
                    jTextField3ActionPerformed(evt);
            }
        });
        jButton1.setText("求和");
        jButton1.addActionListener(new java.awt.event.ActionListener() {//③注册事件监听器
            public void actionPerformed(java.awt.event.ActionEvent evt) {
                jButton1ActionPerformed(evt);
            }
        });
        jButton2.setText("清除");
        jButton2.addActionListener(new java.awt.event.ActionListener() {//③注册事件监听器
            public void actionPerformed(java.awt.event.ActionEvent evt) {
                jButton2ActionPerformed(evt);
            }
        });
//④设置 jPanel1 的布局
        javax.swing.GroupLayout jPanel1Layout = new javax.swing.GroupLayout(jPanel1);
        jPanel1.setLayout(jPanel1Layout);
        jPanel1Layout.setHorizontalGroup(
        jPanel1Layout.createParallelGroup(javax.swing.GroupLayout.Alignment.LEADING)
            .addGroup(jPanel1Layout.createSequentialGroup()
                .addGap(60, 60, 60)
                .addGroup(jPanel1Layout.createParallelGroup(javax.swing.GroupLayout.Alignment.
                                                                                    LEADING)
                    .addGroup(jPanel1Layout.createSequentialGroup()
                        .addComponent(jLabel1)
                        .addPreferredGap(javax.swing.LayoutStyle.ComponentPlacement.UNRELATED)
```

```
                    .addComponent(jTextField1))
                .addGroup(jPanel1Layout.createSequentialGroup()
                    .addComponent(jLabel2)
                    .addPreferredGap(javax.swing.LayoutStyle.ComponentPlacement.UNRELATED)
                    .addComponent(jTextField2))
                .addGroup(jPanel1Layout.createSequentialGroup()
                    .addComponent(jLabel3)
                    .addPreferredGap(javax.swing.LayoutStyle.ComponentPlacement.
                                                                    UNRELATED)
            .addGroup(jPanel1Layout.createParallelGroup(javax.swing.GroupLayout.Alignment.
                                                              LEADING, false)
                        .addGroup(jPanel1Layout.createSequentialGroup()
                            .addComponent(jButton1)
                            .addGap(65, 65, 65)
                            .addComponent(jButton2))
                            .addComponent(jTextField3))))
                            .addContainerGap(60, Short.MAX_VALUE))
        );
        jPanel1Layout.setVerticalGroup(
          jPanel1Layout.createParallelGroup(javax.swing.GroupLayout.Alignment.LEADING)
            .addGroup(jPanel1Layout.createSequentialGroup()
              .addGap(37, 37, 37)
            .addGroup(jPanel1Layout.createParallelGroup(javax.swing.GroupLayout.Alignment.
                                                                    BASELINE)
                  .addComponent(jLabel1)
                  .addComponent(jTextField1, javax.swing.GroupLayout.PREFERRED_SIZE, javax.
                swing.GroupLayout.DEFAULT_SIZE, javax.swing.GroupLayout.PREFERRED_SIZE))
              .addGap(18, 18, 18)
            .addGroup(jPanel1Layout.createParallelGroup(javax.swing.GroupLayout.Alignment.
                                                                    BASELINE)
                  .addComponent(jLabel2)
                  .addComponent(jTextField2, javax.swing.GroupLayout.PREFERRED_SIZE, javax.
                        swing.GroupLayout.DEFAULT_SIZE, javax.swing.GroupLayout.
              PREFERRED_SIZE)).addGap(18, 18, 18)
            .addGroup(jPanel1Layout.createParallelGroup(javax.swing.GroupLayout.Alignment.
                                                                    BASELINE)
                  .addComponent(jLabel3)
                  .addComponent(jTextField3, javax.swing.GroupLayout.PREFERRED_SIZE,
                        javax.swing.GroupLayout.DEFAULT_SIZE, javax.swing.GroupLayout.
              PREFERRED_SIZE)).addGap(27, 27, 27)
            .addGroup(jPanel1Layout.createParallelGroup(javax.swing.GroupLayout.Alignment.
                                                                    BASELINE)
                  .addComponent(jButton1)
                  .addComponent(jButton2))
              .addContainerGap(40, Short.MAX_VALUE))
        );
        jButton3.setText("退出");
        jButton3.addActionListener(new java.awt.event.ActionListener() {//③注册事件监听器
        public void actionPerformed(java.awt.event.ActionEvent evt) {
                jButton3ActionPerformed(evt);
        }
```

```
        });
//⑤设置内容面板的布局
        javax.swing.GroupLayout layout = new javax.swing.GroupLayout(getContentPane());
        getContentPane().setLayout(layout);
        layout.setHorizontalGroup(
        layout.createParallelGroup(javax.swing.GroupLayout.Alignment.LEADING)
                .addGroup(layout.createSequentialGroup()
                .addContainerGap()
                .addGroup(layout.createParallelGroup(javax.swing.GroupLayout.Alignment.
                        LEADING).addComponent(jPanel1, javax.swing.GroupLayout.DEFAULT_SIZE,
                                javax.swing.GroupLayout.DEFAULT_SIZE, Short.MAX_VALUE)
                .addGroup(javax.swing.GroupLayout.Alignment.TRAILING, layout.createSequent-
                                                                          ialGroup()
                .addGap(0, 0, Short.MAX_VALUE)
                .addComponent(jButton3)))
                .addContainerGap())
        );
        layout.setVerticalGroup(layout.createParallelGroup(javax.swing.GroupLayout.Alignment.
                                                                          LEADING)
              .addGroup(layout.createSequentialGroup()
                .addContainerGap()
                .addComponent(jPanel1, javax.swing.GroupLayout.PREFERRED_SIZE,
              javax.swing.GroupLayout.DEFAULT_SIZE, javax.swing.GroupLayout.PREFERRED_SIZE)
                .addPreferredGap(javax.swing.LayoutStyle.ComponentPlacement.RELATED)
                .addComponent(jButton3)
                .addContainerGap(javax.swing.GroupLayout.DEFAULT_SIZE, Short.MAX_VALUE))
        );
        pack();
    }
//⑥按钮的事件处理方法
    private void jButton3ActionPerformed(java.awt.event.ActionEvent evt) {
        this.dispose();
    }
    private void jButton2ActionPerformed(java.awt.event.ActionEvent evt) {
        jTextField1.setText("");
        jTextField2.setText("");
        jTextField3.setText("");
    }
    private void jButton1ActionPerformed(java.awt.event.ActionEvent evt) {
        float num1,num2,result;
        num1 = Float.parseFloat(jTextField1.getText().trim());
        num2 = Float.parseFloat(jTextField2.getText().trim());
        result = num1 + num2;
        jTextField3.setText(result + "");
    }
    public static void main(String args[]) {//⑦程序的 main()方法
        try {//⑧设置程序为 Nimbus 观感
            for (javax.swing.UIManager.LookAndFeelInfo info :
                                        javax.swing.UIManager.getInstalledLookAndFeels()) {
                if ("Nimbus".equals(info.getName())) {
                    javax.swing.UIManager.setLookAndFeel(info.getClassName());
```

```
                break;
            }
        } catch (ClassNotFoundException ex) {
            java.util.logging.Logger.getLogger(NumberAdditionUI.class.getName()).
                                        log(java.util.logging.Level.SEVERE, null, ex);
        } catch (InstantiationException ex) {
            java.util.logging.Logger.getLogger(NumberAdditionUI.class.getName()).
                                        log(java.util.logging.Level.SEVERE, null, ex);
        } catch (IllegalAccessException ex) {
            java.util.logging.Logger.getLogger(NumberAdditionUI.class.getName()).
                                        log(java.util.logging.Level.SEVERE, null, ex);
        } catch (javax.swing.UnsupportedLookAndFeelException ex) {
            java.util.logging.Logger.getLogger(NumberAdditionUI.class.getName()).
                                        log(java.util.logging.Level.SEVERE, null, ex);
        }
        java.awt.EventQueue.invokeLater(new Runnable() {//⑨向事件队列添加事件
            public void run() { //事件的执行体
                new NumberAdditionUI().setVisible(true); //具体事件是创建并显示程序界面
            }
        });
    }
//⑩本程序所用组件的声明
    private javax.swing.JButton jButton1;
    private javax.swing.JButton jButton2;
    private javax.swing.JButton jButton3;
    private javax.swing.JLabel jLabel1;
    private javax.swing.JLabel jLabel2;
    private javax.swing.JLabel jLabel3;
    private javax.swing.JPanel jPanel1;
    private javax.swing.JTextField jTextField1;
    private javax.swing.JTextField jTextField2;
    private javax.swing.JTextField jTextField3;
}
```

1.3.3 Java GUI 组件的布局

Java GUI 组件布局是指对程序窗口及其他容器中组件排放次序和位置的控制。

可以指定各个组件左上角在窗口中的位置坐标，组件的宽度和高度。当各个组件的位置指定之后，也就确定了它们的排放次序。这种方式可以精确控制每一个组件在窗口中的排布，但当窗口大小改变之后，一些组件可能出现在窗口边框之外而看不见，一些组件可能离窗口边框太远，一些边框周围组件太拥挤，一些边框周围太空旷，这就破坏了原本设计得很美观协调的界面。况且每种类型操作系统对屏幕的定义不一样，界面在一种视窗系统中很美观，但到了另一种系统中就未必。

为了解决对组件绝对定位存在的问题，Java 的各种 GUI 库都提供了托管定位的方式进行自动布局管理，具体工作是由一种叫作布局管理器(Layout Manager)的对象完成的。给容器指定了布局管理器并设置了布局信息后，显示时将会调用相应的布局方法对其中的子组件进行布局、定位和计算大小的操作，从而使组件以更好的方式显示在容器中。例如图1.13程序，可从程序清单1.1中看出使用了布局管理器GroupLayout的layout对象分别管理内容面板(注释⑤处)和jPanel1面板(注释④处)。可以看到，这里的布局设置代码很复杂，但使用后面讲到的可视化开发方法，则这些代码由NetBeans IDE的GUI构建器自动生成，不必手工编写。

1.3.4 用户交互与事件循环

程序运行时，用户单击鼠标、输入字符或者改变窗口等操作发生时，操作系统都将生成应用程序**GUI事件**，例如，鼠标单击事件、按键事件或者窗口绘制事件，确定哪个窗口和应用程序应当接收事件，并把事件添加到应用程序的事件队列中。

任何窗口化的GUI应用程序的底层结构都是**事件循环**。应用程序初始化并启动事件循环，从事件队列中读取GUI事件，并相应地做出响应。目前的GUI平台对事件队列进行了许多优化。常见的优化是将连续的绘制事件叠加到队列中。每当必须重新绘制窗口的一部分时，检查队列是否存在绘制事件重叠或尚未调度的冗余绘制事件，将这些事件合并到一个绘制事件中，从而减少屏幕闪烁，使应用程序的绘制代码不会非常频繁地执行。

一个Swing GUI程序启动后，JVM会启动三个线程：主线程、事件派发线程和系统工具包线程。程序启动之后运行main()方法，即创建并启动了主线程。但是Swing程序在main()运行的线程中直接更新界面并不是好的做法，特别是Java 5及之后版本已经把这个思想贯彻到编程实践中了。相应地，Swing有它自己的专用线程更新屏幕并接收UI事件。如程序清单1.1的main()方法中通过执行语句：

```
java.awt.EventQueue.invokeLater(new Runnable() {
    public void run() {
        new NumberAdditionUI().setVisible(true);
    }
});
```

向事件派发线程提交界面绘制和更新任务。在提交的Runnable执行体中，“new NumberAdditionUI()”执行该类的构造方法，后者调用该类的initComponents()方法初始化程序的GUI。但是，这个操作并不立即执行，而是等到事件派发线程在事件队列中获取这项任务时，才执行实际操作。Swing程序的事件派发线程同时也是事件处理线程，负责GUI组件的绘制和更新，以及调用程序的事件处理器来响应用户交互。所有事件处理都应该在事件派发线程上执行，程序同UI组件和其基本数据模型的交互也只允许在事件派发线程上进行。如上几行代码中java.awt.EventQueue类封装了异步事件指派机制，该机制从队列中提取事件。方法invokeLater()的执行，使该程序的用户界面在事件派发线程中初始化，并在屏幕上显示出来。由于该语句是main()方法的最后一句，主线程随之结束，此后程序即在事件派发线程中反复循环执行该程序的事件处理方法，直到界面关闭，程序结束。系统工具包线程则负责捕获操作系统底层事件，并把这些事件转换成Swing的相应事件对象，放入到Swing的事件队列中。

综上所述，程序的GUI是以图像的方式在计算机显示屏上显示的，显示时需要确定图像像素的坐标和颜色等信息。一个Swing程序的GUI首先需要创建窗口(Swing中为

JFrame 类的对象），窗口中有一个内容面板 ContentPane 容纳了其他界面组件（如图 1.13 中程序的“退出”按钮 jButton3）和（或）其他容器（如图 1.13 中程序的 jPanel1）。容器用于放置和管理组件。对窗口和其他容器中的各个组件需要管理其显示位置和大小，即进行布局设计和管理，这个工作任务通常委托给布局管理器自动执行。用户在界面组件上的操作产生事件，程序通过事件循环在事件派发线程中对事件进行响应。

1.4 可视化程序设计

1.4.1 可视化程序设计的概念

可视化程序设计，也称为可视化编程，是以“所见即所得”的思想为原则，通过直观的操作方式进行界面的设计，并即时在设计环境中看到程序在运行环境中的实际表现结果，从而实现编程工作的可视化及程序代码的自动生成。通俗地讲就是“看着画”界面。

此外，把科学数据、工程数据和测量数据等进行及时、直观形象和客观地图形化呈现出来，并进行交互处理的计算机程序设计技术也叫可视化程序设计。它涉及计算机图形学、图像处理、计算机辅助设计、计算机视觉及人机交互技术等多个领域。随着数据科学和大数据技术的发展和应用热潮，数据可视化是当今的一个热门领域。通过数据可视化（Data Visualization）技术，能够发现大量金融、通信和商业数据中隐含的规律，从而为决策提供依据。

本书讨论的可视化程序设计是指第一种，即图形用户界面设计手段的可视化技术。

1.4.2 可视化程序设计发展简况

从发明之初，计算机就以存储指令和执行指令序列作为基本工作方式。早期的计算机用户接口是文字形式的命令（或称指令）。不仅操作系统如此，应用软件也是如此。如 20 世纪 80 年代 PC 上风行的字处理软件 Word Star、我国的 WPS 等都是将排版指令嵌入到文字之中，然后由软件对指令进行解释打印出文稿，或者以图形方式模拟显示出打印效果。

随着 Windows 3.1（1992 年）在个人计算机中的应用和普及，图形用户界面作为主要人机界面，使应用软件也出现了“所见即所得”的工作方式。在 Word Perfect、MS Word 5.0 以及新版的 WPS 等字处理软件中，排版指令的结果在下达指令的同时即刻显示在工作界面中。这种方式提高了工作效率，降低了软件的使用难度，拉近了计算机与用户的距离。

在程序设计领域，一贯都是程序员在编辑器或集成开发环境（IDE）中输入程序代码，然后编译、解释运行得到结果。但是，在设计 GUI 程序时，这种方式效率很低，输入的代码得到什么效果一般靠设计者的经验和形象思维进行预判。这对程序员要求就比较高，且设想的结果与实际显示结果之间有或大或小的差距。随着图形用户界面的普及，设计程序的 GUI 成为必需。为了降低 Windows 等图形用户界面系统下的 GUI 设计难度，人们也期望对 GUI 的设计能够以“所见即所得”的方式进行。

1991 年，微软公司推出了 Visual Basic 1.0，它是第一个可视化编程软件，有效地连接了编程语言和用户界面设计，一出现就获得程序员的喜爱。最初的 Visual Basic 是基于 DOS 系统的，但它真正的成功是在 Windows 系统下取得的。由于 Visual Basic 基于语法简单的 Basic 语言，又是以“画图”的简单直接方式设计用户界面，因此从一出现就吸引了大批程序员和非程序员，甚至连十岁的小孩也能利用 Visual Basic 编写小的应用程序。

继 Visual Basic 获得成功之后，可视化开发工具的发展在 20 世纪 90 年代达到了高潮。Windows 为开发 GUI 应用程序提供了一整套机制和 API（应用程序编程接口）。首先，Windows 程序的运行采用事件驱动机制，即程序的运行逻辑是围绕事件的发生展开，事件驱动程序设计是围绕着消息的产生与处理展开；把 WinMain()函数作为 Windows 应用程序的入口点，该函数采用 C 语言的语法，包括过程说明、程序初始化和消息循环三部分；WinMain()函数的消息循环管理并发送各种消息到相应的窗口函数中；窗口过程 WinProc 接收并用 switch 处理各种消息。从方便性和效率方面而言，C 语言和 C++ 语言对于 Windows 应用程序的开发具有天然的优势。1992 年，微软公司发布 Visual C++ 1.0，之后持续进行改进，使其具备了逐步完善的可视化 GUI 设计功能。与 Visual C++ 竞争的还有 Borland C++，之后发展为 C++ Builder。后者具有更加强大和完善的可视化设计功能。尽管具有运行效率高等优势，但是 C++ 过于复杂，因此有一句话说"真正的程序员用 C/C++，聪明的程序员用 Delphi"。Delphi 是 Borland 公司发布的 Windows 平台下可视化的快速应用程序开发环境（Rapid Application Development，RAD），其 1.0 版本于 1995 年发布。Delphi 的核心是由传统 Pascal 语言发展而来的 Object Pascal，采用图形用户界面开发环境，通过 IDE、VCL（Visual Component Library）工具与编译器，配合连接数据库的功能，构成以面向对象程序设计为中心的应用程序开发环境。

在 Java GUI 开发领域，Borland JBuilder、IBM 的 Visual Age for Java、Microsoft 的 Visual J++、Sun 的 Java Workshop、WebGain 的 Visual Café 等 Java 开发工具一般都具有一定的可视化开发功能。目前主流的 Java 开发平台包括 Eclipse、NetBeans 和 IntelliJ IDEA 等。

NetBeans 起始于 1996 年的捷克布拉格查理大学的一个学生项目，被 Sun Microsystems 收购之后于 2000 年 6 月开放源码并继续进行开发。Oracle 公司收购并于 2010 年 1 月接管 Sun 公司后，继续开发和改进 NetBeans 并秉承开源免费政策。Oracle 公司于 2016 年 9 月开始将 NetBeans 交给 Apache 软件基金会（ASF）孵化，至 2019 年 4 月成为 ASF 的顶级项目。NetBeans 8.2 版本之后，是 Apache NetBeans 9 版，至 2020 年年底发布 Apache NetBeans 12.2 版。Apache NetBeans 遵循 Apache 2.0 授权协议，可以免费下载和使用。NetBeans 采用基本系统（Base）＋企业包（Enterprise Pack）＋可视化包（Visual Web Pack）方式发布，对基于 AWT 和 Swing 的 Java GUI 设计提供了功能完整、强大且易于使用的可视化设计工具（见图 1.14）。Apache NetBeans 每半年会发布新版本，紧跟 JDK 的发展步伐，但由于版权专利等原因，目前仍然缺乏原来 Oracle 维护的 NetBeans 8.2 版本所具备的数据绑定等功能和特性。

IntelliJ IDEA 是捷克 JetBrains 公司发布的一种商业化销售的 Java 集成开发环境，2001 年 1 月发布 IntelliJ IDEA 1.0 版本。分为旗舰版和社区版，旗舰版可以免费试用 30 天，社区版本免费使用，但是功能上对比旗舰版有所缩减。该平台被称为最好最智能的 Java 开发平台，也提供了对基于 AWT 和 Swing 的 Java GUI 可视化设计支持，包括设计视图、组件选择面板和属性设置面板等（见图 1.15）。

Eclipse 是在 Eclipse.org 协会管理和指导下开发和维护的一个开放源代码的基于 Java 的可扩展开发平台，由不同的组织和公司通过插件的方式提供支持 Java GUI 可视化开发的工具，其中有 Eclipse.org 组织开发的 Visual Editor、Google 贡献的 WindowBuilder（原

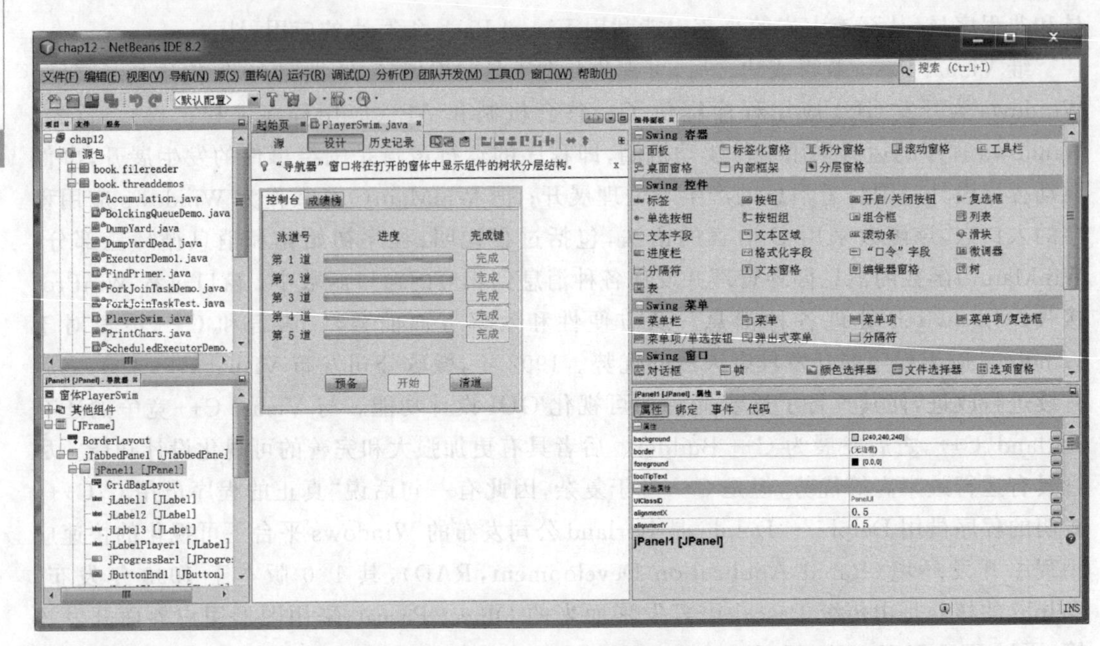

图 1.14　NetBeans 8.2 可视化设计工具

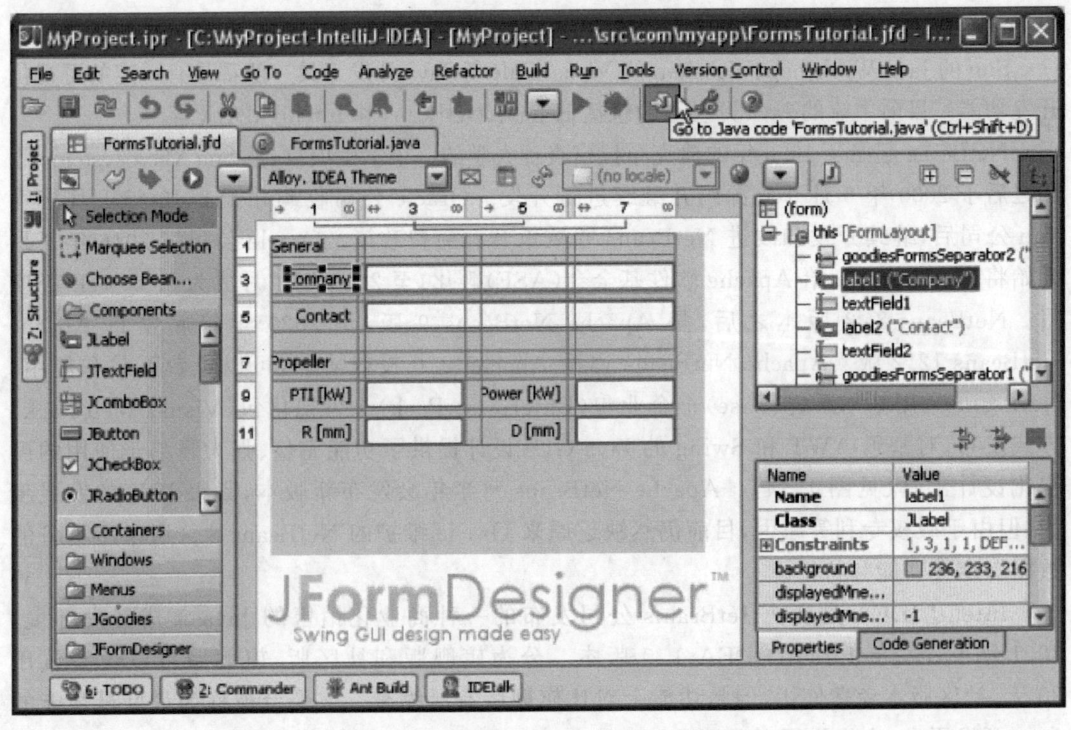

图 1.15　IntelliJ IDEA 可视化设计视图

Instantiations 的 SWT Designer）、商业化付费使用但个人可以免费使用的 jigloo 等，都支持 AWT、Swing 和 SWT/JFace 库（见图 1.16）。鉴于 Eclipse 的巨大成功和庞大的用户群等优势，JBuilder 9.0 之后的版本从 JBuilder 2007 开始就基于 Eclipse 开发，但同时保留了其

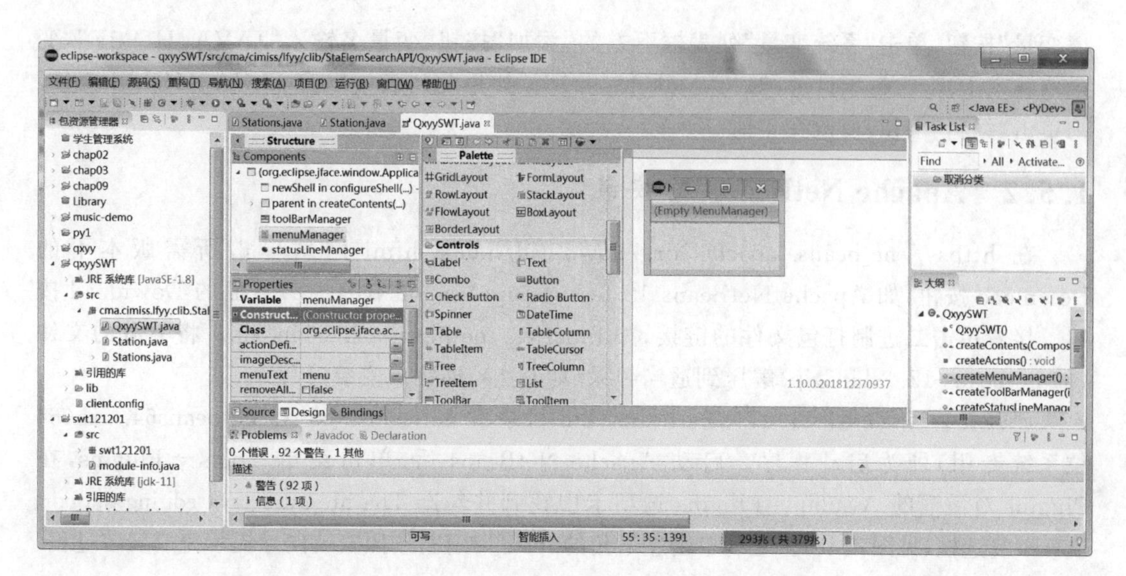

图 1.16　Eclipse WindowBuilder 可视化设计视图

优秀的可视化设计库和工具。

基于与前期课程“Java 语言程序设计”的衔接、维护更新的持续性及是否免费等方面的考虑，本书选用最新版 Apache NetBeans IDE 作为 Java GUI 可视化程序设计的环境，阐述 Java Swing GUI 的设计思想，图形用户界面的可视化设计方法，各种 GUI 组件的可视化设计及属性的直观设置，组件与用户交互的事件处理代码设计等内容。

1.5　安装 Apache NetBeans 并认识 GUI 构建器

要安装 Java GUI 的可视化开发环境 Apache NetBeans，首先需要安装配置适当版本的 JDK。要使用 NetBeans 开发 Java GUI 程序，首先需要熟悉它的 GUI 构建器，需要理解和遵循它所秉承的可视化设计思想。

1.5.1　安装 JDK

NetBeans 的运行需要 JDK 的支持。Apache NetBeans 12.2 版支持 Java 14 和 Java 15 的新特性，如 Record 类型、instanceof 的模式匹配、文本块、switch 表达式等。因此，首先要安装 JDK。

目前，JDK 的构建版本比较多，例如，提供付费支持的品牌商业版本 Oracle JDK、Red Hat OpenJDK builds，基于 GPL v2 ＋ Classpath Exception 开源协议的 JDK Build from Oracle（半年免费升级支持）、AdoptOpenJDK builds（长期免费升级支持），以及中国的阿里巴巴 Dragonwell、腾讯 Kona、华为的毕昇 JDK 等 Open JDK 构建版本。本书选用 JDK Build from Oracle。在 http://jdk.java.net/网站下载 JDK 15。单击 Windows/x64 zip 链接，解压下载的文件（如 openjdk-15.0.1_windows-x64_bin.zip）到适当位置，例如 C:\，则 OpenJDK 15 安装到 C:\jdk-15.0.1 目录下。

右击桌面上的“计算机”图标，选择“属性”菜单项，单击右侧的“高级系统设置”，单击“环境变量”按钮，单击“系统变量”列表框下方的“添加”按钮，变量名输入“JAVA_HOME”，变量值输入 JDK 的解压目录，如“C:\jdk-15.0.1”。如果此列表中已有 JAVA_HOME 变量，则单击“编辑”按钮，修改变量值。

1.5.2 Apache NetBeans 的安装

在 https://netbeans.apache.org/download/index.html 网站单击所需版本下的 Download 按钮，如 Apache NetBeans 12 feature update 1（NB 12.2）下面的 Download 按钮。接着单击二进制打包文件的链接，如 Binaries：netbeans-12.2-bin.zip。将下载的文件（如 netbeans-12.2-bin.zip）解压到适当目录（如 C:\），即完成安装过程。

展开安装目录（见图 1.17），netbeans\bin 目录下 netbeans.exe 和 netbeans64.exe（64 位系统专用）即为启动程序。启动 Apache NetBeans 后，单击菜单 Tools→Plugins，在 Plugins 对话框的 Available Plugins 选项卡中找到并勾选 The nb-javac Java editing support library 复选框（见图 1.18）。之后单击左下角的 Install 按钮，按照安装向导提示完成安装过程。

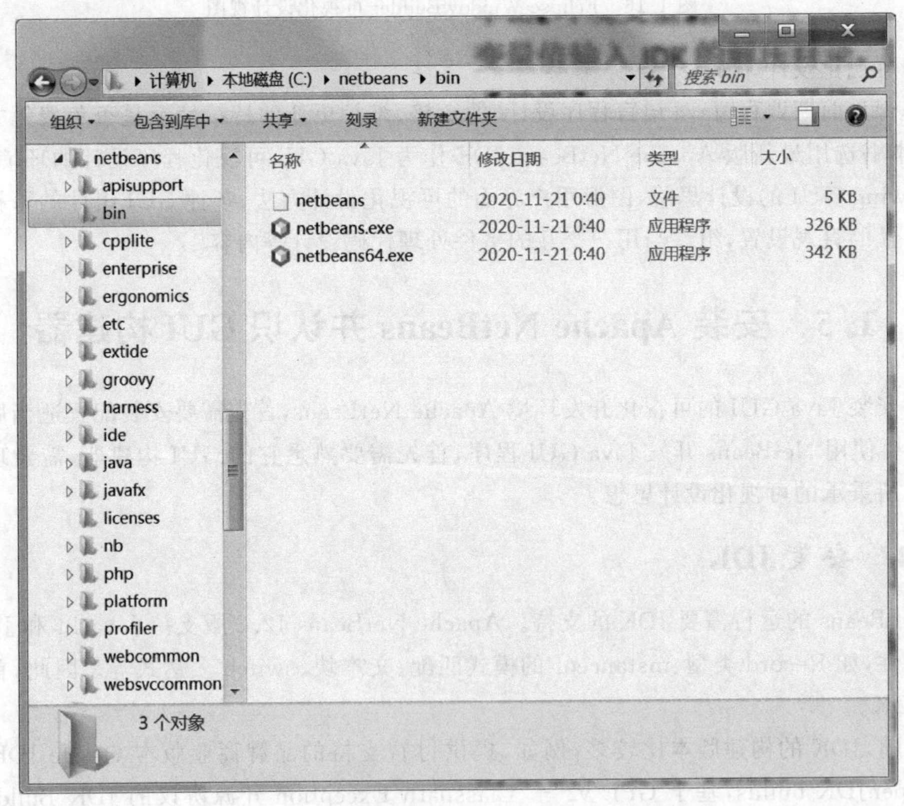

图 1.17　Apache NetBeans 目录结构及启动文件

1.5.3 NetBeans GUI 构建器的界面

运行 NetBeans IDE，新建 Java 项目并在该项目中创建 JFrame 容器，这部分内容会在第 2 章详述。之后 IDE 启动 GUI 构建器，并在一个编辑器标签中打开新创建的窗体（见图 1.19），该标签具有包含若干个按钮的工具栏。新建的窗体在 GUI 构建器的设计视图中

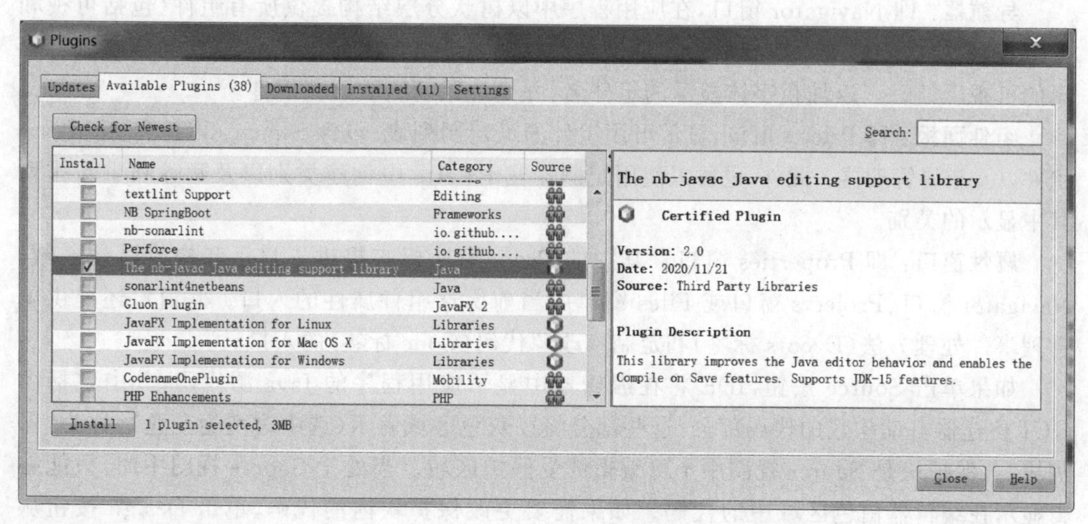

图 1.18 为 Apache NetBeans 安装 nb-javac 插件

打开，并沿 IDE 的边缘自动出现三个其他窗口；利用这些窗口，可以在构建 GUI 窗体时导航、组织和编辑这些窗体。

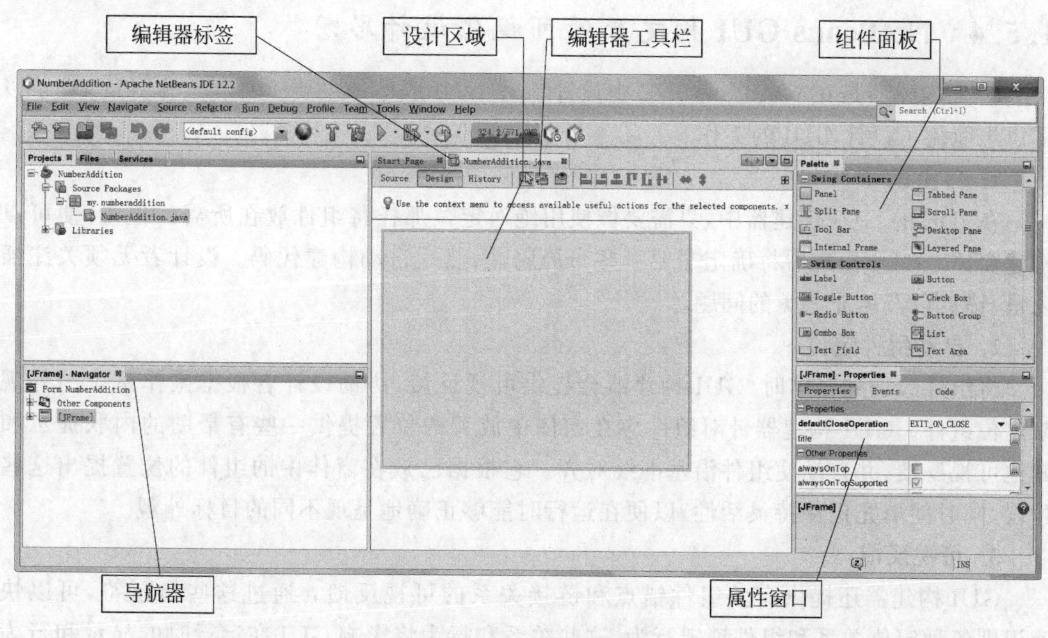

图 1.19 GUI 构建器界面

GUI 构建器的部分窗口的功能如下。

设计区域：用于创建和编辑 Java GUI 窗体的 GUI 构建器主窗口。在该窗口的工具栏中，Source 按钮用于查看程序的源代码，Design 按钮用于查看 GUI 组件的图形视图，而 History 按钮用于访问文件更改的本地历史记录。使用其他工具栏按钮可以方便地访问常用命令，例如，在选择模式和连接模式之间切换、对齐组件、设置自动调整组件大小行为以及预览窗体。

导航器：即 Navigator 窗口，在应用程序中以树状分层结构提供所有组件（包括可视和非可视）的层次归属关系。导航器还提供有关树中哪个组件当前正在 GUI 构建器中进行编辑的可视反馈——以加粗字体显示的组件名，并允许重新组织这些组件。

组件面板：即 Palette 窗口，显示可用组件的可定制列表，包含 Swing、AWT 和 JavaBeans 组件以及布局管理器。此外，也可以使用定制器在 Palette 中创建类别以及删除和重新排列其中显示的类别。

属性窗口：即 Properties 窗口。其中的 Properties 标签提供了显示和修改设计区域、Navigator 窗口、Projects 窗口或 Files 窗口中当前所选组件属性的入口。此窗口还提供了管理事件处理方法（Events 标签）和定制修改源代码（Code 标签）的入口。

如果单击 Source 按钮，IDE 将在编辑器中显示应用程序的 Java 源代码，其中包括由 GUI 构建器自动构建的代码部分，这些部分将以灰色区域表示（选中时变为蓝色），称为“保护块”。保护块是 Source 视图中不可编辑的受保护区域。当处于 Source 视图中时，只能编辑显示在编辑器白色区域中的代码。如果需要更改保护块内的代码，单击 Design 按钮从 IDE 的编辑器返回至 GUI 构建器，通过定制代码进行调整。保存所做的更改时，IDE 会更新文件的源代码。定制代码（Customize Code）功能是有限地修改保护块中源代码的唯一途径。

1.5.4 NetBeans GUI 构建器的可视化设计思想

GUI 构建器是在 NetBeans IDE 中设计 Java GUI 程序的主要工具和工作界面，基于以下思想简化了设计 GUI 的工作。

1. 自由设计

在 IDE 的 GUI 构建器中，只需要像使用绝对定位那样将组件放在所需的位置，便可以构建窗体。GUI 构建器将确定需要哪些布局属性，然后自动构建代码。设计者无须关注插入量、锚点以及填充之类的问题。

2. 自动组件定位

将组件添加到窗体时，GUI 构建器会提供可视反馈，协助设计者根据操作系统的外观来定位组件。GUI 构建器针对组件应在窗体中放置的位置提供一些有帮助的内联提示和其他可视反馈，并自动使组件沿基准线对齐。它根据已放在窗体中的组件的位置提出这些建议，同时使填充仍保持灵活性，以便在运行时能够正确地呈现不同的目标外观。

3. 可视反馈

GUI 构建器还提供有关组件锚点和链接关系的可视反馈。通过这些指示符，可以快速识别各种定位关系和组件锁定行为，这些关系和行为将影响 GUI 在运行时的显示和行为方式。此特性可以加快 GUI 的设计过程，使设计者能够快速创建具有专业外观的可视界面。

习　题

1. 以 MS Word 为例，简述 GUI 的基本组成。
2. 列表比较 AWT、Swing 和 SWT 的异同。

3. 结合程序清单 1.1，试述 Java Swing GUI 的实现原理。

4. 什么是可视化程序设计？

5. 试述 NetBeans IDE GUI 构建器的界面组成及其作用。

6. 课外拓展：比较 DDE 与 Windows 10 界面的异同。

7. 课外拓展：学习并回答中国的阿里巴巴 Dragonwell、腾讯 Kona、华为的毕昇 JDK 等 Open JDK 构建版本都是开放源代码的吗？它们分别基于 OpenJDK builds 的哪个版本构建？

第2章 NetBeans GUI构建器的使用及基本组件的设计

NetBeans平台的GUI构建器为可视化地快速开发Java程序的GUI提供了支持，包括容易理解和使用的可视反馈及设计指导等辅助功能。本章以设计一个简单的用户登录GUI为例，较为详细地介绍了GUI构建器的使用方法和技巧，同时还介绍了标签、文本字段、按钮及按钮组等基本Swing GUI组件的设计方法。

2.1 创建Java GUI项目

NetBeans IDE中的所有Java开发都是在项目内进行的，一个Java GUI程序通常也是由一个或者几个项目构成的。因此首先需要新建一个用来存储源文件及其他有关文件的项目。

2.1.1 NetBeans IDE项目的概念

在NetBeans IDE中开发软件是以项目为单位，对软件的有关文件进行组织，对开发过程进行管理。在IDE中项目表现为一组文件的集合，包括Java源文件、库文件，可能还有数据文件和图像文件等，以及与其关联的元数据，如特定于项目的属性文件等。

一般的Java软件项目包含多个Java文件。Java程序都要经过编译和测试等过程，Java程序的运行可能还要依赖于其他库文件、jar文件或类文件。NetBeans IDE使用自动化构建工具来管理依赖，控制这些过程。Apache NetBeans 12.2提供了Maven、Gradle和Ant三种构建工具供开发者选择，为简单起见，本书例题都选用Ant，如果项目中存在对第三方库的大量依赖，应选择更为先进的Gradle或Maven。IDE项目创建时生成了控制构建和运行设置的Ant构建脚本，以及一个将Ant目标映射到IDE命令的project. xml等文件(见图2.1)。

2.1.2 创建Java GUI项目的一般步骤

本节以开发简易学生成绩管理系统为例，介绍创建新的Java GUI应用程序项目的一般操作步骤。

(1) 选择File→New Project菜单项，或者单击位于IDE主工具栏(在菜单栏之下)中的New Project(新建项目)图标，之后会出现New Project对话框。

(2) 在Categories窗格中选择Java with Ant节点，在Projects窗格中选择Java Application(见图2.2)。单击Next按钮。

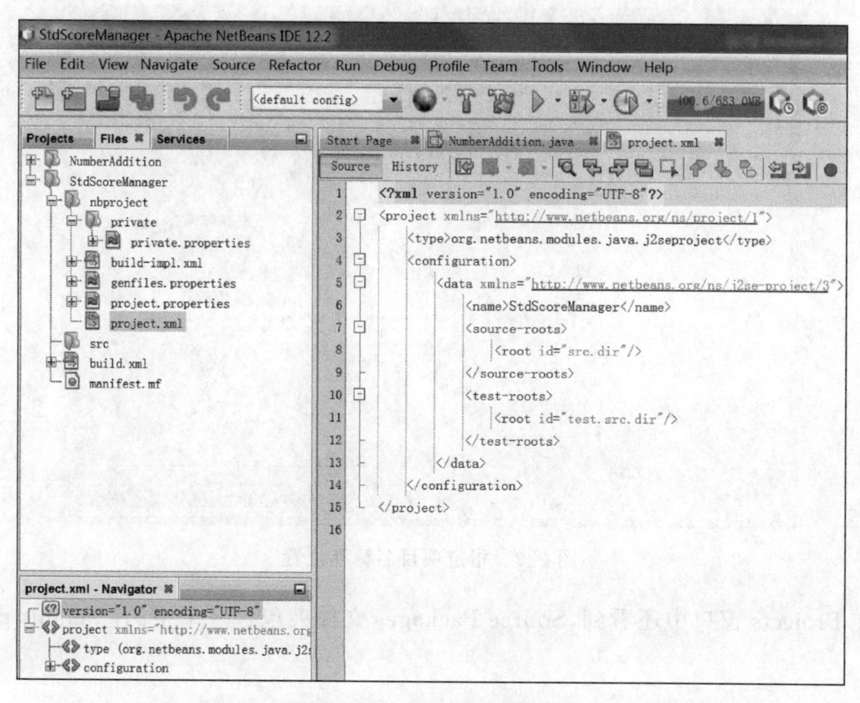

图 2.1　Java 项目的构成文件

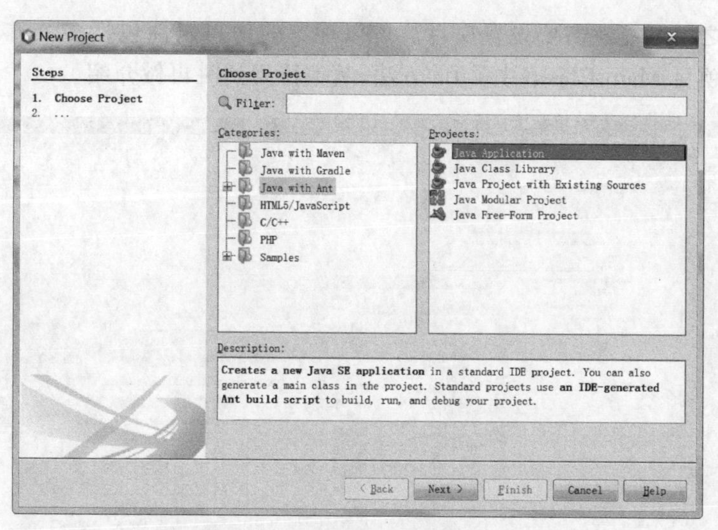

图 2.2　新建 Java 应用程序项目

(3) 在 Project Name 文本框中输入项目名称，如“StdScoreManager”。然后指定 Project Location，本例指定为 D:\JavaGUI-NetBeans-Write\DemoProjects(见图 2.3)。

(4) 将 Use Dedicated Folder for Storing Libraries 复选框保留为取消选中状态(见图 2.3)。

(5) 单击 Create Main Class 复选框，设置为取消选中状态(未打√)。

(6) 单击 Finish 按钮。

完成上述步骤后，IDE 在系统外存储器上的指定位置创建项目文件夹。此文件夹包含项目的所有关联文件(见图 2.1)。其中，src 目录即是存放以后设计的 Java 源代码文件的文

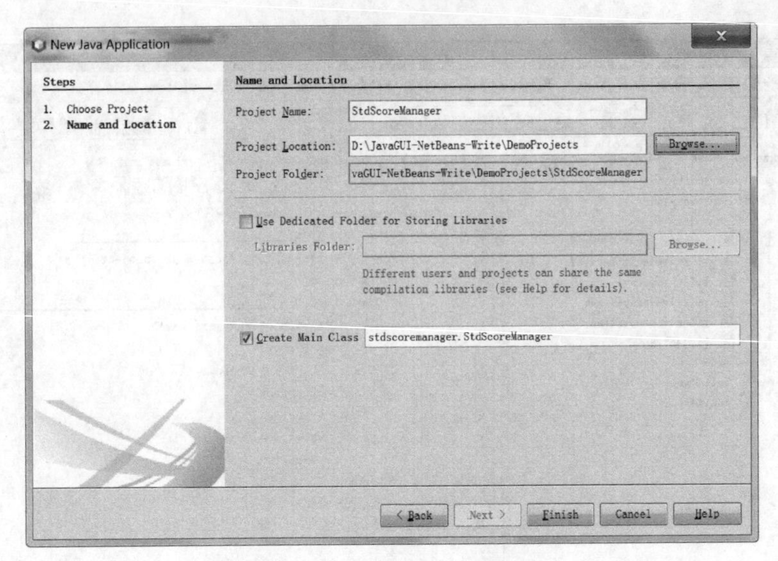

图 2.3　指定项目名称和位置

件夹。在 Projects 窗口中还看到，Source Packages 文件夹包含一个空的< default package >节点。

2.1.3　设置项目配置

项目创建之后可能还需要设置属性。可以配置的项目属性包括多个方面（见图 2.4），在此介绍配置项目 Main Class（主类）的方法，其他待用到时再做介绍。

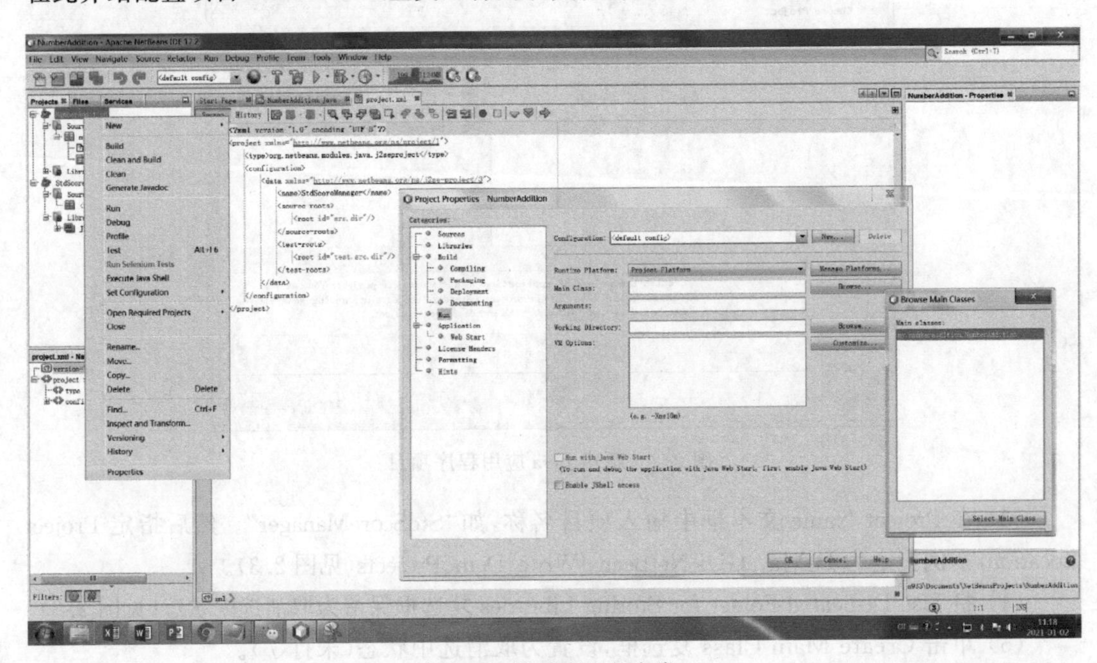

图 2.4　设置项目的主类

右击 Projects 窗口中新生成的项目名节点（如 NumberAddition），在快捷菜单中选择 Properties 菜单项（见图 2.4）。在 Project Properties 对话框左边 Categories 列表中选择

Run 节点，在右边面板中单击 Main Class 右侧的 Browse 按钮，接着在 Browse Main Classes 对话框中选择主类(如 my. numberaadition. NumberAddition)，单击 Select Main Class 按钮，最后单击 OK 按钮即可设置该项目的主类。

2.2 程序窗口的创建与设置

通常，Swing GUI 应用程序的顶层窗口是一个 Frame(帧)组件，在本机操作系统中注册为程序窗口，并得到许多熟悉的操作系统窗口的特性：最小化/最大化、改变大小、移动等。而它的修饰部件(标题栏、图标和控制按钮等)由程序所运行的底层窗口系统绘制。JFrame 是主要的顶层容器之一，有复杂的内部结构(见图 2.5)，以后向窗口中添加的组件都是置于内容面板中。

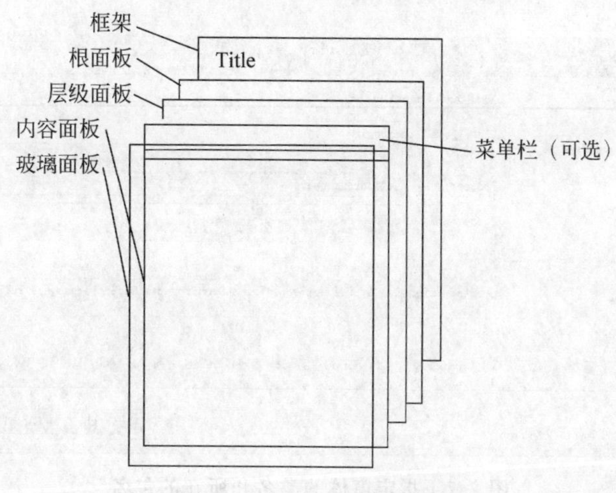

图 2.5 JFrame 内部结构

2.2.1 JFrame 的创建步骤

使用 JFrame 组件作为应用程序的顶级窗口，它同时也是放置所需的其他 GUI 组件的容器，并将该容器置于一个 Java 包中。创建步骤如下。

(1) 在 Projects 窗口中，右击项目名称节点(如 StdScoreManager)，然后选择 New→JFrame Form 菜单项(见图 2.6)。此外，也可以选择 File→New File→Swing GUI Forms→JFrame Form 菜单项(见图 2.6)。单击 Next 按钮。

(2) 在 Class Name 文本框中输入类名，如“UserLogin”(见图 2.7)。

(3) 在 Package 文本框中输入包名，如“book. chap02. stdscoreui”。

(4) 单击 New JFrame Form 对话框中的 Finish 按钮。

完成上述步骤后，IDE 在 UserLogin. java 应用程序内创建 UserLogin 窗体和 UserLogin 类，并在 GUI 构建器中打开 UserLogin 窗体(见图 2.8)。注意到，book. chap02. stdscoreui 包取代了默认包。

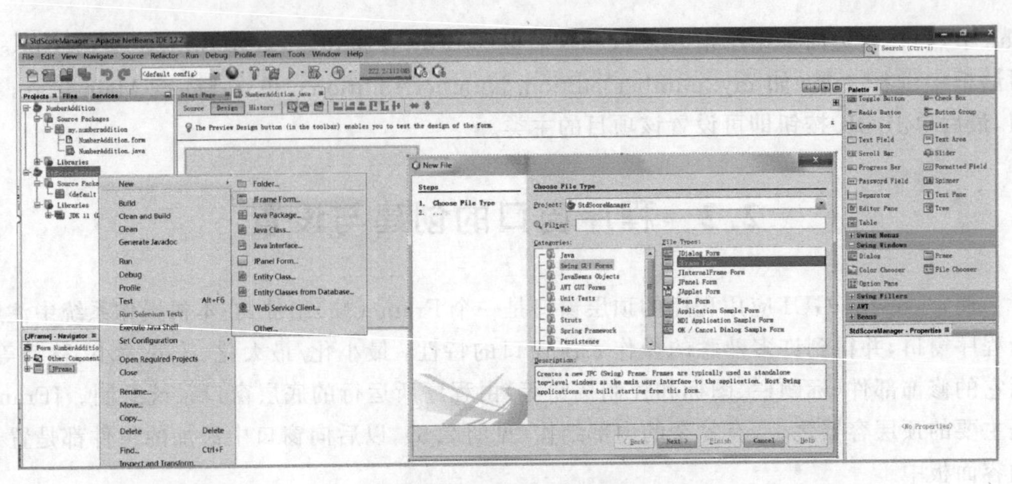

图 2.6　新建 JFrame 窗体

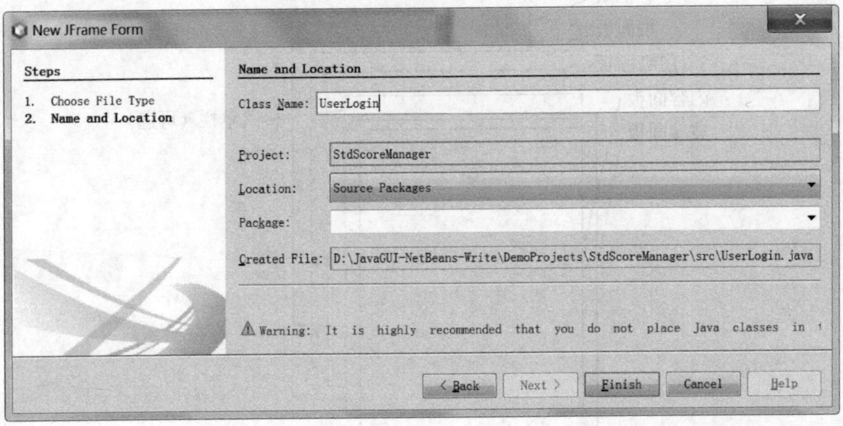

New JFrame Form

Steps

1. Choose File Type
2. Name and Location

Name and Location

Class Name: UserLogin

Project: StdScoreManager

Location: Source Packages

Package:

Created File: D:\JavaGUI-NetBeans-Write\DemoProjects\StdScoreManager\src\UserLogin.java

Warning: It is highly recommended that you do not place Java classes in t

< Back　Next >　Finish　Cancel　Help

图 2.7　指定窗体的类名和所在的包名

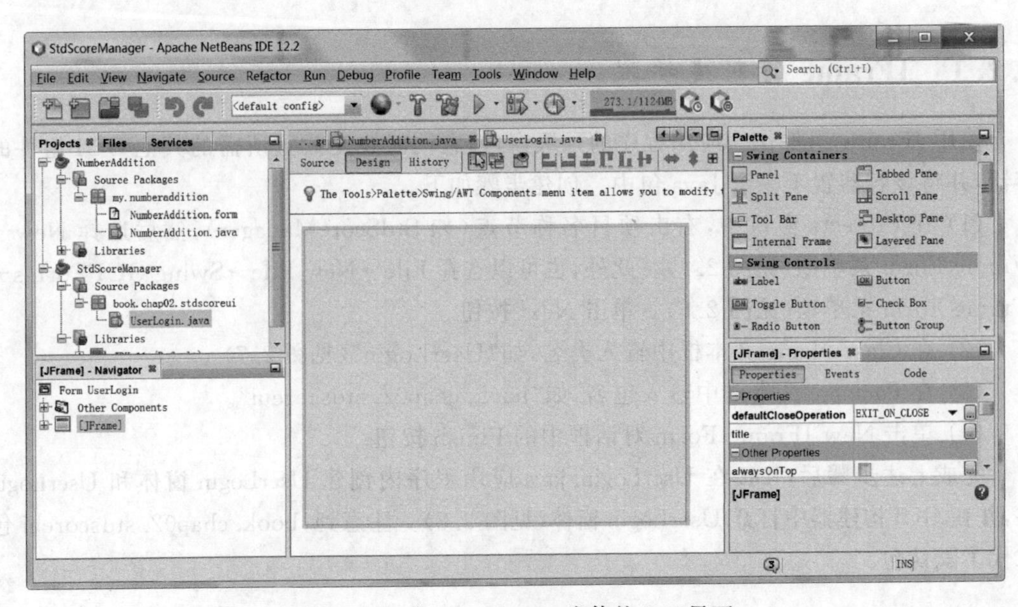

图 2.8　新建了 UserLogin 窗体的 IDE 界面

2.2.2 JFrame 的属性设置

在图 2.8 右下角区域的 Properties 窗口列出了 UserLogin 窗体的属性，包括 3 组：Properties、Other Properties 和 Accessibility。通过设置这些属性，可以配置窗口的外观和一些行为。以下介绍几个主要属性。

1. defaultCloseOperation 属性

此属性设置程序运行时单击该窗口的"关闭"按钮时的行为。单击图 2.8 属性窗口该属性右边的下三角按钮，出现 4 种选项(见图 2.9)。选择 HIDE 则设置单击该窗口的"关闭"按钮时，窗口隐藏起来；选择 EXIT_ON_CLOSE 则关闭窗口且程序退出运行；选择 DO_NOTHING 则程序无响应动作；选择 DISPOSE 则销毁窗口。默认设置为 EXIT_ON_CLOSE。

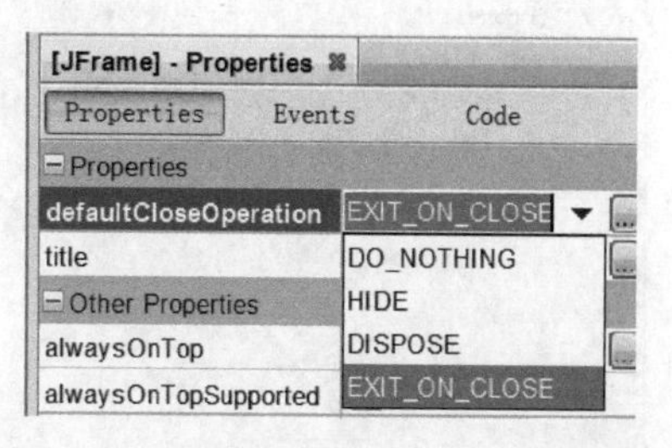

图 2.9 defaultCloseOperation 属性选项

2. title

此属性设置窗口的标题栏文字。单击该属性右侧的"…"按钮，出现 title 设置对话框，单击 Set Form's title property using 右侧组合框的下三角箭头，发现该属性值有四种设置方法。其中，Plain text 是直接输入文字串，如"用户登录"；Value from existing component 选项的 Component 设置为指定组件、Property 设置为指定组件的指定属性值(见图 2.10)、Method Call 设置为指定组件的指定方法的返回值(见图 2.11)；Custom code 则设置为输入代码的运算结果(见图 2.12)；Resource Bundle 则设置为从选定的 properties 文件中提取指定 key 的 value(见图 2.13)。properties 文件是文本格式，并以 properties 为扩展名，基本内容是若干行"key=value"，如图 2.13 示例中的 Bundle. properties 文件包含"college=陇东学院"一行内容。

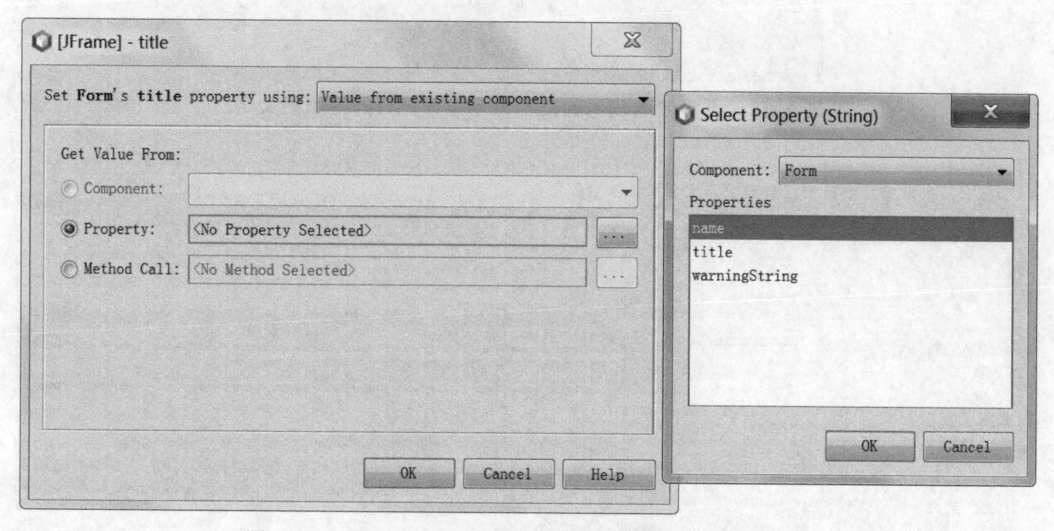

图 2.10 设置指定组件的属性值作为窗口的标题栏文字

最简单的设置方法是在属性 title 右边的文本框中直接输入字符串，如"用户登录"，按回车键即可。

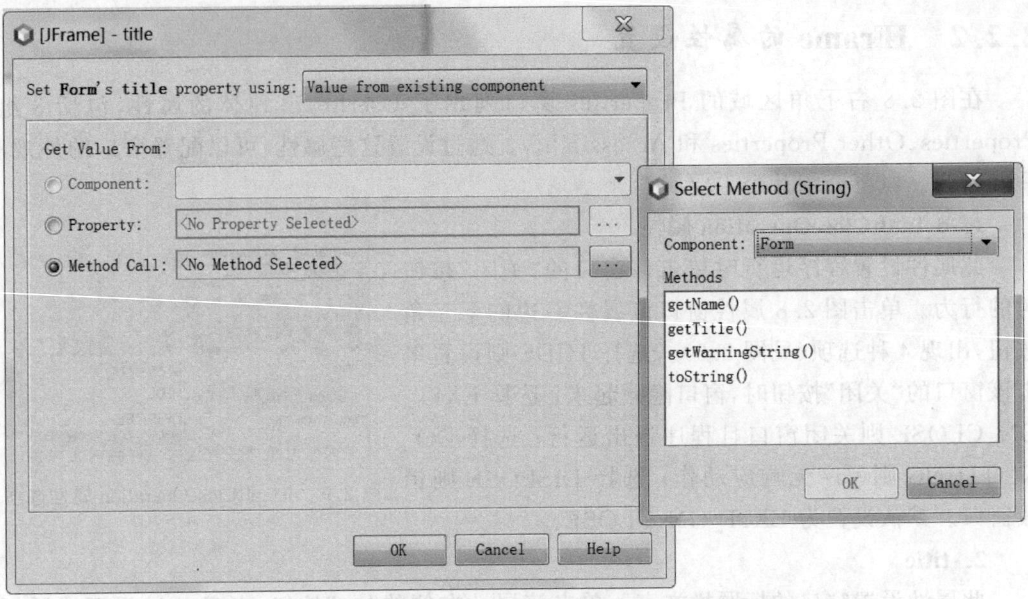

图 2.11　设置指定组件的指定方法返回值作为窗口的标题栏文字

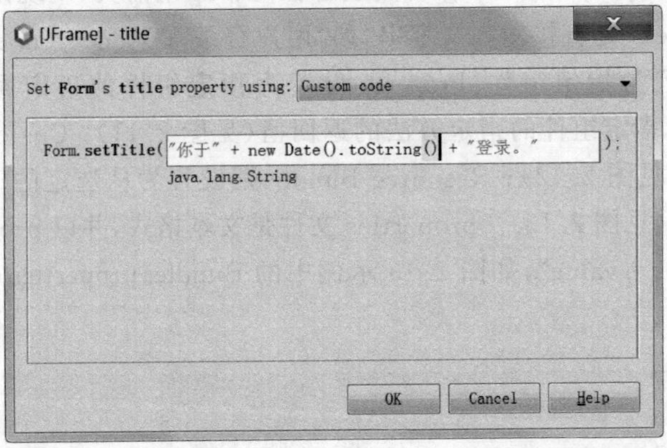

图 2.12　设置输入代码的运算结果作为窗口的标题栏文字

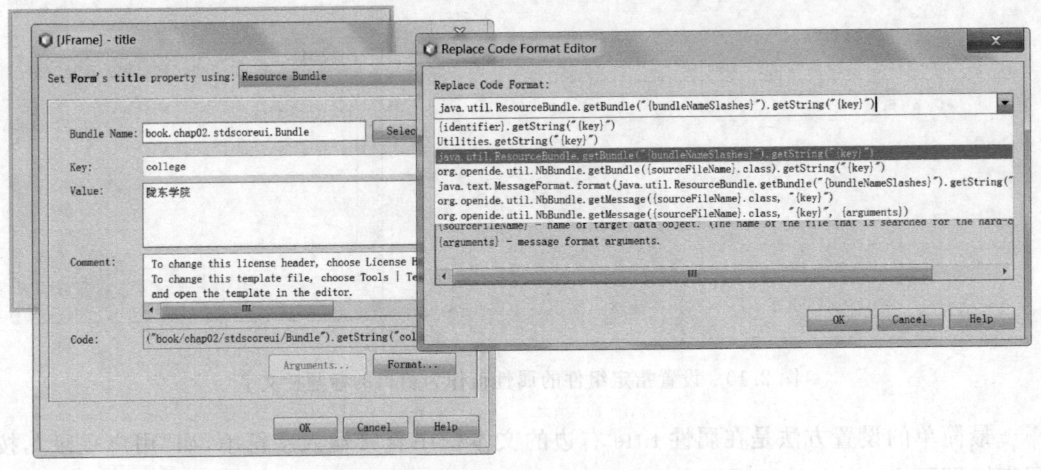

图 2.13　设置提取资源包的提取值作为窗口的标题栏文字

3. 其他属性

还有三十多个其他属性允许从多个方面设置窗体的细节，IDE 创建窗体之后对这些属性按照平台的一般惯例做了默认设置(见图 2.14)，可能需要根据程序的运行需求进行设置。以下结合用户登录窗体 UserLogin 的设计，简要介绍其中常用属性的设置，其余属性在以后遇到时再做介绍。

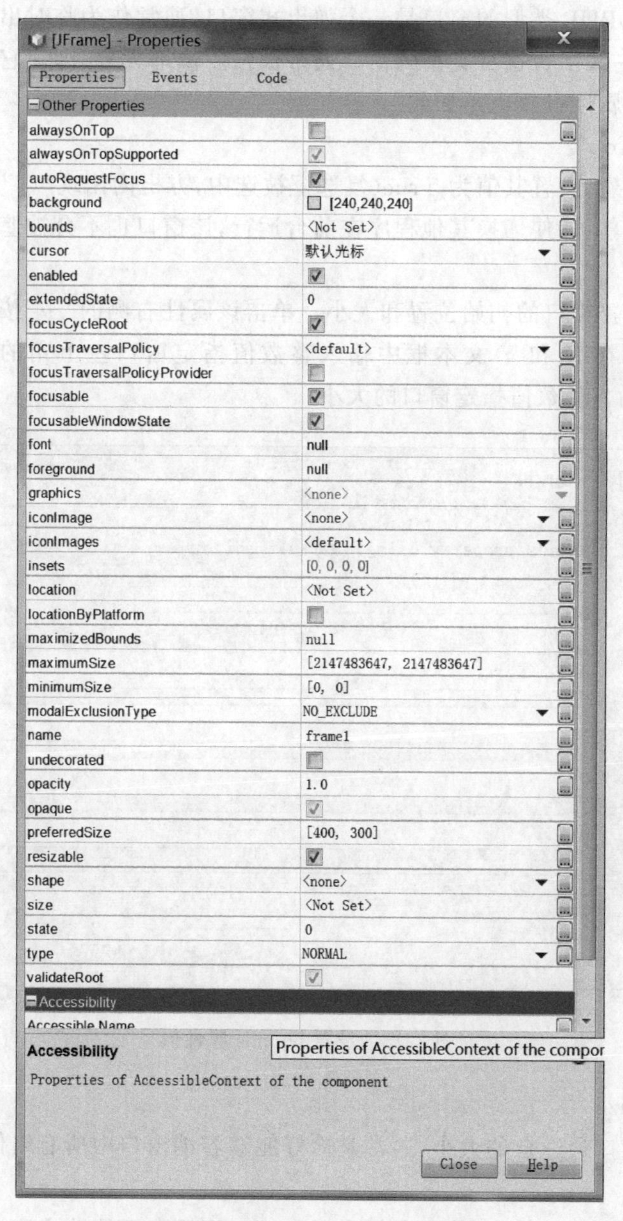

图 2.14　窗体其他属性的默认设置

1) locationByPlatform

窗体自动创建后运行程序，该程序窗口出现在屏幕左上角(窗口左上角坐标为(0,0))，这在大多数情况下都不符合用户的期望。设置窗体的 locationByPlatform 属性为选择状态

(复选框打钩),则运行时该窗口出现位置由视窗系统根据最后一个窗口的位置自动定位。

2）type

该属性设置窗口的类型,通过选择下拉列表项指定。有三种类型：NORMAL 是默认值,为普通窗口,一般作为程序的顶级窗口；UTILITY 类型的窗口是一个实用窗口,常作为工具栏或面板,如果用作修饰部件有效的顶级窗口或对话框,则本地系统用一个更小的标题栏描绘该窗口；POPUP 类型的窗口是一个弹出式窗口,通常作为临时出现一个下拉式菜单或工具提示框,在一些平台这种类型的窗口通常被强制修饰无效,即使它是一个顶级窗口或对话框窗口且修饰属性有效也是如此。

3）alwaysOnTop

单击该属性值列,设置其值为 True(复选框被选中,方框内出现“√”),则该窗口未关闭之前一直显示在屏幕,即使切换其他程序在前台运行,该窗口也不会被遮挡。

4）bounds

该属性用于设置窗口的初始位置和大小。单击该属性右侧的“…”按钮,出现 bounds 对话框(见图 2.15),在 X 和 Y 文本框中输入整数值指定窗口左上角的坐标,在 Width 和 Height 文本框中输入整数值指定窗口的大小。

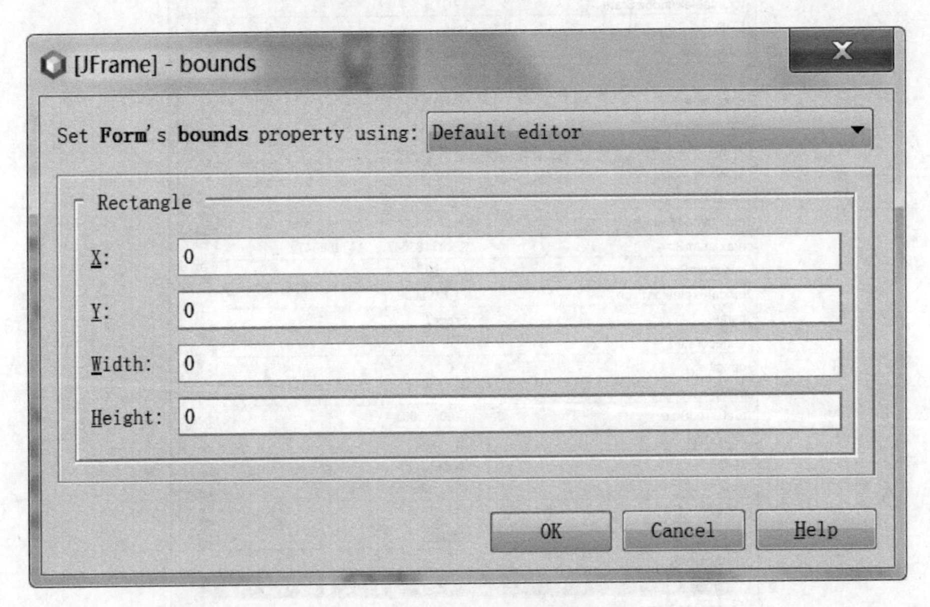

图 2.15　设置 bounds 属性值

5）prefferedSize

该属性设置窗口最适合的大小,通常是恰好能够容纳窗口中所有组件的大小。

6）resizable

该属性设置为未选择状态(值列方框内无“√”),则用户不能改变窗口大小,“最大化”按钮失效。

7）background

该属性设置窗口的背景颜色。单击该属性行右侧的“…”按钮出现 background 对话框(见图 2.16),可以用多种方式指定颜色。其中,HSV、HSL、RGB 和 CMYK 选项卡允许使用调色板设置窗口的背景颜色(见图 2.17),AWT Palette、Swing Palette 和 System Palette 选项卡允许选择预定义的配色方案设置窗口背景颜色(见图 2.18)。

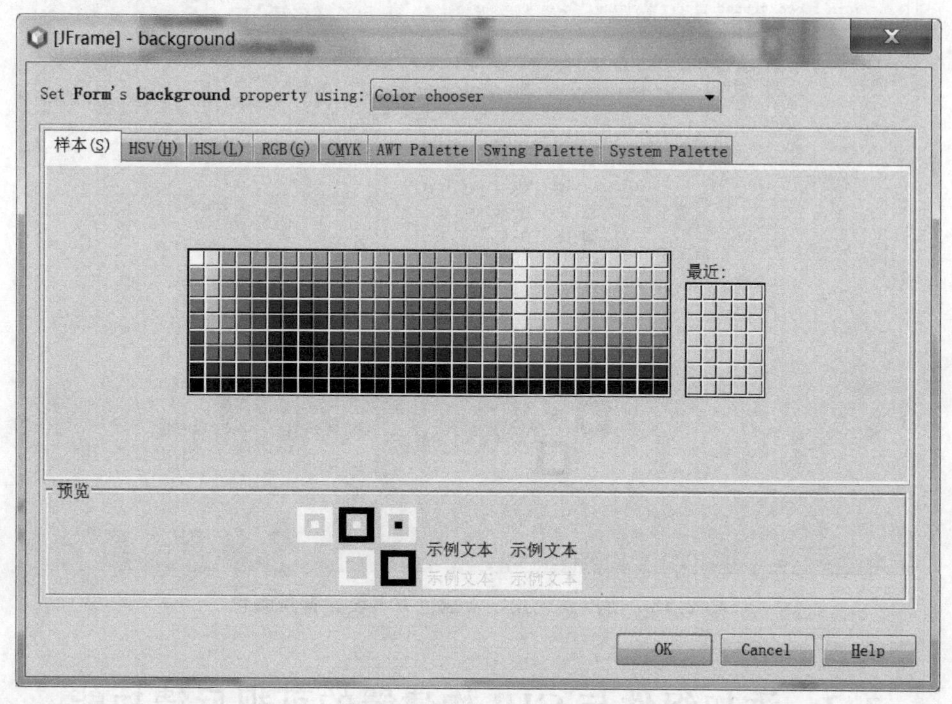

图 2.16 背景设置对话框

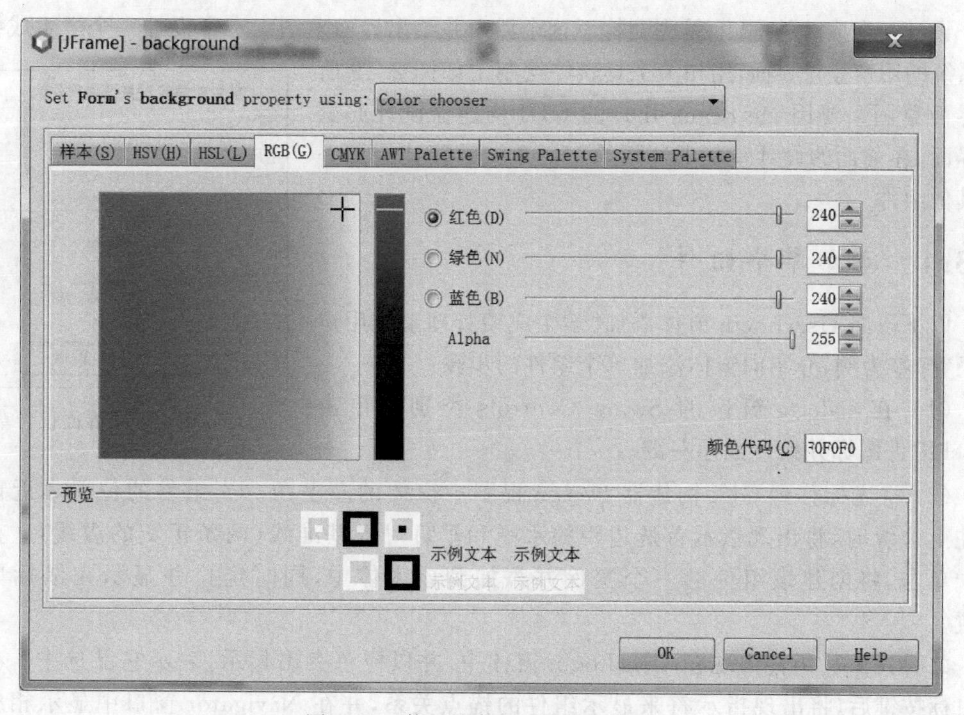

图 2.17 使用调色板设置背景颜色

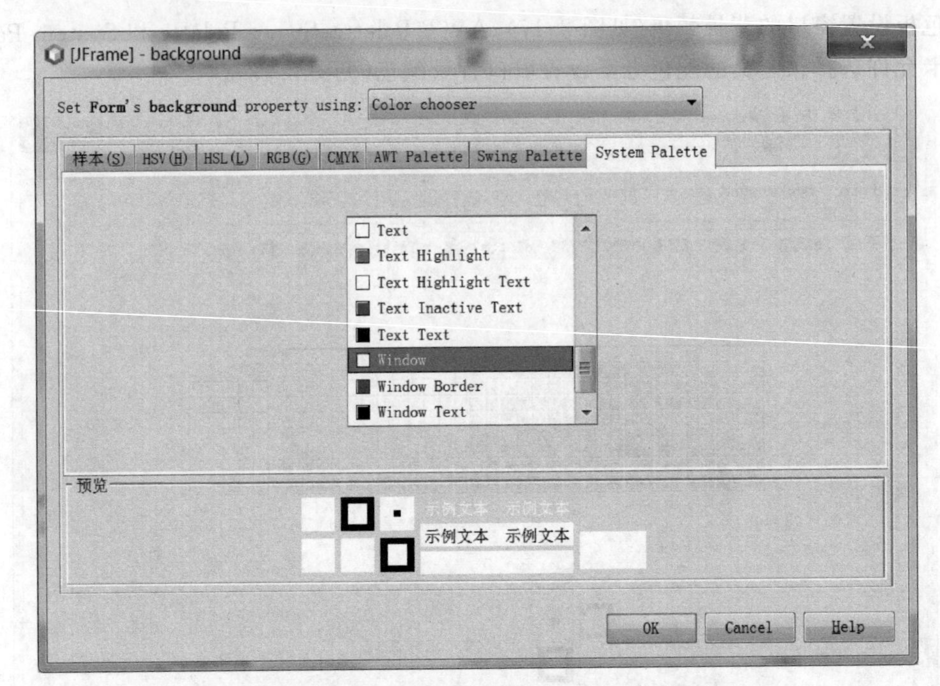

图 2.18　使用系统预定义配色方案设置背景颜色

2.3　添加组件与 GUI 构建器的可视反馈功能

设计一个成功的 GUI，首先要构思这个界面并绘出界面草图。本章设计一个学生成绩管理系统的用户登录界面，用相关工具软件绘制出如图 2.19 所示界面草图。要用 NetBeans IDE 的 GUI 构建器设计此登录界面，在前面的设计基础上还要给 UserLogin 窗体添加一些其他组件。

图 2.19　用户登录界面设计草图

2.3.1　添加单个组件

以下以向 UserLogin 窗体添加“学生成绩管理系统用户登录”标签为例，介绍向窗体添加单个组件的步骤。

（1）在 Palette 窗口的 Swing Controls 类别中单击 Label 组件图标并松开鼠标左键。

（2）将光标移到 GUI 构建器 Design 视图中窗体的左上角。当组件的位置靠近窗体的左上边缘时，将出现指示首选边距的水平和垂直对齐基准线（两条正交的虚线）。在窗体中单击，将创建该组件的一个实例并添加到该窗体中，同时定位并显示在鼠标单击位置。

此时，Label 组件出现在 UserLogin 窗体中，并以橙色突出显示，表示它已选中。在松开鼠标按键后，将出现指示符来显示组件的锚点关系，并在 Navigator 窗口中显示相应的 jLabel1 节点（见图 2.20）。

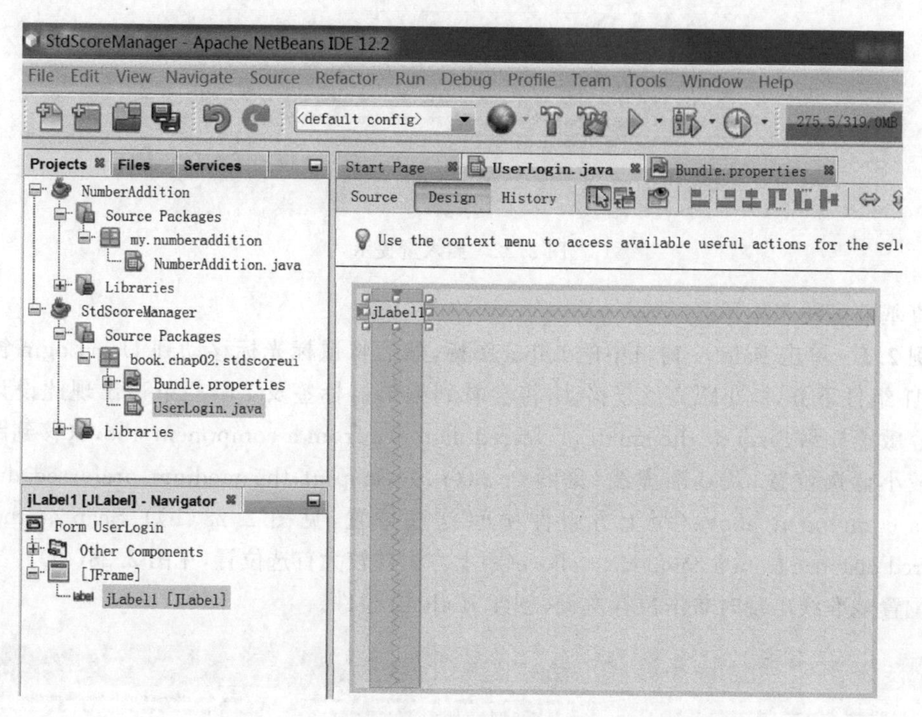

图 2.20 添加一个 Label 组件后的 IDE 视图

2.3.2 可视反馈功能

NetBeans IDE 的 GUI 构建器在设计界面时提供了即时动态反馈，提示对齐位置、有关组件锚点和链接关系等，这些帮助功能可以加快设计速度。

1. 对齐基准线

当添加或移动组件时会出现对齐基准线，提示松开鼠标按键时组件将对齐的首选位置。定位后对齐基准线将被实线和锚点指示符所取代，实线指明组件之间共享的公共对齐位置。

先明确几个相关的排版术语(见图 2.21)。**基线**(baseline)是一条虚构的线，如图 2.21 中字母“e”所在的底线。**上坡度**是从基线到坡顶的距离，如图 2.21 中字母“b”和“k”及大写字母的上面部分。**下坡度**是从基线到坡底的距离，如图 2.21 中字母“p”和“g”类字母的底线。行间距是某一行的坡底到相邻下一行的坡顶之间的空隙。

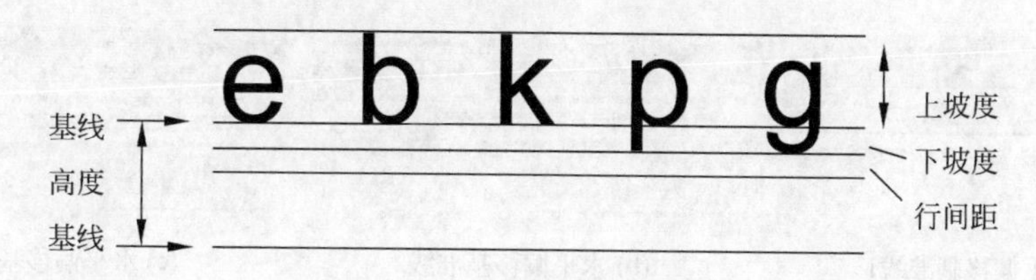

图 2.21 排版术语解释

(1) **插入量(inset)**：是组件与其所在容器边框之间的首选距离。通过水平和垂直基准虚线来指示(见图 2.22)。

(2) **偏移(offset)**：是相邻组件之间的首选距离。包括水平偏移和垂直偏移，通过水平

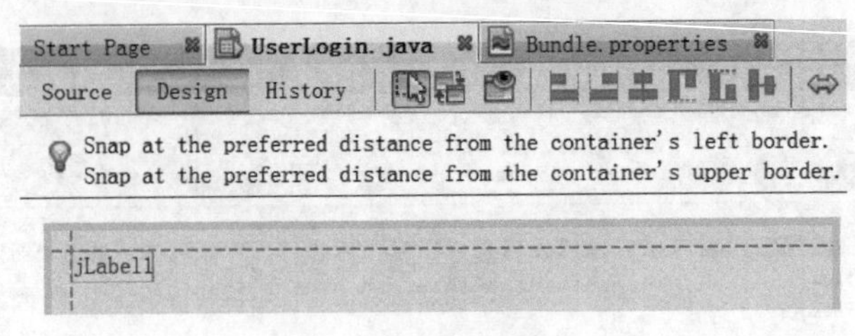

图 2.22　插入量提示

和垂直基准虚线来指示。

例 2.1　单击 Palette 窗口中的 Label 图标，然后将鼠标光标移动到 UserLogin 窗体中 jLabel1 组件下方，微小距离反复移动，将会看到编辑器标签及工具栏下边出现此设计操作的内容敏感提示 Snap at the small preferred distance from a component above(移到距上方组件较小首选位置)及基准虚线(见图 2.23(a))、Snap at the medium preferred distance from a component above(距上方组件中间首选位置，见图 2.23(b))、Snap at the large preferred distance from a component above(距上方组件较大首选位置，见图 2.23(c))。当较大首选位置基准线出现时单击鼠标左键，创建 jLabel2 组件。

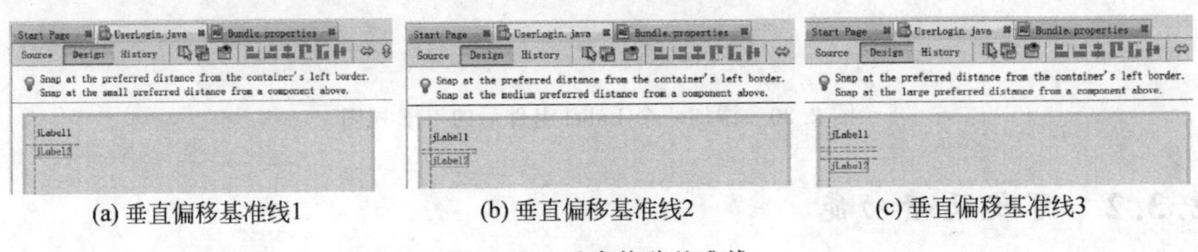

(a) 垂直偏移基准线1　　(b) 垂直偏移基准线2　　(c) 垂直偏移基准线3

图 2.23　垂直偏移基准线

例 2.2　单击 Palette 窗口中的 Text Field 组件图标，然后将鼠标光标移动到 UserLogin 窗体中 jLabel2 组件右边，微小距离反复移动，将会看到此设计操作的内容敏感提示 Snap at the small preferred distance from a component on the lcft(距左侧组件较小首选位置)及基准虚线(见图 2.24(a))、Snap at the medium preferred distance from a component on the left(距左侧组件中间首选位置，见图 2.24(b))、Snap at the large preferred distance from a component on the left(距左侧组件较大首选位置，见图 2.24(c))。当较小首选位置基准线出现，且与 jLabel2 基线对齐(Align on the baseline with another component)时单击鼠标左键，创建 jTextField1 组件。

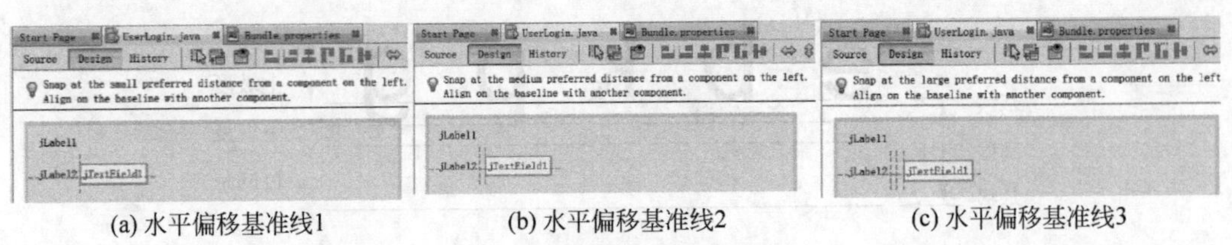

(a) 水平偏移基准线1　　(b) 水平偏移基准线2　　(c) 水平偏移基准线3

图 2.24　水平偏移基准线

(3) **基线(baseline)与边(edge)对齐**：是包含文本的相邻组件之间的首选关系。通过水平或垂直基准虚线来指示。在例 2.2 中当以微小距离移动 jTextField1 组件时，可以看到帮助栏提示 Align on the baseline with another component(基线与组件 jLabel2 对齐，见

图 2.24(a))、Align with the top side of another component(与 jLabel2 的顶边对齐，见图 2.25(a))。同法移动 jLabel2 会出现 Align with the bottom side of another component(与 jTextField1 的底边对齐，见图 2.25(b))。

例 2.3 单击 Palette 中的 Text Field 图标，然后将鼠标光标移动到 UserLogin 窗体中 jTextField1 组件下方，微小距离反复移动，将会看到 Align with the left side of another component(与另一个组件的左边对齐，见图 2.25(c))提示和 Align with the right side of another component(与另一个组件的右边对齐，见图 2.25(d))。当左边对齐基准线出现，且距上方 jTextField1 较大首选距离时单击鼠标左键，创建 jTextField2 组件。

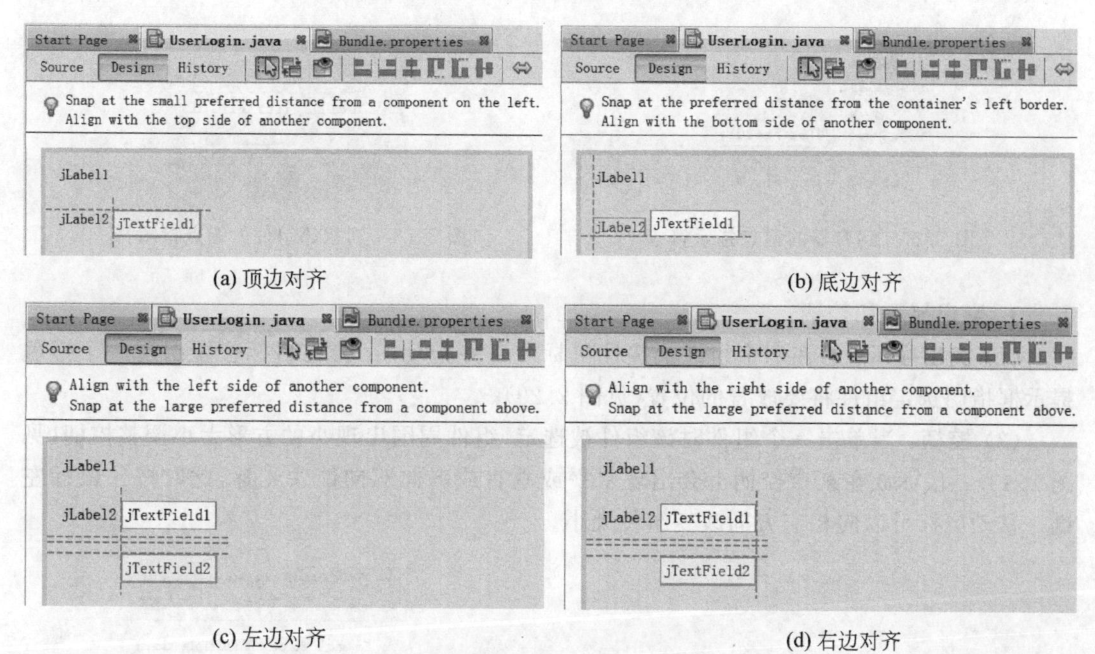

(a) 顶边对齐　(b) 底边对齐　(c) 左边对齐　(d) 右边对齐

图 2.25　基线及边对齐

请试着创建 jLabel3 组件，距容器左边框首选距离，且与右边 jTextField2 基线对齐。

(4) **缩进(indent)**：是一种特殊的对齐关系，其中一个组件位于另一个组件的下方小于较大首选距离并稍微向右偏移。通过两条垂直的基准虚线来指示(见图 2.26)。

使用 GUI 构建器的上述功能可以帮助对齐组件的位置。

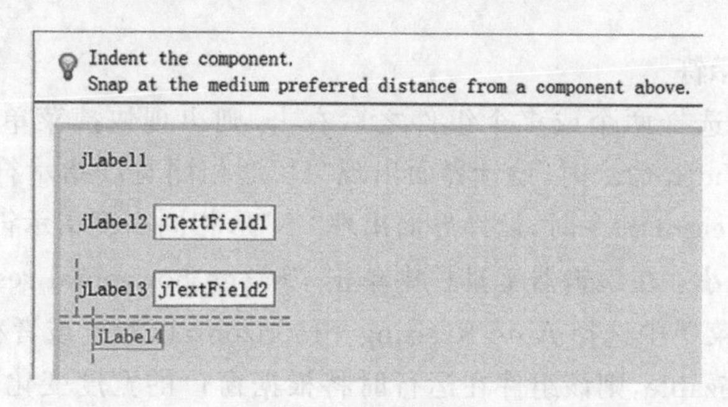

图 2.26　缩进

2. 锚点指示符

当组件对齐到位后，会出现实心锚点指示符，指明组件之间共享的公共对齐位置。

(1) **容器**：将各个组件连接到它们所在容器的**锚点**是以小的半圆指示符表示，并有从组件本身延伸到容器边缘的虚线（见图 2.27）。如图 2.27 中 jLabel1 有向上延伸到容器上边缘和向左延伸到容器左边缘的锚点指示符。

(2) **组件**：一个组件连接到与它相邻组件的锚点是以小的半圆指示符表示，并有从一个组件延伸到其他组件的虚线（见图 2.28）。如图 2.28 中 jTextField2 有向上延伸到 jTextField1 和向左延伸到 jLabel3 的锚点指示符。

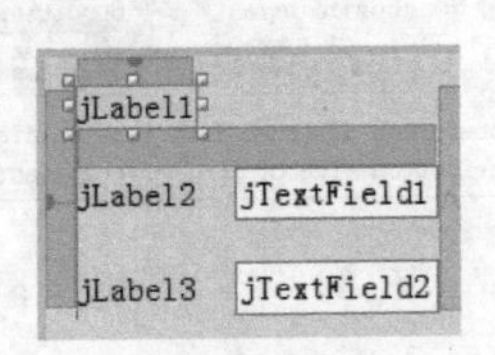

图 2.27　到容器的锚点指示符

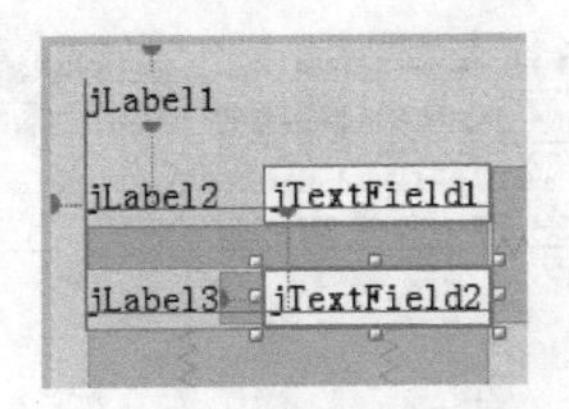

图 2.28　到相邻组件的锚点指示符

3. 突出显示和控柄

(1) **突出显示**：当在一个组件上按住鼠标左键并拖动时，会在目标位置出现一个橙色提示框指明选定组件将要放置的位置（见图 2.29）。

(2) **控柄**：当单击一个组件时该组件被选定，组件周围出现小的方形大小调整控柄（见图 2.30）。鼠标放在某个控柄上会出现水平或垂直或斜向双向箭头光标，此时按住鼠标左键并移动鼠标可以向相应方向改变组件大小。

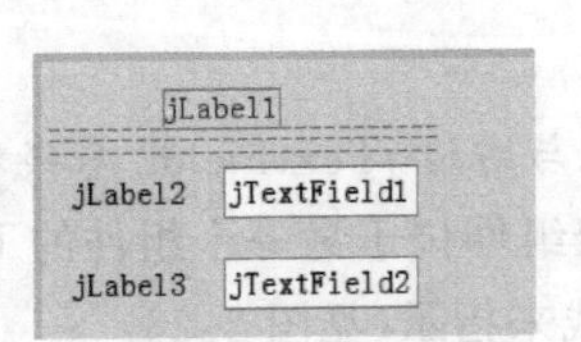

图 2.29　突出显示

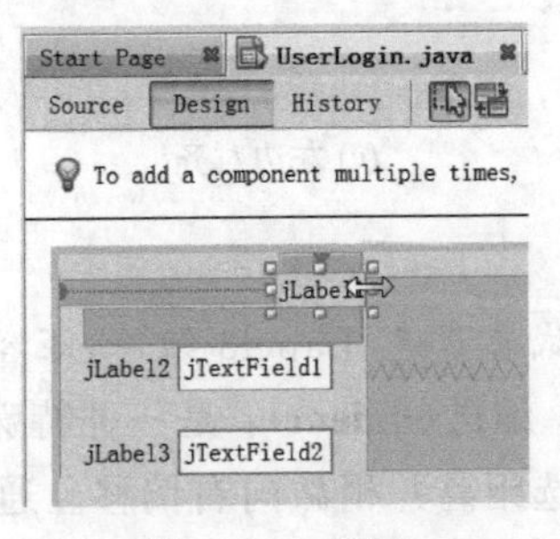

图 2.30　控柄

4. 大小调整指示符

(1) **相同大小**：选择两个或多个组件之后右击，则出现快捷菜单（见图 2.31）。选择 Same Size→Same Width 命令时，设计界面出现“H”形相同宽度指示符（见图 2.32）；选择 Same Size→Same Height 命令时，设计界面出现“工”形相同高度指示符（见图 2.33）。

(2) **自动调整大小**：在编辑器工具栏中单击 Change horizontal resizability 按钮 ，或者在图 2.31 的快捷菜单中选择 Auto Resizing→Horizontal 命令，或者在组件的属性窗口中选取 Horizontal Resizable，则该组件在运行时将根据窗口的宽度变化而自动调整宽度，设计视图中组件左右出现宽度调整指示符（见图 2.34），工具栏按钮 处于选择（按下）状态。用同样的方法（ ）可以设置组件的高度可调性，并出现高度调整指示符（见图 2.35）。

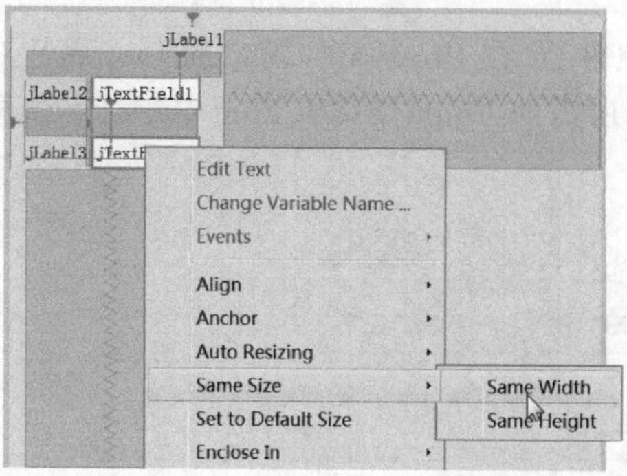

图 2.31 相同大小菜单

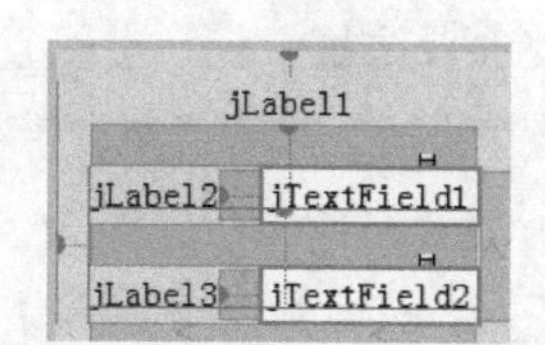

图 2.32 相同宽度指示符

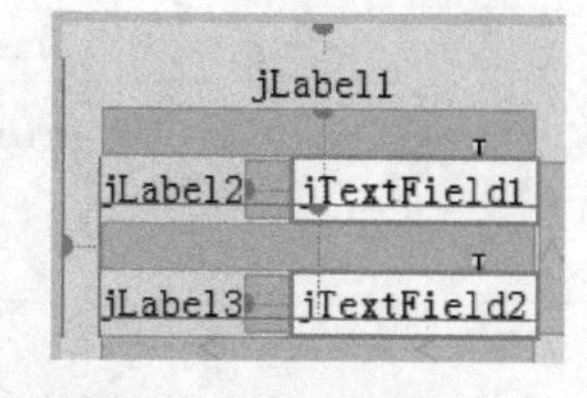

图 2.33 相同高度指示符

图 2.34 水平大小可调性指示符

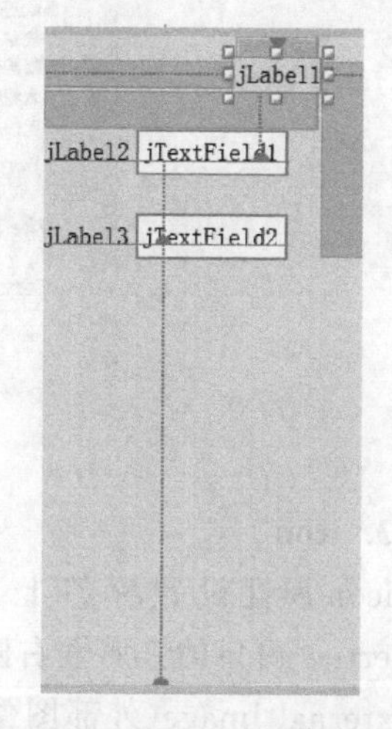

图 2.35 垂直大小可调性指示符

2.4 标签和文本字段的设计

标签(Label)和文本字段(Text Field)是两个简单的 Swing 控件，正如 2.3 节所讲，创建方法十分简单，它们的设计工作主要是按照程序要求设置组件的属性。

2.4.1 标签的属性

标签用于描述其他组件，可以显示纯文本、图片或者二者都有，包括 Properties(主要属性)、Other Properties(其他属性)、Layout(布局)和 Accessibility(访问性)四个方面，共几十个具体属性。以下介绍标签常用属性。

1. text

text 属性设置标签显示的文字。双击该组件，标签上原来的文字将被选中，并出现插入点，直接输入新文字内容即可。例如，双击 jLabel1，然后输入“学生成绩管理系统用户登录”，回车即可。该属性也有与 JFrame 的 title 属性相同的设置方法(见图 2.10～图 2.13)。

2. font

font 属性设置标签显示文字的字体。选择该组件后，在 Properties 窗口的 font 属性右侧列单击，出现字体设置对话框（见图 2.36），选择所需的 Font（字体）、Font Style（字体样式）和 Size（大小），单击 OK 按钮即可。

图 2.36　字体设置对话框

3. icon

icon 属性设置标签上显示的图标，并与文字同时显示出来。选择该组件后，在 Properties 窗口的该属性右侧的“…”按钮上单击，出现 icon 设置对话框（见图 2.37），可以单击 External Image（外部图像）下的 File or URL 右边的“…”按钮，在出现的 Select Image File 对话框中选择需要的图像文件，单击“打开”按钮，之后单击 OK 按钮，该图像即显示在标签上文字的左边。

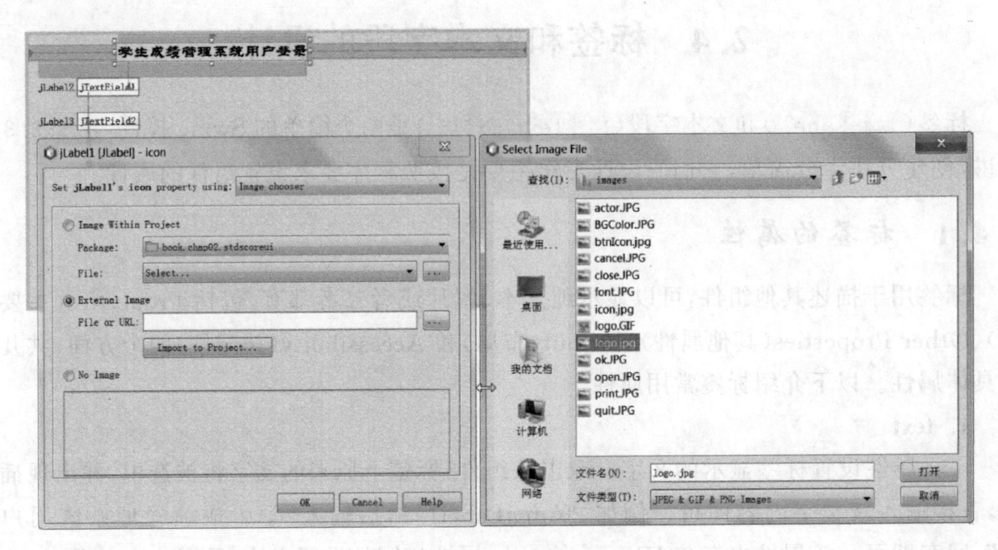

图 2.37　icon 设置对话框

4. horizontalAlignment

该属性设置标签上文字在标签空间的水平对齐方式。选择该组件后，单击 Properties 窗口该属性右侧的下三角按钮，出现选择列表(见图 2.38)。其中，LEADING 是首端对齐、TRAILING 是尾端对齐、LEFT 是左对齐、RIGHT 是右对齐、CENTER 是居中对齐。选取适合的列表项。

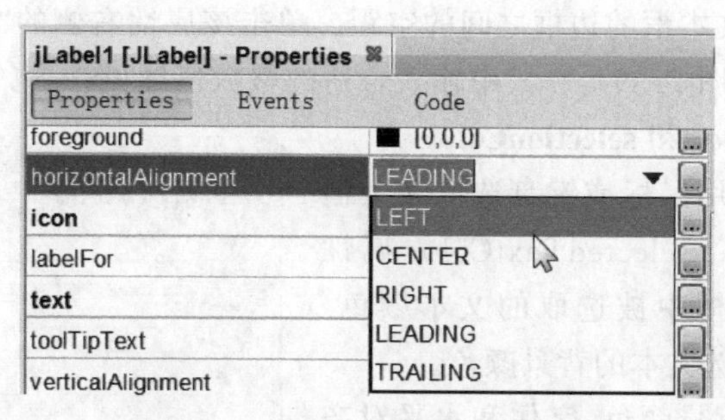

图 2.38　标签水平对齐方式选择

5. iconTextGap

如果 text 属性和 icon 属性都设置，该属性指定它们之间的间距。

6. displayedMnemonic 和 labelFor

displayedMnemonic 属性设置标签的访问键，labelFor 属性设置该标签附着的组件。当用户按下 Alt+访问键时，焦点转移到 labelFor 属性指定的组件。例如，设置 UserLogin 窗体中 jLabel2 的访问键是 2(输入字符 2 或其 ASCII 码)，指定 labelFor 为文本字段 jTextField1，则 UserLogin 运行时用户按 Alt+2 组合键，焦点会转移到文本字段 jTextField1。

此外，背景和前景颜色也是常用属性，设置方法与 JFrame 的背景色设置方法相同，见图 2.16～图 2.18。

2.4.2　文本字段的属性

文本字段也称文本框，是 Swing 中的基本输入组件，允许用户在该组件显示的文本框中输入文本、删除文本、选中文本和移动文本。以下介绍该组件的常用属性。

1. text

设置运行时该组件中的初始文字。如果初始为空白文本框，需要将该属性值设置为空白，即属性值列无文字内容。

2. columns

指定该组件的显示列数，是一个整数值。例如，在 UserLogin 窗体的 jTextField1 的 colmuns 属性值列输入 20，则 jTextField1 的宽度调整为能够显示 20 个字符。

3. editable

设置该文本字段是否可以编辑。如果选取该属性(右侧复选框出现√，其值为 True)，则运行时可以编辑该文本字段中的内容，否则其中的内容不可编辑。

4. caretColor

设置运行时该文本框中插入点的颜色。插入点是在文本框中闪动的一条竖线，将要输入或编辑的字符在该竖线的右边(也可以删除左边文字)。设置方法与修改背景颜色相同。

5. caretPosition

设置运行时该文本框中插入点的初始位置，是一个整数值。一般默认为该文本框中字符的个数，表示插入点在最后一个字符后面，新输入的内容紧接在原字符串末尾。设置为 0 表示新输入的内容位于文本框的头端。

6. margin

设置文字区域和文本框的边框之间的空距。单击该属性右侧的“…”按钮，出现 margin（边距）设置对话框（见图 2.39），在其中输入合适的整数值即可。

7. selectedTextColor 和 selectionColor

运行时，用户可以用鼠标或键盘选取文本框中的部分或全部文字。selectedTextColor 属性设置运行时在该文本框中被选取的文本颜色，selectionColor 设置被选文本的背景颜色。

此外，前景颜色、背景颜色、字体和水平对齐方式等属性的设置方法与标签相同。

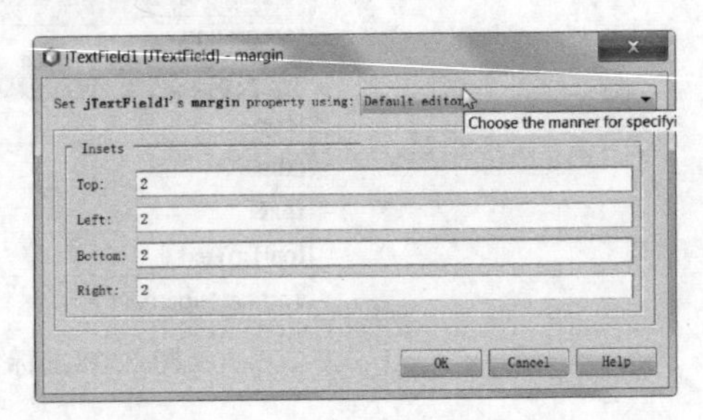

图 2.39　margin 设置对话框

2.4.3　设计实例

在前面设计的 UserLogin 用户登录窗体中，包含三个标签组件和两个文本字段组件，但它们都采用默认属性值，一般情况下对其属性需要按照设计要求进行修改。

例 2.4　按照图 2.19 的设计草图，对 UserLogin 用户登录窗体中标签和文本字段的属性进行设置，使它们的显示外观美观大方。

解：分别对三个标签和两个文本字段进行属性设置。操作步骤如下。

(1) 在 UserLogin 用户登录窗体中右击标签 jLabel1 组件，在弹出的快捷菜单中选择 Change Variable Name 命令，在弹出的 Rename 对话框的 New Name 文本框中输入“jLabelTitle”。一般自动产生的组件名称都难以看出其在程序中的作用，为了使程序容易维护，需要修改组件名称而使阅读代码时可以“见名知意”。使用同样的方法将 jLabel2 变量名重命名为 jLabelUserName、jLabel3 变量名改为 jLabelPassword、jTextField1 变量名改为 jTextFieldUserName、jTextField2 变量名改为 jTextFieldPassword。

(2) 选取 jLabelTitle 标签，在 Properties 窗口的 text 属性右侧列单击，输入文字“学生成绩管理系统用户登录”后按回车键；单击 font 属性右侧列，在 font 对话框中选择 Font 为楷体、Font Style 为 Bold、Size 为 24，单击 OK 按钮；单击 foreground 属性右侧“…”按钮，在 foreground 对话框的“样本”选项卡中选择第 7 行第 6 列颜色块（提示框显示 0,51,153），单击 OK 按钮；单击 horizontalAlignment 属性右侧列的下三角按钮，选择 CENTER；单击 icon 属性右侧“…”按钮，在 icon 对话框中单击 Import to Project 按钮（见图 2.37），选择要导入的图像文件 logo.jpg，单击 Next 按钮，Select Target Folder 选为 book\chap02\stdscoreui，单击 Finish 按钮，接着单击 OK 按钮。

(3) 双击 jLabelUserName 标签，输入文字“用户名：”后回车；双击 jLabelPassword 标签，输入文字“密码：”后回车。这两个标签的显示文字被修改。

(4) 单击 jLabelUserName 标签，按住 Ctrl 键并单击 jLabelPassword 标签，即同时选择这两个组件，右击并选择 Same Size→Same Width 菜单项；单击属性窗口的 font 右侧列，在

font 对话框中选择 Size 为 18；单击属性窗口的 horizontalAlignment 右侧列，选择 RIGHT。

(5) 同时选择 jTextFieldUserName 和 jTextFieldPassword 两个组件，单击 text 属性右侧文本框，然后按 Delete 键，清除文本框中的文字；单击 columns 属性右侧列，输入"20"，按回车键，设置它们的可显示宽度为 20 个字符；单击 font 属性右侧列，选择 Size 为 18。

完成上述步骤之后，单击设计区域工具栏中的 Preview Design 按钮，看到如图 2.40 所示的界面。

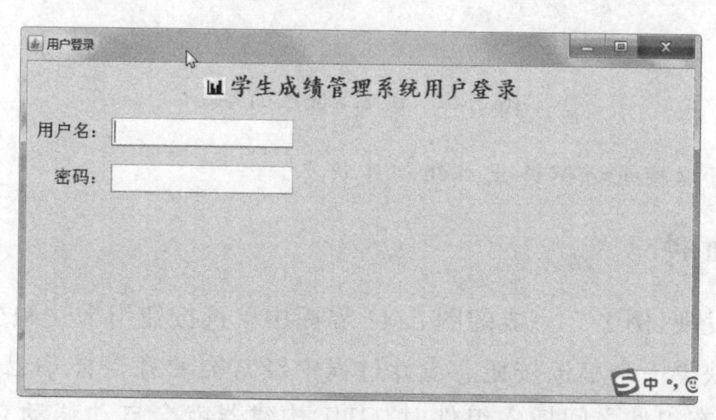

图 2.40　例 2.4 程序预览界面

2.5　组件的成组设计

为了加快创建组件的速度，可以在容器中快速连续创建一组相同类型的组件。单选按钮(Radio Button)是一种常用的选择组件，通常供用户多选一。可以把多个单选按钮归为一个按钮组(Button Group)限制用户的选择唯一性。

2.5.1　添加多个组件

有时候需要向图形界面中连续添加多个相同类型的组件，这时在组件面板中单击这个组件后，在按住 Shift 键的同时连续多次单击拖放组件，可以快速向窗体中添加多个这种组件。执行此任务时，GUI 构建器会显示建议组件首选间距的水平和垂直基准线。

例 2.5　向例 2.4 所设计的图 2.40 界面中添加用于选择用户角色的单选按钮。

解：从图 2.19 看出，这是三个相邻显示的单选按钮，这里采用添加多个组件的技巧，步骤如下。

(1) 打开 StdScoreManager 项目和 UserLogin 用户登录窗体。

(2) 单击组件面板中的 Radio Button 组件图标，将鼠标移到 jLabelPassword 标签的下方，当帮助栏中出现"Indent the component. Snap the medium preferred distance from a component above."提示时，按住 Shift 键并单击鼠标。

(3) 鼠标向右移动，当帮助栏中出现"Snap at the medium preferred distance from a component on the left. Align on the baseline with another component."提示时，单击鼠标。

由于步骤(3)操作没有按住 Shift 键(忘记了)，不能继续连续创建第三个单选按钮，留待后面介绍插入组件时解决。例 2.5 得到如图 2.41 所示界面。

注意：连续创建一组组件时需要按住 Shift 键。但是创建最后一个组件时应松开 Shift

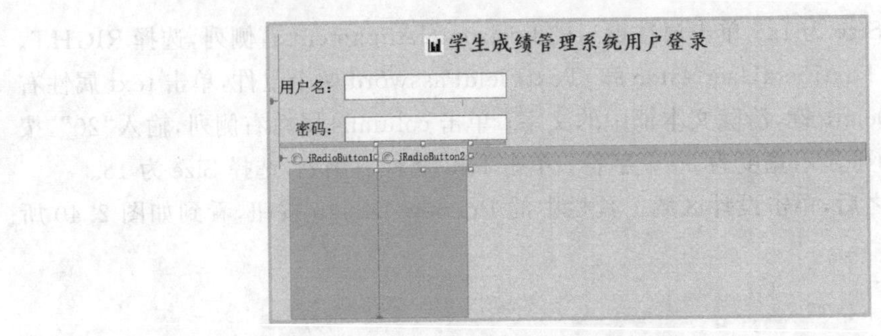

图 2.41　例 2.5 完成的界面

键，如果没有松开可以按 Esc 键终止成组创建状态。

2.5.2　插入组件

对照图 2.19 发现，例 2.5 完成的图 2.41 界面中单选按钮组上边缺少一个说明标签“我是一名:”，此外还缺少一个单选按钮。设计过程中经常需要在窗体中已放置的组件之间插入组件。在两个现有组件之间插入组件时，GUI 构建器就会自动移动它们，以便为新组件留出空间。

例 2.6　在例 2.5 完成的图 2.41 界面中，补上标签“我是一名:”和一个单选按钮。

解：采用插入组件技术补上，操作步骤如下。

(1) 单击 Palette 窗口 Swing Controls 类别中的 Radio Button 组件图标。

(2) 将光标移到位于第四行的两个单选按钮上，使 jRadioButton3 与原来两个组件第二个的左边线对齐，并与它们的基线对齐。

(3) 单击鼠标即将 jRadioButton3 放置在 jRadioButton1 和 jRadioButton2 之间。

(4) 单击组件面板的 Swing Controls 类别中的 Label 组件。

(5) 将光标移到位于第四行和第五行行首的两个组件上，使新建组件 jLabel1 与两者都重叠，并移至容器左边缘的首选位置(见图 2.42(a))。

(6) 单击鼠标即在原第四行和第五行之间新增一行，将 jLabel1 放置在了该新增行的行首(见图 2.42(b))。

(7) 双击 jLabel1 组件，输入“我是一名：”。分别右击 jRadioButton1、jRadioButton3、jRadioButton2 按钮，选择 Edit Text 菜单项，修改文字为“学生”“教师”和“管理员”。

(8) 将 jLabel1、jRadioButton1、jRadioButton3 和 jRadioButton2 组件的变量名分别更改为 jLabelActor、jRadioButtonStd、jRadioButtonTch 和 jRadioButtonAdmin。

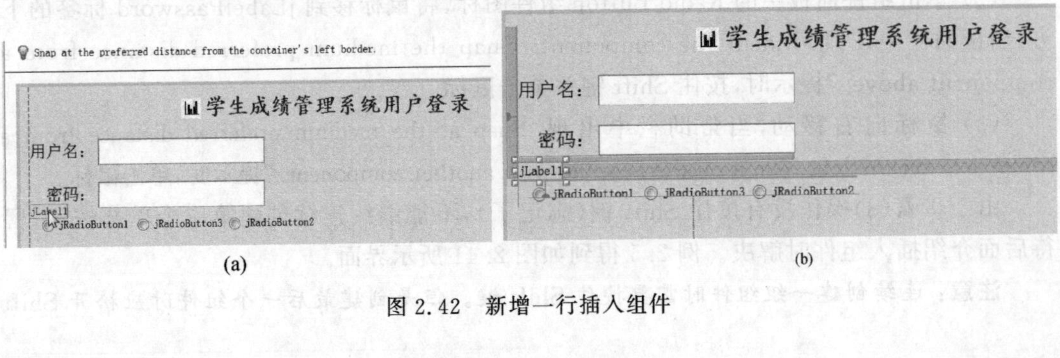

(a)　　　　(b)

图 2.42　新增一行插入组件

2.5.3 创建按钮组

实际编程中经常需要设计一组单选按钮,以便程序运行时允许用户只能选取其中一个。此时需要将这些单选按钮添加到一个按钮组中。

例 2.7 将例 2.6 完成的界面中的三个单选按钮添加到同一个按钮组中,使用户登录时只能选择其中一个角色。

解:操作步骤如下。

(1) 单击 Palette 窗口 Swing Controls 类别中的 Button Group 组件图标。

(2) 单击 GUI 构建器设计区域中的任意位置,将按钮组 buttonGroup1 组件添加到窗体中。请注意,buttonGroup1 本身不会显示在窗体中,而是显示在 Navigator 窗口该窗体的 Other Components 节点下。

(3) 更改按钮组 buttonGroup1 组件的变量名称为 buttonGroupActor。

(4) 选择窗体中的所有三个单选按钮 jRadioButtonStd、jRadioButtonTch 和 jRadioButtonAdmin。

(5) 在属性窗口中从 buttonGroup 属性下拉列表框中选择 buttonGroupActor(见图 2.43)。三个单选按钮即添加到此按钮组中。

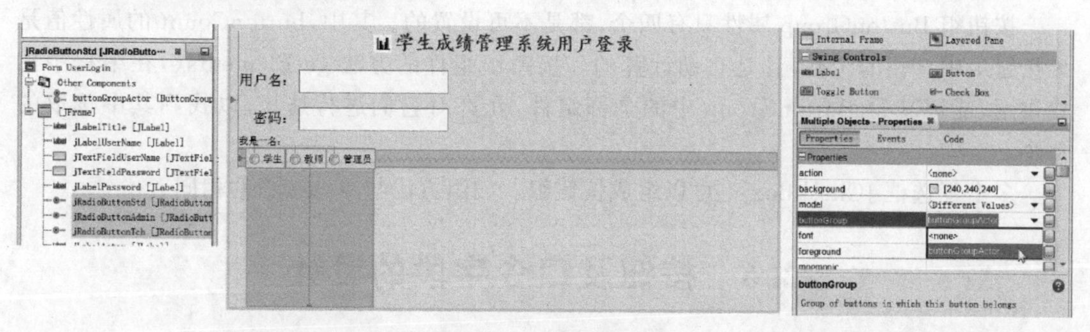

图 2.43 创建按钮组

2.5.4 单选按钮及按钮组的属性设置

单选按钮 JRadioButton 是 Swing 的一种选择组件,多个单选按钮通常组合在一起,向用户呈现带有必选答案的问题,而且该问题只能有一个答案。一旦选择了单选按钮就不能取消对它的选择,除非选择了在同一组中的另外一个单选按钮。实现将多个单选按钮组合为一组的是按钮组 ButtonGroup 组件。同一个按钮组中的单选按钮其中一个被选择时,另外一个就自动取消选择。

单选按钮也有几十个属性,其中设置背景颜色、前景(文字)颜色、字体以及文字对齐方式等与标签和文本字段基本相同。下面介绍几个主要属性。

1. text

该属性设置单选按钮的显示文字。设置方法与前述相同。该属性的文字出现在圆形按钮的右侧(学生 教师 管理员)。

2. selected

设置该单选按钮初始是否为选取状态。若设置该属性右侧为选取(√),则初始为选取状态（ ），否则初始为未选取状态（ ）。其值在设计视图中也反映出来。

3. icon

该属性设置将单选按钮的圆形图标改变为所设置的图像。与标签 JLabel 的 icon 属性设置方法相同。

4. pressedIcon

设置此属性则在该单选按钮按下鼠标左键时，按钮的圆形图标变为所设置的图像。松开鼠标左键时恢复原样。

5. rolloverIcon

在该单选按钮处于未选取状态，鼠标移到该按钮上时，该按钮的图标变为此属性所设置的图像。鼠标移出该按钮的区域时，按钮图标恢复原样。

6. selectedIcon

在选择这个单选按钮之后，按钮的图标变为此属性所设置的图像。选择其他单选按钮时（此时已取消了对该按钮的选择），该按钮图标恢复原样。

7. rolloverSelectedIcon

当单选按钮处于选择状态，鼠标移到该按钮的区域时，按钮的图标变为该属性所设置的图像。该按钮未被选择或鼠标移出该按钮的区域，则其图标恢复原样。

按钮组 ButtonGroup 属性只有四个，都是不可设置的。其中，buttonCount 的属性值是该按钮组中按钮的个数，且是自动计算的。按钮组组件的方法 getElements()在编程中比较常用，能够获得 ButtonGroup 中的全部组件，允许对它们进行迭代，以找到其中选取的那个。

多个复选框 JCheckBox 也可以组成按钮组。归组方法与单选按钮的相同。

2.6 按钮及口令字段的设计

按钮（ Button）在 Java GUI 中提供了快速执行命令的简便方法，以便响应用户操作。本节介绍按钮创建及其属性设置，对用户操作的响应在第 3 章介绍。口令字段（ Password Field）通常用于输入需要加密显示的信息，本节将用口令字段替换 UserLogin 用户登录窗体的密码。

2.6.1 按钮的设计

Swing 中的基本动作组件是按钮（JButton），与许多窗口中都能看到的“确定”和“取消”按钮一样，在单击它们之后，将发生一些事情。按钮是最常见的事件源。鼠标单击按钮组件，一般会立即引起特定指令的执行。

单击 Palette 的 Button 图标，然后在窗体中单击，即可创建一个按钮。按住 Shift 键连续单击可以创建多个按钮。

1. 定制代码

可以定制 GUI 构建器自动生成的代码风格。NetBeans IDE Properties 窗口的 Code 选项卡中提供了定制代码的入口（见图 2.44）。

在 Variable 行的右侧列单击，输入新的变量名称，可以更改自动生成的该组件的变量

jButton1 [JButton] - Properties	
Properties	Events / Code
Code Generation	
Bean Class	class javax.swing.JButton
Variable Name	jButton1
Variable Modifiers	private
Type Parameters	
Use Local Variable	
Generate Mnemonics Coc	
Custom Creation Code	
Pre-Creation Code	
Post-Creation Code	
Pre-Init Code	
Post-Init Code	
Post-Listeners Code	
Pre-Adding Code	
Post-Adding Code	
After-All-Set Code	
Pre-Declaration Code	
Post-Declaration Code	
Code Generation	Generate Code
Serialize To	UserLogin_jButton1

图 2.44　Properties 窗口的 Code 选项卡

名。如将新创建按钮的变量名称“jButton1”修改为“jButtonOK”。

单击 Variable Modifiers 右侧的“…”按钮，在打开的对话框中可以更改 Access 修饰符和 Other Modifiers（见图 2.45）。

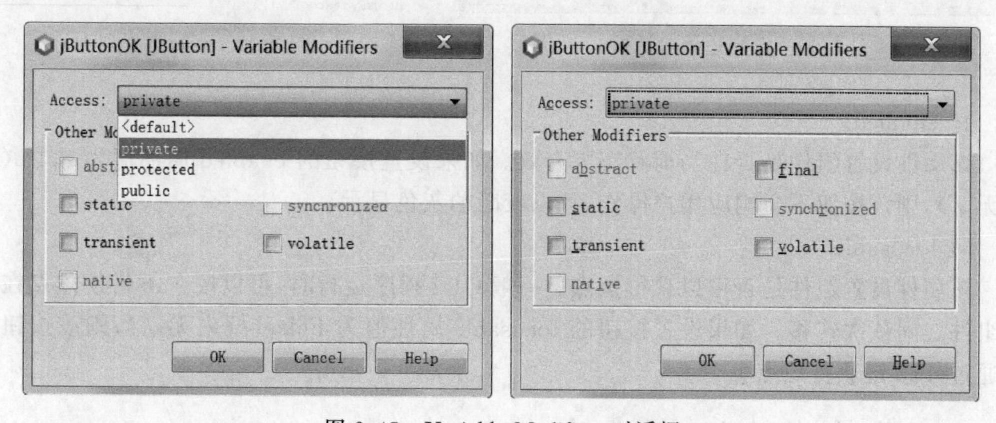

图 2.45　Variable Modifiers 对话框

2. 属性设置

按钮组件的 text、foreground、background、font、icon、mnemonic、horizontalAlignment、selected、margin 和设置大小等属性，大多数与单选按钮和标签等组件含义及设置方法相

同。下面再介绍一些属性，这些属性其他组件也存在并具有相同或相似的含义。

1）toolTipText

该属性设置组件的工具提示文字。当鼠标悬停在（鼠标光标移动到组件上稍停留一会儿）该组件上时，鼠标光标下边出现黄色小方框，方框内显示的是此属性设置的文字。

2）border

该属性设置组件的边框样式。鼠标在该属性的右侧列中单击，出现边框 border 设置对话框（见图 2.46）。在 Available Borders 列表中选择边框的类型，在 Properties 面板可以设置边框各部分的颜色等属性。

3）cursor

该属性设置鼠标移动到该组件上时，鼠标光标的类型和样式。在该属性值列单击，从下拉列表中选择适合的光标类型（见图 2.47）。

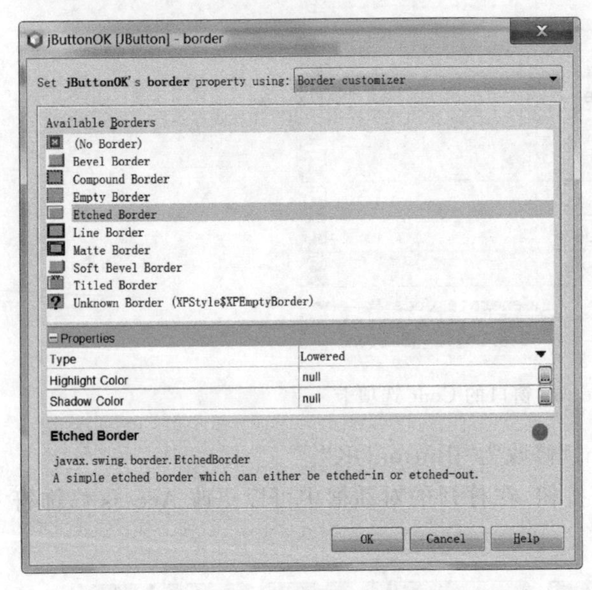

图 2.46　定制边框对话框

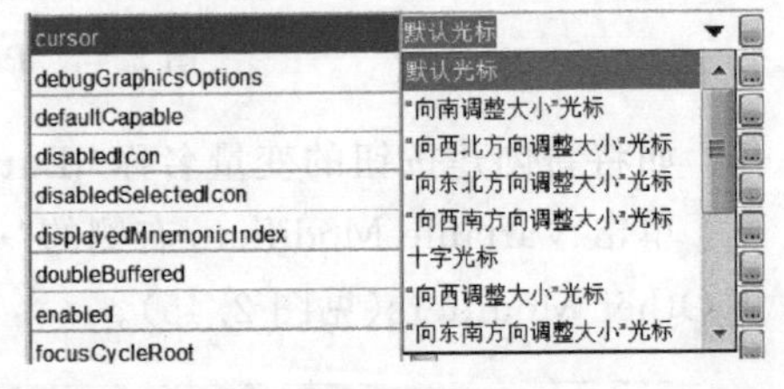

图 2.47　光标选择列表

4）enabled

该属性设置组件是否在当前状态下有效。如果设置按钮的 enabled 属性值为 False（框内无√），则该按钮不会响应用户操作，且以较暗的灰色显示。

5）focusable

该属性设置组件是否可以获得焦点。一般 GUI 程序运行时，可以按 Tab 键使焦点在各个组件之间依次转移。如果设置按钮的 focusable 属性值为 False（框内无√），则该按钮不会通过 Tab 键获得焦点。

2.6.2　复制、粘贴和删除组件

如果一些需要新创建的组件与窗体中某个已有的组件属性设置等基本一致，可以通过复制快速创建和设置新组件。有以下两种方法可以复制组件。

1. 复制粘贴

把已有的组件先复制到剪贴板中，然后反复进行粘贴从而制作该组件的多个副本。操作步骤如下。

(1) 右击已有的组件，在出现的快捷菜单中选择 Copy 菜单项。

(2) 右击，在出现的快捷菜单中选择 Paste 菜单项。此时在原组件上错位重叠出现一个新组件并处于选取状态(jButton1)。

(3) 将粘贴生成的组件移动到适当位置。

如果需要，重复步骤(2)和(3)，可以粘贴生成更多该组件的副本。

2. 插入新行复制组件

在已有的组件下方插入一个空行，然后创建该组件的一个副本，并与原组件左边框对齐。操作方法是：右击已有的组件，在出现的快捷菜单中选择 Duplicate 命令。

通过复制创建的新组件除了位置和变量名不同外，其他属性都与原组件相同。

3. 删除组件

如果窗体中某个组件不再需要或不符合要求需要删除，则直接选取该组件后按 Delete 键，或者右击后在快捷菜单中选择 Delete 命令。

组件删除后，原来占据的位置会保留下来。

2.6.3 口令字段的设计

预览前面制作的 UserLogin 用户登录程序发现，密码后的文本框中输入的内容以明文方式显示，这显然不符合保密要求，需要修改。首先删除密码文本字段 jTextFieldPassword，然后在这个位置创建一个口令字段(Password Field)组件。

口令字段有一个 echoChar 属性设置输入内容的显示字符，其他属性与文本字段相同。

单击 UserLogin 用户登录窗体编辑器工具栏上的"预览设计"按钮，发现密码输入框与用户名输入框大小不一致。按以下步骤进行调整。

(1) 选取口令字段 jPasswordField1，修改变量名为"jPasswordFieldLogin"。

(2) 修改 jPasswordFieldLogin 的 font 属性为"宋体 18 Plain"。

(3) 修改 jPasswordFieldLogin 的 colmumns 属性为 20。

(4) 清除 jPasswordFieldLogin 的 text 右侧的字符。

(5) 同时选取 jTextFieldUserName 和 jPasswordFieldLogin 两个组件，右击并选择快捷菜单的 Align→Left to Column，及 Same Size→Same Width。

(6) 选取按钮 jButtonOK，修改该组件的 text 属性值为"登录"。

(7) 选取按钮 jButton2，修改该组件的 text 属性值为"取消"，并修改其变量名为 jButtonCancel。

完成上述操作之后基本完成了用户登录界面的初步设计，得到如图 2.48 所示界面。对照图 2.19 的设计草图发现，需要的组件都有了，但是挤在了左上角，布局也不太协调。在布局设计章节再处理这些问题。

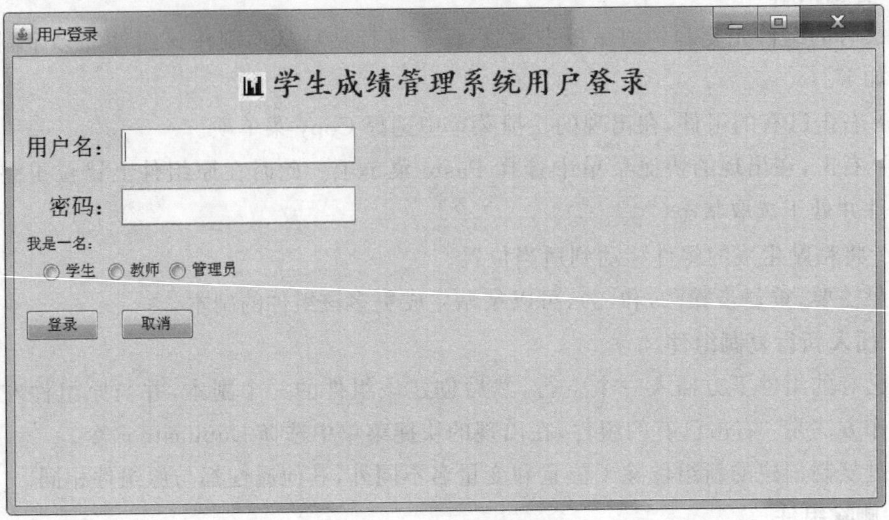

图 2.48　用户登录界面预览

2.7　部署和运行 Java GUI 应用程序

NetBeans IDE 中编辑的 Java 程序保存时会自动编译。因此在按照 2.1.3 所述的方法配置了项目主类后，可以直接试运行项目。运行项目的方法是，单击 Run 菜单中的 Run Project 命令；或单击主工具栏上的 Run Project 按钮；或者右击项目名称，选择快捷菜单中的 Run 命令；还可以在 Projects 窗口右击源程序文件名，在快捷菜单中单击 Run File 按钮。部署到生产环境中的 Java 应用程序应该独立于开发环境运行，本节介绍部署方法。

2.7.1　使用 Swing 布局扩展库

为使通过 GUI 构建器创建的界面能够在 IDE 外部使用，编译程序必须使用 GroupLayout 布局管理器类，并确保这些类在运行时可用。这些类包括在 Java SE 6 中，但不包括在 Java SE 5 及以下版本中。如果开发的应用程序要运行在 Java SE 5 及以下版本上，则应用程序需要使用 Swing 布局扩展库。

如果在 JDK 5 环境运行 IDE，IDE 将自动生成应用程序代码以使用 Swing 布局扩展库。在部署应用程序时，需要将 Swing 布局扩展库包含在应用程序中。在 IDE 中执行 Run→Clean and Build Project 命令，IDE 将自动在应用程序的 dist/lib 文件夹中复制该库的 JAR 文件副本。IDE 还会将位于 dist 文件夹中的每个 JAR 文件添加到应用程序 JAR 文件的 manifest.mf 文件内的 Class-Path 元素中。

如果在 JDK 6 及更高版本上运行 IDE，IDE 可以生成应用程序代码以使用 Java SE 6 中的 GroupLayout 类。这意味着可以部署应用程序，使其在安装了 Java SE 6 的系统上运行，并且不需要将 Swing 布局扩展库打包到该应用程序中。

如果使用 JDK 6 设计应用程序，但需要在 Java SE 5 环境运行，则可以在 IDE 中生成代码以使用 Swing 布局扩展库，而不是 Java SE 6 中的有关类。具体方法是，在 GUI 构建器中打开项目的主类(如 UserLogin),切换到设计视图,在导航器窗口中右击 Form UserLogin 节点,然后从弹出式菜单中选择 Properties 命令。在 Properties 对话框中,将 Layout Generation Style 属性的值更改为 Swing Layout Extensions Library(见图 2.49)。

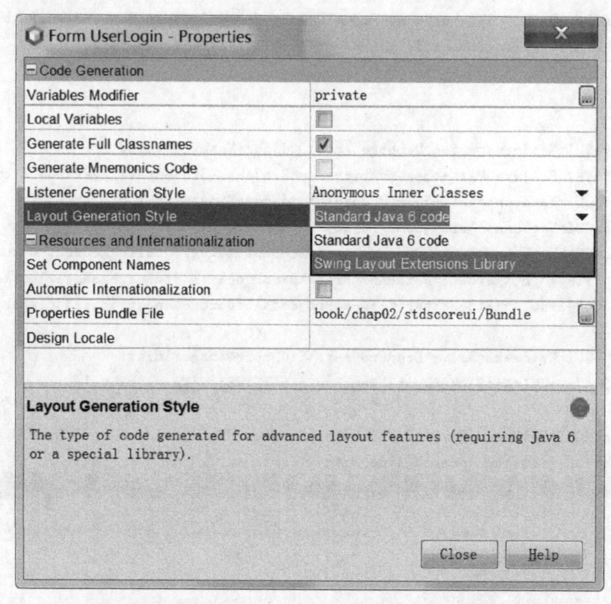

图 2.49 更改 Layout Generation Style 属性的值

2.7.2 构建应用程序

需要清理并构建应用程序以便进行部署。操作步骤如下。

(1) 从主菜单中选择 Run→Clean and Build Project 菜单项。

(2) IDE 将在 Output 窗口中显示结果(见图 2.50)。

该操作在项目文件夹中创建 dist 文件夹,并重新编译项目的 Java 源程序生成 class 文件,将位于该项目 src 文件夹下的数据文件、图像文件等辅助文件,以及 manifest. mf 文件等打包到 jar 文件中。

2.7.3 分发及运行独立的 GUI 应用程序

为了将完成开发和测试的 Java GUI 应用程序分发给目标用户,需要对 jar 包文件、相关的库文件等进行打包,然后制作成 CD-ROM 或通过网络等渠道传送到目标用户的计算机上,并进行安装和运行测试。

1. 为分发准备 GUI 应用程序

右击项目名称,在快捷菜单中选择 Properties 命令,在 Project Properties 对话框中选择 Run 类别(见图 2.4),单击 Manage Platforms 按钮,找到 Platform Folder。对于 JDK 9 以下的版本,将 Platform Folder 中的 jre 文件夹复制到项目的 dist 文件夹中,并在 dist 文件夹中编写一个批处理文件(如 runstd. bat),包含下面一行命令:

```
start  .\jre\bin\javaw.exe  - jar  .\StdScoreManager.jar
```

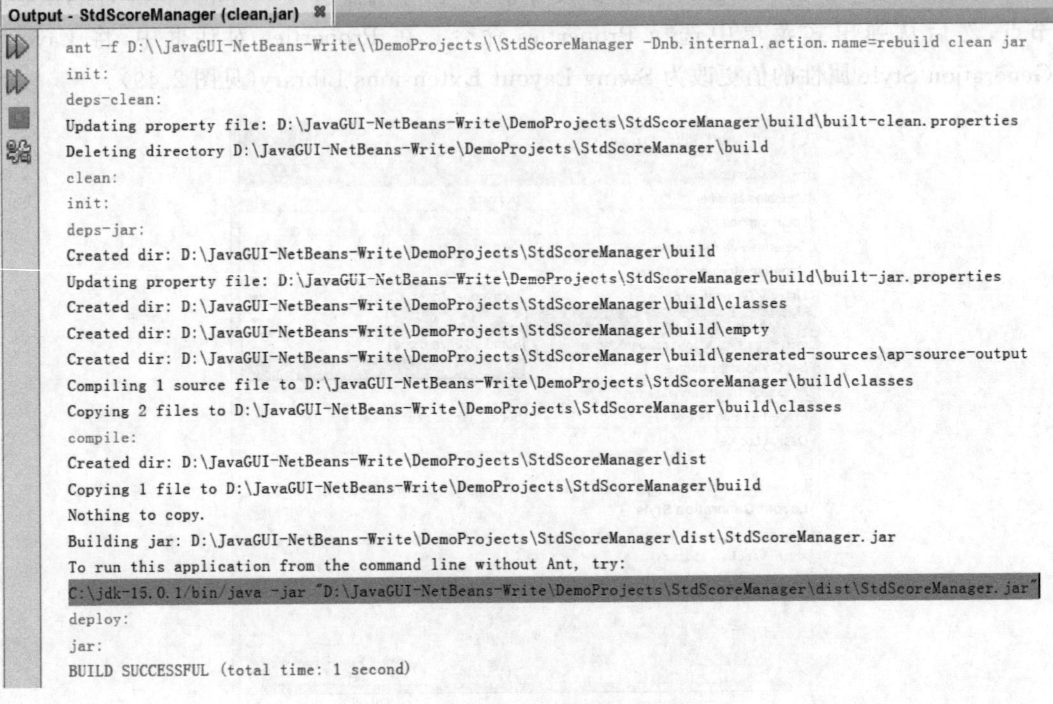

图 2.50　清理并构建项目的输出

对于 JDK 9 及以上版本，将 Platform Folder 所指的文件夹直接复制到项目的 dist 文件夹。在 dist 文件夹中编写批处理文件，包含的运行命令以图 2.50 所选行内容为基础，修改为相对路径，使用 start 执行 javaw 命令，即内容如下。

```
start   jdk-15.0.1\bin\javaw   -jar   StdScoreManager.jar
```

将项目的 dist 文件夹压缩为一个 zip 文件。注意，dist 文件夹可能还包含 lib 文件夹，需要将它们一并包括在其中。

将该 zip 文件复制到目标用户计算机，解压到一个文件夹中。

2. 运行独立的 GUI 应用程序

进入到目标用户计算机的该 zip 文件解包文件夹，双击批处理文件（如 runstd.bat）程序应该能够正常运行，出现所设计的界面。

注意：如果遇到错误：

```
Exception in thread "main" java.lang.NoClassDefFoundError: org/jdesktop/layout/GroupLayout$Group
```

应检查 manifest.mf 文件引用的是否为当前安装的 Swing 布局扩展库版本。如果运行窗口一闪而过，则应该检查是否设置项目的主类，主类设置是否准确。

NetBeans 8.2 版本与 Inno Setup 等工具软件配合，还可以提供本机打包功能以生成当前操作系统通用的安装程序。例如，可以为 Java SE 应用程序创建 Windows 系统下的 EXE 安装程序或 MSI 安装程序。此外，Java 9(JDK 9)及以上版本提供了一套完整的模块化语法，以支持模块化打包，从而大幅度缩小 Java 应用程序分发包的体积。有关内容请参考相关资料。

习　题

1. 简述创建 Java GUI 项目的一般步骤。

2. 结合实例简述 NetBeans GUI 构建器的可视反馈功能。

3. 设计一款个人通讯录程序登录窗口,其中使用标签、文本字段、口令字段、单选按钮、按钮组和按钮组件。简述设计步骤。

4. 试述 Swing 的 Text Field 组件与 Password Field 组件的异同。

5. 试述 Swing 的 Button 组件与 Radio Button 组件的异同。

6. 如何在一个 Java 程序窗口中显示用手机拍摄的一张照片?

7. 采用本章介绍的可视化程序设计方法,完成图 1.13 程序界面的设计。

8. 简要叙述第 7 题所设计程序的部署方法和步骤。

第3章 GUI 交互功能设计——事件处理

Java 程序通过对用户操作的响应实现与用户的交互，主要工作就是对由于用户操作触发的 GUI 事件进行处理。本章介绍 Java GUI 程序的事件处理概念和机制，详细介绍事件监听器的设计方法，通过实例介绍常用事件及其监听器接口的实现方法；介绍使用 SwingWorker 改进程序 GUI 反应速度和性能的原理及方法。

3.1 事件处理的概念及委托事件处理模型

Java GUI 程序通过事件循环反复检测用户在界面上的操作来处理程序与用户的交互。图 1.13 的程序(程序清单 1.1)中，每当用户单击“求和”“清除”和“退出”按钮时，都会触发事件处理的执行。

3.1.1 事件的概念

所谓事件就是发送给 GUI 系统的消息，该消息通知 GUI 系统某种事情已经发生，要求做出响应。用户在界面组件上执行了操作，将导致事件发生。

Java 中的事件用对象描述——描述事件的发生源、事件的类别、事件发生前和发生后组件状态的变化等。如程序清单 1.1 中，当用户在按钮上单击鼠标时，发生一个 ActionEvent 类型的事件，此时 Java 运行时环境自动产生一个 ActionEvent 类的对象。

引发产生事件的组件对象称为事件源，如程序清单 1.1 中的 jButton1、jButton2 和 jButton3 对象即事件源。根据来源事件可分为以下几种。

(1) 计算机输入输出设备产生的中断事件，如鼠标和键盘与 GUI 系统的交互操作。这种事件是原生的底层事件，一般都需要组件做进一步处理，由此触发更高抽象层次的逻辑事件。

(2) GUI 系统触发的逻辑事件。这种事件是上面所说的原始事件经过组件的处理后派发的高级事件，如程序清单 1.1 中单击 jButton1 产生的 ActionEvent e、通知界面重绘的事件等。

(3) 应用程序触发的事件。有以下两种方式。

① 通过将事件添加到系统事件队列进行派发。Swing 程序中通过 postEvent()、repaint()及 invokeLater()等方法，向系统事件队列添加事件。这种触发机制实质上是调度，触发事件的线程和事件派发线程可以不是同一个线程。事件被添加到系统事件队列后触发过程结束，之后要在事件派发线程上等待执行事件的处理代码。

② 通过调用组件的派发方法(Swing 中是 fireEventXxx())触发。使用这种方法，事件

对象不会发送到系统事件队列,而是直接传递给事件处理方法进行处理。它的触发机制实质上是方法调用。这种事件触发方式要求事件处理线程必须同时是事件派发线程。

3.1.2 事件处理模型

Java GUI系统对用户在组件上的某些操作(发生的事件)执行特定方法或运行特定程序,从而使用户与Java GUI应用程序进行数据交换,或对程序的运行过程进行控制,Java中把这个过程称为事件处理。

Java 2(JDK 1.1)及之后的版本使用委托事件模型对组件上发生的事件进行监听和处理(见图3.1)。事件监听器是一个实现了监听器接口的类的实例,在该类中编写发生某种事件的相关动作需要执行的代码。在事件源上通过addXxxListener()方法给该组件注册发生特定类型事件时对其进行处理的事件监听器。

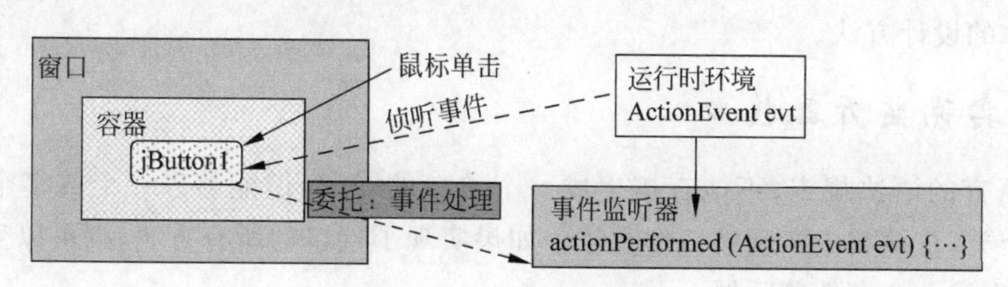

图3.1 Java委托事件模型

Java GUI程序的运行过程中,用户在事件源上做了动作,GUI平台操作系统会生成GUI事件(如鼠标操作)并添加到该程序的事件队列,由工具包线程将底层事件转换并包装成Swing的逻辑事件(如ActionEvent evt),挂入该程序的事件队列中。事件派发线程在事件队列中检测到该事件时,调度事件监听器的相应方法执行事件处理代码,对用户的操作做出响应。

如程序清单1.1中的语句:

```
jButton1.addActionListener(new java.awt.event.ActionListener() {//③注册事件监听器
    public void actionPerformed(java.awt.event.ActionEvent evt) {//处理鼠标单击动作
        jButton1ActionPerformed(evt);
    }
});
```

调用了jButton1对象的addActionListener()方法,把实现了ActionListener接口的匿名监听器对象注册为它的单击按钮事件ActionEvent监听器。这个匿名监听器类中的方法actionPerformed(ActionEvent evt)调用方法jButton1ActionPerformed(evt)(程序清单1.1⑥),实现对两个文本字段中输入数据的格式转换和求和操作,并将和数设置为“运算结果”右侧文本字段的内容,从而实现了该按钮所标注的“求和”功能。也就是说,“求和”按钮注册这个事件监听器,就是委托该事件监听器完成用户单击它时所应该完成的任务。

3.1.3 Swing GUI事件处理程序的设计步骤

在Swing GUI程序中事件处理的设计主要包括以下四个步骤。

(1) 定义一个XxxEvent事件类,描述GUI的Xxx事件。

(2) 定义一个事件处理器接口 XxxListener,声明所有与该事件相关的处理方法。

(3) 在触发事件的组件中定义处理 Xxx 事件的注册方法 addXxxListener()和注销方法 removeXxxListener()。

(4) 编写实现事件监听器接口的类,实现具体的事件处理方法。

其中,事件类、事件监听器接口和组件的注册及注销方法已经在 AWT 和 Swing 类库中有明确的定义,可以直接使用。编写实现事件监听器接口的类则是应用程序设计的主要任务。下面介绍事件监听器接口实现类的设计。

3.2 事件处理的设计

在 Java GUI 程序设计中,所谓事件处理的设计就是事件监听器接口实现类的设计。以下介绍具体的设计方法。

3.2.1 实现监听器接口

Java 语言的语法规定,不能直接生成一个接口的对象,但能够以一个或多个接口为基础设计一个类,在该类中实现接口的方法。如果实现了接口的所有方法,则可以生成这个类的对象,即生成一个事件监听器。

例 3.1 在学生成绩管理系统的用户登录界面中,为"登录"按钮设计一个事件监听器,检查输入的用户名和密码是否合法,如果合法则关闭登录窗口,显示一个新窗口欢迎该用户使用该系统。否则清空"用户名"和"密码"文本框,让用户重新输入。

分析:

(1) 在一个系统中,同一身份的用户名应该是唯一的。本章简单地使用一个文本文件存放该系统中合法的用户,一行一个用户账户,格式是"用户名:密码:身份"。文件名为 users.txt,存放在项目的根目录下。

(2) 单击一个按钮时会产生 ActionEvent 事件,该事件的监听器是 ActionListener,只有一个方法 actionPerformed。因此,可以写一个监听器类实现该方法。

(3) 在 actionPerformed()方法中,查找输入的用户名、密码和身份是否在用户账户文件中有匹配的记录。如果有,就关闭登录窗口并显示欢迎窗口,否则清空"用户名"和"密码"文本框。

(4) 用面向对象的设计方法,将用户信息设计为一个类 User,包含用户名、密码和身份及相关方法。将全部用户账户设计为一个类 UsersSet,将各个用户信息存放在一个 Set 中,该类提供查找特定用户的方法,若找到,则该方法返回 boolean: true。

解: 设计步骤如下。

(1) 准备账户文件 users.txt。

右击项目名 StdScoreManager,选择菜单 New→Other 命令,Categories 选择 Other,File Types 选择 Empty File,文件名输入"users.txt",单击 Finish 按钮。在该文件中输入下列 4 行文字,并保存。

```
zhangsan:123:0
lisi:456:1
```

```
lisi2:123:0
wangwu:456:2
```

(2) 设计用户信息类 User。

右击项目 StdScoreManager 的包 book.chap02.stdscoreui,选择菜单 New→Java Class 菜单项,类名输入“User”,单击 Finish 按钮。

在类中定义两个 String 类型私有实例变量 name 和 password,一个 int 类型私有变量 job,分别存放用户名、密码和身份。并定义三个 int 类型静态常量 STUDENT、TEACHER 和 ADMIN,取值分别为 0、1 和 2。

生成这三个变量的取值/设值方法。选择菜单 Source→Insert Code→Getter and Setter 命令,在新对话框中选择变量 job、name 和 password,单击 Generate 按钮。

生成该类的 equals()方法。选择菜单 Source→Insert Code→equals() and hashCode() 命令,在新对话框中左右两栏均单击 Select All,单击 Generate 按钮。

生成该类的 toString()方法。选择菜单 Source→Insert Code→toString()命令,在新对话框中选择这三个变量,单击 Generate 按钮。

生成该类的构造函数。选择菜单 Source→Insert Code→Constructor 命令,在 Generate Constructor 对话框中单击 Select All,单击 Generate 按钮。

(3) 设计类 UsersSet。

在 book.chap02.stdscoreui 包中创建 UsersSet 类,在该类中定义一个 HashSet <User>类型私有实例变量 usersSet。在 UsersSet 类体中生成无参构造函数,在构造函数中输入以下代码。

```
usersSet = new HashSet < User >() ;
String str = null ;
String[] userStr = null ;
try {
    FileReader fir = new FileReader("..\\users.txt") ;
    BufferedReader bir = new BufferedReader(fir) ;
    while((str = bir.readLine())!= null) {
        userStr = str.split(":") ;
        usersSet.add(new User(userStr[0].trim(),
                        userStr[1].trim(), Integer.parseInt(userStr[2]))) ;
    }
} catch (FileNotFoundException e) {
    e.printStackTrace();
} catch(IOException e) {
    e.printStackTrace();
}
```

在输入过程中,可以使用 IDE 的代码辅助功能,如 Source→Fix Imports、自动生成 try/catch 块(Surround Block with try-catch)等。

在该类中编写判断是否合法用户的方法,代码如下。

```
public boolean isValid(User user) {
    boolean userValid = false ;
    if(usersSet.contains(user)) {
```

```
            userValid = true ;
        }
        return userValid ;
    }
```


(4) 设计欢迎窗口。

在包 book. chap02. stdscoreui 中新建一个 JFrame 窗体，类名为 ScoreMana。切换到 ScoreMana 窗体的 Source 视图，在类体的第一行右击，选择快捷菜单中的 Insert Code→Add Property 菜单项，在 Add Property 对话框（见图 3.2）中 Name 输入"user"，值（=后）为"null"，类型输入"User"，其他默认，单击 OK 按钮。

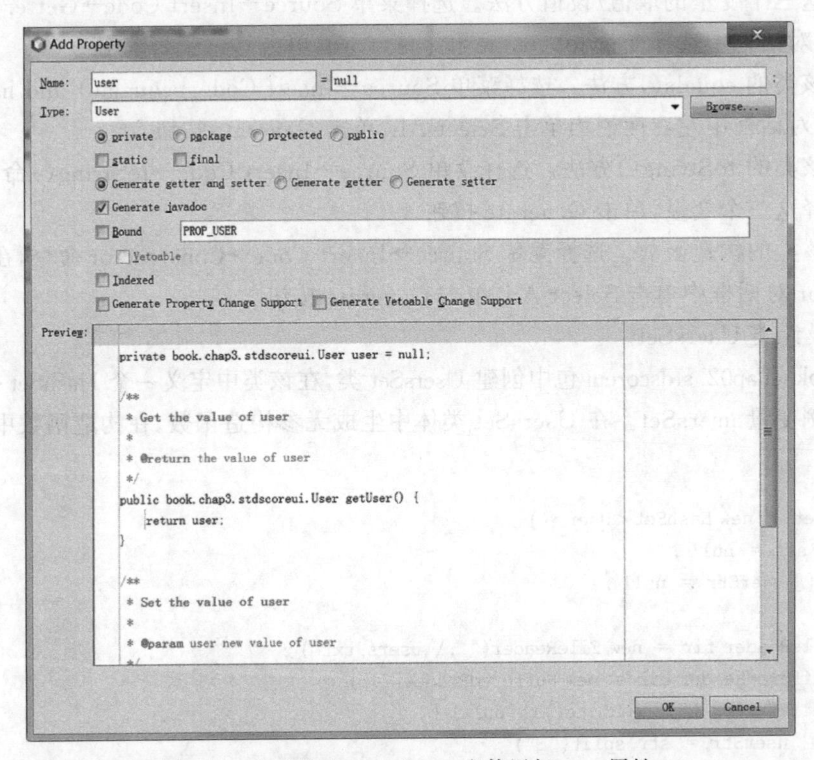

图 3.2　为新建的 ScoreMana 窗体添加 user 属性

在构造方法名处右击，选择快捷菜单中 Refactor→Change Method Parameters 菜单项。在新出现的对话框（见图 3.3）中单击 Add 按钮，参数类型输入"User"，参数名称输入"user"，其他默认，单击 Refactor 按钮完成。在该构造方法的"initComponents();"语句前面添加语句"this. user=user;"。

在该窗体中创建一个 JLabel 组件，设置 text 属性为定制代码：jLabel1. setText("欢迎"+user. getName()+"同学使用本系统。")。

(5) 为登录界面的"登录"按钮添加事件监听器。

在 UserLogin 窗体的 Design 视图中右击"登录"按钮，选择 Events→Action→actionPerformed 菜单项。切换到 Source 视图，单击 ⊞ Genarated Code 行前面的 ⊞ 号，展开 initComponents()方法的代码，可以看到以 ActionListener 为父接口生成了一个匿名监听器。

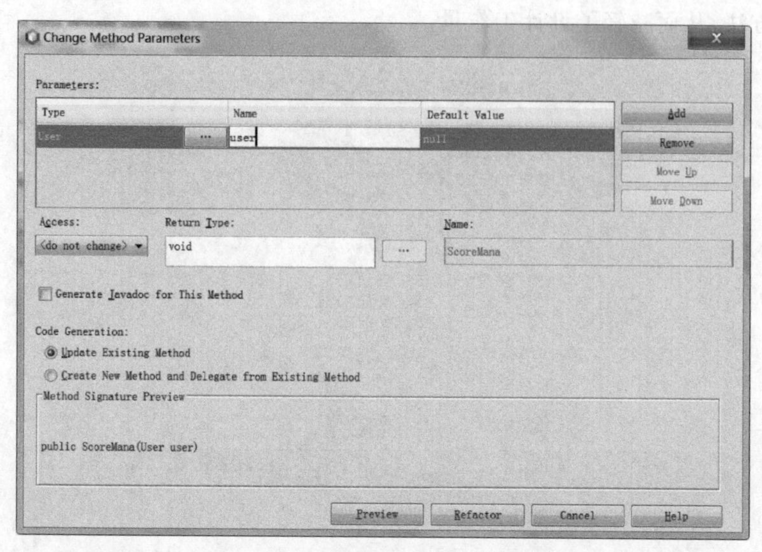

图 3.3 更改构造方法参数对话框

```
jButtonOK.addActionListener(new java.awt.event.ActionListener() {
    public void actionPerformed(java.awt.event.ActionEvent evt) {
        jButtonOKActionPerformed(evt);
    }
});
```

右击 jButtonOKActionPerformed 方法名，选择快捷菜单中的 Navigate→Go to Source 命令，光标转到了 jButtonOKActionPerformed 方法代码处。在方法体中输入以下代码。

```
String name = jTextFieldUserName.getText().trim();
String password = new String(jPasswordFieldLogin.getPassword()).trim();
int job = jRadioButtonStd.isSelected() ? 0 : (jRadioButtonTch.isSelected() ? 1 : 2);
User user = new User(name, password, job);
if(new UsersSet().isValid(user)) {
    new ScoreMana(user).setVisible(true);
    this.dispose() ;
} else {
    jTextFieldUserName.setText("") ;
    jPasswordFieldLogin.setText("") ;
}
```

3.2.2 从事件适配器派生

一些事件监听器接口声明了多个方法，如按键事件监听器接口 KeyListener 就有键按下 keyPressed、键释放 keyReleased 和按键 keyTyped 三个方法声明(见图 3.4)，但有时应用程序只关心一种或少数几种操作，如按键 keyTyped 动作的处理，而不需要处理其他操作。若设计实现事件监听器接口的类，就必须实现所有方法，尽管有些方法并不关心，否则就无法创建该类的对象，也就无法生成事件监听器。为解决这个问题，Swing 类库对具有两个或两个以上方法的事件监听器接口都设计了一个对应的事件适配器类，对各个方法做了空实现。这样，Swing 应用程序的事件监听器就可以从相应的事件适配器类派生，在其子类中只实现需要的方法，从而减轻了设计工作量。

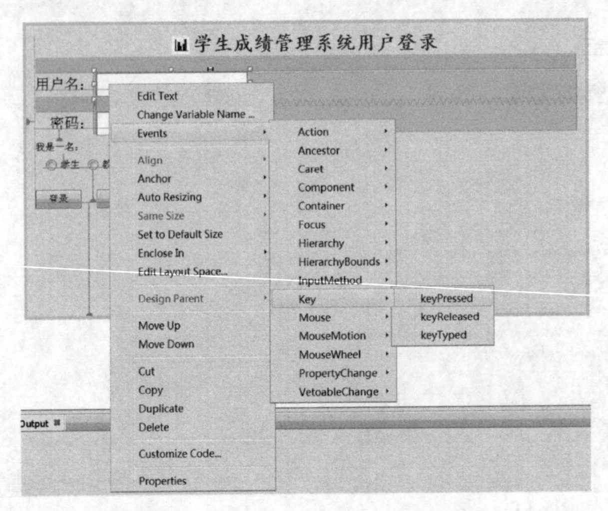

图 3.4　KeyListener 监听器有多个方法

可以这样判断，鼠标移到 Events 子菜单的某个事件上（如 Key），若其级联菜单有多个菜单项，则该事件监听器接口有对应的适配器类。适配器类名一般是将 Listener 换成 Adapter 即可，如按键事件适配器类名为 KeyAdapter。

例 3.2　在学生成绩管理系统的用户登录界面中，规定用户名必须由字母和数字组成，否则为非法用户名。给"用户名"文本框 jTextFieldUserName 设计并注册一个校验器，防止输入非法字符。

分析：文本字段组件可以监听 KeyEvent 事件，在文本字段输入时发生。通过 KeyEvent 对象的 getKeyChar()方法可以获取用户按键所对应的字符。因此，可以设计 KeyEvent 事件的监听器，在 typedText()方法中监测用户输入内容，防止输入非法用户名。

解：设计步骤如下。

(1) 打开 StdScoreManager 项目，打开其中的文件 UserLogin.java。

(2) 在设计区域右击 jTextFieldUserName 文本框（见图 3.4），选择 Events→Key→keyTyped 菜单项。

(3) 在 initComponents()中自动生成代码：

```
jTextFieldUserName.addKeyListener(new java.awt.event.KeyAdapter(){
    public void keyTyped(java.awt.event.KeyEvent evt) {
        jTextFieldUserNameKeyTyped(evt);
    }
});
```

可以看到，从 KeyAdapter 类派生了一个事件监听器类（匿名类），并创建了一个该类的对象作为按键事件监听器。类体中重写了 keyTyped()方法，具体事件处理逻辑在该方法所调用的方法 jTextFieldUserNameKeyTyped()中。方法代码如下。

```
private void jTextFieldUserNameKeyTyped(java.awt.event.KeyEvent evt) {
    // TODO add your handling code here:
}
```

在 jTextFieldUserNameKeyTyped()方法体内输入以下事件处理代码。

```
char c = evt.getKeyChar() ;
if(!(c>='a'&&c<='z'||c>='A'&&c<='Z'||c>='0'&&c<='9')) {
    JOptionPane.showMessageDialog(rootPane,
                "输入有误。输入必须是字母和数字,其他字符无效!");
    evt.setKeyChar('\0');
}
```

此段代码获取并检测用户输入的字符。一旦检测到字母和数字之外的字符出现,则执行 if 块。该 if 块中首先显示一个对话框,对输入内容进行提示,然后清除输入的非法字符。

3.2.3 匿名内部事件监听器类

事件监听器类是实现了事件监听器接口或从事件适配器类派生的类。从 GUI 构建器自动生成的代码来看,这个类是一个匿名内部类。例 3.1 的步骤(5)给"登录"按钮生成的监听器代码,通过 new 操作符创建了一个对象,该对象所属的类实现了 java.awt.event.ActionListener 接口,该类没有命名。该对象作为实参直接传递给了 addActionListener()方法,作为"登录"按钮 jButtonOK 的监听器。

同样地,例 3.2 的步骤(3)为输入用户名的文本字段生成的事件监听器代码,也是用 new 操作符创建了一个对象并传递给方法 addKeyListener()作为文本字段 jTextFieldUserName 的监听器。该对象所属的类是从父类 java.awt.event.KeyAdapter 派生而来,重写了父类的方法 keyTyped(),但该类没有名字。

观察这两个匿名类的位置发现,它们都是在类 UserLogin 的内部定义的,且在该外部类的方法 initComponents()中定义,因此它们是匿名局部内部类。Java 的语法规定,内部类的对象可以无限制地访问其所在外部类的任何成员变量和方法。

分析例 3.2 完成后的 UserLogin.java 的程序代码,有如下结构。

```
…
public class UserLogin extends javax.swing.JFrame {
    //(1) 开始: 外部类的构造方法
    public UserLogin() {
        initComponents();
    }
    //结束: 外部类的构造方法
    @SuppressWarnings("unchecked")
    private void initComponents() {//(2) 创建并初始化界面
        …
        jTextFieldUserName = new javax.swing.JTextField();
        …
        jButtonOK = new javax.swing.JButton();
        …
        jTextFieldUserName.setColumns(20);
        jTextFieldUserName.setFont(new java.awt.Font("宋体", 0, 18));
  //(3) 开始: 匿名内部类事件监听器,监听和处理用户名输入
        jTextFieldUserName.addKeyListener(new java.awt.event.KeyAdapter(){
            public void keyTyped(java.awt.event.KeyEvent evt) {
```

```
                jTextFieldUserNameKeyTyped(evt);
            }
        });
    //结束：匿名内部类事件监听器，监听和处理用户名输入
        …
        jButtonOK.setText("登录");
        jButtonOK.setCursor(new java.awt.Cursor(java.awt.Cursor.DEFAULT_CURSOR));
    //(4) 开始：匿名内部类事件监听器，监听和处理单击"登录"按钮操作
        jButtonOK.addActionListener(new java.awt.event.ActionListener() {
            public void actionPerformed(java.awt.event.ActionEvent evt) {
                jButtonOKActionPerformed(evt);
            }
        });
    //结束：匿名内部类事件监听器，监听和处理单击"登录"按钮操作
        …
        pack();
    }//initComponents()方法结束
    //(5) 开始：事件处理方法——处理单击"登录"按钮操作
    private void jButtonOKActionPerformed(java.awt.event.ActionEvent evt) {
        String name = jTextFieldUserName.getText().trim();
        String password = new String(jPasswordFieldLogin.getPassword()).trim();
        int job = jRadioButtonStd.isSelected()?0:(jRadioButtonTch.isSelected()?1:2);
        User user = new User(name, password, job);
        if(new UsersSet().isValid(user)) {
            new ScoreMana(user).setVisible(true);
            this.dispose() ;
        } else {
            jTextFieldUserName.setText("") ;
            jPasswordFieldLogin.setText("") ;
        }
    }
    //结束：事件处理方法——处理单击"登录"按钮操作
  //(6) 开始：事件处理方法——处理输入用户名按键操作
    private void jTextFieldUserNameKeyTyped(java.awt.event.KeyEvent evt) {
        char c = evt.getKeyChar() ;
        if(!(c>='a'&&c<='z'||c>='A'&&c<='Z'||c>='0'&&c<='9')) {
            JOptionPane.showMessageDialog(rootPane,
                    "输入有误。输入必须是字母和数字，其他字符无效!");
            evt.setKeyChar('\0');
        }
    }
    //结束：事件处理方法——处理输入用户名按键操作
    //(7) 开始：程序入口 main()方法
    public static void main(String args[]) {
        …
        java.awt.EventQueue.invokeLater(new Runnable() {
            public void run() {
                new UserLogin().setVisible(true);
            }
        });
    }
```

```
    //结束: 程序入口 main()方法

    //(8) 开始: 类中成员变量定义
    private javax.swing.ButtonGroup buttonGroupActor;
    private javax.swing.JButton jButtonCancel;
    private javax.swing.JButton jButtonOK;
    private javax.swing.JLabel jLabelActor;
    private javax.swing.JLabel jLabelPassword;
    private javax.swing.JLabel jLabelTitle;
    private javax.swing.JLabel jLabelUserName;
    private javax.swing.JPasswordField jPasswordFieldLogin;
    private javax.swing.JRadioButton jRadioButtonAdmin;
    private javax.swing.JRadioButton jRadioButtonStd;
    private javax.swing.JRadioButton jRadioButtonTch;
    private javax.swing.JTextField jTextFieldUserName;
    //结束: 类中成员变量定义
}
```

程序运行从块(7)即 main()方法开始,先创建了一个 UserLogin 的对象 this(语句 new UserLogin().setVisible(true);),外部类 UserLogin 构造方法(1)的执行调用块(2)方法(语句"initComponents();"),在输入用户名时调用块(3)→(6),单击"登录"按钮时调用块(4)→(5)。执行块(3)或块(4)时创建了匿名局部内部类的对象并执行该匿名对象的方法。即执行顺序是:创建外部类对象→执行外部类的方法→创建内部类对象→执行内部类方法。

当创建了一个内部类对象时,该内部类对象获得了其所在方法所属的外部类对象的引用,内部类对象通过这个引用可以无限制地访问外部类对象的成员。块(3)和块(4)中直接访问块(8)(即外部类)成员变量正是通过这个引用进行的。

注意:*局部内部类对象不可以访问其所在方法的非 final 局部变量。如块(3)和块(4)不可以访问 initComponents()方法中的 layout。确需访问,必须给该局部变量加上 final 修饰符。*

如果监听器接口只有一个抽象方法,则该接口就是函数式接口,可以使用 Lambda 表达式更简洁地实现。例如,对登录窗口的"取消"按钮可以使用 Lambda 表达式实现监听器接口,设计方法是:右击"取消"按钮,单击快捷菜单中的 Customize Code 菜单项,在 Code Customizer 对话框中//Code adding the component to the parent container -not shown here 一行下输入代码 "jButtonCancel.addActionListener(**e-> this.dispose ()**);",单击 OK 按钮(见图 3.5)。可以看到,NetBeans 只是在 initComponents()方法中添加了此行代码,用粗体标记的一个简单 Lambda 表达式代替了内部类,程序可以按题意运行。

3.2.4 代码保护及事件处理代码的复用

匿名内部类只能创建一个对象,某些情况下不能满足需要。例如登录程序的例子,如果也限制密码输入只允许使用字母和数字,那么为口令字段 jPasswordFieldLogin 编写的监听器与用户名输入文本字段基本相同,但由于没有办法再次引用块(3)创建的对象,需要重复编写基本相同的代码块,造成了代码冗余。按照一般面向对象编程的思想,自然想到将这部

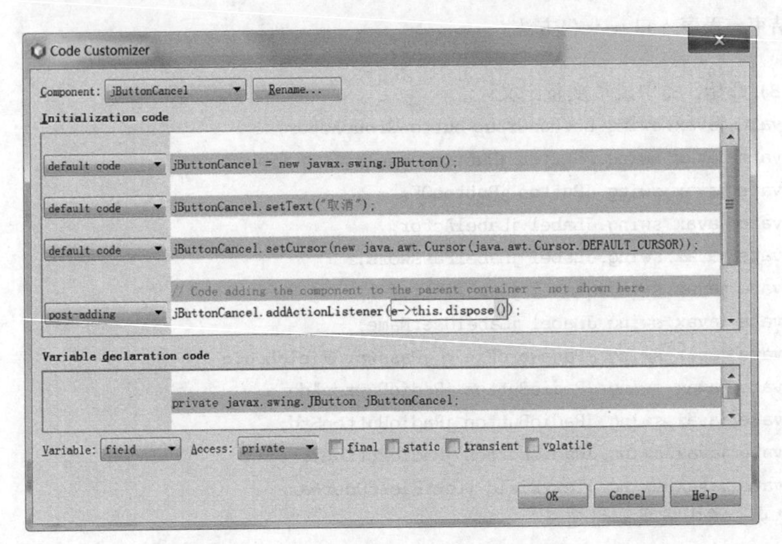

图 3.5　使用 Lambda 表达式为“取消”按钮设计 ActionListener

分代码抽取出来组织成一个命名的内部类，这样就可以创建多个对象来多次使用这个内部类。但是实际试一试却发现行不通。

原因在于，当使用 NetBeans IDE 的 GUI 构建器创建 GUI 窗体及其包含的组件时，IDE 会自动产生保护代码块。保护内容包括：组件变量定义（如 3.2.3 节代码段中的块(8)）、initComponents()方法、所有事件处理程序的头及尾括号“}”。再切换到 Source 视图发现，凡是以灰色背景显示的代码都是不可修改的，这其中就包括各个组件的事件处理器注册代码及作为其实参出现的事件监听器匿名内部类（对象）。因此，不能把事件监听器匿名内部类改写为命名的内部事件监听器类。而以白色背景显示的代码可以修改，其中包括事件监听器匿名内部类体中实现的方法所调用的方法。如 3.2.3 节代码段中块(3)所调用的块(6)的方法体是可以修改的，而这正是实际的事件处理代码。

既然事件处理的实质代码是单独的方法，方法是可以多次调用的，因此通过方法的复用而实现事件处理代码的复用。对本节开头提出的问题，可以在 jPasswordFieldLogin 按键处理方法 private void jPasswordFieldLoginKeyTyped (java.awt.event.KeyEvent evt) {} 的方法体中加入语句“jTextFieldUserNameKeyTyped (evt);”，也就是复用用户名 jTextFieldUserName 的事件处理方法即可。

3.2.5　管理事件监听器

NetBeans IDE 为简化对组件注册和设计事件监听器提供了一系列的功能，可以编写更少的代码完成工作。除了右击事件源注册和设计事件监听器外，还可以使用以下步骤及方法设计和管理事件监听器。

(1) 首先在 Design 视图或 Navigator 中选择事件源组件。如选择用户名 jTextFieldUserName 文本字段。

(2) 在 Properties 窗口中单击 Events 标签切换到“事件”选项卡。

(3) 找到需要处理的事件操作，如 keyTyped，单击该行右侧的“…”按钮。

(4) 在该操作的处理程序对话框中，Add 按钮用于添加事件处理方法，Rename 按钮用于改名选定的事件处理方法，Remove 按钮用于删除选定的事件处理方法(见图 3.6(a))。

(5) 若单击 Properties 窗口该行右侧的下三角按钮，在下拉列表中单击已存在的方法(见图 3.6(b))，则可导航到该方法的源代码段，编写和修改事件处理代码。

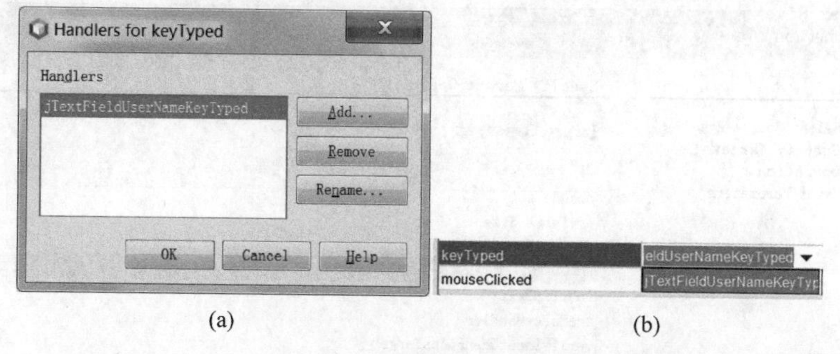

(a) (b)

图 3.6 管理事件处理方法

3.2.6 用 NetBeans IDE 连接向导设置事件

可以使用连接向导在一个窗体的两个组件之间设置事件而不用手工编写代码。例如，新建名为 EventTest 的 Java 项目，在其中创建 book.chap3.eventsTest 包及名为 ComponentLink 的窗体，窗体中创建一个标签组件 jLabel1 和一个文本字段组件 jTextField1，可以按照以下步骤设置在 jTextField1 中输入时，把文本字段的内容显示在标签 jLabel1 上。

(1) 单击 GUI 编辑器窗口中工具栏上的 Connection Mode 按钮 。

(2) 在 Design 视图的窗体上或在 Navigator 中选择事件源组件，如文本字段 jTextField1。此时，被选组件以红色加亮显示。

(3) 选择事件影响其状态的目标组件，如 jLabel1。该组件也会以红色加亮显示。

(4) 出现 Connection Wizard。在 Select Source Event 页面找到需要处理的事件，扩展该节点，选择需要处理的事件操作。在 Method Name 文本框中可以修改所产生的方法名。例如，找到 key→keyTyped，方法名默认(见图 3.7)。单击 Next 按钮。

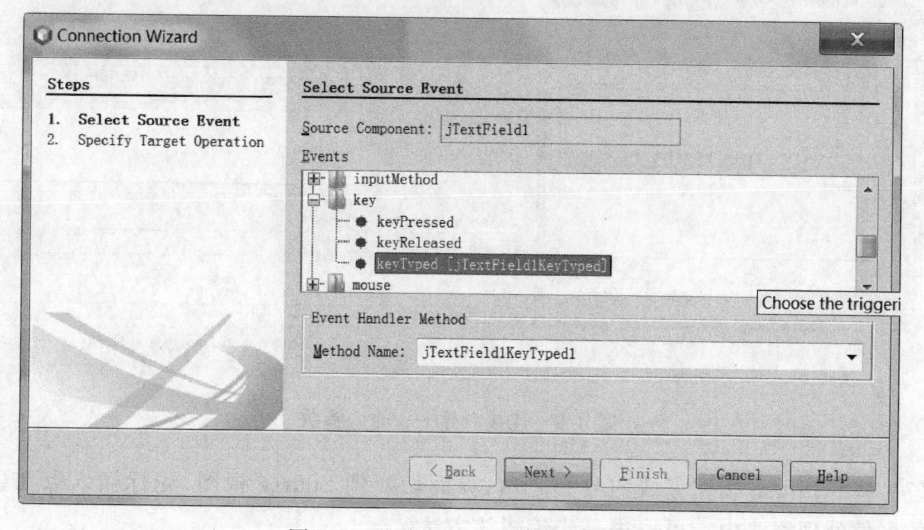

图 3.7 连接向导——选择源事件

（5）在 Specify Target Operation 页面，可以选择设置目标组件的属性、调用目标组件的方法，或编写用户代码。例如，选择对 jLabel1 组件 Set Property，在列表中选择 text 属性。单击 Next 按钮（见图 3.8）。

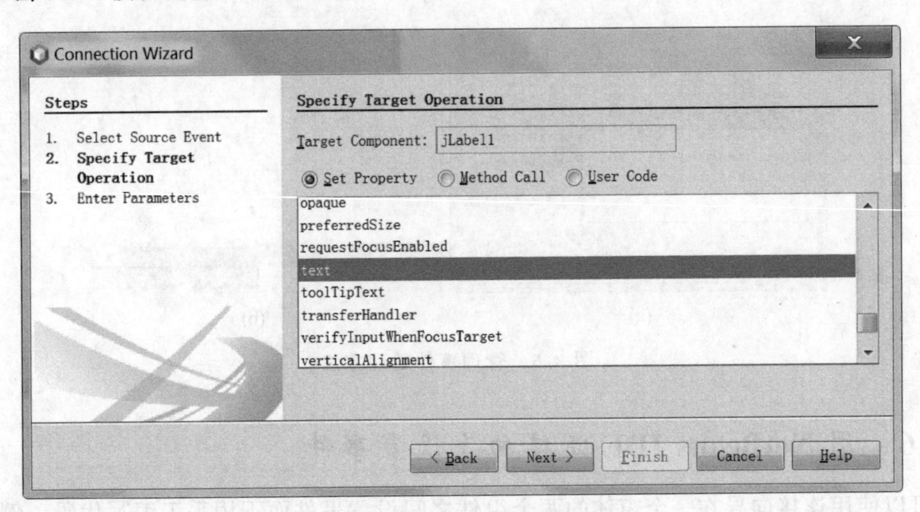

图 3.8　连接向导——指定目标操作

（6）在 Enter Parameters 页面设置参数来源。例如，设置参数来源为 Property，单击属性右侧的“…”按钮，在 Select Property 对话框中选择 Component 为 jTextField1，在 Properties 选项框中选择 text，单击 OK 按钮返回（见图 3.9）。

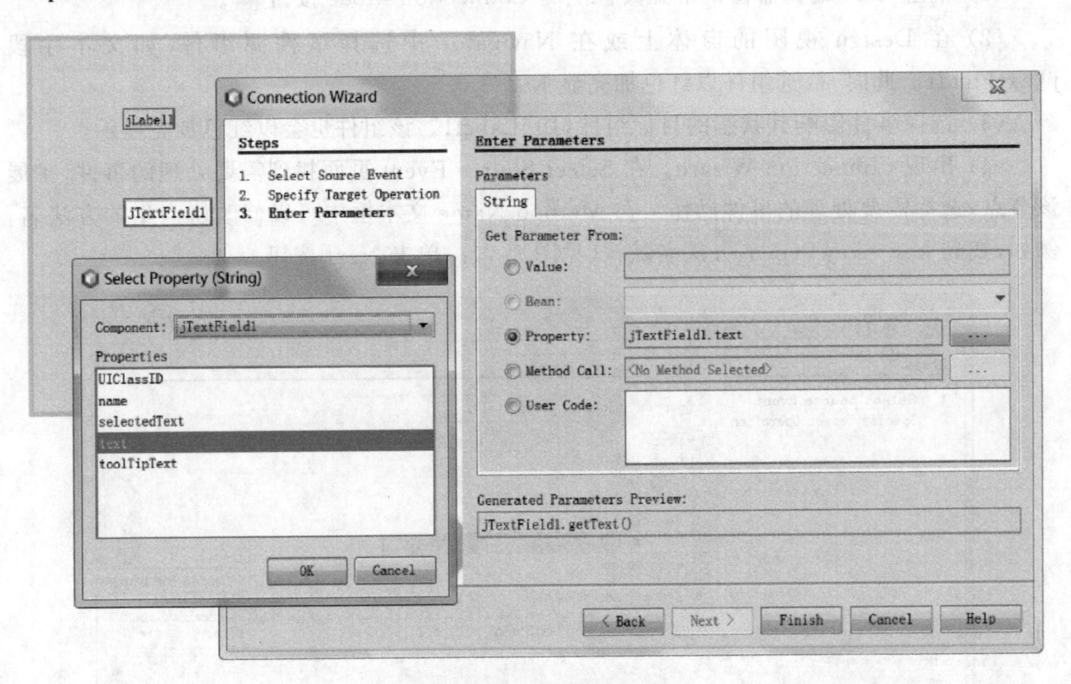

图 3.9　连接向导——输入参数

（7）单击 Finish 按钮完成向导。之后，界面切换到 Source 视图，光标插入点在事件源组件的事件处理方法内。可以进一步编辑该方法。

3.3 常用事件监听器

一般而言,Java GUI 程序的设计,大量创造性工作是编写事件监听器类。GUI 程序中用户与程序交互的主要事件是用鼠标和键盘对窗口及窗口内的组件操作发生的。表 3.1 列出了各类组件事件监听器。其中,Component 是所有 Swing 组件的祖先类。因此,焦点事件、按键事件、鼠标事件等是各类组件共有的。不同的组件也有其特有的事件,如窗口有 Window 事件而其他组件没有,按钮、文本字段和单选按钮有 Action 事件但窗体和标签没有。

表 3.1 各类组件事件监听器

事 件	事件方法	监 听 器	监听器方法	组 件
ActionEvent	getAction, Command, getModifiers	ActionListener	actionPerformed	AbstractButton, JComboBox, JTextField, Timer
Adjustment Event	getAdjustable, getAdjustmentType, getValue	Adjustment Listener	adjustmentValue Changed	JScrollbar
ItemEvent	getItem, getItemSelectable, getStateChange	ItemListener	itemStateChange	AbstractButton, JComboBox
FocusEvent	isTemporary	FocusListener	focusGained, focusLost	Component
KeyEvent	getKeyChar, getKeyCode, getKeyModifiesText, getKeyText, isActionKey	KeyListener	keyPressed, keyReleased, keyTyped	Component
MouseEvent	getClickCount, getX, getY, getPoint, translatePoint	MouseListener	mouseClicked, mousePressed, mouseReleased, mouseEntered, mouseExited	Component
		MouseMotion Listener	mouseDragged, mouseMoved	Component
MouseWheel Event	getWheelRotation, getScrollAmount	MouseWheel Listener	mouseWheelMoved	Component
WindowEvent	getWindow	WindowListener	windowOpened, windowClosing, windowClosed, windowIconified, windowDeiconified, windowActivated, windowDeactivated	Window
	getOpposite Window	WindowFocus Listener	windowGainedFocus, windowLostFocus	Window
	getOldState, getNewState	WindowState Listener	windowStateChanged	Window

以下简单介绍主要事件及其事件处理。

3.3.1 鼠标事件

在窗口系统中,鼠标几乎是必备设备。一般来说,窗口中鼠标操作有鼠标单击、鼠标双击、鼠标光标进入窗口、鼠标光标退出窗口、鼠标移动及鼠标滚轮等,在 Swing 中用 MouseEvent 类表示鼠标单击和鼠标移动事件,用 MouseWheelEvent 类表示鼠标滚轮事件。有三个相应的接口用于监听鼠标事件。

在以 MouseEvent evt 为参数的方法中输入"evt."之后,弹出 MouseEvent 成员变量和方法列表(见图 3.10)。使用这些方法可以获取鼠标事件发生时的信息,如鼠标当时的坐标、哪个鼠标键被按动、单击鼠标时是否按下 Alt 键及事件源组件是哪个等。如果程序中采用鼠标单击与键盘修饰键组合的方式操作,那么可以使用位掩码测试按下了哪个修饰键。MouseEvent 类中定义了一些常量表示这些掩码,在代码区输入"MouseEvent."之后,弹出 MouseEvent 常量和静态方法列表(见图 3.11)。

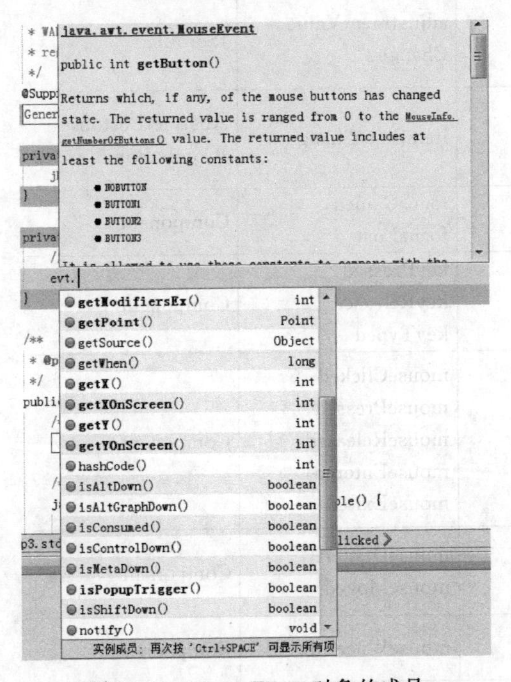

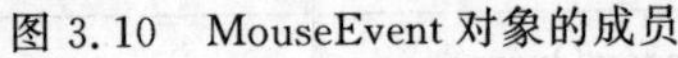

图 3.10 MouseEvent 对象的成员

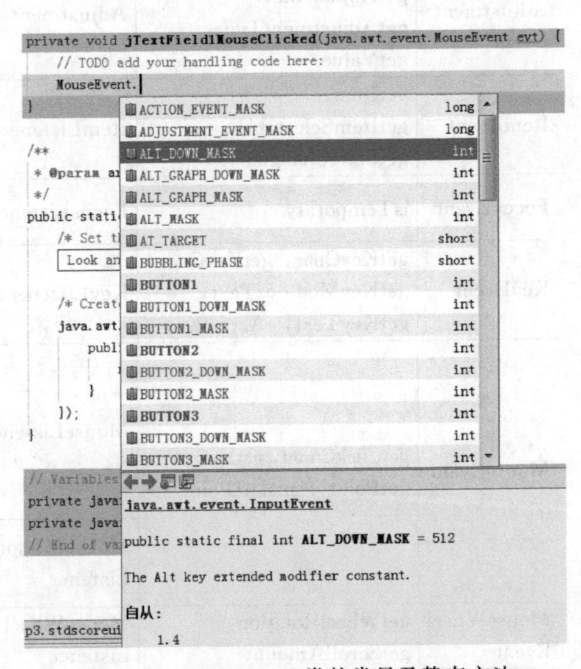

图 3.11 MouseEvent 类的常量及静态方法

使用 MouseEvent 对象的 getModifiersEx()方法可以精准地检测鼠标事件的鼠标按键和键盘修饰符。

1. MouseListener 接口

对 MouseEvent 事件通过实现 MouseListener 接口的实例来响应,鼠标单击(Clicked)、按下(Pressed)、松开(Released)、鼠标光标移入(Entered)及鼠标光标移出(Exited)操作会发生 MouseEvent 事件,该监听器有五个对应的方法(见表 3.1)。

一次单击鼠标按键动作,首先执行 mousePressed()方法,然后执行 mouseReleased()方法,最后会执行 mouseClicked()方法。使用鼠标掩码与鼠标事件的 getModifiersEx()方法可以检测单击的是哪个鼠标键。

在 3.2.6 节的简单例子中,对文本字段监听鼠标按下操作,事件处理方法如下。

```
private void jTextField1MousePressed(java.awt.event.MouseEvent evt) {
    if((MouseEvent.BUTTON3_DOWN_MASK & evt.getModifiersEx())!= 0) {
        jLabel1.setText("鼠标右键被按下。");
    }
}
```

在 Windows 系统定义的鼠标右键掩码是 MouseEvent.BUTTON3_DOWN_MASK。运行该文件,当在文本字段中按下鼠标右键时,标签显示“鼠标右键被按下。”的信息。

2. MouseMotionListener 接口

当鼠标在窗口上移动时,窗口会收到一连串的鼠标移动事件。设计鼠标单击监听器 MouseListener 和鼠标移动监听器 MouseMotionListener,前者只处理鼠标单击及进出组件的事件,后者处理鼠标移动事件,有利于提高效率。通过实现 MouseMotionListener 接口实现类的实例响应鼠标移动时发生的 MouseEvent 事件。该接口提供以下两个方法。

(1) mouseDragged()方法,鼠标键在组件内按下,同时鼠标移动时执行。

(2) mouseMove()方法,鼠标键没有按下,同时鼠标在组件内移动时执行。

3. MouseWheelListener 接口

目前有一些 GUI 程序使用鼠标滚轮操作。拨动鼠标滚轮发生 MouseWheelEvent 事件,通过实现了 MouseWheelListener 接口的类的实例响应该事件。该接口有一个方法:mouseWheelMoved()。

4. 鼠标事件实例

例 3.3 为了更深入地理解鼠标事件,下面通过具体的实例演示如何响应鼠标事件。

解:操作步骤如下。

(1) 在项目 EventTest 的 book.chap3.eventsTest 包中新建名为 ExMouseEvent 的 JFrame 窗体。

(2) 向窗体中添加组件。一个按钮名为 jButton1,text 为“初始按钮”;一个文本字段名为 jTextField1。选择 jTextField1,拖动下边框的中间调整控柄为 100、右边框的中间调整控柄为 250。

(3) 处理鼠标在 jButton1 上的 MouseEvent 事件。

为按钮添加鼠标事件监听器。右击按钮 jButton1,选择 Events→mouse→mouseClicked 菜单项。为生成的匿名事件监听器的事件处理方法编写事件处理代码,代码体中加入“jTextField1.setText ("鼠标单击了 "+evt.getSource().getClass().toString());”语句。

用同样方法分别为其他 4 个事件操作编写事件处理方法代码,方法代码如下。

```
private void jButton1MouseEntered(java.awt.event.MouseEvent evt) {
    jTextField1.setText("鼠标进入了 " + evt.getSource().getClass().toString());
}
private void jButton1MouseExited(java.awt.event.MouseEvent evt) {
    jTextField1.setText("鼠标退出了 " + evt.getSource().getClass().toString());
}
```

```
private void jButton1MousePressed(java.awt.event.MouseEvent evt) {
    jTextField1.setText("按下鼠标键: " +
                    MouseEvent.getModifiersExText(evt.getModifiersEx()));
}
private void jButton1MouseReleased(java.awt.event.MouseEvent evt) {
    jTextField1.setText("释放鼠标键: " +
                MouseEvent.getMouseModifiersText(evt.getModifiersEx()));
}
```

运行程序看到，当鼠标移动到按钮上时，文本框中显示按钮的类名。当按下鼠标键时，文本框显示所按鼠标键的名字。当松开鼠标键时，显示鼠标键名（运行快看不清时，先注释单击方法中的语句），紧接着，文本框中显示"鼠标单击"+按钮的类名。当鼠标移出按钮时，文本框中显示按钮的类名。

(4) 处理鼠标在窗口中的移动事件。在窗体中创建一个标签 jLabel1。在导航器窗口右击窗体 JFrame，选择 Events→MouseMotion→mouseDragged 菜单项。编写如下事件处理代码。

```
private void formMouseDragged(java.awt.event.MouseEvent evt) {
    jLabel1.setText("鼠标拖动到: (" + evt.getXOnScreen() + "," + evt.getYOnScreen() + ")");
}
```

运行程序看到，当按下鼠标键（左键、中键或右键）在窗口中移动时，标签 jLabel1 显示鼠标在整个屏幕上的当前坐标。

同样地，为鼠标光标移动方法 mouseMoved()编写事件处理代码如下。

```
private void formMouseMoved(java.awt.event.MouseEvent evt) {
    jLabel1.setText("鼠标光标移动到: (" + evt.getX() + "," + evt.getY() + ")");
}
```

运行程序看到，当鼠标光标在窗口中移动时（不按下鼠标键），标签 jLabel1 显示鼠标在窗口中的当前坐标。

(5) 当在窗口中滚动鼠标滚轮时，加大或减小按钮 jButton1 的宽度。在导航器窗口右击窗体 JFrame，选择 Events→MouseWheel→mouseWheelMoved 菜单项。编写如下事件处理代码。

```
private void formMouseWheelMoved(java.awt.event.MouseWheelEvent evt) {
    if(evt.getWheelRotation() == 1) {
        jButton1.setSize(jButton1.getWidth() + 20, jButton1.getHeight());
    } else if(evt.getWheelRotation() == -1) {
        jButton1.setSize(jButton1.getWidth() - 20, jButton1.getHeight());
    }
}
```

运行程序看到，向下滚动鼠标滚轮时按钮宽度变大，向上滚动鼠标滚轮时按钮宽度变小。例 3.3 的部分运行界面如图 3.12 所示。

3.3.2 键盘事件

键盘事件是最简单也是最常用的事件。键按下、键松开和按键操作会触发键盘事件

图 3.12　例 3.3 鼠标事件监听器示例运行效果

KeyEvent，监听器 KeyListener 定义了与三种操作对应的三个处理方法。

在以 KeyEvent evt 作为参数的 KeyListener 监听器的方法中，IDE 弹出的提示框列出 evt 的方法和 KeyEvent 类的常量如图 3.13 所示。

```
private void jTextField1KeyPressed(java.awt.event.KeyEvent evt) {
    // TODO add your handling code here:
    evt.
}
    getExtendedKeyCode()   int
    getID()                int
    getKeyChar()           char
    getKeyCode()           int
    getKeyLocation()       int
    getModifiers()         int
    getModifiersEx()       int
    getSource()            Object
    getWhen()              long
    hashCode()             int
    isActionKey()          boolean
    isAltDown()            boolean
    isAltGraphDown()       boolean
    isConsumed()           boolean
    isControlDown()        boolean
    isMetaDown()           boolean
    isShiftDown()          boolean
    实例成员：再次按 'Ctrl+SPACE' 可显示所有项
```

```
private void jTextField1KeyPressed(java.awt.event.KeyEvent evt) {
    // TODO add your handling code here:
    KeyEvent.
}
    VK_8               int
    VK_9               int
    VK_A               int
    VK_ACCEPT          int
    VK_ADD             int
    VK_AGAIN           int
    VK_ALL_CANDIDATES  int
    VK_ALPHANUMERIC    int
    VK_ALT             int
    VK_ALT_GRAPH       int
    VK_AMPERSAND       int
    VK_ASTERISK        int
    VK_AT              int
    VK_B               int
    VK_BACK_QUOTE      int
    VK_BACK_SLASH      int
    VK_BACK_SPACE      int
```

图 3.13　evt 的方法和 KeyEvent 类的常量列表

KeyEvent 事件对象的 getKeyChar()返回按键对应的字符，getKeyCode()返回按键对应的键码。某些键，如箭头键、数字键以及翻页键等存在于键盘的两个部位，getKeyLocation()返回按键所在的区域（如数字键盘区）。例 3.2 中使用了键盘事件检测输入时所按的键是否为字母或数字。

3.3.3　焦点事件

在窗口系统中，当组件获得焦点或失去焦点时触发 FocusEvent 事件。Swing 通过

FocusListener 监听焦点事件，focusGained（FocusEvent evt）方法响应组件获得焦点、focusLost(FocusEvent evt)方法响应组件失去焦点。

例 3.4 新建 JFrame 窗体 FocusEvent，添加 jButton1、jButton2 和 jButton3 按钮及一个标签 jLabel1，为每个按钮注册焦点事件，当某个按钮获得焦点时在 jLabel1 显示获得焦点的信息和失去焦点的按钮信息。

右击 jButton1 按钮，选择 Events→Focus→FocusGained 命令。在生成的事件监听器的 jButton1FocusGained()方法体中输入以下代码。

```
String str = jLabel1.getText() ;
str = str.endsWith("。")?str.substring(str.length() - 17):"";
jLabel1.setText(str + "按钮 " + ((JButton)evt.getSource()).getText() + " 获得焦点。");
```

右击 jButton1 按钮，选择 Events→Focus→FocusLost 命令，在方法 jButton1FocusLost()中输入以下代码。

```
String str = jLabel1.getText() ;
str = str.endsWith("。")?str.substring(str.length() - 17):"";
jLabel1.setText(str + "按钮 " + ((JButton)evt.getSource()).getText() + " 失去焦点。");
```

用同样方法为 jButton2 和 jButton3 按钮注册并编写事件处理方法，代码与上面的一样。

3.3.4 组件专用事件

许多组件有其专有的事件和事件监听器。例如，窗口 JFrame 有 Window、WindowFocus 和 WindowState 操作的 WindowEvent 事件及其监听器 WindowListener、WindowFocusListener 和 WindowStateListener；文本字段有 CaretEvent 事件及其监听器 CaretListener；按钮 JButton 和单选按钮 JRadioButton 有 ItemEvent 事件及其监听器 ItemListener。这些根据具体组件而不同的事件及其监听器，右击组件之后就可以在 Events 菜单中看到，通过选择这些菜单项就可以直接对组件专有事件进行处理。

1. 窗口事件 WindowEvent

在窗口打开、关闭、图标化（最小化）、恢复窗口、转入活动状态（前台）、转入非活动状态（后台）、获得焦点、失去焦点等状态改变时，都会触发窗口事件 WindowEvent。对应地有三个监听器分别处理有关操作。

1）WindowEvent 对象常用方法

Window getWindow()：返回发生此事件的 Window 对象。

Window getOppositeWindow()：若发生了焦点转移，返回另一个参与此事件的 Window 对象，或者 null。

int getOldState()：返回窗口变化前的状态，可取值为 NORMAL、ICONIFIED、MAXIMIZED_BOTH。

int getNewState()：返回窗口变化后的状态。

2）WindowListener 接口

该接口处理 windowOpened、windowClosing、windowClosed、windowIconified、 windowDeiconified、windowActivated、windowDeactivated 操作触发的 WindowEvent 事件。

3）WindowFocusListener 接口

该接口处理 windowGainedFocus 和 windowLostFocus 操作触发的 WindowEvent 事件。

4）WindowStateListener 接口

该接口处理 WindowStateChanged 操作触发的 WindowEvent 事件。

2. ItemEvent 事件

在单击按钮 JButton、单选按钮 JRadioButton、复选框 JCheckBox 和菜单项 JMenuItem 等组件，或者在列表中选择条目时，它们的状态发生改变，触发 ItemEvent 事件。该事件对象的主要方法如下。

(1) Object getItem()：取得被选取的元素。注意，返回值是 Object，一般需要进行强制类型转换。

(2) ItemSelectable getItemSelectable()：ItemSelectable 是一个接口，代表那些包含 n 个可供选择的子元素的对象，它的方法 Object[] getSelectedObjects() 返回已选择的那些对象。此方法的作用主要在于，如果一个列表框是允许多选的，应该用此方法得到列表对象，再取得被选中的多个元素。

(3) int getStateChange()：取得选择的状态，是 SELECTED 或 DESELECTED。

该事件的监听器接口是 ItemListener，事件处理方法是 itemStateChanged()。

3. CaretEvent 事件

当文本组件中插入点的位置改变时触发 CaretEvent 事件。该事件有以下两个主要方法。

(1) public abstract int getDot()：返回插入符的位置。

(2) public abstract int getMark()：取得一个逻辑选择另一端的位置。如果没有选择，则与 getDot()方法相同。

CaretEvent 事件监听器接口是 CaretListener，事件处理方法是 caretUpdate (CaretEvent e)，当插入符的位置改变时调用。

以上介绍了大部分常用事件及其监听器，其余的都可以在 NetBeans IDE 设计窗口快捷菜单的 Events 级联菜单中得到帮助。

3.4 使用 SwingWorker

Java Swing GUI 程序启动时，JVM 会启动多个线程。但是，Swing 并不是线程安全的，如果处理不当，Swing GUI 程序可能会反应迟钝，造成用户反感。从 Java SE 6 开始引进的 SwingWorker 能帮助用户编写多线程 Swing 程序，改善 Swing 程序的结构，提高界面响应的灵活性。

3.4.1 正确使用事件派发线程

在主线程 main()方法中执行

```
java.awt.EventQueue.invokeLater(new Runnable() {
```

```
        public void run() {
            new NumberAdditionUI().setVisible(true);
        }
    });
```


语句，invokeLater()方法将 Runnable 任务提交给事件派发线程(EDT)。此点是创建 UI 的点，也是程序开始将控制权交给 UI 的点。之后，主线程结束，程序在 EDT 中运行。由于 EDT 线程负责 GUI 组件的绘制和更新，所有事件处理都是在 EDT 上进行，程序同 UI 组件和其基本数据模型的交互只允许在 EDT 上进行。可见，EDT 线程的事件队列很繁忙，几乎每一次 GUI 交互和事件处理都是通过 EDT 完成的。事件队列上的任务必须非常快地完成，否则就会阻塞其他任务的执行，使队列里阻塞了很多等待执行的事件，造成界面响应不灵活，让用户感觉到界面响应速度慢而失去兴趣。理想情况下，任何需时超过 30～100ms 的任务不应放在 EDT 上执行，否则用户就会觉察到输入和界面响应之间的延迟。因此，Swing 编程时应该注意以下几点。

(1) 从非 EDT 线程访问 UI 组件及其事件监听器会导致界面更新和绘制错误。

(2) 在 EDT 上执行耗时任务会使程序失去响应，使 GUI 事件阻塞在队列中得不到处理。

(3) 应该使用独立的任务线程来执行耗时计算或输入输出密集型任务，比如同数据库通信、访问网站资源、读写大数据量的文件等。

总之，任何干扰或延迟 UI 事件的处理只应该出现在独立任务线程中；在主线程或任务线程同 Swing 组件或其默认数据模型进行的交互都是非线程安全性操作。

3.4.2 SwingWorker 类

SwingWorker 类帮助管理任务线程与 Swing EDT 之间的交互。尽管 SwingWorker 不能解决并发线程中遇到的所有问题，但的确有助于分离 Swing EDT 和任务线程，使它们各负其责：对于 EDT 来说，就是绘制和更新界面，并响应用户输入；对于任务线程来说，就是执行和界面无直接关系的耗时任务和 I/O 密集型操作。

1. SwingWorker 类的定义

SwingWorker 类的定义如下。

```
public abstract class SwingWorker < T, V > extends Object implements RunnableFuture
```

SwingWorker 是抽象类，因此必须继承它才能执行所需的特定任务。该类对象封装类型为 T 的结果以及类型为 V 的进度数据。

接口 RunnableFuture 是 Runnable 和 Future 两个接口的简单封装。由于 SwingWorker 实现了 Runnable 接口，因此 SwingWorker 有一个 run()方法。Runnable 对象一般作为线程的一部分执行，当 Thread 对象启动时，它激活 Runnable 对象的 run()方法。又由于 SwingWorker 实现了 Future 接口，因此 SwingWorker 使用 get()方法获取类型为 T 的结果值，并提供同线程交互的方法。SwingWorker 实现了这两个父接口的大部分方法。

(1) boolean cancel(boolean mayInterruptIfRunning)：取消正在进行的工作。

(2) T get()：获取类型为 T 的结果值。该方法将一直处于阻塞状态，直到结果可用。

(3) T get(long timeout, TimeUnit unit)：获取类型为 T 的结果值。将会一直阻塞直

到结果可用或超时。

(4) boolean isCancelled()：判断任务线程是否被取消。

(5) boolean isDone()：判断任务线程是否完成。

(6) 实际编程仅需要实现 SwingWorker 的抽象方法：abstract T doInBackground()。

该方法作为任务线程的一部分执行，负责完成线程的基本任务，并以返回值(类型为 T)作为线程的执行结果。继承 SwingWorker 的类必须覆盖该方法并确保包含或代理任务线程的基本任务。不要直接调用该方法，应使用任务对象的 execute()方法来调度执行。

(7) 在 doInBackground()方法完成后，SwingWorker 在 EDT 上激活 done()方法。

```
protected void done()
```

如果需要在任务完成后使用线程结果更新 GUI 组件或者做些清理工作，可覆盖 done()方法来完成。

(8) void publish(V... data)：传递中间进度数据到 EDT。从 doInBackground()方法中调用该方法。

(9) void process(List<V> data)：覆盖该方法处理任务线程的中间结果数据。

(10) void execute()：为 SwingWorker 线程的执行预定该 SwingWorker 对象。

任务线程有几种状态，使用 SwingWorker. StateValue 枚举值表示：PENDING、STARTED 和 DONE。任务线程一创建就处于 PENDING 状态，当 doInBackground()方法开始时，任务线程就进入 STARTED 状态，当 doInBackground()方法完成后，任务线程就处于 DONE 状态。随着线程进入各个阶段，SwingWorker 超类自动设置这些状态值。可以注册监听器，当这些属性发生变化时接收通知。

任务对象有一个进度属性，可以随着任务的进展，将这个属性从 0 更新到 100 标识任务的进度，当该属性发生变化时，任务通知处理器进行处理。

2. SwingWorker 的工作模型

当 Swing GUI 程序要执行耗时任务时，在 EDT 中创建一个 SwingWorker 对象。在该对象的 doInBackground()方法中执行耗时操作，该方法在 EDT 中被 execute()方法调用，在 SwingWorker 线程中执行。在 doInBackground()方法中不时地调用 publish()来发布中间进度数据。publish()方法使得 process()方法在 EDT 中执行来处理进度数据。当工作完成时，在 EDT 中调用 done()方法以便完成 UI 的更新。在 done()方法中可以使用 get()方法获取 doInBackground()的执行结果(见图 3.14)。

3.4.3 SwingWorker 类的使用

编写 Swing 应用程序常见的错误是误用 Swing 事件派发线程(EDT)。要么从非 UI 线程访问 UI 组件，要么不考虑事件执行顺序，要么不使用独立任务线程而在 EDT 线程上执行耗时任务，结果使编写的应用程序变得响应迟钝、速度很慢。耗时计算和输入/输出(I/O)密集型任务不应放在 Swing EDT 上运行，而应该使用 SwingWorker 启动一个任务线程来异步执行，并马上返回 EDT 线程，允许 EDT 立即继续处理后续的 UI 事件。

在前面开发的例 3.1 学生成绩管理系统的用户登录程序中，需要从磁盘读取用户注册信息文件 users. txt。在这个程序中，用户单击登录窗口的“登录”按钮会执行 new UsersSet().

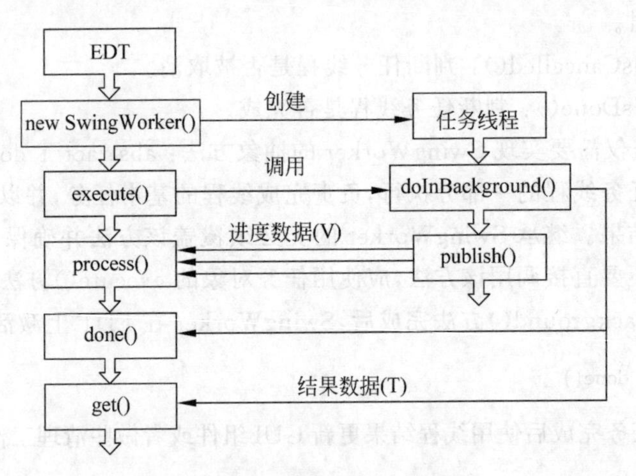

图 3.14　SwingWorker 工作模型

isValid(user)，在执行 UsersSet()构造方法时会读取这个文件。如果 users.txt 文件比较大，例如记录了几万个用户注册信息，那么读取文件就要花费较长时间。而读写文件的操作都直接在按钮的事件处理程序中执行，会明显影响 GUI 的反应速度，会使程序慢而滞涩。因此，需要对该例子程序进行改进，方法就是使用 SwingWorker 类对象单独创建一个操作文件 users.txt 的任务线程，将耗时的 I/O 操作从 EDT 中分离出去。

例 3.5　修改例 3.1 学生成绩管理系统的用户登录程序，当用户未单击“登录”按钮时“取消”按钮是失效的。当用户单击了“登录”按钮时该按钮变为无效状态，而“取消”按钮变为有效状态，直到登录操作完成，两个按钮恢复初始状态。此外，与窗体的底边对齐创建一个标签，设置为可水平调整大小。使用 SwingWorker 类单独创建一个操作文件 users.txt 的任务线程，将耗时的 I/O 操作从 EDT 中分离出去，从文件中每读一条用户信息，就在进度标签显示 10 个“I”字符。为了演示耗时操作，每从文件中读一条用户信息，任务线程就休眠 2 秒。

解：按照题意，设计步骤如下。

(1) 右击 Projects 窗口的 StdScoreManager 节点，在快捷菜单中选择 Copy 命令，打开 Copy Project 对话框(见图 3.15)，在 Project Name 文本框中，将新项目名称 StdScoreManager_1 修改为 StdScoreManager0.1，其他选项为默认，单击 Copy 按钮。以下操作在该项目中进行。

(2) 打开项目 StdScoreManager0.1 的 UserLogin 窗体，设置 jButtonCancel 按钮的 enabled 属性为未选取状态。在窗体中创建一个标签 JLabel，放置在左边框到容器左边框的首选位置，标签底边与窗体底边对齐，变量名称改为 jLabelPrb，text 属性设置为“ ”，设置 Change horizantal resizability 属性为选取状态。

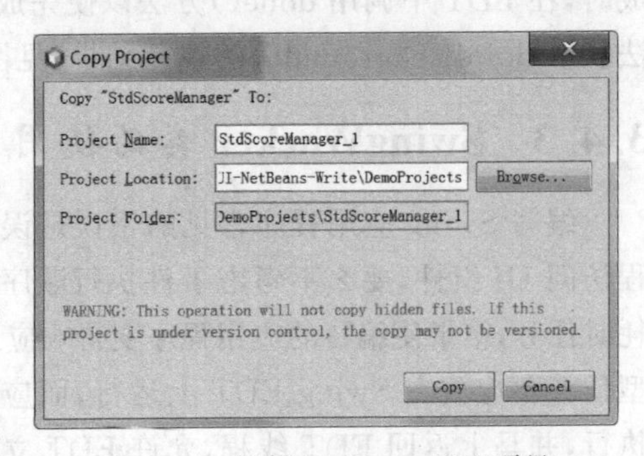

图 3.15　复制 NetBeans IDE 项目

(3) 使用 SwingWorker 处理任务线程。首先为登录窗体 UserLogin 设计一个内部类封装进度数据，数据项包括当前处理的行号和使用该行构造的 User 对象。该类见程序清单 3.1。

程序清单 3.1　进度数据封装类

```
public class ProgressData {
    private User user ;
    private int number ;
    public ProgressData(User user, int number) {
        this.user = user;
        this.number = number;
    }
    public User getUser() {
        return user;
    }
    public void setUser(User user) {
        this.user = user;
    }
    public int getNumber() {
        return number;
    }
    public void setNumber(int number) {
        this.number = number;
    }
}
```

(4) 在登录窗体 UserLogin 中设计 SwingWorker 类的子类作为内部类，完成耗时的读取用户注册文件 users.txt 的操作。该类最后结果是一个封装了所有用户信息的 HashSet 对象(集合)，中间数据是 ProgressData 类的对象。在该类的 doInBackground()方法中读取 users.txt 文件，每次读一行封装为 User 对象，并调用 publish()方法发布该行行号和 User 对象。每读取一行之后休眠 2000 毫秒以模拟对长文件的操作。

在 progress()方法中更新进度标签 jLabelPrb，并检测本次 publish()方法发送来的进度数据中的 User 对象，若与登录用户 user 相同则完成登录过程，界面转到欢迎界面。若该 SwingWorker 线程被中止，则改变按钮的 enabled 状态。

在 done()方法中清除进度标签 jLabelPrb 文字及“用户名”和“密码”输入文本框，改变按钮的 enabled 状态。

初学者对于这种涉及多线程的程序最好先规划好各线程的任务，再开始编码。程序清单 3.2 是 UserLogin 类中的内部类 UserReader，它是一个 SwingWorker 子类。

程序清单 3.2　UserLogin 窗体的 SwingWorker 子类 UserReader

```
public class UserReader extends SwingWorker < HashSet < User >, ProgressData > {
    User user = null;
    JFrame jfr = null;
    HashSet < User > userSet = null;

    public UserReader(JFrame jfr, User user) {
        this.jfr = jfr;
        this.user = user;
    }
```

```
    public HashSet<User> getUserSet() {
        return userSet;
    }
    @Override
    protected void done() {
        jButtonCancel.setEnabled(false);
        jButtonOK.setEnabled(true);
        jTextFieldUserName.setText("");
        jPasswordFieldLogin.setText("");
        jLabelPrb.setText("");
    }
    @Override
    protected void process(java.util.List<ProgressData> chunks) {
        if (isCancelled()) {
            jButtonCancel.setEnabled(false);
            jButtonOK.setEnabled(true);
            return;
        }
        int numLine = chunks.get(chunks.size() - 1).getNumber();
        String prb = jLabelPrb.getText() + numLine + "IIIIIIII";
        jLabelPrb.setText(prb);
        for (ProgressData data : chunks) {
            if (data.getUser().equals(user)) {
                this.cancel(true);
                new ScoreMana(user).setVisible(true);
                jfr.dispose();
                break;
            }
        }
    }
    @Override
    protected HashSet<User> doInBackground() throws Exception {
        int lineNumber = 0;
        userSet = new HashSet<User>();
        Scanner sc = new Scanner(new File("..\\users.txt"));
        String str = null;
        String[] s = null;
        User user = null;
        ProgressData pd = null;
        while (sc.hasNext()) {
            str = sc.nextLine();
            lineNumber++;
            s = str.split(":");
            user = new User(s[0],s[1],Integer.parseInt(s[2]));
            userSet.add(user);
            pd = new ProgressData(user, lineNumber);
            publish(pd);
            Thread.sleep(2000);
        }
        return userSet;
    }
}
```

(5) 修改用户登录窗体"登录"按钮 jButtonOK 的事件处理方法，将读取用户信息文件，判断是否合法用户，以及更新进度和界面等工作交给工作器 UserReader 的对象调度任务线程和 EDT 线程分工配合执行。下面给出该方法代码。

程序清单 3.3　UserLogin 窗体的事件处理方法

```
private void jButtonOKActionPerformed(java.awt.event.ActionEvent evt) {
    jButtonOK.setEnabled(false);
    jButtonCancel.setEnabled(true);
    String name = jTextFieldUserName.getText().trim();
    String password = new String(jPasswordFieldLogin.getPassword()).trim();
    int job = jRadioButtonStd.isSelected()?0:(jRadioButtonTch.isSelected()?1:2) ;
    User user = new User (name, password, job);
    UserReader ur = new UserReader(this, user);
    ur.execute();
}
```

(6) 在 Source 视图下右击程序清单 3.3 的语句"UserReader ur = new UserReader (this, user);"中的变量名 ur，选择 Refactor→Introduce→Field 菜单项，在出现的蓝色背景语句行单击，在 Introduce Field 对话框中单击 OK 按钮，会将局部变量 ur 抽取为域变量。修改"取消"按钮的定制代码 post-eding 为"jButtonCancel.addActionListener(e→{if(ur!=null)ur.cancel(true);});"，使用户单击"取消"按钮时中止当前输入的用户名和密码的检测登录，以便开始输入新的用户名和密码进行登录。

完成以上修改后运行程序，运行中间单击窗口中的"取消"按钮，发现程序反应灵活。为了对照，删除 doInBackground()方法中的语句"Thread.sleep(2000);"，使用一个具有 5000 行的 users.txt 文件测试，体会 SwingWorker 对程序的改进。

习　题

1. 解释下列名词：

事件；事件源；事件处理；事件监听器；Java 的委托事件模型

2. 简述 Java GUI 程序对单击按钮的事件处理机制。

3. 事件适配器与事件监听器有什么关系？它们是否一一对应？

4. 什么是静态内部类？什么是局部内部类？

5. 采用匿名内部类实现事件监听器，对它所在方法中的局部变量访问时有什么要求？

6. 如何检测用户单击的是哪个鼠标键？

7. 什么是事件派发线程？对它的使用需要注意什么？

8. 图示说明 SwingWorker 的工作模型，并举例说明如何使用这个模型。

9. 在窗体上创建一个文本字段和滑块 JSlider 组件，使用 NetBeans 的连接向导设计事件处理，使用户通过调整滑块更改文本字段中的数值。

10. 为前面开发的用户登录窗体 UserLogin 添加"修改密码"按钮，设计修改密码窗体，并应用 SwingWorker 实现其功能。

第4章 布局设计

第1章中曾讲过，在进行Java GUI设计时，对组件的大小和在界面上的位置进行设置，称为界面组件布局。布局是GUI设计中十分重要的一个方面。运行例3.5程序（见图4.1）可以看出，学生成绩管理系统的用户登录界面中，各组件间的次序关系没有错误，需要的功能都具备，但大部分组件的大小、占据的空间及在界面上的位置等细节并不理想，界面不美观。原因在于没有对各组件的大小和位置进行精细的设置。事实上，NetBeans IDE的GUI构建器为界面布局设计提供了丰富的可视化设计工具，利用这些功能可以设计出任何想要的布局效果。本章介绍这些布局管理器的特点、使用方法和设计技巧。

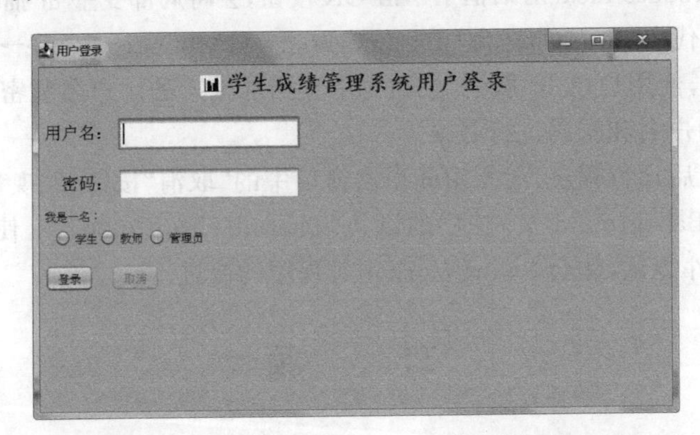

图4.1　StdScoreManager0.1项目的运行界面

4.1 布局管理器概述

选择容器之后，右击出现快捷菜单（见图4.2），其中的Set Layout菜单的二级菜单列出了GUI构建器所支持的可以可视化设计的各种布局。此外，Customize Layout、Set to Default Size以及Edit Layout Space命令也提供了可视化的布局手段。

4.1.1 NetBeans IDE布局概况

使用GUI构建器新创建的窗体默认采用GroupLayout布局管理器，GUI构建器也对这种布局管理器提供了特别的支持，在Set Layout子菜单中称为Free Design。自由设计是一种十分易用和灵活的布局设计工具，GUI构建器从多个方面提供了比较完善的支持，并直接将用户设计翻译成GroupLayout的Java代码，且在Java 6及其后续版本中都是符合标准的。此外，NetBeans也提供了对其他布局管理器的支持。这些布局管理器包括流式布局

图 4.2　GUI 设计器的布局菜单

Flow Layout、边框式布局 Border Layout、网格式布局 Grid Layout、网格包布局 Grid Bag Layout、卡片式布局 Card Layout、盒式布局 Box Layout、叠加布局 Overlay Layout、绝对布局 Absolute Layout 和空值布局 Null Layout。

绝对布局 Absolute Layout 和空值布局 Null Layout 属于绝对定位，直接设置组件在容器中的位置和大小。其他布局管理器都采用托管定位方式进行自动布局管理。

4.1.2　绝对布局和空值布局

绝对布局 Absolute Layout 是 NetBeans IDE 提供的一种布局管理器。这种布局是直接把组件放置到窗体中的所需位置，通过在窗体中移动组件来调整位置，拖动组件边框来改变大小。这种布局对于制作界面原型特别有用，因为它不受任何模型限制，也不必做任何属性设置。但是，建议不要把这种布局管理器用在产品化的应用程序中，因为它不能随运行环境的变化而适应性地改变组件的位置和大小。

例如，新建 chap4 项目，在其中的 book. layout. demo 包中新建窗体 AbsoluteLayoutDemo，右击窗体，单击快捷菜单中的 Set Layout→Absolute Layout 菜单项，然后单击“组件”面板中的 Button 组件，鼠标移到窗体中时在 Design 视图中看到组件当时的左上角坐标提示(见图 4.3(a))。在窗体中创建三个按钮，并拖动按钮右边框和下边框改变大小。运行该程序，缩小窗口发现下边的按钮超出了窗口范围而看不见了(见图 4.3(b)和图 4.3(c))。

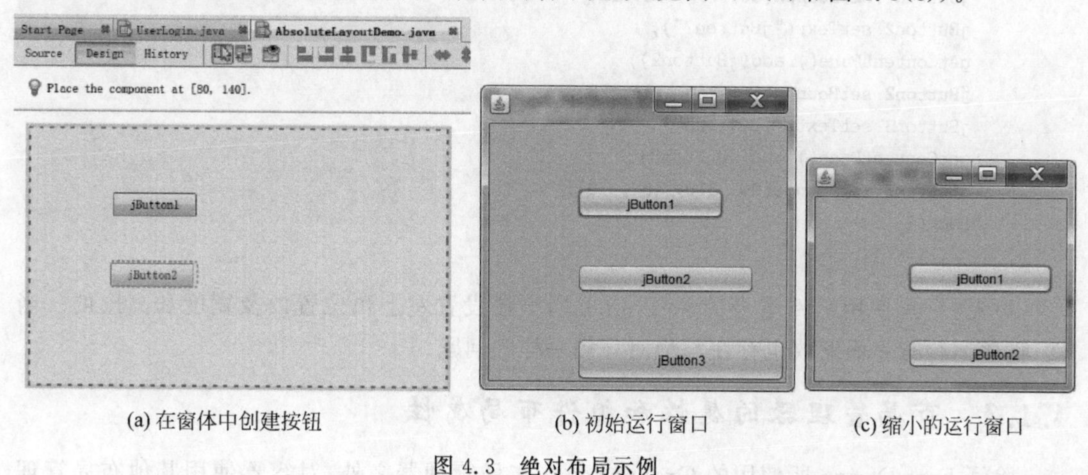

(a) 在窗体中创建按钮　　(b) 初始运行窗口　　(c) 缩小的运行窗口

图 4.3　绝对布局示例

查看程序源代码，发现为每一个组件都使用 org. netbeans. lib. awtextra. AbsoluteConstraints 对象设置了左上角坐标以及宽度和高度（－1 为默认高度，自动计算）。

```
private void initComponents() {
    jButton1 = new javax.swing.JButton();
    jButton2 = new javax.swing.JButton();
    jButton3 = new javax.swing.JButton();
    setDefaultCloseOperation(javax.swing.WindowConstants.EXIT_ON_CLOSE);
    getContentPane().setLayout(new org.netbeans.lib.awtextra.AbsoluteLayout());
    jButton1.setText("jButton1");
    getContentPane().add(jButton1, new
                org.netbeans.lib.awtextra.AbsoluteConstraints(80, 60, -1, -1));
    jButton2.setText("jButton2");
    getContentPane().add(jButton2, new
                org.netbeans.lib.awtextra.AbsoluteConstraints(80, 130, -1, -1));
    jButton3.setText("jButton3");
    getContentPane().add(jButton3, new
                org.netbeans.lib.awtextra.AbsoluteConstraints(80, 200, 180, 30));
    pack();
}
```

空值布局 Null Layout 就是不使用布局管理器，在容器中对组件直接定位及设置大小。与绝对布局 Absolute Layout 一样，它也是快速制作界面原型时使用，不用在产品化应用程序中。使用空值布局界面的设计与绝对布局的操作方法一样，只是 IDE 生成代码不同。上面那个例子程序如果使用空值布局，代码如下。

```
private void initComponents() {
    jButton1 = new javax.swing.JButton();
    jButton2 = new javax.swing.JButton();
    jButton3 = new javax.swing.JButton();
    setDefaultCloseOperation(javax.swing.WindowConstants.EXIT_ON_CLOSE);
    getContentPane().setLayout(null);
    jButton1.setText("jButton1");
    getContentPane().add(jButton1);
    jButton1.setBounds(80, 70, 120, 23);
    jButton2.setText("jButton2");
    getContentPane().add(jButton2);
    jButton2.setBounds(80, 140, 110, 23);
    jButton3.setText("jButton3");
    getContentPane().add(jButton3);
    jButton3.setBounds(80, 210, 190, 40);
    pack();
}
```

可见，它是使用组件本身的 setBounds()方法设置左上角位置以及宽度和高度的。当然，程序运行时界面缩放也存在与绝对布局一样的问题。

4.1.3 布局管理器的属性和组件布局属性

除了 Free Design 所使用的 GroupLayout 布局管理器之外，对容器使用其他布局管理器都会在该容器中生成一个布局节点，右击该布局节点则会在快捷菜单中有一个Properties菜单项(空值布局没有)。单击该菜单项之后出现此种布局的属性设置窗口(见图4.4和图4.5)。所设置的布局管理器属性对容器中的所有组件都起作用，如设置其中组件的对齐方式以及组件之间的间距(Gap)等。一般地，不同布局管理器的属性有很大的差别。选择布局节点之后，在属性窗口中也有该布局的属性设置项。

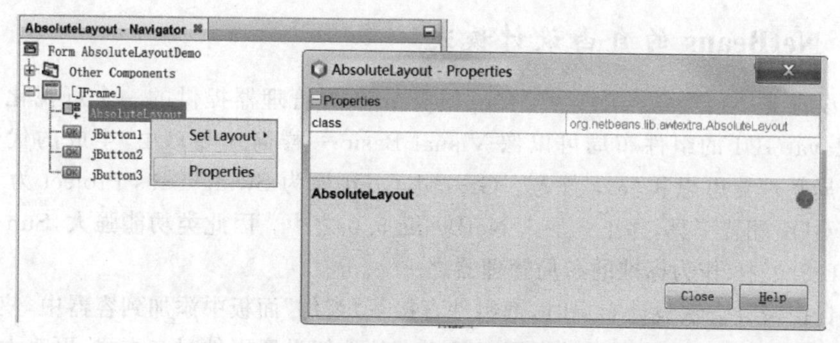

图4.4　绝对布局的属性设置

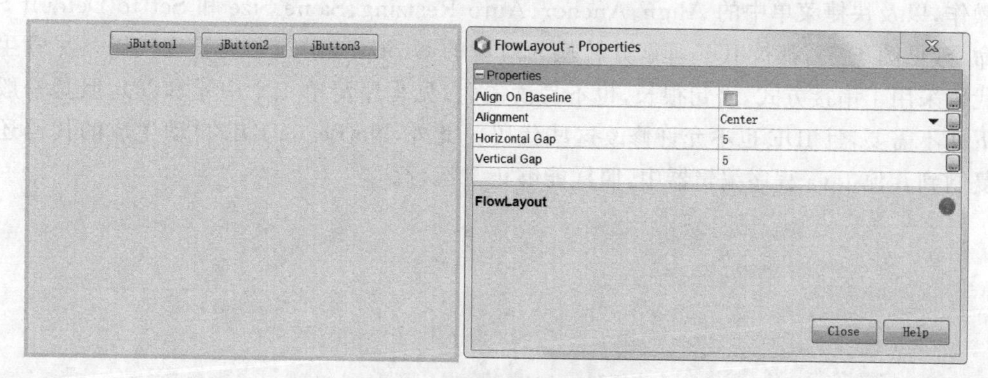

图4.5　流式布局的属性设置

多数布局管理器所在的容器中的组件都有布局属性组(见图4.6)，使用这些属性可以对该组件的布局参数进行个性化的精细设置。

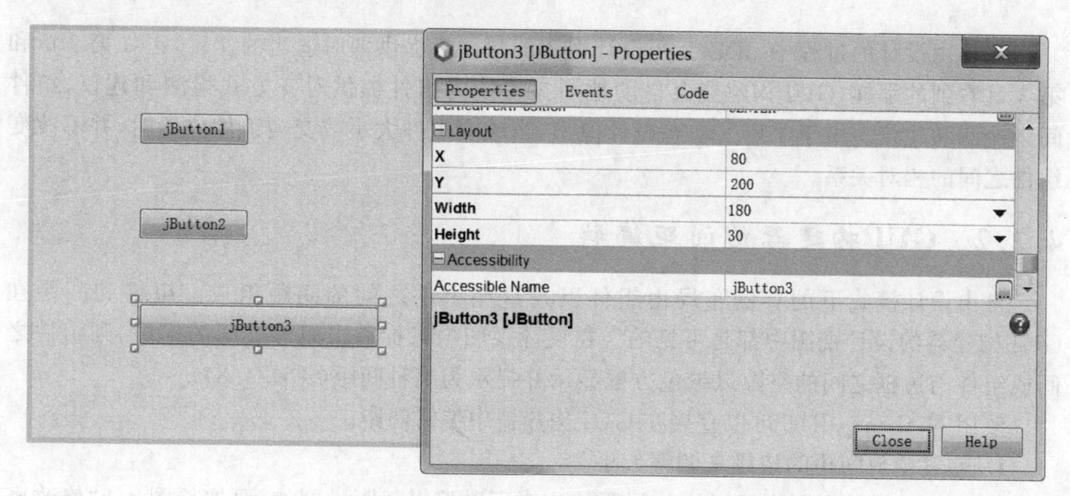

图4.6　使用绝对布局的窗体中按钮jButton3的布局属性

4.2 自由设计

自由设计(Free Design)是 NetBeans IDE 将布局管理器与布局工具结合起来的一种技术，是 GUI 构建器的默认布局，本节将详细介绍该技术。

4.2.1 NetBeans 的自由设计概述

自由设计是 NetBeans IDE 为 GroupLayout 布局管理器提供的一个可视化的支持工具，它使 Java GUI 的组件布局可以像 Visual Basic 一样简单和自由，生成的代码又符合 Java 的布局管理器思想和 Java 规范。GroupLayout 原为 Swing Labs Project 为 NetBeans 所开发的 GUI 配置工具，并正式加入 NetBeans 5.0 之中。因此类功能强大，Sun 将其新增至 Java SE 6.0 中，作为标准的布局管理器之一。

使用自由设计方法设计布局时，把组件直接从“组件”面板中添加到容器中，使用鼠标拖曳改变组件位置和大小，使用设计视图工具栏中的按钮设置组件对齐方式、更改大小可调性等操作，以及快捷菜单中的 Align、Anchor、Auto Resizing、Same Size 和 Set to Default Size 等命令(见图 4.7)，都被 IDE 理解并转换为对应的 GroupLayout 布局管理代码。尽管生成的代码采用了串接方式，语句很长，也不易读懂(参见程序清单 1.1 中④和⑤)，但是一般情况下并不需要，且 IDE 也不允许修改这些代码。此外，NetBeans IDE 自动生成的代码还可以复制到其他 Java 程序编辑器中，照样能够正常运行。

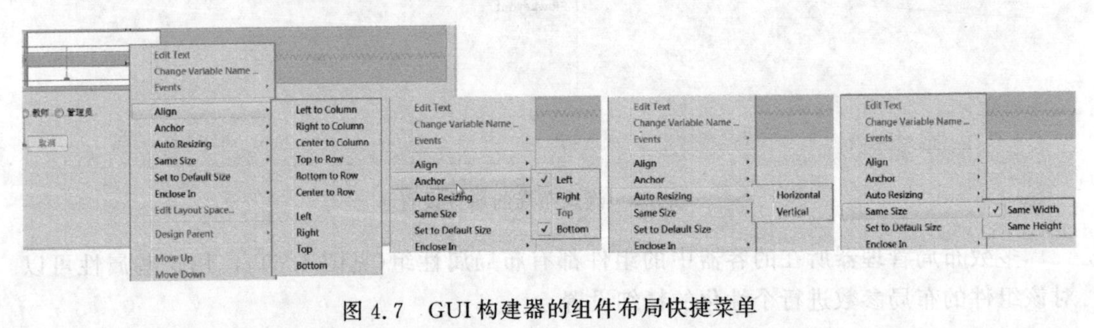

图 4.7 GUI 构建器的组件布局快捷菜单

在自由设计的过程中，IDE 会在设计视图的帮助栏提供即时适当的建议，正如第 2 章和第 3 章看到的那样，GUI 构建器会自动地用参考线为组件提供对齐方式检测和建议，组件间距检测和建议。由于采用了动态设计模型，当改变组件大小或交换组件位置时，并不改变组件之间的相对关系。

4.2.2 GUI 构建器的间距编辑

自由设计模式下的容器布局由组件以及这些组件之间的间距组成。组件和间距在 GUI 构建器的设计视图中都是可见的。在设计视图中鼠标单击组件之间的空隙，则组件之间或组件与边框之间的空隙以绿色方框显示并提示为某种间距(见图 4.8)。

使用 NetBeans IDE 可以直接在 GUI 构建器中编辑间距。

1. 通过拖放间距的边缘来调整大小

在 IDE 的设计视图中通过拖放间距的边缘可以编辑间距。例如，要加长图 4.8“修改密

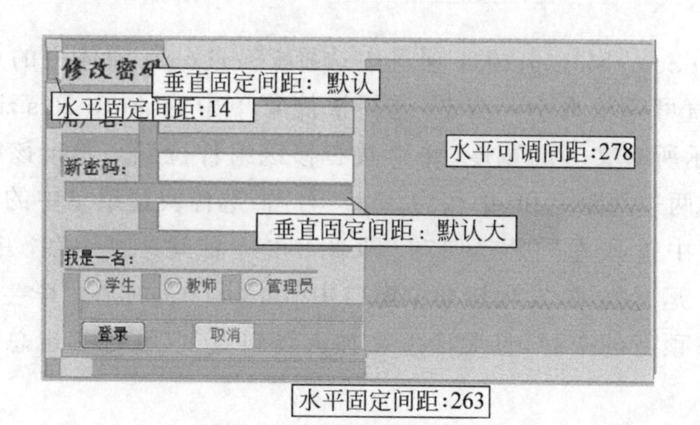

图 4.8　组件间距示意图

码”标签前面的水平间距，操作步骤如下。

(1) 鼠标移到“修改密码”标签与窗体左边框之间，并与该标签在同一行水平位置，单击选择该间距。所选取的间距以绿色显示，可以判断选择是否正确。

(2) 鼠标指针移到被选间距的右边缘，并变为空心双向箭头。

(3) 按下鼠标左键向右拖动，该间距变宽并且显示当前宽度。到需要的宽度时松开鼠标左键。

2. 使用鼠标滚轮调整间距大小

通过单击并滚动鼠标滚轮来微调间距大小。NetBeans GUI 构建器对于组件放置支持三种首选间距：Default Small(默认小)、Default Medium(默认中等)和 Default Large(默认大)。

例如，选择图 4.8 中的两个新密码口令字段之间的间距，向上滚动鼠标滚轮可以加高这个间距，向下滚动鼠标滚轮可以减小这个间距的高度，且在提示框中有当时的大小提示。此处向下滚动一下，变为默认中等，松开鼠标滚轮。

3. 使用菜单设置间距大小

选择某个间距，右击出现快捷菜单，单击 Edit Layout Space 菜单项，出现 Edit Layout Space 对话框(见图 4.9)。在 Defined Size 文本框中输入间距大小，也可以选择下拉列表中的默认大小。还可以选取 Resizable 复选框，以使该间距根据窗口当时情况自动调整大小。

4. 编辑组件周围的间距

选择组件，右击，在快捷菜单中选择 Edit Layout Space 菜单项，出现 Edit Layout Space 对话框(见图 4.10)。输入 Left、Right、Top、Bottom 间距的值，或者在下拉菜单中选择一个默认大小，即可精确设置该组件四周的间距。如果选取了某个间距或某些间距的 Resizable 复选框，则在窗口改变大小时，这个或这些间距会按照设置的大小数值比例自动扩展或缩小。

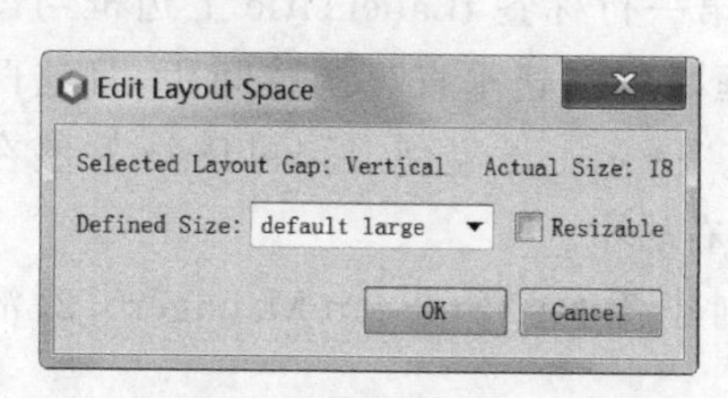

图 4.9　间距的 Edit Layout Space 对话框

图 4.10　组件的 Edit Layout Space 对话框

例 4.1 在 StdScoreManager0.1 项目中选择 UserLogin 窗体中的 jLabelTitle 标签组件，取消水平和垂直可调整大小。右击，选择快捷菜单中的 Auto Resizing→Horizontal 命令，调整为可以显示所有文字的宽度，并稍微右移该组件位置。单击该标签左边和右边间距，查看大小，计算两边间距之和，如和为 358。右击，选择快捷菜单中的 Edit Layout Space 菜单项，在对话框中输入左间距为 179（即 358/2），右间距为 179，并选取左右间距的 Resizable 复选框。运行程序，发现该登录窗口中 jLabelTitle 标签（"学生成绩管理系统用户登录"）出现在窗口顶行的中间，且无论怎么加大窗口宽度，该标签也总是出现在水平居中位置。

如果将某个间距的大小设置为 0 值，则该间距被删除。

4.2.3 组件对齐、自动调整大小及相同大小

在 2.3.2 节可视反馈功能的主题中已经讨论过组件对齐、锚点、自动调整大小及相同大小的可视化反馈，事实上，这些也是自由设计模式下布局的重要内容。通过设置组件的对齐方式，可以改变 GroupLayout 布局管理器对组件的布局组织。从程序清单 1.1 的④中可以看出，"用户名"同一行的标签和文本字段在同一个布局组中，此时没有设置"用户名"和"密码"标签及"用户名"和"密码"的文本字段具有相同宽度。但当设置了"用户名"文本字段和"密码"口令字段具有相同宽度之后，相关代码发生如下变化。

```
.addGroup(layout.createParallelGroup(javax.swing.GroupLayout.Alignment.LEADING)
    .addComponent(jTextFieldUserName,javax.swing.GroupLayout.PREFERRED_SIZE,
        javax.swing.GroupLayout.DEFAULT_SIZE, javax.swing.GroupLayout.PREFERRED_SIZE)
    .addComponent(jPasswordFieldLogin,javax.swing.GroupLayout.PREFERRED_SIZE,
        javax.swing.GroupLayout.DEFAULT_SIZE, javax.swing.GroupLayout.PREFERRED_SIZE)))
```

即，位于上下行的"用户名"文本字段和"密码"口令字段放在了同一个布局组。

4.2.4 自由设计示例

利用固定间距和可变间距以及 GUI 构建器提供的组件对齐、自动调整组件大小和相同大小等功能，可以设计出各种预想的界面布局。通过将组件放在两个预先标记为可调整大小的相同间距之间来居中对齐组件。以下通过一个例子展示这些技术的综合应用。

例 4.2 对例 3.5 所完成的程序进行布局调整，使"用户登录"窗口中各个组件显示在窗口中央，界面较为协调美观。

分析：从例 3.5 程序的运行界面图 4.1 来看，组件都挤在窗口左上角。窗口放大时其余部分空白空间更大。"用户登录"窗口需要在第一行标签 jLabelTitle 上边框与窗体上边框之间以及三个按钮下边框与 jLabelPrb 上边框之间创建垂直可调整间距，且这两个间距高度相同。这样可以使组件在窗口中垂直居中。例 4.1 已经使 jLabelTitle 标签在窗口中左右居中，使用同样方法可以使其余各行组件左右居中。

解：首先复制 StdScoreManager0.1 项目，创建新项目 StdScoreManager0.2，清理并构建项目，试运行程序，一切正常即可。

打开 UserLogin 窗体，按照以下步骤操作。

(1) 双击标签 jLabelTitle 上方的间距,定义大小为 52,并选取可调整大小。

(2) 双击三个按钮下方的间距,定义大小为 50,并选取可调整大小。

(3) 双击标签 jLabelTitle 下方的间距,定义大小为 30,并选取可调整大小。

(4) 双击"密码"和"我是一名"标签之间的间距,定义大小为 20。文本字段前后间距按照图 4.11 尺寸进行调整,并设置为可调整大小。

(5) 双击"登录"按钮上方的垂直间距,定义大小为 30。

(6) 拖动 jLabelPrb 左右两边框中间调整控柄,使它们距两端边框达首选距离。

(7) 向右平移"取消"按钮,使它距窗口右边框水平间距为 139。向右平移"登录"按钮,使它与"取消"按钮的水平间距为 40。

(8) 双击"用户名"文本字段 jTextFieldUserName 右侧间距,设置为 112,可调整大小。"用户名"标签左侧间距做同样设置。

上述每一步设置可能对以前所做的可调整大小的设置产生影响。完成后各主要间距如图 4.11(a)所示。

完成上述操作之后,登录窗体的调整基本完成。运行程序发现,放大或缩小窗口时组件基本在窗口中央(见图 4.11(b))。但是,当窗口很大时仍然不是十分美观,可以使用"组件"面板中的 Swing Filler 进行微调,具体方法后面再述。

需要说明的是,自由设计非常灵活,操作上的很小不同就会导致组件间填充的间距发生变化,所以应该根据实际情况灵活运用这些工具和方法。图 4.11 是作者设计该例子时的界面,读者设计的不一定与此相同。如果进行反复实验会发现,尽管自由设计布局模式在设计视图中排布组件非常容易和灵活,但是当运行窗口改变大小时还是会出现布局不尽如意之处,而且也不是那么轻而易举就能调整到理想状态。

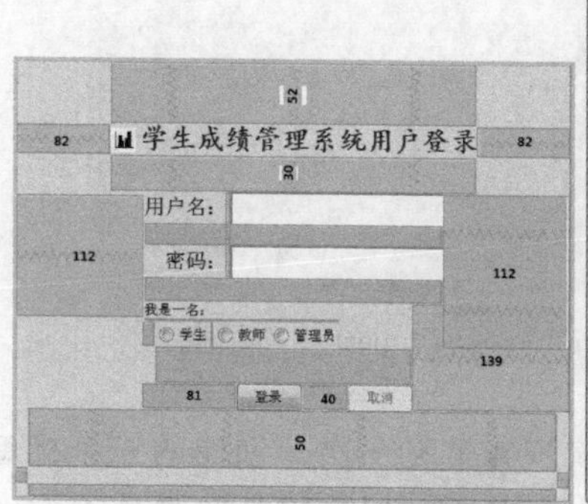

(a) 调整完成后登录窗体主要间距值

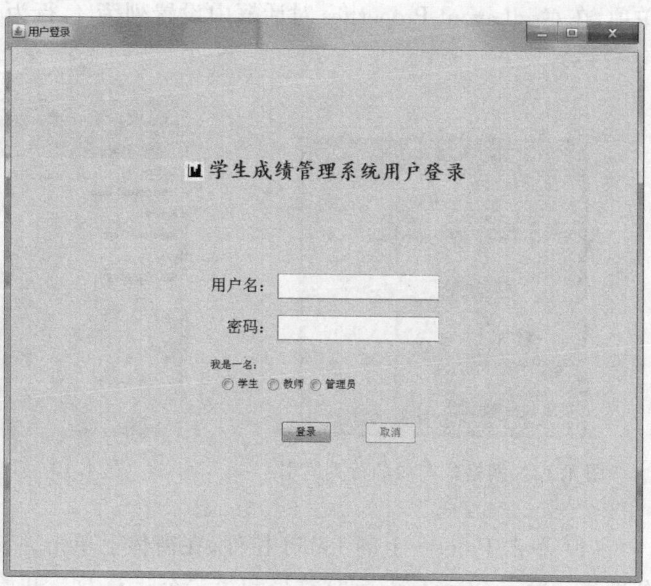

(b) 放大登录窗口后的布局

图 4.11 界面布局调整

4.3 网格式布局和网格包布局

网格式布局 GridLayout 是一种按行列排列的矩形方格，常用于整齐划一的界面设计，使用较为简单。网格包布局 GridBagLayout 也像网格式布局一样将布局空间划分成矩形网格，但做了重大改进和扩展，是 Java 平台提供的最灵活且最复杂的布局管理器之一。

4.3.1 网格式布局 GridLayout

该布局把组件存放在一个矩形网格中。网格是由被虚细线分割成多个单元格的可视区域组成。贯穿整个界面的网格线通过网格索引数来指定。一个 N 列的网格在运行中包含 0～N 共 $N+1$ 个索引，不管怎么配置 GridLayout 网格，索引 0 是固定网格容器的前边距，索引 N 是固定容器的后边距（见图 4.12）。所有网格单元都具有相同大小，且不能更改，由布局管理器自动计算。可以设置布局管理器的属性（见图 4.13），但组件的"编辑布局空间"命令不可用。

以下通过例子介绍网格式布局的设计和使用方法。

例 4.3 采用网格式布局设计一个简单四则运算计算器。

解： 在 chap4 项目中设计。设计步骤如下。

(1) 在 book. layout. demo 包中创建类名为 GridLayoutCalc 的窗体，设置该窗体的 Bounds 属性为[300, 300, 400, 350]，preferredSize 属性为[400, 350]。

(2) 右击 GridLayoutCalc 窗体，在快捷菜单中单击 Set Layout→Grid Layout 命令。

(3) 在 Navigator 窗口右击 JFrame 下的 GridLayout 节点，在快捷菜单中单击 Properties 菜单项，在 GridLayout-Properties 对话框中设置列为 4，行为 5，垂直间距和水平间距均为 2（见图 4.13）。

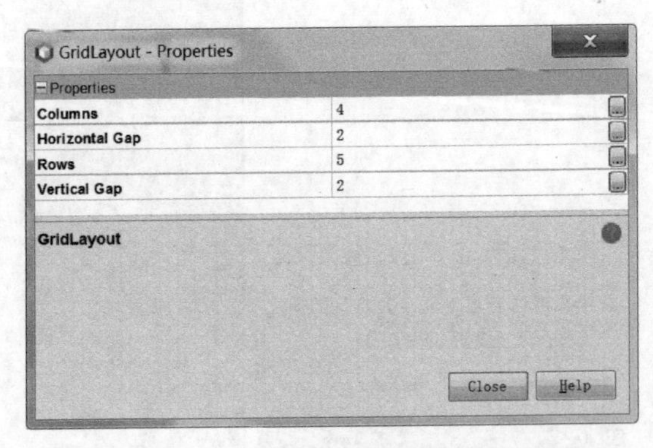

图 4.12 网格式布局的行列索引

图 4.13 GridLayout-Properties 对话框

(4) 单击 Palette 上的 Label 控件，在窗体上单击。该步骤重复三次。创建的三个标签分别显示第一个运算数、运算符号和第二个运算数。开始向窗体中创建组件时先填充在一个列的各行单元格中，到创建第六个组件时会自动增加一列并放置在该列的第一行。

(5) 单击 Palette 上的文本字段控件，在窗体上单击。该文本框用于显示计算结果。

(6) 单击 Palette 上的按钮控件，在窗体上单击。该步骤重复 16 次。

(7) 按照表 4.1 修改组件的变量名称(如 jButtonNum7),文字(text 属性,如 7)。文本字段 jTextFieldResult 的 editable 属性设置为 False。

表 4.1 GridLayoutCalc 窗体中组件坐标及其(变量名称,text 属性值)

	0	1	2	3
0	(jLabel1,)	(jLabelMethod,)	(jLabel2,)	(jTextFieldResult,)
1	(jButtonNum7,7)	(jButtonNum8,8)	(jButtonNum9,9)	(jButtonDiv,/)
2	(jButtonNum4,4)	(jButtonNum5,5)	(jButtonNum6,6)	(jButtonMul,*)
3	(jButtonNum1,1)	(jButtonNum2,2)	(jButtonNum3,3)	(jButtonSub,—)
4	(jButtonNum0,0)	(jButtonDigi,.)	(jButtonCalc,=)	(jButtonAdd,+)

修改完成后界面如图 4.14 所示。

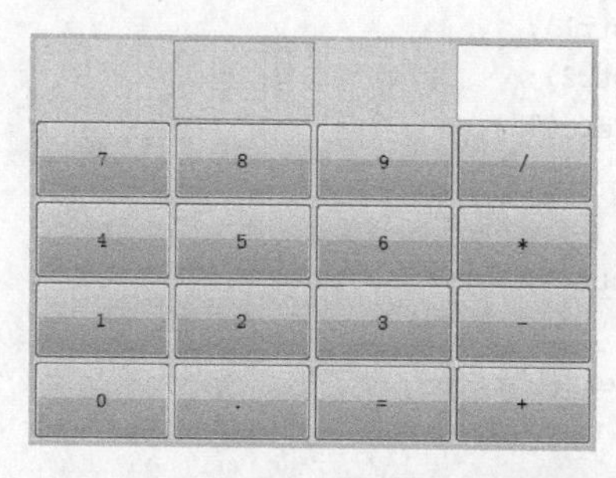

图 4.14 简单四则运算计算器界面

(8) 在 GridLayoutCalc 类中添加三个字段变量,分别存储两个运算数和运算符号。

```
private String str1 = "";                    //存储第一个运算数
private String str2 = "";                    //存储第二个运算数
private char sig = '\0';                     //存储运算符号
```

(9) 为"="按钮注册并编写 Action 事件监听方法,执行运算。

```
private void jButtonCalcActionPerformed(java.awt.event.ActionEvent evt) {
    double num1;                             //存储第一个运算数
    double num2;                             //存储第二个运算数
    double result = 0.0 ;                    //存储运算结果
    if (!"".equals(str1) && !"".equals(str2) && sig != '\0') {
        num1 = Double.parseDouble(str1);
        num2 = Double.parseDouble(str2);
        result = switch (sig) {
            case '+' -> num1 + num2;
            case '-' -> num1 - num2;
            case '*' -> num1 * num2;
            case '/' -> num2 != 0 ? num1 / num2 : Double.NaN;
            default -> Double.NaN;
        };
    }
    jLabel1.setText(str1);
    jLabel2.setText(str2);
    jLabelMethod.setText(sig + "");
```

```
    if(Double.isNaN(result))  jTextFieldResult.setText("除数为零错误!");
    else  jTextFieldResult.setText(result + "");
    jTextFieldResult.setCaretPosition(0);
    str1 = "";
    str2 = "";
    sig = '\0';
}
```

(10) 为数字按钮“0”～“9”注册并编写事件处理方法。因为每个数字按钮的事件处理逻辑基本一样，所以应该先编写一个辅助方法 numberIt(String s)，代码如下。

```
private void numberIt(String s) {
    if (sig == '\0') {
        str1 += s;
        jLabel1.setText(str1);
        jLabel2.setText(str2);
        jLabelMethod.setText("");
    } else {
        str2 += s;
        jLabel2.setText(str2);
    }
    jTextFieldResult.setText("");
}
```

数字按钮“0”的事件处理方法如下。

```
private void jButtonNum0ActionPerformed(java.awt.event.ActionEvent evt) {
    if (!"".equals(str1) && sig == '\0') {
        numberIt("0");
    } else if (!"".equals(str2) && sig != '\0') {
        numberIt("0");
    }
}
```

数字按钮“1”的事件处理方法如下。

```
private void jButtonNum1ActionPerformed(java.awt.event.ActionEvent evt) {
    numberIt("1");
}
```

数字按钮“2”～“9”的事件处理方法与“1”相同，只是把实参字符串改为按钮上的字符。

(11) 为小数点按钮“.”注册并编写事件处理方法，代码如下。

```
private void jButtonDigiActionPerformed(java.awt.event.ActionEvent evt) {
    if ("".equals(str1) && sig == '\0') {
        numberIt("0.");
    } else if ("".equals(str2) && sig != '\0') {
        numberIt("0.");
    } else {
        numberIt(".");
    }
}
```

(12) 为运算符按钮"+""-""*"和"/"注册并编写事件处理方法。因为它们的处理逻辑基本一样,所以先编写一个辅助方法 sigIt(char c),该方法代码如下。

```
private void sigIt(char c) {
    if (!"".equals(str1)) {
        sig = c;
        jLabelMethod.setText("" + c);
        jTextFieldResult.setText("");
    } else {
        jLabel1.setText(str1);
        jLabel2.setText(str2);
        jLabelMethod.setText("");
        jTextFieldResult.setText("");
        return;
    }
}
```

按钮"+"的事件处理方法如下。

```
private void jButtonAddActionPerformed(java.awt.event.ActionEvent evt) {
    sigIt('+');
}
```

按钮"-""*"和"/"的事件处理方法与此相同,只是实参为按钮上的对应字符。

4.3.2 网格包布局 GridBagLayout

网格包布局 GridBagLayout 也是将组件放在行列交叉的网格矩形(单元格)中,但比网格式布局灵活得多,可以指定组件占据多个行或列。所有行的高度并不一定相同。同样,所有列的宽度也不一定相同。一般使用组件的首选大小确定所需的单元格大小,但组件不一定填满整个单元格区域,也可以指定组件在单元格内的对齐方式。

创建窗体(或其他容器)后,右击该窗体,在快捷菜单中选择 Set Layout→Grid Bag Layout 命令,即可使该容器应用网格包布局排布组件。

在 Navigator 窗口的 GridBagLayout 节点上右击,选择快捷菜单中的 Properties 菜单项,即可在新出现的 GridBagLayout-Properties 对话框中设置该布局管理器的属性(见图 4.15)。

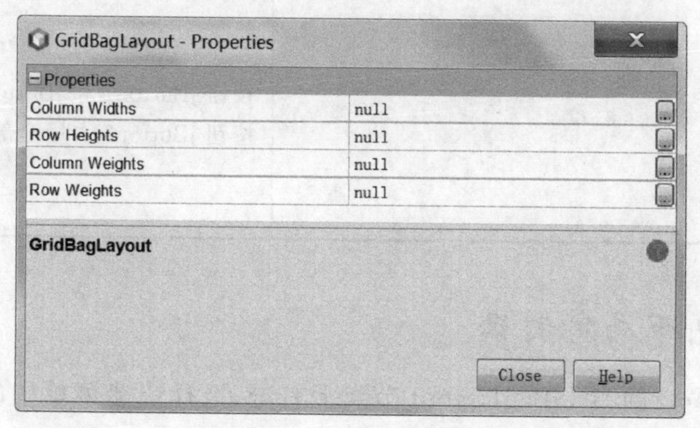

图 4.15 GridBagLayout 布局管理器的属性设置对话框

1. Column Widths

该属性使用一个整型数组设置网格各列的最小宽度。如果这个属性的值不是 null，在计算了所有列的最小宽度之后应用到网格包布局。例如，在图 4.15 的列宽度右侧输入[0,100,50]，则第一列最小宽度为 0，第二列最小宽度为 100，第三列最小宽度为 50。

如果宽度数组中的元素个数多于网格的列数，则会增加网格的列数以匹配属性设置。

2. Row Heights

该属性使用一个整型数组设置网格各行的最小高度。如果这个属性的值不是 null，在计算了所有行的最小高度之后应用到网格包布局。如果高度数组中的元素个数多于网格的行数，则会增加网格的行数以匹配属性设置。

3. Column Weights 与 Row Weights

Weights（粗细）用于确定如何在列和行之间分配空间。通常，粗细是将 0.0 和 1.0 作为最小值和最大值，根据需要使用两者之间的数字。较大的数字表示组件的行或列具有较大的空间。Column Weights 和 Row Weights 布局约束决定了组件是否需要在水平和垂直方向增大。如果一行（或列）中的两个组件具有非零 Column Weights（或 Row Weights）值，则这些值决定了各个组件的增大幅度。例如，如果值为 0.6 和 0.4，则第一个组件获取 60% 可用额外空间，而第二个组件获取 40% 空间。表 4.2 是不同列粗细的比较。

表 4.2　不同列粗细比较表

Weights	显示效果	说　明
null	jButton1 jButton2 jButton3	3 个按钮不占用剩余空间。剩余空间在左右两边均分
[1.0, 0.5, 0]	jButton1 jButton2 jButton3	按钮 jButton1 占用了剩余空间的 2/3，按钮 jButton2 占用剩余空间的 1/3，按钮 jButton3 不占用剩余空间
[0, 0, 1.0]	jButton1 jButton2 jButton3	按钮 jButton1 和 jButton2 不占用剩余空间，按钮 jButton3 占用全部剩余空间

4.3.3　网格包布局定制器

在 Navigator 窗口的 GridBagLayout 节点上右击，选择快捷菜单中的 Customize 命令，即可出现网格包定制器（见图 4.16）。

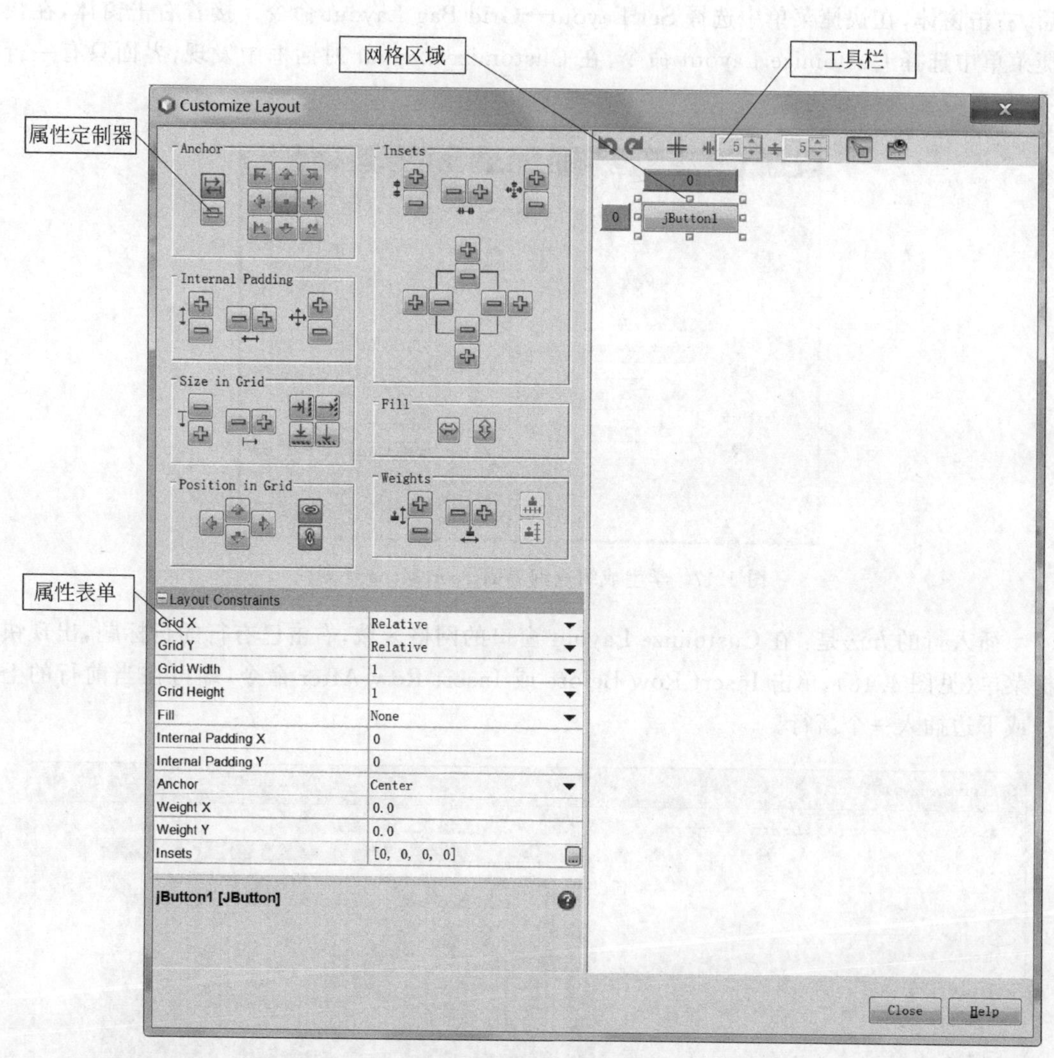

图 4.16　网格包定制器

网格区域：位于 Customize Layout 对话框的右侧。它显示组件的网格式布局。

工具栏：包含五个按钮，位于网格区域的上方。通过该工具栏，可方便地访问常用的命令：撤销、重做、启用相同间隙、隐藏空行和列以及测试布局。

属性定制器：位于 Customize Layout 对话框的左上角。它用于修改常用的布局约束，例如 Anchor（锚点）、Insets（插入量）等。

属性表单：位于属性定制器的下方。可以用它显示和设置选定组件的布局约束。

1. 插入与删除行和列

窗体的组件在添加后设置为单行布局。在未指定布局约束时，GridBagLayout 将按这种方式设置组件布局。通常需要插入一些新的行和列来放置组件。

下面以 StdScoreManager0.2 项目中的学生成绩查询界面设计为例，逐步介绍网格包定制器的使用技术。首先在纸面上或用工具软件规划出该界面（见图 4.17）。分析发现该界面可以使用网格包布局，整体是 6 行 3 列的一个网格。打开该项目的 ScoreMana 窗体之后，右击窗体，在快捷菜单中选择 Set Layout→Grid Bag Layout 命令。接着右击窗体，在快捷菜单中选择 Customize Layout 命令，在 Customize Layout 对话框中发现，界面只有一行一列，需要插入行和列。

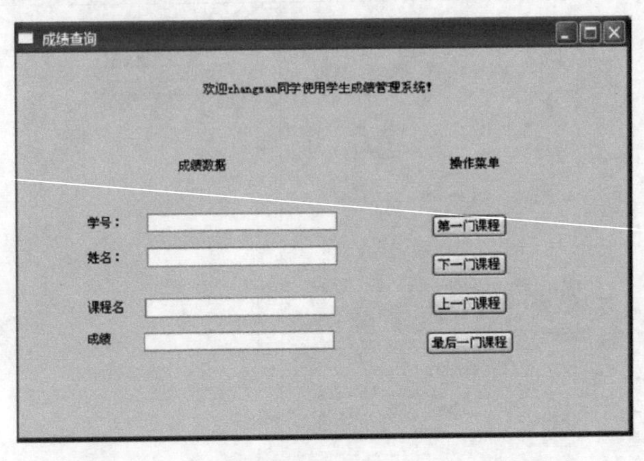

图 4.17　学生成绩查询界面 ScoreMana 规划图

插入行的方法是：在 Customize Layout 窗口的网格区域，右击已有行的行标题，出现快捷菜单（见图 4.18），单击 Insert Row Before 或 Insert Row After 命令，即可在当前行的上边或下边插入一个新行。

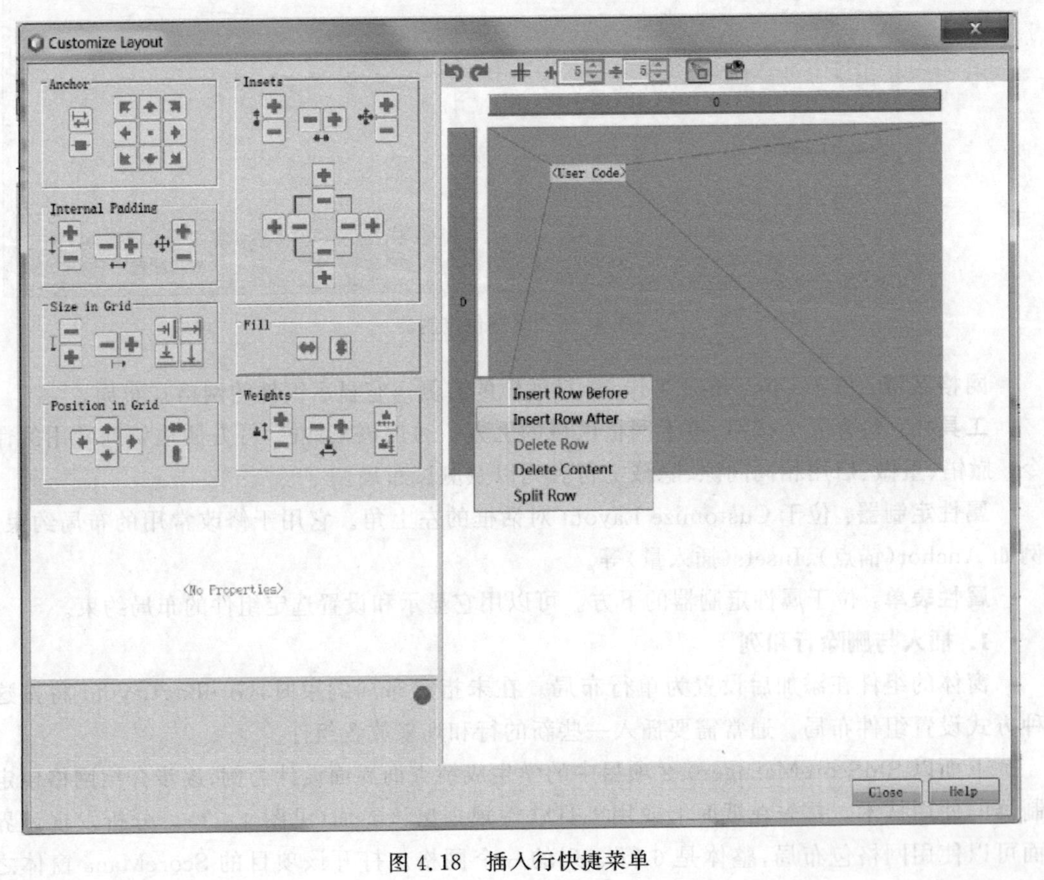

图 4.18　插入行快捷菜单

插入列的方法与插入行的方法相同：右击已有列的列标题，出现快捷菜单，单击 Insert Column Before 或 Insert Column After 命令，即可在当前列的左边或右边插入一个新列。

在行数(或列数)多于一行(或一列)时，单击 Delete Row(或 Delete Column)命令也可以删除当前行(或列)。

按照上述方法，在 ScoreMana 窗体中插入 5 个新行和 2 个新列。插入之后，在网格包定制器中单击网格单元(0, 0)发现，其中的标签占用空间过高过宽，需要调整(见图 4.19)。

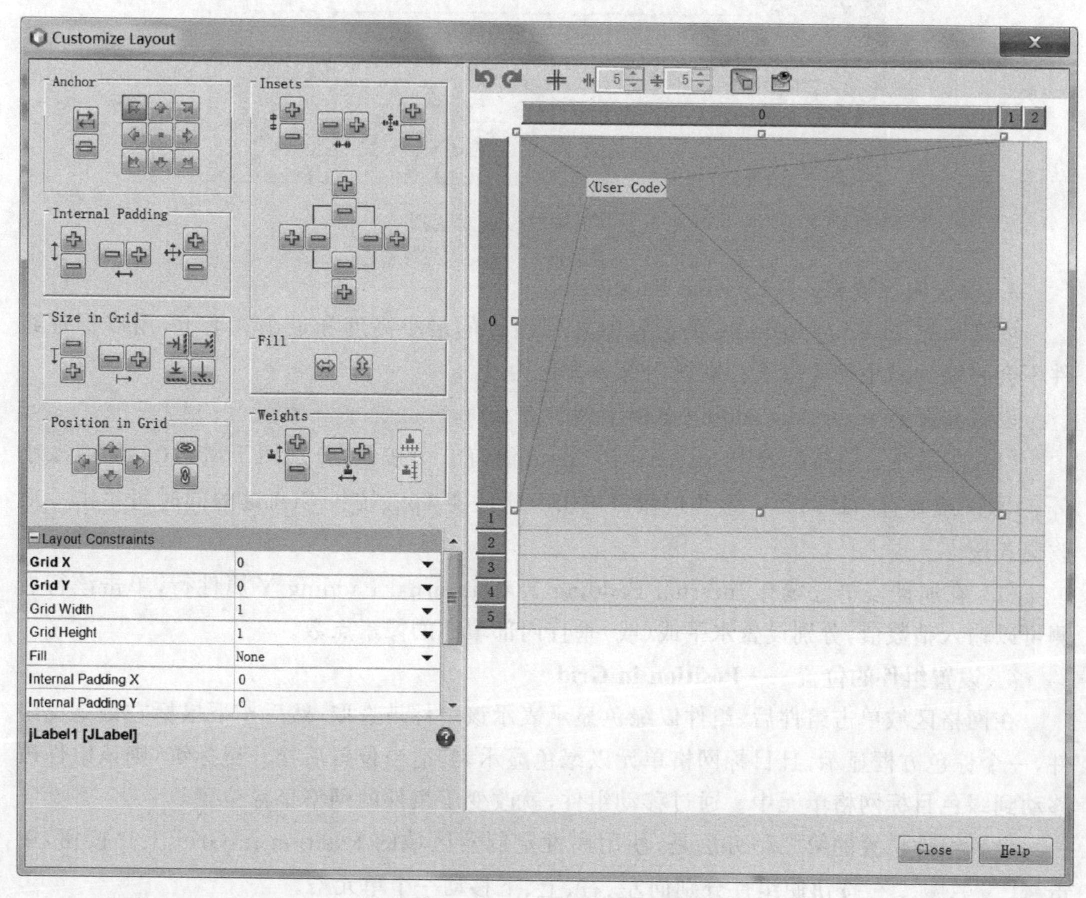

图 4.19　ScoreMana 布局定制器

2. 设置插入量——Insets

插入量 Insets 约束指定组件的外部填充，即组件与其显示区域边缘之间的最小间隙。插入量默认为 0，通过设置正整数插入量值，在组件周围增加附加的空白区域。

设置和调整 Insets 有以下两种方法。

(1) 在属性定制器区域中 Insets 组中有 14 个按钮，分别用于对上、下、左、右、上下、左右和所有插入量进行增大(⊞)或减小(⊟)。这些按钮每单击一次改变 1px，按住 Ctrl 键的同时每单击一次改变 5px。

(2) 在属性表单区域有 Insets 属性行，单击该行右侧的按钮(…)，出现对选定组件的 Insets 设置对话框(见图 4.20)，可以分别设置左、右、上、下插入量的像素点数。

对 ScoreMana 窗体中 jLabel1 标签设置上下插入量为 30，左右插入量为 5。

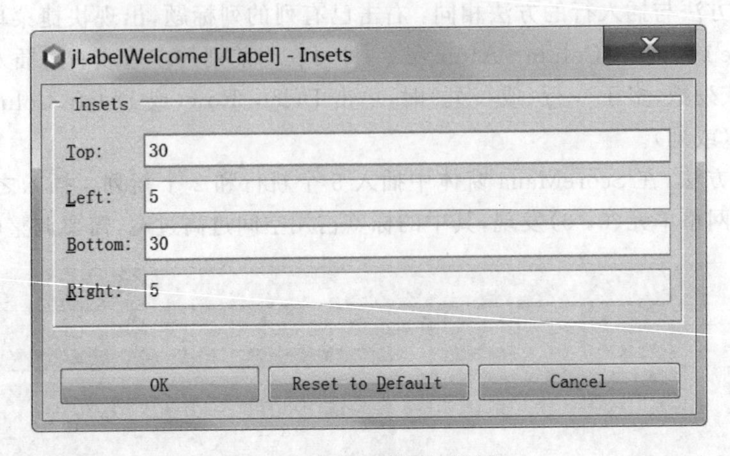

图 4.20　Insets 设置对话框

3. 设置内部填充——Internal Padding

内部填充 Internal Padding 的设置值加到组件的最小高度和最小宽度上，用以保证组件不会收缩到最小尺寸以下。默认内部填充值为 0。

设置和调整 Internal Padding 有以下两种方法。

(1) 在属性定制器区域中 Internal Padding 组有 6 个按钮，分别用于增大（⊞）或减小（⊟）水平或垂直内部间距。这些按钮每单击一次改变 1px，按住 Ctrl 键的同时每单击一次改变 5px。

(2) 在属性表单区域有 Internal Padding X 和 Internal Padding Y 属性行，单击该行右侧可以输入整数值，分别设置水平或（或）垂直内部填充的像素点数。

4. 设置组件的位置——Position in Grid

在网格区域单击组件后，组件以绿色显示表示该组件被选取，然后按下鼠标左键拖曳组件，一个棕色方框显示，且目标网格单元以绿色显示，到适当位置后松开鼠标键，则该组件被**移动**到绿色目标网格单元中。通过移动组件，就改变了组件的网格坐标位置。

设置组件位置的第二种方法是，使用属性定制器区域的 Position in Grid 工具按钮，单击◀、▶、▲、▼按钮使组件分别向左、右、上、下移动一个单元格。

第三种方法是在属性表单区域的 Grid X 和 Grid Y 属性右侧分别输入一个整数值，使组件定位到指定的网格坐标单元。

AWT 文档建议将组件的网格坐标 Grid X 和 Grid Y 不要设置为绝对位置，而应设置为常量 GridBagConstraints. RELATIVE。Position in Grid 工具按钮⊜和⊜分别设置 Grid X 和 Grid Y 为“相对”(RELATIVE)值。也可以在属性表单区域的 Grid X 和 Grid Y 属性右侧下拉列表中选择 Relative 之后，按照标准的顺序将组件添加到布局中。标准的顺序是第一行从左向右，然后开始新的一行。

5. 设置组件尺寸——Size in Grid

有时，组件需要占据多个列或（和）多个行，这可以使用属性定制器区域的 Size in Grid 工具按钮，增加（⊞）或减少（⊟）组件占据的列数（即 Grid Width）或行数（即 Grid Height）。

AWT 文档建议，对于组件横跨行列的设置，如果组件扩展至最后一行或最后一列，不要给出一个具体数值，而是用常量 GridBagConstraints. REMAINDER 代替。为此，开关式按钮设置 Grid Width(跨列数)为水平相对尺寸，按钮设置 Grid Height(跨行数)为垂直相对尺寸。当这两个按钮处于按下状态时，组件会根据实际大小占据若干行和(或)列，当这两个按钮处于弹起状态时，组件则只占据一行和(或)一列。单击按钮则组件会占据本行中剩余的所有列，单击按钮占据所有剩余行，这两个按钮弹起即恢复占据一行和(或)一列。也可以在属性表单区域的 Grid Width 和 Grid Height 属性右侧下拉列表中选择 Relative(相对)或 Remainder(余量)。

第二种设置方法是单击选取组件，鼠标移到组件右边框(或下边框)，当鼠标指针变为双向箭头后按住鼠标左键拖动，看到绿色区域覆盖了所需的列(或行)后松开鼠标键。

第三种方法是在属性表单区域的 Grid Width(或 Grid Height)右侧输入宽度值(或高度值)。

6. 设置粗细——Weights

与 Grid Bag Layout 属性的 Weight X 与 Weight Y 设置做相同的事情，即设置网格单元中组件在窗口改变大小时的扩展比例。Weight X 是该行中所有组件粗细的最大值，Weight Y 也是该列所有组件的最大粗细值。如果将组件 Weight 设置为 0，则该组件不会随着窗口的放大或缩小而改变大小，总为其原始尺寸。相应地，将组件 Weight X(或 Weight Y)设置为 1.0，则该组件在窗口放大时占据全部的水平(或垂直)扩展空间。

第一种设置方法是，使用属性定制器区域的 Weights 工具按钮，增大()或减少(缩小)组件的粗细。每单击一次改变 0.1，若按住 Ctrl 键单击则改变 0.5，按住 Shift 键同时单击其中任一按钮，粗细值被设置为 0。

第二种方法是在属性表单区域的 Weight X 和 Weight Y 属性右侧分别输入一个 0.0~1.0 的值。

7. 锚点——Anchor

如果组件大小比其显示区域小，则可以指定锚点以确定组件在网格单元内的放置位置。

使用属性定制器区域的 Anchor 工具按钮，可以设置以下三类锚点。这些按钮都是开关式的按钮。

(1) 绝对对齐锚点，示意如下。

西北 Northwest	北 North	东北 Northeast
西 West	**居中 Center**	东 East
西南 Southwest	南 South	东南 Southeast

(2) 双向识别锚点，示意如下。

第一行开头 First Line Start	页首 Page Start	第一行结尾 First Line End
行首 Line Start	**居中 Center**	行尾 Line End
最后一行开头 Last Line Start	页尾 Page End	最后一行结尾 Last Line End

(3) 与基线相关的锚点（会同时选择），示意如下。

基线前导以上 Above Baseline Leading	基线以上 Above Baseline	基线结尾以上 Above Baseline Trailing
基线前导 Baseline Leading	**基线** **Baseline**	基线结尾 Baseline Trailing
基线前导以下 Below Baseline Leading	基线以下 Below Baseline	基线结尾以下 Below Baseline Trailing

此外，在属性表单区域的 Anchor 右侧下拉列表中也可以选择上述 27 种锚点之一。

8. 填充——Fill

组件创建时默认具有首选大小，并位于显示区域的锚点所指定位置。要设置足够宽(或高)的组件大小，以水平(或垂直)填充其显示区域而不更改其高度(或宽度)，应设置组件填充属性。

在属性定制器区域的 Fill 工具按钮组，单击按钮设置该组件水平填充，单击按钮设置该组件垂直填充。也可以同时选取这两个按钮以水平和垂直填充。

第二种方法是，在属性表单区域的 Fill 下拉列表框中选择 Horizontal、Vertical、Both 或 None 以指定组件的填充属性。

4.3.4 网格包布局应用实例

例 4.4 使用网格包布局设计 StdScoreManager0.2 项目中的学生成绩查询界面，界面效果如图 4.17 所示。

解：前面已经设置 ScoreMana 窗体使用网格包布局，插入了 5 行和 2 列，设置 jLabel1 的插入量为[30, 5, 30, 5]。接着按照以下步骤继续设计。

(1) 在该窗体的 Customize Layout 对话框中，单击 jLabel1 组件，鼠标向右拖动右边框中间调整控柄，绿色区域覆盖到第三列时松开鼠标键。

(2) 设置 jLabel1 组件的 Anchor 为 Center，Fill 为 Horizontal，Weight X 为 1.0，Weight Y 为 0.5。

(3) 在网格区域的第二行第一列网格单元右击，在快捷菜单中选择 Add Component→Swing Control→Label 菜单项。设置该标签的 Weight Y 为 0.2。

(4) 在第二行第三列重复步骤(3)操作。

(5) 单击第二行第一列网格单元中的标签组件，单击属性定制器区域的 Size in Grid 工具按钮组的“水平放大”按钮。

(6) 在第一列的第三、四、五、六行网格单元重复步骤(3)。

(7) 在第二列的第三、四、五、六行网格单元分别执行操作：右击，在快捷菜单中选择 Add Component→Swing Control→Text Field 菜单项。

(8) 在第三列的第三、四、五、六行网格单元分别执行操作：右击，在快捷菜单中选择 Add Component→Swing Control→Button 菜单项。

(9) 按住 Ctrl 键，依次单击第一列的第三、四、五、六行网格单元，单击属性定制器区域的 Anchor 工具按钮组的 East 按钮；单击 Weights→Increase X Weight 按钮 3 次。

(10) 按住 Ctrl 键，依次单击第二列的第三、四、五、六行网格单元，单击属性定制器区域的 Anchor 工具按钮组的 West 按钮；单击 Fill→Horizontals Fill 按钮；按住 Ctrl 键，单击 Insets→Enlarge Left and Right Insets 按钮两次；按住 Ctrl 键，单击 Internal Padding→Increase Horizontal Padding 按钮；单击 Weights→Increase X Weight 按钮 3 次。

(11) 按住 Ctrl 键，依次单击第三列的第三、四、五、六行网格单元，单击属性定制器 Insets→Enlarge Left and Right Insets 按钮两次；单击 Weights→Increase X Weight 按钮 4 次。

(12) 右击第 6 行的行标题，单击快捷菜单中的 Insert Row After 命令。在网格区域的第七行第一列网格单元右击，在快捷菜单中选择 Add Component→Swing Control→Label 菜单项。设置该标签的 Weight Y 为 0.3。

(13) 单击 Customize Layout 对话框中的 Close 按钮，关闭网格包布局定制器。

(14) 在 Design 视图中，按照表 4.3 修改各个网格单元组件的变量名称和显示文字。

表 4.3　ScoreMana 窗体各个网格单元组件的(变量名称，显示文字)

	0	1	2
0	(jLabelWelcome，欢迎 xxx 同学使用学生成绩管理系统)		
1	(jLabelData，成绩数据)		(jLabelMenu，操作菜单)
2	(jLabelName，姓名：)	(jTextFieldName，)	(jButtonFirst，第一门课程)
3	(jLabelID，学号：)	(jTextFieldID，)	(jButtonNext，下一门课程)
4	(jLabelCourse，课程名：)	(jTextFieldCourse，)	(jButtonPrev，上一门课程)
5	(jLabelScore，成绩：)	(jTextFieldScore，)	(jButtonEnd，最后一门课程)

(15) 在 Design 视图中，按住 Ctrl 键，依次单击 4 个文本字段，在 Properties 窗口设置 prefferedSize 的宽度为 160，高度为 24；取消 editable 属性的选取。

(16) 按住 Ctrl 键，依次单击 4 个按钮，在 Properties 窗口中设置 prefferedSize 的宽度为 125，高度为 30。

(17) 单击 jLabelWelcome 标签，在 Properties 窗口中设置 horizontalAlignment 属性值为 CENTER。清除第 7 行第 1 列的文字。

通过上述操作步骤，完成了 ScoreMana 窗体的布局设置，运行程序，得到的界面(见图 4.21)与图 4.17 的设计原型基本一致。

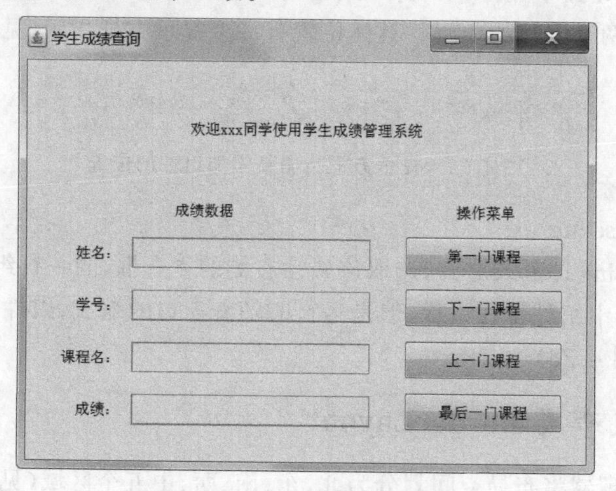

图 4.21　学生成绩查询界面

4.4 简单布局管理器

前两节所述的网格式布局和网格包布局管理器都具有强大的布局能力，能够设计任何所需的布局。但是，它们都很灵活，使用起来也比较复杂。本节介绍 5 个满足某些特定需要的简单布局管理器。

4.4.1 流式布局 FlowLayout

这是最简单的一种布局，也就是能力最弱的布局。按照组件加入的次序从左到右安排组件，当空间不足时，就移到下一行显示。在改变容器大小时，其中的组件可能移到下一行或上一行显示，但是组件次序不变。

在 chap4 项目的 book.layout.demo 包中新建一个 JFrame 窗体，右击该窗体，在快捷菜单中选择 Set Layout→Flow Layout 菜单项。在 Navigator 窗口中右击 FlowLayout 节点，选择快捷菜单中的 Properties 菜单项，弹出 FlowLayout-Properties 对话框(见图 4.5)。

1. Vertical Gap

Vertical Gap 即垂直间距，设置上一行组件的下边框到下一行组件的上边框之间的距离。

2. Horizontal Gap

Horizontal Gap 即水平间距，设置左边组件的右框到相邻的右边组件的左框之间的距离。

3. Alignment

Alignment 即对齐属性，设置在向一行空间添加组件时组件的出现位置。默认为 Center 对齐，即第一个组件出现在行的中间。如果设置 Right 对齐，则第一个组件在第一行最右边，添加第二个组件时，第一个组件向左平移，第二个组件变成该行最右边的组件，即组件依次从左向右进行排列，但靠右对齐。有 5 种对齐方式：Center、Left、Right、Leading、Trailing。

但是在 GUI 构建器中，后一个组件可以放置在前一个组件的左边，也可以在右边，还可以放置在已存在的两个组件的中间。具体位置有一个提示方框指示(见图 4.22)。

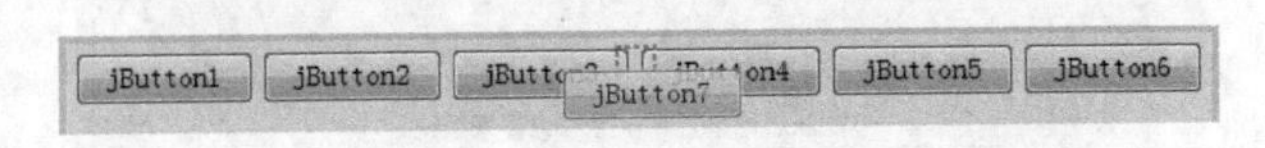

图 4.22 提示方框指明新添加组件的位置

4. Align on Baseline

Align on Baseline 即基线对齐，选取该属性右侧的复选框，同一行组件基线对齐。

在 GUI 构建器中组件排在一行，但是运行时随着窗口的缩放，组件自动排到下一行，或移动到上一行(见图 4.23)。

4.4.2 边框式布局 BorderLayout

边框式布局管理器将布局空间划分为北、东、南、西、中五个区域(见图 4.24)。

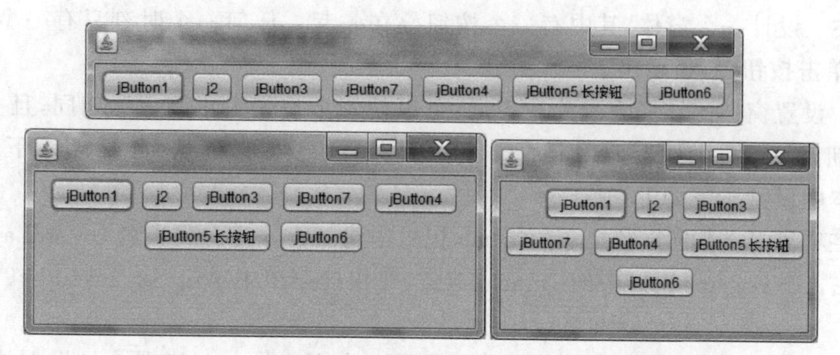

图 4.23　流式布局中组件随窗口大小变化自动重排

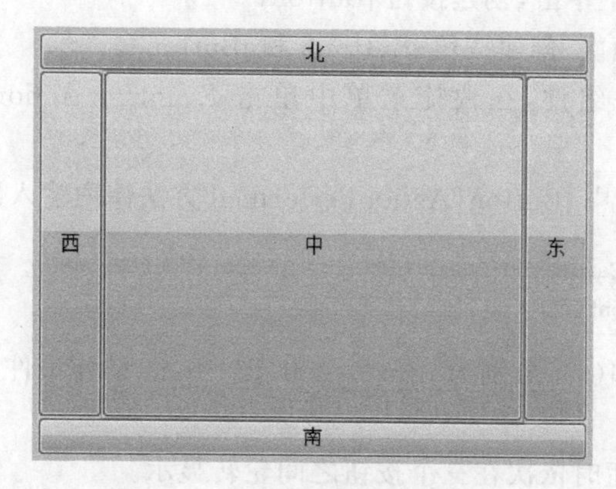

图 4.24　边框式布局的空间划分

边框式布局的属性只有垂直间距和水平间距两个，用于设置相邻组件之间的空白空间。如果四边的某一个位置没有组件，其空间被相邻组件占用。例如，删除图 4.24 中的"北"按钮，则"西""中"和"东"按钮向上增高占用了"北"按钮的空间。如果删除"东"按钮，则"中"按钮加宽占据空间。如果四边组件删除，则"中"按钮增高并加宽占据全部布局空间。

4.4.3　卡片式布局 CardLayout

卡片式布局 CardLayout 设置容器内所有组件的位置、大小相同，然后层叠在一起，只有位于最上面的组件可见。

卡片式布局的属性只有垂直间距和水平间距两个，用于设置组件上下和左右边框与容器对应边框之间的距离。

卡片式布局管理器有下述重要方法。

void next(Container parent)：显示容器 parent 中当前组件之后的一个组件，若当前组件为最后添加的组件，则显示第一个组件，即卡片组件循环显示。

void first(Container parent)：显示容器 parent 中第一个组件。

void last(Container parent)：显示容器 parent 中最后一个组件。

void previous(Container parent)：显示容器 parent 中当前组件之前的一个组件，若当前组件为第一个添加的组件，则显示最后一个组件，即卡片组件显示是循环的。

void show(Container parent, String name)：显示容器 parent 中名为 name 的组件。

例 4.5 设计一个窗体，其中有三个按钮叠在一起。任何一个时刻只有一个按钮显示出来。当单击按钮时，显示出下一个按钮。

分析：设置窗体的布局为卡片式布局，可以使三个按钮大小和位置相同，且叠在一起。通过给按钮设计事件监听器调用卡片式布局管理器的有关方法，从而控制显示下一个按钮。

解：本题设计步骤如下。

(1) 在项目 chap4 的 book.layout.demo 包中创建 JFrame Form，类名为 CardLayoutDemo。

(2) 右击 Navigator 窗口中的 JFrame 节点，在快捷菜单中单击 Set Layout→Card Layout 菜单项。

(3) 在 Palette 中单击 Swing Controls 组中的 Button 组件，在设计视图中的 CardLayoutDemo 窗体上单击，创建按钮 jButton1。

(4) 重复步骤(3)两次，创建按钮 jButton2 和 jButton3。

(5) 右击 jButton1 组件，在快捷菜单中单击 Events→Action→actionPerformed 菜单项。

(6) 在 Source 视图中 jButton1ActionPerformed 方法体内输入以下处理代码。

```
CardLayout card = (CardLayout)this.getContentPane().getLayout();
card.next(this.getContentPane());
```

(7) 重复步骤(5)和(6)，分别为 jButton2 和 jButton3 设计事件监听方法。方法体与步骤(6)一样。

运行程序，单击按钮时依次在三个按钮之间轮转显示。

4.4.4 叠加布局 OverlayLayout

叠加布局 OverlayLayout 以重叠方式布局组件，并且以对齐点设置组件的对齐位置。将组件添加到由 OverlayLayout 管理器管理的容器中的顺序决定了组件层次。

叠加布局管理器没有可设置的属性，它是依靠由其所管理的容器中组件本身的 alignmentX（横轴）和 alignmentY（纵轴）属性设置排布位置的。组件的 alignmentX 和 alignmentY 的对齐点介于 0.0～1.0。横轴上 0.0 代表组件的左侧面，1.0 代表组件的右侧面；纵轴上 0.0 和 1.0 分别代表组件的顶部和底部。

布局管理器通过检测所包含组件的 alignmentX 和 alignmentY 属性确定组件的平面位置。若组件的这两个属性定义了一个所有组件都可以共享的点，则称为布局管理器的**坐标点**，组件以该点为依据进行放置。

对于一个组件，在相应的方向上将对齐值乘以组件的尺寸，就可以获得该组件的坐标点。

在为每一个组件确定了坐标点以后，叠加布局管理器计算容器内共享点的位置。为了计算这个位置，布局管理器平均组件的不同对齐属性，然后将每一个设置乘以容器的宽度或高度。这个位置就是布局管理器放置坐标点的位置，组件可以被放置在这个点上。

例 4.6 创建三个按钮：jButton1 是 100×100px 的黑色按钮，其上的 jButton2 是一个 50×50px 的灰色按钮，最上面的 jButton3 是一个 25×25 的白色按钮。按表 4.4 比较不同 alignmentX 和 alignmentY 组合的叠加效果。

表 **4.4** 不同 **alignmentX** 和 **alignmentY** 组合的叠加效果

按　钮	alignmentX	alignmentY	预览界面
jButton1	0.0	0.0	
jButton2	0.0	0.0	
jButton3	0.0	0.0	
jButton1	0.5	0.5	
jButton2	0.5	0.5	
jButton3	0.5	0.5	
jButton1	1.0	1.0	
jButton2	1.0	1.0	
jButton3	1.0	1.0	
jButton1	1.0	1.0	
jButton2	0.5	0.5	
jButton3	0.0	0.0	
jButton1	0.0	0.0	
jButton2	0.5	0.5	
jButton3	1.0	1.0	

解：设计步骤如下。

(1) 在项目 chap4 的 book.layout.demo 包中创建 JFrame Form,类名为 OverlayLayoutDemo。

(2) 右击 Navigator 窗口中的 JFrame 节点,在快捷菜单中单击 Set Layout→Overlay Layout 菜单项。

(3) 在"组件"面板中单击 SwingControls 组中的 Button 组件,在设计视图中的 OverlayLayoutDemo 窗体上单击,创建按钮 jButton1。

(4) 重复步骤(3)两次,创建按钮 jButton2 和 jButton3。

(5) 由于最先创建的按钮 jButton1 在最上边,它又是最大的按钮,遮挡住了后面创建的两个按钮,所以需要调整显示层次。方法是:在 Navigator 窗口中拖动 jButton1 按钮到最下边,拖动 jButton3 按钮到 3 个按钮的最上边位置。

(6) 在 Navigator 窗口中单击 jButton1 按钮,在 Properties 窗口中修改 maximumSize、minimumSize、preferredSize 属性的宽度和高度都为 100px。

(7) 重复步骤(6),修改 jButton2 按钮和 jButton3 按钮的这 3 个属性宽度和高度分别为[50,50]和[25,25]。

(8) 单击项目 chap4 的 Source Packages 节点,在快捷菜单中单击 New→Folder 菜单项,创建文件夹 images。将制作好的 3 个图像文件 black.jpg(黑色方块,100×100px)、grey.jpg(灰色方块,50×50px)和 white.jpg(白色方块,25×25px)复制到该文件夹中。

(9) 在 Navigator 窗口中单击 jButton1 按钮,在 Properties 窗口中单击 icon 属性右侧的"…"按钮,选择项目内的图像 black.jpg,单击 OK 按钮;在 Properties 窗口中单击 border

属性右侧的“…”按钮，选择 LineBorder，单击 OK 按钮；清除 text 属性内容。

(10) 重复步骤(9)，分别为 jButton2 按钮和 jButton3 按钮设置 icon 属性为 grey.jpg 和 white.jpg，边框设置为 LineBorder。

(11) 按表 4.4 设置 3 个按钮的 alignmentX 和 alignmentY 的值，单击 Preview Design 工具按钮，体会叠加效果。

4.5 盒式布局 BoxLayout

盒式布局 BoxLayout 也是较为简单的一种布局，与流式布局很相似，但是配合组件的布局约束属性以及后面所述的 Swing 填充器，可以使布局设计既简单又灵活。

4.5.1 组件的最小、最大与首选尺寸

查看前面学过的各种组件，发现它们都有 minimumSize、maximumSize、preferredSize 这三个属性。

minimumSize：设置组件的最小尺寸。在 Properties 窗口中单击该属性右侧的“…”按钮，会出现设置对话框，输入组件的最小尺寸的长度和宽度。当容器缩小时，一些布局管理器使组件也缩小，但当组件缩小到最小尺寸时便不再缩小，结果只是显示组件的部分区域或容器不再缩小。如例 4.3 所设计的计算器程序界面，缩小到最小宽度时窗口不能继续缩小(见图 4.25)。

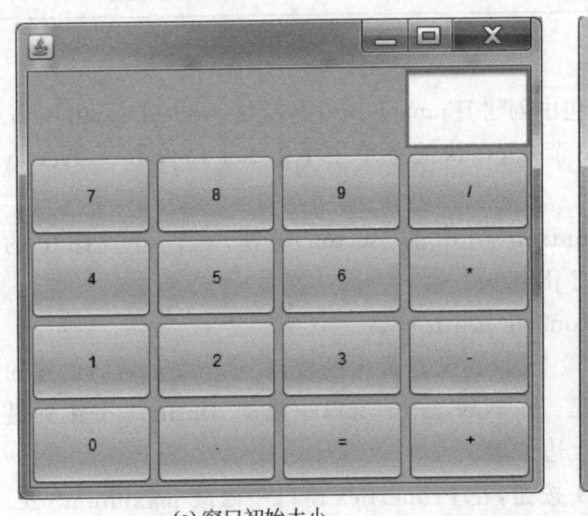

(a) 窗口初始大小

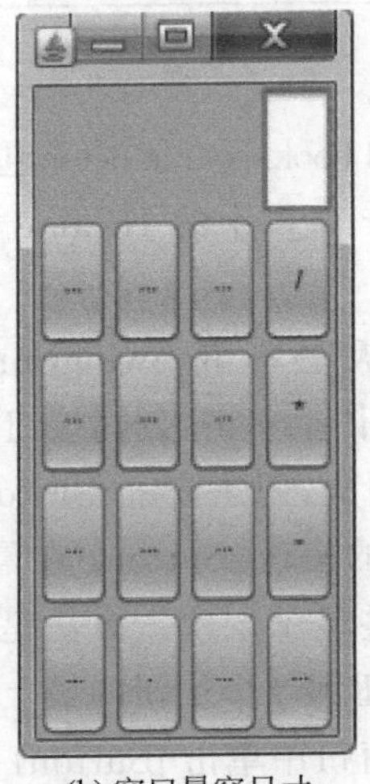

(b) 窗口最窄尺寸

(c) 窗口最窄最低尺寸

图 4.25 计算器界面

maximumSize：设置组件的最大尺寸。设置方法与 minimumSize 属性一样。当容器扩大时一些布局管理器使组件也扩大，但当组件扩大到最大尺寸时便不再扩大。例如，对叠加布局管理器，修改例 4.6 的 jButton1 按钮的 maximumSize 为[300,200]、背景色为黄色，运行程序，扩大窗口到某个限度时，再继续扩大，最底层的大按钮不再扩大(见图 4.26)。

preferredSize：设置组件的首选尺寸。首选尺寸一般是程序运行时，初始界面所显示的组件尺寸，一般也是组件的“最合适”尺寸。

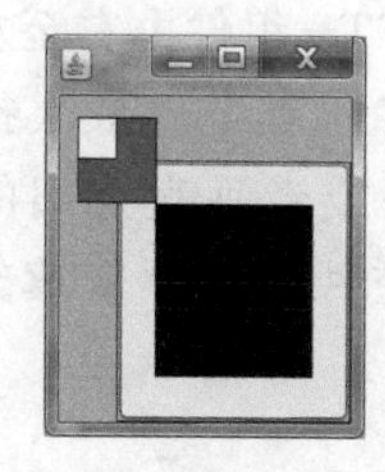
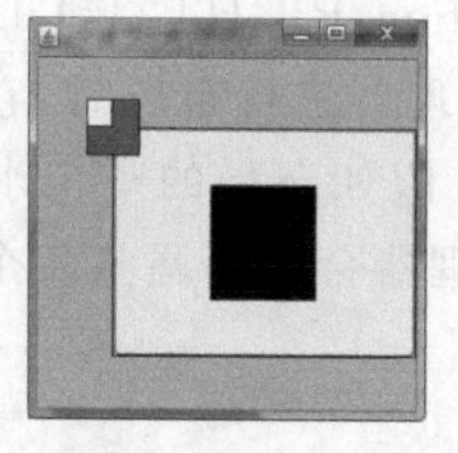

图 4.26 扩大例 4.6 程序运行窗口的界面

组件的最小、最大和首选尺寸是叠加布局及 BoxLayout 用来安排组件的依据。它们对组件位置的计算还用到 SizeRequirements 类的方法。

4.5.2 BoxLayout 的使用与 Axis 属性

BoxLayout 在一个水平行或一个垂直列中布局组件。相对于 FlowLayout 或 GridLayout，使用 BoxLayout 的好处在于 BoxLayout 会考虑到每一个组件的 AlignmentX 与 AlignmentY 属性及其最大尺寸，且比 GridBagLayout 和 FlowLayout 的更容易使用。

在 chap4 项目的 book. layout. demo 包上右击，然后单击快捷菜单的 New→JFrame Form 菜单项，输入类名“BoxLayoutDemo”，单击 Finish 按钮。在 Navigator 窗口的 JFrame 节点上右击，在快捷菜单中选择 Set Layout→Box Layout 菜单项。最后，右击 BoxLayout 节点，在快捷菜单中单击 Properties 菜单项，在出现的对话框(见图 4.27)中该布局只有一个属性——Axis，用于指定组件的排列方向。

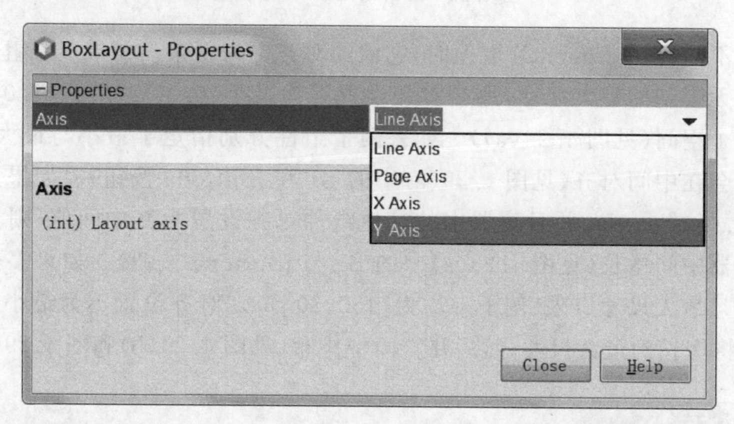

图 4.27 BoxLayout 属性对话框

X Axis：由左至右配置组件。

Y Axis：由上至下配置组件。

Lina Axis：根据容器所设定的 ComponentOrientation 配置方向，设定一行的配置方向，通常为水平方向的默认配置方式。

Page Axis：根据容器所设定的 ComponentOrientation 配置方向，设定整页的配置方向，通常为垂直方向的默认配置方式。

其中，java. awt. ComponentOrientation 的配置方向可以是以下常数值。

(1) ComponentOrientation. LEFT_TO_RIGHT：组件由左至右配置。

(2) ComponentOrientation. RIGHT_TO_LEFT：组件由右至左配置。

当用 BoxLayout 布局管理器进行布局时，它将所有组件依次按照组件的首选尺寸依序进行水平或者垂直放置。假如布局的整个水平或者垂直空间的尺寸不能放下所有控件，那么 BoxLayout 布局管理器会试图调整各个控件的大小来填充整个布局的水平或者垂直空间。

4.5.3 组件 alignmentX 和 alignmentY 属性与 BoxLayout

BoxLayout 布局管理器对组件的定位与组件本身的 alignmentX 和 alignmentY 属性有很大关系。与叠加布局中的情形一样，这两个属性取值范围为 0.0～1.0。如果设置 BoxLayout 的 Axis 属性为 X Axis，则组件水平排列，其中组件的 alignmentX 取值 0.0 表示以组件左边框为对齐边（以容器的水平中线为参照），取值 1.0 则表示以组件右边框为对齐边，取值 0.5 则表示以组件水平中线为水平对齐线。如图 4.28 所示为四个组件具有相同的 alignmentX 取值，当该值分别为 0.0、0.5 和 1.0 时的对齐情况。

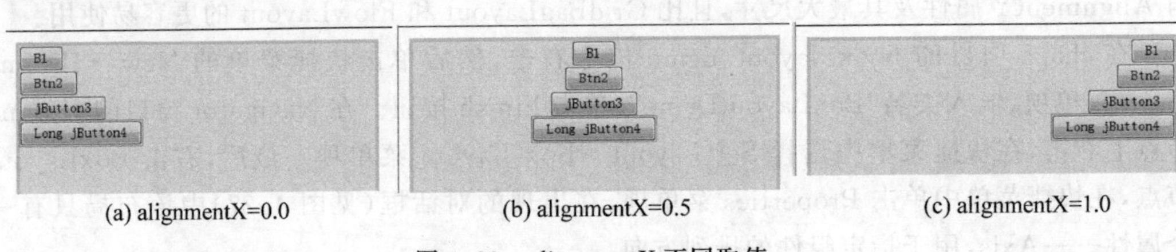

(a) alignmentX=0.0　(b) alignmentX=0.5　(c) alignmentX=1.0

图 4.28　alignmentX 不同取值

当组件有不同的 alignmentX 取值时，它们的对齐更为复杂。如果多个组件具有不同的对齐设置且有无限制的最大尺寸，那么对齐设置不为最小(0.0f)或最大(1.0f)的组件将会增长以适应整个空间（见图 4.29(a)）。如果两个组件分别指定了最小与最大对齐设置，它们的对齐边将会在中间对齐（见图 4.29(a)中的 B1 和 jButton5 按钮）。如果只有一个组件的边设置为(0.0f 或 1.0f)，并且容器中的其他组件对齐设置为其中间值，则具有边设置的组件将背离容器中间增长（见图 4.29(a)中的 B1 与 jButton5 按钮）。如果多个组件具有不同的对齐设置且最大尺寸有限（例子中均为[150,30]），则对齐设置不为最小(0.0f)或最大(1.0f)的组件将增长到最大尺寸，然后在空间中排布（见图 4.29(b)和图 4.29(c)）。

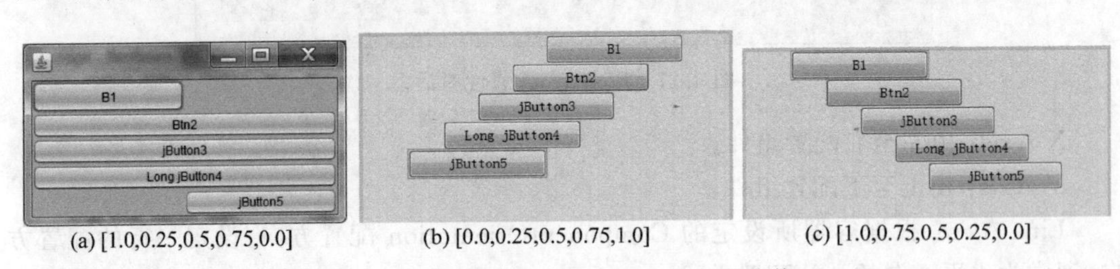

(a) [1.0,0.25,0.5,0.75,0.0]　(b) [0.0,0.25,0.5,0.75,1.0]　(c) [1.0,0.75,0.5,0.25,0.0]

图 4.29　组件具有不同的 alignmentX 取值

设置 BoxLayout 的 Axis 属性为 Axis Y 轴的情形与上述类似，但是组件排列在一行，并以行的中线为对齐参照线。组件 alignmentY 属性不同取值对组件布局的影响也类似（见图 4.30）。

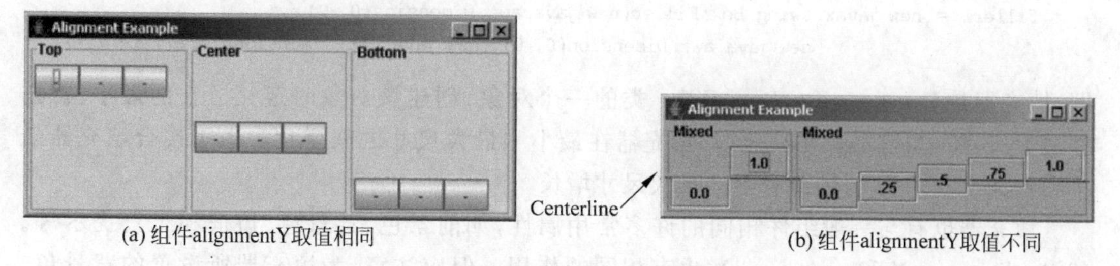

(a) 组件alignmentY取值相同　　(b) 组件alignmentY取值不同

图 4.30　alignmentY 属性

4.6 填　充　器

布局组件过程中，经常需要使组件之间保持适当的距离，这样既能使组件按照作用和功能按组分区显示，又能起到美化界面的作用。GUI 构建器的 Pallette 提供了 Swing Fillers 组(见图 4.31)，其中的组件可以作为组件之间的填充物使用。本质上，填充器是无色透明的组件，用于为组件之间提供适当的间隔。

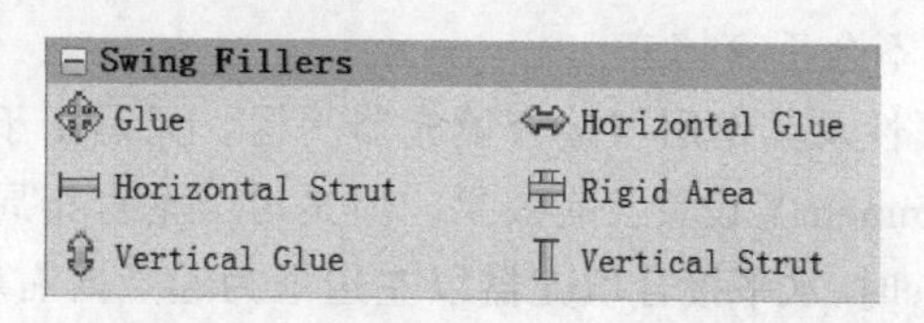

图 4.31　Pallette 中的 Swing Fillers 组

4.6.1　Glue

在 Palette 的 Swing Filler 组中单击 Glue 组件，鼠标移到设计视图中两个组件之间时出现方形提示框(见图 4.32(a))，此时单击鼠标，则在这两个组件之间创建了一个 Glue(接合型)填充器(见图 4.32(b))。运行程序，当加宽窗口时，该填充器会随之加宽以占据扩展的窗口宽度(见图 4.32(d))；但当窗口缩小到一定程度时，则组件之间好像没有这个填充器一样(见图 4.32(c))。同样，当增高窗口时，该填充器会随之增高以占据扩展的窗口高度。可见，**接合填充器是用于填充容器中多余空间的组件**。

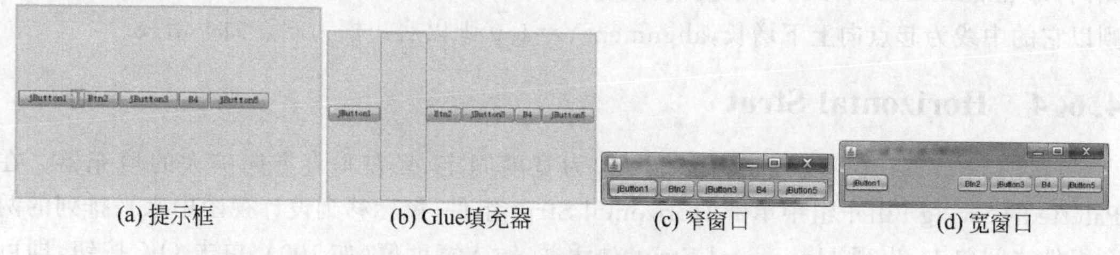

(a) 提示框　　(b) Glue填充器　　(c) 窄窗口　　(d) 宽窗口

图 4.32　接合填充器

接合组件的主要属性就是它的最大尺寸 maximumSize、最小尺寸 minimumSize 和首选尺寸 preferredSize。其中，maximumSize 属性值为组件尺寸的最大限度[32767, 32767]，minimumSize 和 preferredSize 都为[0, 0]。查看源代码，IDE 生成了下面的语句：

```
filler1 = new javax.swing.Box.Filler(new java.awt.Dimension(0, 0),
                    new java.awt.Dimension(0, 0), new java.awt.Dimension(32767, 32767));
```

即，填充器是 javax. swing. Box. Filler 类的一个对象，创建该对象时定义了它的最小、首选和最大尺寸。当容器大小变化时，填充器在最小和最大尺寸之间变化。由于接合填充器最小和首选尺寸均为 0，因此它会向最大尺寸增长。

填充器也有与一般组件相同的许多常用属性，如前景色、背景色、边框和工具提示等。其中，alignmentX 和 alignmentY 也有相同的作用。但应注意，为填充器所设置的背景色、前景色以及边框等都不会实际显示出来，因为填充器是无色透明的。例如，图 4.32(b)中填充器的 alignmentY 设置为 0.5，该填充器向上下两个方向增长，若设置为 0.0 则从组件行的中线开始向下增长，设置为 1.0 则从组件行的中线开始向上增长。

4.6.2 Horizontal Glue

Horizontal Glue（水平接合）填充器也是一个 javax. swing. Box. Filler 对象，它的 maximumSize 属性值为组件尺寸的最大宽度[32767, 0]，即宽度达到最大限度（无限大）而高度为 0，minimumSize 和 preferredSize 都为[0, 0]。水平接合填充器只是用于填充容器中多余宽度的组件，但它不会垂直填充。

水平接合填充器的属性及其作用与接合填充器一样。只是由于组件本身的高度为 0，所以对于水平布局它的 alignmentY 设置没有效果。但是对于垂直布局，alignmentX 作用与前述相同，即 alignmentX=0.0 时，水平接合填充器以左边框为起点向右增长，alignmentX=0.5 则以它的中线为起点向左右增长，alignmentX=1.0 则以右边框为起点向左增长。

4.6.3 Vertical Glue

Vertical Glue（垂直接合）填充器同样是一个 javax. swing. Box. Filler 对象，它的 maximumSize 属性值为组件尺寸的最大高度[0, 32767]，即高度达到最大限度（无限大）而宽度为 0，minimumSize 和 preferredSize 都为[0, 0]。垂直接合填充器是用于填充容器中多余高度的组件，但它不会水平填充。

同样地，Vertical Glue 具有接合填充器的所有属性。由于组件本身的宽度为 0，所以对于垂直布局它的 alignmentX 设置没有效果。但是对于水平布局，alignmentY 作用与前述相同，即 alignmentY=0.0 时，垂直接合填充器以上边框为起点向下增长，alignmentY=0.5 则以它的中线为起点向上下增长，alignmentY=1.0 则以底边框为起点向上增长。

4.6.4 Horizontal Strut

Horizontal Strut（可称为水平撑开）即为宽度固定，只在垂直方向扩大的填充器。在 Palette 的 Swing Filler 组中单击 Horizontal Strut 组件，鼠标移到设计视图中水平排列的两个组件之间单击，出现 Horizontal Strut 对话框，输入宽度值（如 100），单击 OK 按钮，即可生成一个水平撑开填充器。

查看 Source 视图，水平 Strut 填充器也是一个 javax. swing. Box. Filler 对象：

```
filler3 = new javax.swing.Box.Filler(new java.awt.Dimension(100, 0),
                    new java.awt.Dimension(100, 0), new java.awt.Dimension(100, 32767));
```

它的 maximumSize 属性值为[100, 32767],即宽度是在对话框中输入的指定值,而高度为最大限度,再看 minimumSize 和 preferredSize 都为[100, 0],即宽度不变总是指定值。水平 Strut 填充器用于在容器中两个水平排列的组件之间提供一个固定宽度的间隔,而垂直方向随容器高度变化自动扩大或缩小。

4.6.5 Vertical Strut

Vertical Strut(可称为垂直撑开)即为高度固定,只在水平方向扩大的填充器。在 Palette 的 Swing Filler 组中单击 Vertical Strut 组件,鼠标移到设计视图中垂直排列的两个组件之间单击,出现 Vertical Strut 对话框,输入高度值(如 50),单击 OK 按钮,即可生成一个垂直撑开填充器。

垂直 Strut 填充器的 maximumSize 属性值为[32767, 50],即高度是在对话框中输入的指定值而宽度为最大限度,再看 minimumSize 和 preferredSize 都为[0, 50],即高度不变总是指定值。垂直 Strut 填充器用于在容器中垂直排列的两个组件之间提供一个固定高度的间隔,而水平方向随容器宽度变化自动扩大或缩小。

4.6.6 Rigid Area

Rigid Area(刚性区域)是一个宽度和高度都固定的矩形填充器。在 Palette 的 Swing Filler 组中单击 Rigid Area 组件,鼠标移到设计视图中两个组件之间单击,出现 Rigid Area 对话框(见图 4.33),输入宽度(如 100)和高度值(如 40),单击 OK 按钮,即可生成一个刚性区域填充器。

刚性区域填充器的 maximumSize、minimumSize 和 preferredSize 都相同,都是在对话框中输入的宽度和高度值(见图 4.34,例子中为[100,40])。刚性区域用于在容器中两个组件之间提供一个固定大小的间隔,无论容器大小如何变化,这个刚性区域填充器都不会改变大小。

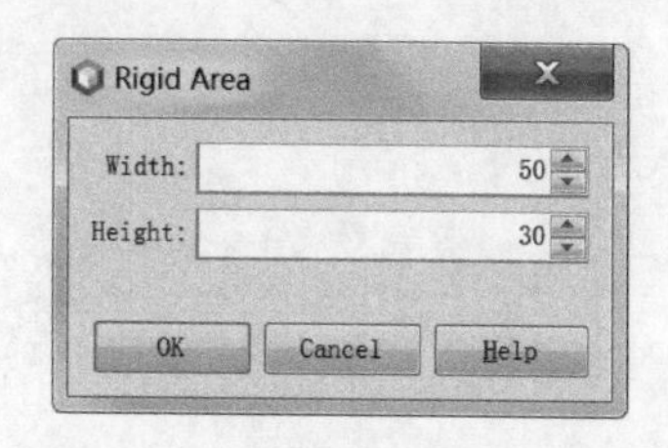

图 4.33 创建刚性区域对话框

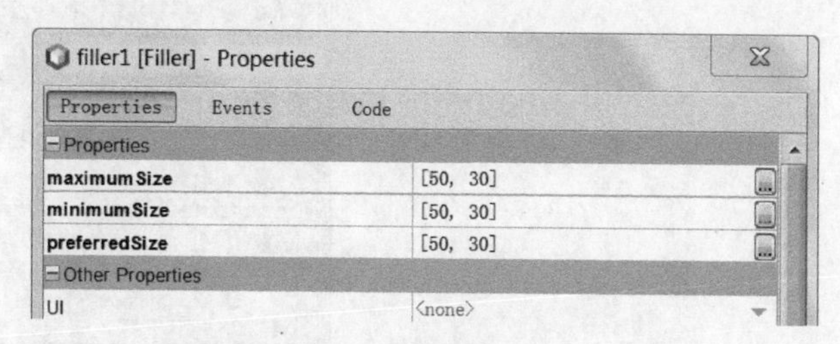

图 4.34 刚性区域属性窗口(部分)

尽管通常在 BoxLayout 布局中使用 Swing 填充器简化布局设计,但是其他布局中也可以使用这些 Swing 填充器。例如,对图 4.23 的流式布局,在 jButton1 按钮与 j2 按钮之间插入一个 Horizontal Strut 填充器,在 jButton3 按钮与 jButton7 按钮之间插入一个 Rigid Area 填充器。从程序的预览界面发现,这两个填充器确实起到了为组件提供间隔的作用(见图 4.35)。尽管并不必要,但是如果愿意,也可以在自由设计的布局中使用 Swing 填充器为组件提供间隔。

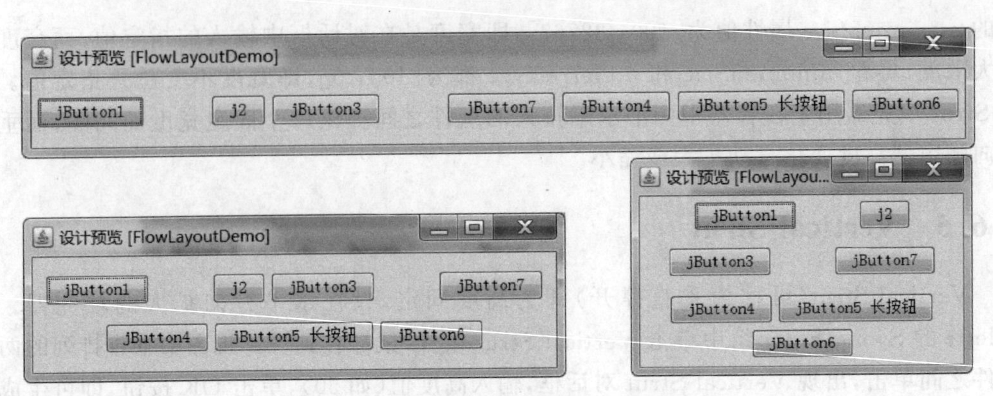

图 4.35　流式布局中使用 Swing 填充器

习　题

1. 什么是布局？什么是绝对定位？什么是托管定位？
2. 空值布局是绝对定位吗？为什么？
3. 绝对布局是绝对定位吗？为什么？
4. 试比较空值布局与绝对布局的异同。
5. 试述自由设计的布局思想。
6. 试用网格包布局设计 Windows 计算器程序的标准型界面(见图 4.36)。(不设计菜单)

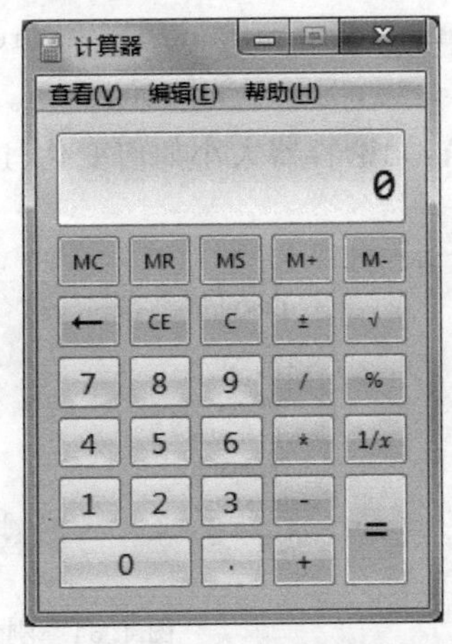

图 4.36　Windows 计算器界面(标准型)

7. 试采用叠加布局改写例 4.5。(可以只设计界面)
8. 试比较流式布局与 BoxLayout 的异同。
9. 边框式布局可以使用填充器组件吗？如果可以,试举例说明用法。

第5章 Swing容器的使用

Swing采用自顶向下的方式构建GUI,即先创建容器,再向容器中添加组件。通常父容器一旦创建并且添加了组件,以后不能随意改变。组件在创建时添加到父容器中,销毁时从父容器中删除。容器也是进行界面设计和布局的重要工具。在设计复杂界面时,可以切分成几个板块,不同板块使用不同类型的容器组织组件,从而简化设计。

窗体JFrame是最顶层的容器,运行时构成程序的窗口。关于窗体的设计2.2节较为详细地进行了介绍。NetBeans IDE的“组件”面板(Palette)中列出了八种常见的容器(见图5.1)。这些都是中间容器,它们置于顶层容器内帮助管理组件和进行布局,且不能在顶层容器之外独立存在。本章介绍其中主要容器组件的使用方法、属性设置及应用。

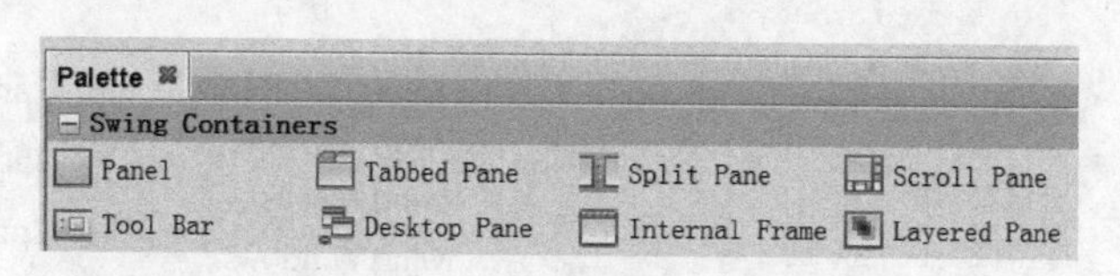

图5.1 “组件”面板中的Swing容器

5.1 面板容器

面板(JPanel)是一个轻量容器组件,也是最常用的中间容器,用于容纳界面元素。为面板设置适当的布局管理器,可以对组件进行不同的布局组合,可以通过容器的嵌套构建复杂的界面。

5.1.1 使用方法

创建一个面板的方法与创建其他组件相同。首先需要一个顶级容器,然后在该顶级容器中创建面板。

例如,先创建一个Java应用程序项目chap5,在该项目中创建包book.container.demo,再创建一个窗体(JFrame),类名为JPanelDemo。设置该窗体的布局为Box布局,Axis属性为Y Axis。

在Palette的Swing Containers组中单击Panel组件图标,然后将鼠标移到窗体中单击,即创建了一个面板组件jPanel1。

另一种创建面板的方法是,在IDE的主菜单中选择File→New File菜单项,在New File对话框中选择Swing GUI Forms类别,在文件类型列表中选择JPanel Form,单击Next按钮,输入类名,单击Finish按钮即可创建一个独立的面板。当设计完成该面板后进行编译，然后从 Projects 窗口中将该面板文件拖放到其他容器，即可使它作为接收容器的一个面板组件使用。

与窗体一样，在面板中可以创建 Swing 控件和下级容器等组件，因此对面板要设置布局管理器，以便使面板对其中的组件进行合理布局。方法是，在 Navigator 窗口或 Design 视图中右击面板，在快捷菜单中选择 Set layout 菜单项，然后在级联菜单中选择一种合适的布局。

如果要向窗体中添加另一个面板，则在 Navigator 窗口的 JFrame 节点上右击，在出现的快捷菜单上选择 Add From Palette→Swing Containers→Panel 菜单项(见图 5.2)。否则很容易将第二个面板添加到第一个面板上。组件之间的层次关系从 Navigator 窗口的节点所属关系可以检查。

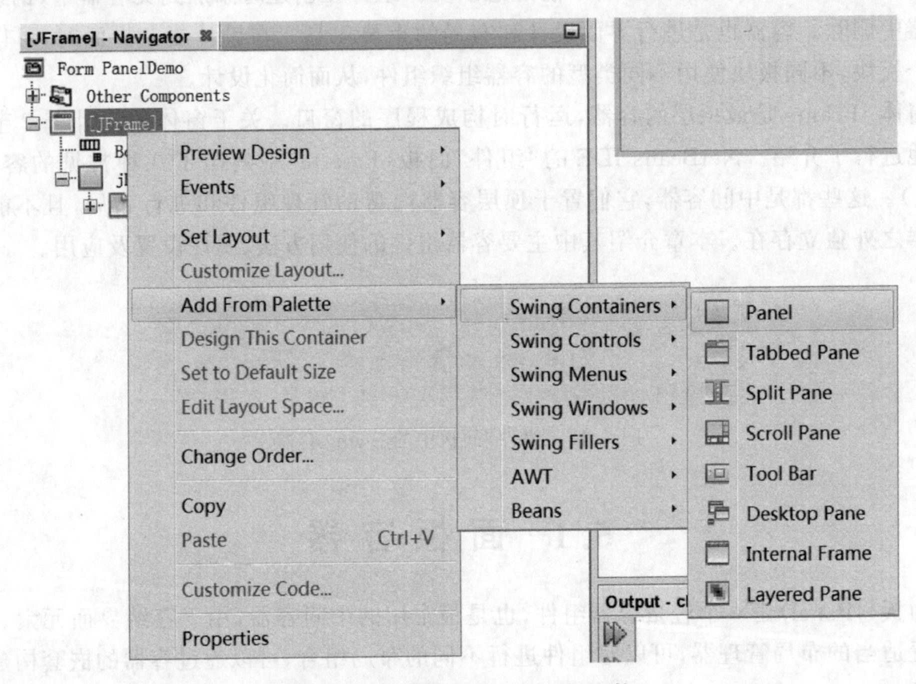

图 5.2　从快捷菜单添加面板组件

要在某一个已添加到窗体上的面板中进行界面设计，可以在 Navigator 窗口中双击这个面板节点(如 jPanel1)，或者右击该面板，然后在快捷菜单中选择 Design This Container 命令，则 Design 视图中只显示该面板，之后可以在该面板上添加、移动、设置属性和删除组件。再次双击该面板，或右击该面板，然后在快捷菜单中选择 Design Parent 菜单的下级菜单列出的某个容器，则 Design 视图显示所选上层容器及其中的组件等。如图 5.3 中 jPanel1 是被选面板 JPanelDemo1 的直接父容器，[Top Parent]则是指顶层窗体[JFrame](即 JPanelDemo)。

5.1.2　属性

面板首先是所在父容器中的一个组件，所以可以与其他 Swing 控件一样设置属性。主要属性包括背景色、前景色、边框、工具提示(toolTipText)等，其含义与用法与前面所述相

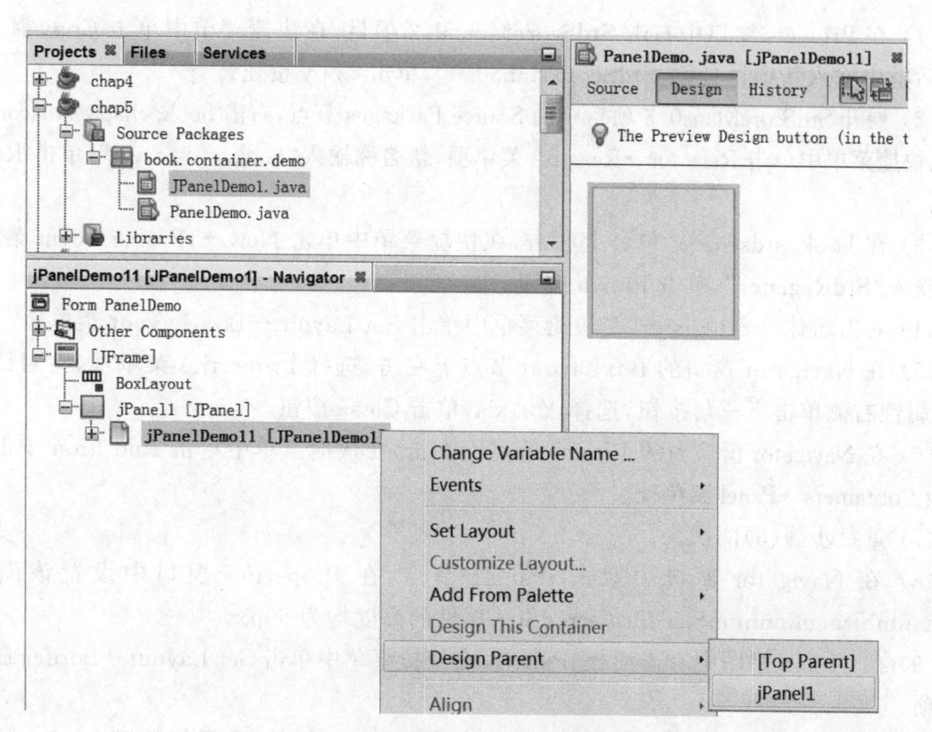

图 5.3　容器的层级关系及 Design Parent 菜单

同。面板的双缓冲 doubleBuffered 默认是打开的,该特性能够改进频繁变化的组件的显示效果。此外,如果面板所在容器采用 BoxLayout 布局和叠加布局,则 alignmentX 和 alignmentY 属性的效果与第 4 章所述一样。

如果面板所在容器采用网格包布局和 GroupLayout 布局(自由设计模式),该面板与其他组件的布局关系也会受到布局参数的制约。

面板中组件的布局决定于该面板所采用的布局管理器。一般地,如果面板中包含的组件较多,布局比较复杂,则往往需要拆分为多个面板,以便简化面板内的布局设计。

5.1.3　应用举例

例 5.1　为学生成绩管理系统设计学生注册界面,界面原型如图 5.4 所示。

分析:从图 5.4 可知,该界面用单一的容器和布局实现较为复杂。但可以把窗体分为上、中、下三部分,各用一个面板分别布局。上部面板显示标题信息,由于信息在面板中间显示,且只有一个标签组件,用边框式布局最为简单;中部面板设计登录信息输入界面,界面可以看作是 5 行 4 列的网格,可以用网格包布局,或者直接用自由设计模式;下部面板显示操作按钮,组件排列在一行,且不允许换行,按钮之间及按钮与左右边框之间有固定间距,可以用 BoxLayout 布局。

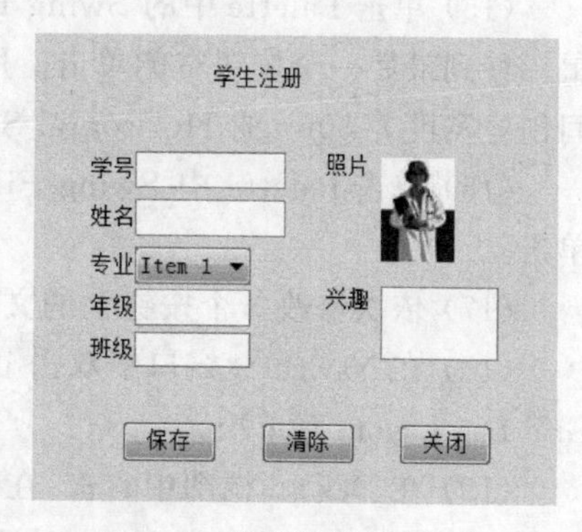

图 5.4　学生注册界面原型

解:按以下步骤操作。

(1) 在 Projects 窗口中右击 StdScoreMana0.2 项目，在快捷菜单中单击 Copy 菜单项，在对话框中输入新项目名称“StdScoreMana0.3”，单击 Copy 按钮。

(2) 展开 StdScoreMana0.3 项目中的 Source Packages 节点，右击 book.chap3.stdscoreui 包名，在快捷菜单中单击 Refactor→Rename 菜单项，新名称输入“book.stdscoreui”，单击 Refactor 按钮。

(3) 在 book.stdscoreui 包名上右击，在快捷菜单中单击 New→JFrame Form 菜单项，类名输入“StdRegister”，单击 Finish 按钮。

(4) 右击窗体 StdRegister，在快捷菜单中单击 Set Layout→Box Layout 菜单项。

(5) 在 Navigator 窗口的 BoxLayout 节点上右击，选择 Properties 菜单项，在对话框中 Axis 属性右侧单击下三角按钮，选择 Y Axis，单击 Close 按钮。

(6) 在 Navigator 窗口中的 JFrame 节点上右击，在快捷菜单中单击 Add From Palette→Swing Containers→Panel 菜单项。

(7) 重复步骤(6)两次。

(8) 在 Navigator 窗口中双击 jPanel1 节点，在 Properties 窗口中设置该面板的 maximumSize、minimumSize、preferredSize 属性的高度均为 60px。

(9) 在 Design 视图中右击面板 jPanel1，在快捷菜单中单击 Set Layout→Border Layout 菜单项。

(10) 单击 Palette 中的 Swing Controls 组中的 Label 组件，将鼠标移到 Design 视图面板 jPanel1 的中间部位单击(确保标签放置在 CENTER 位置)。

(11) 在 Navigator 窗口中单击 jPanel1 下的 jLabel1 节点，在 Properties 窗口中设置该标签的 horizontalAlignment 属性为 CENTER、text 属性为“学生注册”、font 属性为宋体、粗体、18pt。

(12) 在 Navigator 窗口中双击 jPanel3 节点，在 Properties 窗口中设置该面板的 maximumSize、minimumSize、preferredSize 属性的高度均为 60px。

(13) 在 Design 视图中右击面板 jPanel3，在快捷菜单中单击 Set Layout→Box Layout 菜单项。

(14) 单击 Palette 中的 Swing Controls 组中的 Button 组件，将鼠标移到 Design 视图中，按住 Shift 键单击 3 次。

(15) 单击 Palette 中的 Swing Filler 组中的 Horizontal Strut 组件，输入宽度值 50，将鼠标移到最后一个按钮右侧单击。用同样方法在第一个和第二个、第二个和第三个按钮之间创建宽度为 30px 的 Horizontal Strut 组件。

(16) 单击 Palette 中 Swing Filler 组中的 Horizontal Glue 组件，在第一个按钮左侧单击。

(17) 依次修改 3 个按钮上的文字为“保存”“清除”和“关闭”。

(18) 在 Navigator 窗口中双击 jPanel2 节点，接着右击，在快捷菜单中单击 Set Layout→Grid Bag Layout 菜单项。

(19) 在 Design 视图中右击，在快捷菜单中单击 Customize Layout 菜单项。

(20) 在 Customize Layout 对话框右上部网格区域的第一个网格单元(0,0)中右击，在快捷菜单中单击 Add Component→Swing Filler→Horizontal Glue 菜单项。其他网格单元中的组件如图 5.5 所示，创建方法相同。其中，第 4 列(列标题为 3)的第 0、1、2、3、4 标题行网格单元均为宽度 50px 及高度 30px 的 Rigid Area 填充器，设置(0,5)网格单元标签 jLabel4 的 Grid Height 属性值为 3，(3,5)网格单元文本区域组件所在的 jScrollPane1 的网格 Grid Height 属性值为 2。(2,2)网格单元插入的是一个 Combo Box 组件，在此先占位置，对此组件及文本区域组件后面再介绍。第 3 列 0～4 行组件设置 Horizontal Fill 属性。

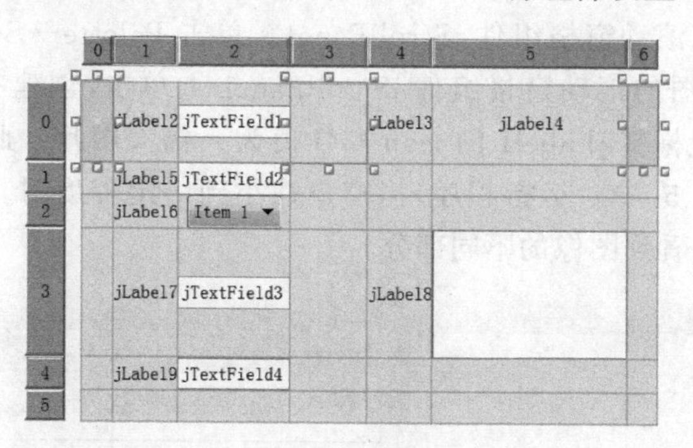

图 5.5　jPanel2 面板网格单元的组件分布

(21) 关闭 Customize Layout 对话框。在设计视图中按表 5.1 修改组件的变量名和文字。

表 5.1　jPanel2 面板网格单元组件的变量名和文字

	0	1	2	3	4	5	6
0		jLabelID,学号	jTextFieldID		jLabelPic,照片	jLabelImg	
1		jLabelName,姓名	jTextFieldName				
2		jLabelDept,专业	jComboBoxDept				
3		jLabelGrade,年级	jTextFieldGrade		jLabelInterest,兴趣	jScrollPaneInt	
4		jLabelClass,班级	jTextFieldClass				

(22) 修改 4 个文本字段 jTextFieldID、jTextFieldName、jTextFieldGrade、jTextFieldClass 和组合框 jComboBoxDept 的左插入量为 10，jTextFieldClass 和 jComboBoxDept 组件的右插入量为 20，jLabelPic 和 jLabelInterest 的右插入量为 10。

(23) 制作一幅图片(大小为 50×70px)，复制到项目的默认包下，设置 jLabelImg 组件的 icon 属性值为该图片。

至此，学生注册界面设计完成，运行程序发现，该界面表现比使用单一容器和单一布局的界面(如登录界面)更好。

5.2　滚动窗格

某些情况下，界面中的组件需要占用的显示面积超过了容器能够显示的面积，这时 GUI 一般使用滚动条让用户通过移动可视区域在组件上的位置看到以前没有显示出来的部分。Panel 容器并未提供滚动条属性，也可不看到滚动条。事实上，Swing 提供了滚动窗格容器 JScrollPane，通过滚动条移动观察窗而显示超出显示面积的组件部分。

5.2.1 使用方法

滚动窗格也属于中间容器，需要一个窗体或其他顶级容器作为它的父容器。例如，在项目 chap5 的 book. container. demo 包中创建名为 ScrollPaneDemo 的 JFrame，设置为边框式布局。单击 Palette 面板 Swing Containers 组中的 Scroll Pane 组件，然后在窗体的中央部位单击，即创建了一个滚动窗格组件 jScrollPane1。单击 Palette→Swing Controls→Label 组件，再到 Design 视图的滚动窗格组件 jScrollPane1 上单击，创建一个标签 jLabel1。在 Properties 窗口中设置标签 jLabel1 的 icon 属性值为一幅大图片。此时，Design 视图的面板上出现滚动条（见图 5.6）。运行程序，当窗口缩小到一定程度时，出现水平和垂直滚动条，且移动滚动条可以看到图像的不同部分。

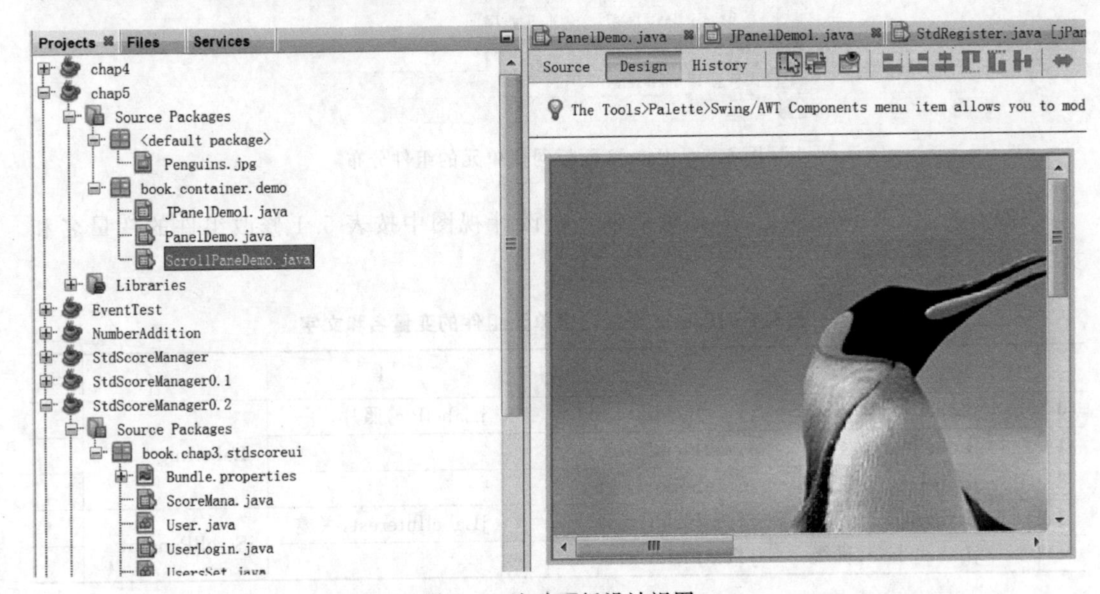

图 5.6 滚动面板设计视图

此外，例 5.1 中第(20)步骤在(3,5)网格单元创建文本区域组件时自动创建了一个滚动窗格 jScrollPane1，且在该滚动窗格中创建了一个文本区域组件 jTextArea1。亦即，在创建某些需要滚动条的组件时会自动创建滚动窗格，并在滚动窗格中创建该组件。这是 NetBeans IDE 的 GUI 构建器高效和智能的特性。

5.2.2 内部组成及属性设置

JScrollPane 提供轻量级组件的 scrollable 视图，由视口 JViewport（为数据源提供的一个窗口）、可选的垂直和水平滚动条 JScrollBars、可选的行标题和列标题（row header 和 column header）视口，以及它们之间的连线组成（见图 5.7）。注意，JScrollPane 不支持重量级组件。

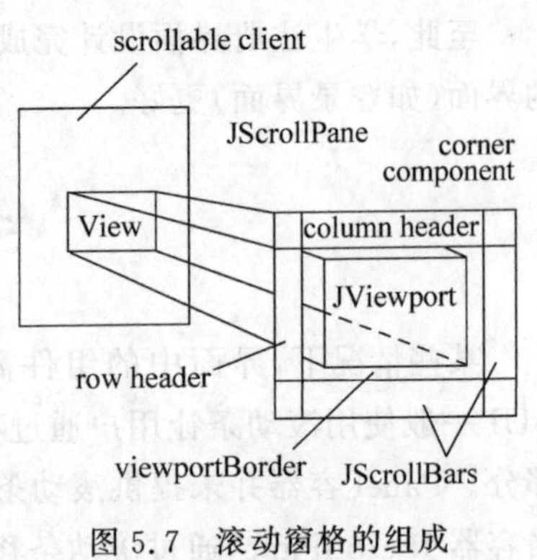

图 5.7 滚动窗格的组成

在视口自动左右滚动时，列标题（column header）跟踪主视口（JViewport）。行标题（row header）的滚动方式与此类似。在两个滚动条的交汇处、行标题与列标题的交汇处，或者滚动条与其中一个标题的交汇处，留下一个默认情况下为空的矩形空间。四个角都有可能存在这些空间。在图5.7中，右上角存在该空间，由标签 corner component 标识。

滚动窗格的主要属性包括以下几个。

1. verticalScrollBarPolicy 和 horizontalScrollBarPolicy

设置垂直和水平滚动条的显示策略。在 Properties 窗口中该属性右侧下拉列表中提供了三个值：ALWAYS、NERVER 和 AS_NEEDED，分别指定始终显示、从不显示和需要时显示滚动条。

2. background

background 属性设置视口的背景色。此颜色可在主视口小于视口或透明时使用。设置 JViewport 而不是 JScrollPane 颜色的原因是，默认情况下 JViewport 为不透明，当 JScrollPane 绘制其背景时，视口通常将在它上面绘制并用视口背景色完全填充滚动窗格背景。

3. viewportBorder

要围绕主视口添加一个边界，可设置 viewportBorder 属性。单击 Properties 窗口 viewportBorder 属性右侧的“…”按钮，出现 viewportBorder 对话框（见图5.8），在其中选择一种边框，在中间的 Properties 列表做适当设置，即可设置主视口的边框。

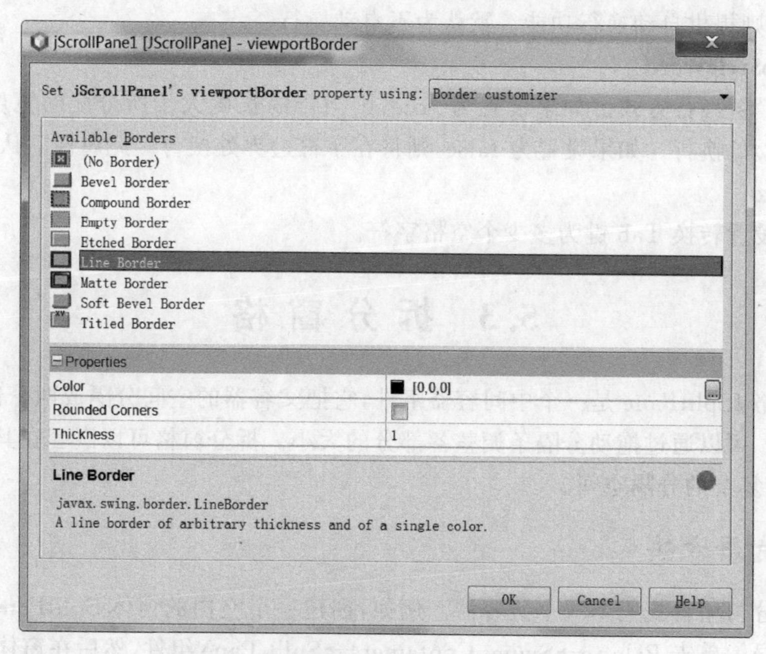

图5.8　滚动窗格的 viewportBorder 对话框

4. preferredSize、maximumSize 和 minimumSize

设置滚动窗格的首选、最大和最小尺寸，方法与前面章节所述相同。

此外，看到 wheelScrollingEnabled 默认设置为选取状态，说明可以使用鼠标滚轮移动滚动条。

默认情况下，滚动窗格使用 ScrollPaneLayout 处理其子组件的布局。ScrollPaneLayout 使用以下方法确定视口视图的大小：如果视图实现了 Scrollable，将使用 getPreferredScrollableViewportSize、getScrollableTracksViewportWidth 和 getScrollableTracks ViewportHeight 的组合，否则使用 getPreferredSize。

5.2.3 文本区域

文本区域 JTextArea 是一个显示纯文本的多行区域。它是一个轻量级组件，实现了 javax. swing. Scrollable 接口。通过把文本区域放置在滚动窗格内提供滚动条，从而支持长文档的显示和编辑。

除了与文本字段相同的属性之外，文本区域还有下列重要属性。

1. rows

该属性指定文本区域显示的首选行数。该属性值是一个正整数，在该属性右侧列单击之后直接输入。

2. columns

该属性指定文本区域显示的首选列数。该属性值是一个正整数，在该属性右侧列单击之后直接输入。

3. lineWrap

该属性指定一行字符数超过行的可显示列数时是否自动换行。单击该属性右侧复选框选取该属性，则提供自动换行功能。默认为不自动换行。

4. WrapStyleWord

该属性设置换行方式。如果设置为 true，则当行的长度大于所分配的宽度时，将在单词边界（空白）处换行。如果设置为 false，则将在字符边界处换行。此属性默认为 false。

5. tabSize

该属性设置转换 Tab 键为多少个空格字符。

5.3 拆分窗格

拆分窗格 JSplitPane 是一个中间容器组件，它把父容器的空间分隔成两个部分，并提供一条分隔条。可以通过拖动分隔条调整各部分的大小。拆分窗格可以嵌套在其他拆分窗格中，从而形成复杂的分隔空间。

5.3.1 使用方法

使用拆分窗格首先需要一个父容器。例如，创建一个空白的窗体 SplitPaneDemo，设置为边框式布局。单击 Palette→Swing Containers→Split Pane 组件，然后在窗体的中央部位单击，即创建了一个拆分窗格组件 jSplitPane1。一旦创建，该拆分窗格所在的父容器区域即被分隔条划分为左右两个部分，且每个部分都有一个按钮作为占位符，分别标有“左键”和“右键”字样。向其中一个部分添加某个组件时，该组件即取代占位符按钮。可以向每个分隔部分添加任何组件。特别地，如果添加的是另一个拆分窗格组件，则该部分又被分隔成两个部分，从而形成复杂的布局。设计时在 GUI 构建器中不能通过拖动分隔条调整两部分的分隔比例（或大小），但运行时可以拖动分隔条调整分隔比例。

5.3.2 属性

拆分窗格的属性对它的外观和行为都有明显的影响。在 Navigator 窗口中右击拆分窗格,在快捷菜单中选择 Properties 命令,则打开面板的 Properties 对话框(见图 5.9)。以下介绍主要属性。

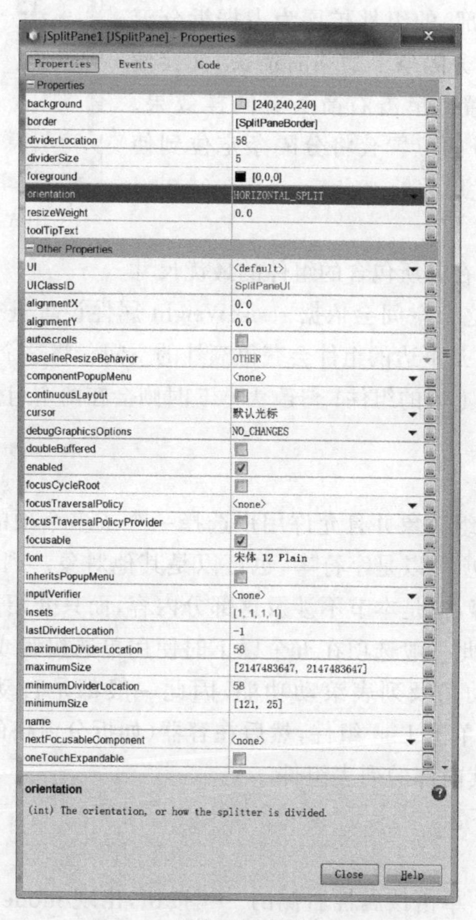

图 5.9 拆分窗格属性对话框

1. orientation

该属性设置分隔方向。取值为 HORIZONTAL_SPLIT,水平方向分隔为左右两个部分;取值为 VERTICAL _SPLIT,垂直方向分隔为上下两个部分。默认为水平分隔。

2. dividerLocation

该属性设置分隔条的位置。单击 dividerSize 属性行的右侧,输入一个整数值。这个值表示分隔条距离左边框(水平分隔)或上边框(垂直分隔)的绝对像素数。

3. dividerSize

该属性设置分隔条的大小(宽度或高度)。单击 dividerLocation 属性行的右侧,输入一个整数值。

4. 组件尺寸与 onTouchExpandable 属性

可以设置拆分窗格本身的首选、最大和最小尺寸。但更应该注意拆分窗格中包含的组件的尺寸，因为则拆分窗格不允许用户拖动分隔条小于所包含组件的最小尺寸。如果组件的最小尺寸对于拆分窗格来说过大，就需要修改以满足拆分窗格的约束。

将拆分窗格的 onTouchExpandable 属性设置为 true（即处于选取状态），会在分隔条的上部（或左部）添加一个左右（或上下）箭头的“一触即展”图标（见图 5.10）。在单击分隔条上的向左箭头（向上箭头）时，将右部（或下部）的组件扩展为占据拆分窗格的全部尺寸；再次单击分隔条上的向右箭头，又会使分隔条回到其先前的位置。单击右箭头有同样效果。单击分隔条上此图标以外的位置会将分隔条定位到使得折叠的组件位于其最优尺寸处。

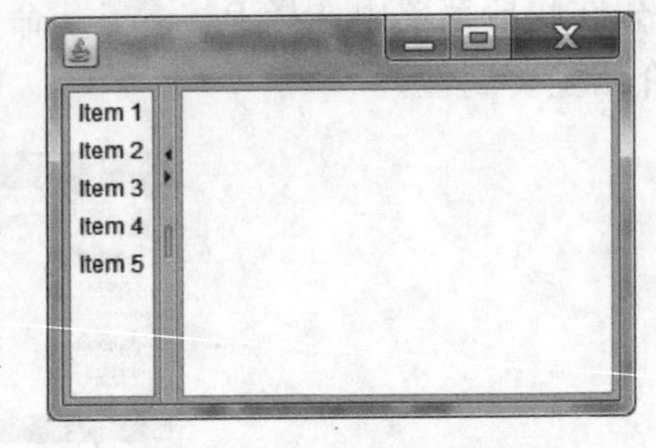

图 5.10　可扩展的分隔符

5. resizeWeight

如果在拆分窗格中存在其所包含的组件的最优尺寸所不需要的额外空间时，这个空间会依据 resizeWeight 属性设置进行分配。这个属性的初始设置为 0.0，意味着右边或是下边的组件会获得额外的空间。将这个设置修改为 1.0 会将所有的额外空间指定给左边或上边的组件；修改为 0.5 时则会在两个组件之间均分额外空间。

5.3.3　列表初步

列表 JList 是显示一组对象并且允许用户选择一个或多个项的组件。列表中一般提供了多个列表项，这些列表项可以是字符串，也可以是其他对象。列表 JList 提供了单独的模型 ListModel 维护其内容，但是本节不涉及这部分内容，而只介绍简单列表。列表的使用和维护比想象的也复杂，因此一般选项在五个以下时使用单选按钮或复选按钮更容易。

列表本身不具备滚动条及列表滚动功能，因此一般都是自动创建在滚动窗格上。在 GUI 构建器的 Palette 中单击 List 组件，然后在容器（如拆分窗格的左边）中单击，可以看到同时创建了滚动窗格及其内部的列表组件。

列表的主要属性如下。

1. model

该属性设置列表项。单击该属性右侧的“…”按钮，出现 model 对话框（见图 5.11）。此处的列表项都是以字符串形式使用，可以在其中添加、修改和删除列表项。

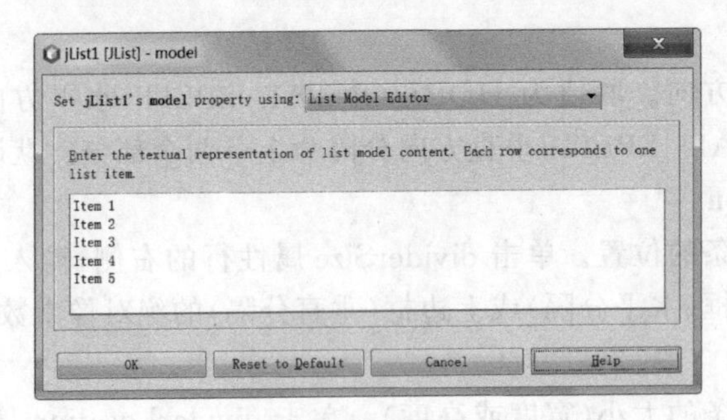

图 5.11　列表组件的 model 对话框

2. selectionMode

该属性设置列表项的选择模式。单击该属性行右侧的下三角按钮，出现以下三个选项。

SINGLE：一次只能选择一个列表项。

SINGLE_INTERVAL：一次只能选择一个连续区间的列表选项。运行时，用户选择列表项时按住 Shift 键选择一个连续区间，或按住 Ctrl 键连续单击相邻的几个选项。

MULTIPLE_INTERVAL：在此模式中，不存在对选择的限制，可以选择一个或多个连续或不连续的选项。此模式是默认设置。

3. fixedCellWidth

该属性定义单个列表项的显示宽度。默认－1 表示自动计算，输入一个大于 0 的像素值，则设置指定宽度。但不应小于最小宽度。

4. fixedCellHeight

该属性定义单个列表项的显示高度。默认－1 表示自动计算，输入一个大于 0 的像素值，则设置指定高度。

5. layoutOrientation

该属性定义布局列表项的方式。单击该属性行右侧的下三角按钮，有以下三种选项。

VERTICAL：在单个列中垂直布置列表项。这也是默认值。

HORIZONTAL_WRAP：水平布置列表项，根据需要可以换行显示列表项。如果 visibleRowCount 属性小于或等于 0，则包装由该列表的宽度确定；否则，以确保列表中 visibleRowCount 行的方式进行包装。

VERTICAL_WRAP：垂直布置列表项，根据需要将列表项包装到新列中。如果 visibleRowCount 属性小于或等于 0，则包装由该列表的宽度确定；否则，在 visibleRowCount 行进行包装。

6. visibleRowCount

该属性指定不需要滚动列表时，首选显示的列表项数。

7. selectedIndex 和 selectedIndices

该属性存储用户所选列表项的索引。如果列表框允许多选，则 selectedIndices 返回一个索引数组记录用户所选各列表项的索引。

8. selectedValue 和 selectedValues

该属性存储用户所选列表项的值。如果列表框允许多选，则 selectedValues 返回一个对象数组记录用户所选各列表项的值。

5.3.4 应用举例

例 5.2 设计一个类似资源管理器界面的文件阅读器程序，把窗体的整个客户区划分为左右两部分。左边列出文件目录，右边显示所选文本文件内容。

分析：窗体客户区的两部分划分可以使用拆分窗格实现。文件列表可以使用列表组件显示，右边窗格使用多行文本框显示文本文件内容。程序初始在文件列表中显示盘符(如 C:、D:等)，如果用户单击选择的列表项是一个文本文件(扩展名为. txt)，则读出文件内容并在右边的多行文本框中显示。如果是一个子目录，则将列表框中的内容更替为该目录下的目录列表。拆分窗格提供一触即展图标，以便在需要时最大化文件列表或文件内容显示区域。

解：按照以下步骤操作。

(1) 新建 Java 应用程序项目，取名为 TextFileReader0.1。

(2) 在该项目中新建 JFrame 窗体，类名为 MyFileReader，包名为 book.filereader。

(3) 设置该窗体为边框式布局。

(4) 单击 Palette→Swing Containers→Split Pane 组件，然后在窗体的中央部位单击，即创建了一个拆分窗格组件，并重命名为 jSplitPanefr。

(5) 单击 Palette→Swing Controls→List 组件，然后将鼠标移到分隔窗格的"左键"部分单击，即创建了一个列表组件，并重命名为 jListFile。

(6) 单击 Palette→Swing Controls→Text Area 组件，然后将鼠标移到分隔窗格的"右键"部分单击，并重命名为 jTextAreaText。

(7) 在 Navigator 窗口中单击 jSplitPanefr 组件，在 Properties 窗口中单击 preferredSize 属性行右侧的"…"按钮，在对话框中输入宽度 800，高度 600。

(8) 在 Properties 窗口中单击 minimumSize 属性行右侧的"…"按钮，在对话框中输入宽度 800，高度 600。

(9) 在 Properties 窗口中单击 dividerLocation 属性行右侧，输入 280。

(10) 在 Properties 窗口中单击 resizeWeight 属性行右侧，输入 0.3。

(11) 在 Properties 窗口中单击 onTouchExpandable 属性右侧复选框，使其成为选取状态。

(12) 在 Properties 窗口中单击列表组件 jListFile 的 model 属性右侧"…"按钮，接着单击 model 对话框中顶行的下拉箭头，选择 Custom Code 列表项，在代码输入区输入下列代码。

```
new javax.swing.AbstractListModel() {
    File[] files = File.listRoots();
    public int getSize() { return files.length; }
    public Object getElementAt(int i) { return files[i]; }
}
```

然后单击 OK 按钮。此段代码使列表框 jListFile 初始运行时显示系统中的盘符。

(13) 在 jListFile 的 Properties 窗口中单击 selectionMode 属性右侧的下三角按钮，选择 SINGLE 列表项。

(14) 在 Design 视图中右击 jListFile 列表组件，在快捷菜单中单击 Events→ListSelection→valueChanged 菜单项。在 Source 视图中设计 jListFileValueChanged 事件处理方法。

首先，在 MyFileReader 类中添加字段变量"String old＝"";"。

接着编写一个内部类，实现 AbstractListModel 抽象类的有关方法，代码如下。

```
private static class AbstractListModelImpl extends AbstractListModel {
    private final File[] files;
    public AbstractListModelImpl(File[] files) {
        this.files = files;
    }
    public int getSize() {
        return files.length;
    }
    public Object getElementAt(int i) {
```

```
        return files[i];
    }
}
```

第三步，编写一个辅助方法，用于处理目录列表中的返回父目录相关问题，代码如下。

```
File[] sFile(File[] files) {
    File[] sfiles = new File[files.length + 1];
    sfiles[0] = new File("[返回]");
    for (int i = 0; i < files.length; i++) {
        sfiles[i + 1] = files[i];
    }
    return sfiles;
}
```

第四步，编写列表选择事件处理方法，代码如下。

```
private void jListFileValueChanged(javax.swing.event.ListSelectionEvent evt) {
    final File[] files;
    String str = "";
    if (!evt.getValueIsAdjusting()) {
        Object obj = jListFile.getSelectedValue();
        File file = (File)obj;
        if (file!= null && file.getName().equals("[返回]")) {
            file = new File(old).getParentFile();
            if(file == null)
                jListFile.setModel(new AbstractListModelImpl(File.listRoots()));
        }
        if (file != null && file.isDirectory()) {
            old = file.getAbsolutePath();
            files = sFile(file.listFiles());
            jListFile.setModel(new AbstractListModelImpl(files));
        } else if (file != null && (file.getAbsolutePath().endsWith(".txt") ||
                                    file.getAbsolutePath().endsWith(".TXT"))) {
            jTextAreaText.setText("");
            try {
                FileReader fr = new FileReader(file);
                BufferedReader br = new BufferedReader(fr);
                str = br.readLine();
                while (str != null) {
                    jTextAreaText.append(str + "\n");
                    str = br.readLine();
                }
            } catch (FileNotFoundException ex) {
                Logger.getLogger(MyFileReader.class.getName()).
                                        log(Level.SEVERE, null, ex);
            } catch (IOException ex) {
                Logger.getLogger(MyFileReader.class.getName()).
                                        log(Level.SEVERE, null, ex);
            }
        }
    }
}
```

（15）在 Design 视图中单击拆分窗格右部的文本区域 jTextAreaText 组件，在 Properties 窗口中单击 editable 属性右侧的复选框而使之取消选择；单击 lineWrap 属性右侧的复选框而使之处于选择状态。

程序运行基本符合题目要求(见图 5.12)。这些程序在读取大容量磁盘目录及大尺寸文本文件时反应迟钝，需要专门设计工作线程以改善性能。具体改写请读者参考 3.5 节自行完成。

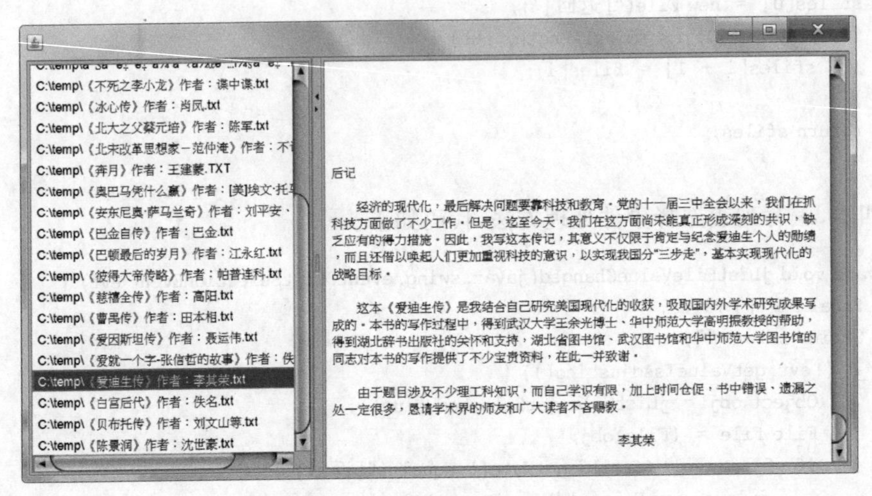

图 5.12　例 5.2 程序运行界面

5.4　标签化窗格

标签化窗格 JTabbedPane 允许用户通过单击具有给定标题和(或)图标的选项卡，在一组组件之间进行切换。很多应用程序模块由于信息量较大，需要使用能够显示多页信息的选项卡界面。例如，NetBeans IDE 中大量使用标签化窗格(见图 5.13)，Windows 画图程序的功能区也是一种标签化窗格(见图 5.14)。可以说，标签化窗格是当前 GUI 不可缺少的组成元素。

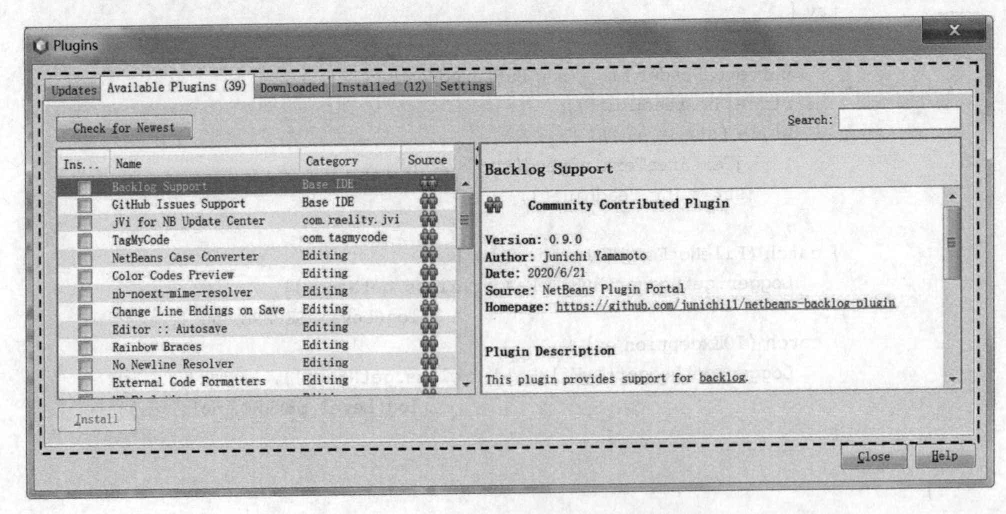

图 5.13　NetBeans 的 Plugins 标签化窗格

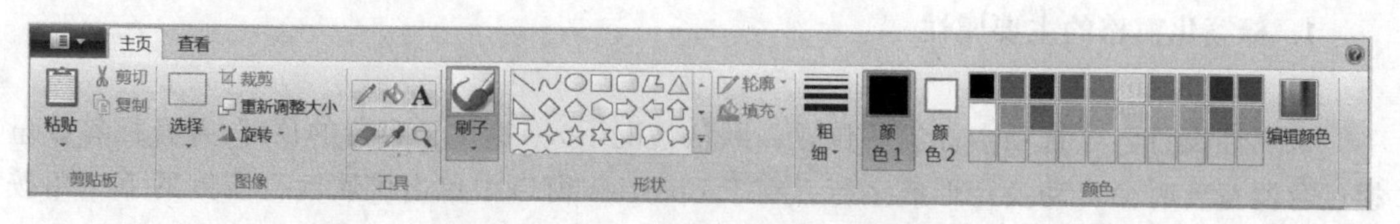

图 5.14　Windows 画图程序的功能区

5.4.1　标签化窗格的组成及使用

一个标签化窗格是一个容器，其中包含多个选项卡。选项卡上还有一个显示标识文字的标签(tab)。如图 5.14 所示的画图程序整个功能区是一个标签化窗格，显示的是其中一个选项卡，该选项卡的标签是“主页”。又如，图 5.13 中虚线所框的区域是一个标签化窗格，当前显示的是列出可用插件的一个选项卡，其中 Available Plugins(39)是它的标签。

使用标签化窗格时首先也需要一个顶层容器。在 chap5 项目的 book.container.demo 包中创建一个 JFrame，类名为 TabbedPaneDemo，设置窗体为边框式布局。单击 Palette→Swing Containers→Tabbed Pane 组件，然后在窗体的中央部位单击，即创建了一个标签化窗格组件 jTabbedPane1。

一个选项卡上只能容纳一个组件，而实际应用中的一个选项卡上却有多个有机联系的组件。因此，每个选项卡一般都放置一个中间型容器，在该容器中创建具体的功能组件。向标签化窗格中创建选项卡的一般操作方法是：首先单击选择标签化窗格，然后单击 Palette 上的合适组件，如 Swing Containers 中的 Pane，最后在该标签化窗格上单击，即创建一个选项卡。之后创建第二个选项卡时一定要注意鼠标所指的目标容器应该是标签化窗格，而不是上一步创建的面板。防止出错的方法是：在 Navigator 窗口的标签化窗格组件节点上右击，在快捷菜单中选择 Add From Palette 菜单下的合适二级和三级菜单项，如选择 Swing Containers→Pane 命令。如果将一个选项卡误添加到了另一个选项卡的容器中，可以在 Navigator 窗口的组件树中拖动需要调整的节点到标签化窗格节点上。例如，jPanel3 误放置到第二个选项卡的面板中(见图 5.15(a))，可以用鼠标左键按下拖动 jPanel3 到 jTabbedPane1 节点上(见图 5.15(b))，这样就将 jPanel3 调整为第三个选项卡(见图 5.15(c))。

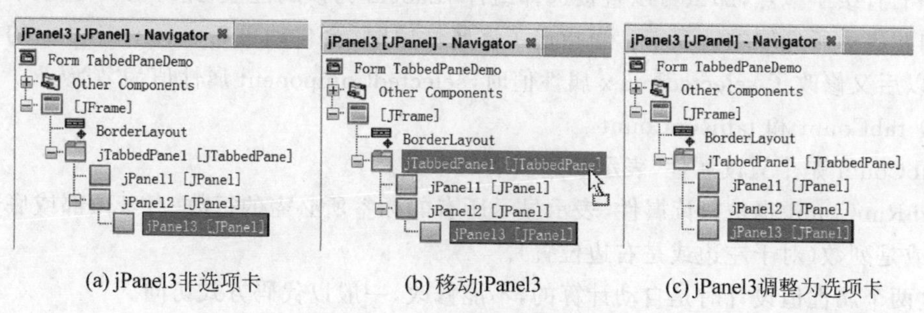

(a) jPanel3非选项卡　　(b) 移动jPanel3　　(c) jPanel3调整为选项卡

图 5.15　调整组件到选项卡中

5.4.2　属性

设计标签化窗格界面时，需要设置两类组件的属性，即标签化窗格组件的属性和其中每个选项卡组件的属性。

1. 标签化窗格的主要属性

1）tabPlacement

该属性设置各个选项卡标签的位置。默认情况下，标签位于容器的顶部，并且标签数量超过容器宽度时会自动换行形成多行。在 Properties 窗口中单击该属性行右侧的下三角按钮，列表中有 BOTTOM、RIGHT、TOP 和 LEFT 四项选择，分别用于指定标签位于标签化窗格的底部、右边、顶部和左边。

2）tabLayoutPolice

该属性设置标签化窗格布局选项卡标签的策略。属性值也是提供下拉列表选择，有两个选择项，其中，WRAP_TAB_LAYOUT 指定当选项卡较多，标签在一行排列不完时自动换行排列到下一行(见图 5.16(a))；选择 SCROLL_TAB_LAYOUT 则指定，标签在一行排列不完时不换行，而是出现一组滚动箭头，将选项卡标签以滚动模式显示出来(见图 5.16(b))。注意，SCROLL_TAB_LAYOUT 在 JDK 1.4 之前是不支持的。

(a) WRAP_TAB_LAYOUT布局　　(b) SCROLL_TAB_LAYOUT布局

图 5.16　tabLayoutPolice 属性值的效果

3）selectedIndex

该属性指定初始界面中所选择的选项卡索引。该属性值是一个整数。第一个选项卡索引为 0。

4）selectedComponent

该属性指定的组件所在的选项卡为初始界面中选取的选项卡。设置方法是，在 Properties 窗口中单击该属性行右侧的下三角按钮，在组件列表中选择一个组件。如果所选组件不是直接放置在标签化窗格而是它下面容器组件中的一个组件，则修改该属性的操作会失败，并有提示对话框出现。如果选项卡 tab5 中只有一个组件 jLabel2，且是标签化窗格组件的直接子节点，那么可以直接选择组件 jLabel2 为该属性值，此时 tab5 选项卡即是运行时初始界面所选取的选项卡。当指定了该属性值时，会自动更新 selectedIndex 的值。反之，当以后又修改了 selectedIndex 属性值时，selectedComponent 属性值为"默认"。

5）tabCount 和 tabRunCount

tabCount 是个只读属性，表示总选项卡的个数。

tabRunCount 也是只读属性，表示显示所有的标签所必需的行数(对于顶部或底部标签位置)或是列数(对于左边或是右边位置)。

这两个属性值设计时是自动计算的，不能修改，一般以代码方式访问。

2. 选项卡组件的属性

选项卡组件除了该组件本身原有的属性外，还在该组件的布局属性组中提供了三个设置选项卡标签的属性。

1) Tab Title

该属性设置选项卡标签上的文字。

2) Tab Icon

该属性用于指定选项卡标签上显示的图标。与其他组件 Icon 属性的设置方法相同。设置好之后,标签文字和标签图标会同时显示在选项卡标签上。

3) Tab ToolTip

该属性为选项卡标签设置一个提示框及其中的提示文字。此处设置的是提示框中的文字。当程序运行时,鼠标指到该选项卡标签上稍停留时,会出现一个黄色提示框,其中显示该属性设置的文字。

5.4.3 应用举例

例 5.3 为学生成绩管理系统设计选课界面,课程分为三类:公共基础课、专业基础课和专业课。其中,公共基础课门数较少,采用复选按钮提供选择。专业基础课较多,备选课程在一个列表中显示,选择某一门或几门课程后单击“-->”按钮添加到已选列表中,同时从备选列表中删除;同样选择某一门或几门已选课程之后,单击“<--”按钮把它们添加到备选课程列表中,同时从已选课程列表中删除。专业课分为三个方向:Java 方向、.NET 方向和嵌入式方向,每个方向都有几门课程以复选按钮形式提供给用户选择。界面原型如图 5.17 所示。

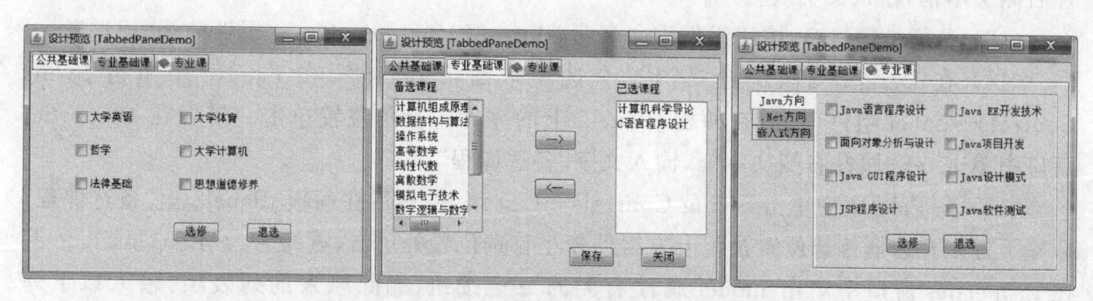

图 5.17 学生成绩管理系统设计师生选课界面

分析:三类课程公共基础课、专业基础课和专业课用三个选项卡显示,放在一个标签化窗格组件中。专业课的三个方向 Java 方向、.NET 方向和嵌入式方向也用三个选项卡显示,且该标签化窗格采用左侧标签布局。

解:设计步骤如下。

(1) 展开 StdScoreMana0.3 项目中的 Source Packages 节点,右击 book.stdscoreui 包名,在快捷菜单中单击 New→JFrame Form 菜单项,类名输入“SelectCourse”,单击“完成”按钮。

(2) 在 Navigator 窗口中右击 SelectCourse 窗体,在快捷菜单中单击 Set Layout→Border Layout 菜单项。

(3) 单击 Palette→Swing Containers→Tabbed Pane 组件,然后在窗体的中央部位单击,即创建了一个标签化窗格组件,并重命名为 jTabbedPaneMain。

(4) 单击 Palette→Swing Containers→Pane,然后在标签化窗格组件上单击,即创建了一个选项卡组件,保持默认名 jPanel1。

(5) 在 Navigator 窗口的 jTabbedPaneMain 组件节点上右击，在快捷菜单中选择 Add From Palette→Swing Containers→Pane 菜单项，保持默认名 jPanel2。

(6) 重复步骤(5)，创建第三个选项卡面板组件，保持默认名 jPanel3。

(7) 在 Navigator 窗口中单击选项卡面板 jPanel1，在 Properties 窗口的 Tab Title 属性行右侧文本框中输入“公共基础课”。

(8) 使用与步骤(7)同样方法修改选项卡面板 jPanel2 的 Tab Title 属性值为“专业基础课”、选项卡面板 jPanel3 的 Tab Title 属性值为“专业课”。

(9) 在 Navigator 窗口中单击选项卡面板 jPanel3，在 Properties 窗口中的 Tab Icon 属性行右侧单击“…”按钮，选择项目内已经准备好的图像文件，关闭对话框。

(10) 在 Design 视图中单击选项卡标签“公共基础课”，再到界面中央部位单击选择第一个选项卡面板 jPanel1，在 Palette 中单击 Swing Controls→Check Box 组件，然后在面板 jPanel1 上的适当位置单击，创建一门课程的复选框组件 jCheckBox1。在 Properties 窗口中单击 text 属性右侧文本框，输入课程名称“大学英语”。

(11) 重复步骤(10)5 次，创建另外 5 门课程的复选框，text 属性值分别为“哲学”“法律基础”“大学体育”“大学计算机”和“思想道德修养”。

(12) 在 Palette 中单击 Swing Controls→Button 组件，然后在面板 jPanel1 上的适当位置单击，创建一个按钮组件，重命名为 jButtonPSelected。在 Properties 窗口中单击 text 属性右侧文本框，输入文字“选修”。

(13) 重复步骤(12)，按钮组件重命名为 jButtonPUnselected，text 属性值为“退选”。

(14) 在 Design 视图中选择第二个选项卡面板 jPanel2，在 Palette 中单击 Swing Controls→Label 组件，然后在面板 jPanel2 上的靠近左上角位置单击。接着在 Properties 窗口中单击 text 属性右侧文本框，输入文字“备选课程”。

(15) 在 Palette 中单击 Swing Controls→List 组件，然后在面板 jPanel2 上“备选课程”标签下方距左边框首选位置及距上方组件较小首选位置处单击，重命名为 jListUnselected。在 Properties 窗口中单击 model 属性右侧的“…”按钮，删除原来的列表项，输入以下列表项。

计算机组成原理
数据结构与算法
操作系统
高等数学
线性代数
离散数学
模拟电子技术
数字逻辑与数字系统
数据库系统原理
计算机网络
软件工程

单击 OK 按钮。注意，正式程序中的列表项是从数据库中读取，由代码添加到列表中的。

(16) 重复步骤(14),在与第一个标签“备选课程”基线对齐的右边稍远处创建另一个标签组件,文字修改为“已选课程”。

(17) 使用与步骤(15)相同的方法,在“已选课程”标签下方创建第二个列表组件,重命名为“jListSelected”。在 Properties 窗口中单击 model 属性右侧的“…”按钮,删除所有列表项。

(18) 在自由设计模式下调整两个列表框的宽度为 130px,高度为 170px,中间保留适当空间。

(19) 在 Palette 中单击 Swing Controls→Button 组件,然后在面板 jPanel2 中两个列表组件中间位置单击,创建按钮,重命名为“jButtonPSelect”,修改 text 属性值为“-->”。

(20) 重复步骤(19),创建按钮“jButtonPUnselect”,按钮上文字为“<--”。

(21) 重复步骤(19)两次,在靠近面板下边框稍右位置创建两个按钮,分别命名为“jButtonSave”和“jButtonClose”,按钮上文字分别为“保存”和“关闭”。

(22) 在 Design 视图中选择第三个选项卡面板 jPanel3,在 Palette 中单击 Swing Containers→Tabbed Pane 组件,然后在面板 jPanel3 上距容器左边框首选位置及距容器上边框首选位置单击,重命名为“jTabbedPaneCategory”。接着拖动该标签化窗格组件的右边框,移至距容器右边框首选位置,拖动下边框移至距容器底边框首选位置。

(23) 单击选择 jTabbedPaneCategory 组件,在 Properties 窗口中设置 tabPlacement 属性值为 LEFT。

(24) 在 Navigator 窗口中的 jTabbedPaneCategory 组件节点上右击,在快捷菜单中选择 Add From Palette→Swing Containers→Pane 菜单项,保持默认名 jPanel4。

(25) 重复步骤(24)两次,保持默认名 jPanel5 和保持默认名 jPanel6。

(26) 使用与步骤(7)相同的方法,分别为选项卡面板 jPanel4、jPanel5 和 jPanel6 设置 Tab Title 属性值为“Java 方向”“.NET 方向”和“嵌入式方向”。

(27) 使用与步骤(10)~(13)相同的方法,分别为“Java 方向”“.NET 方向”和“嵌入式方向”三个选项卡创建选课复选框及按钮。设计完成后,这三个选项卡的 Design 视图如图 5.18 所示。

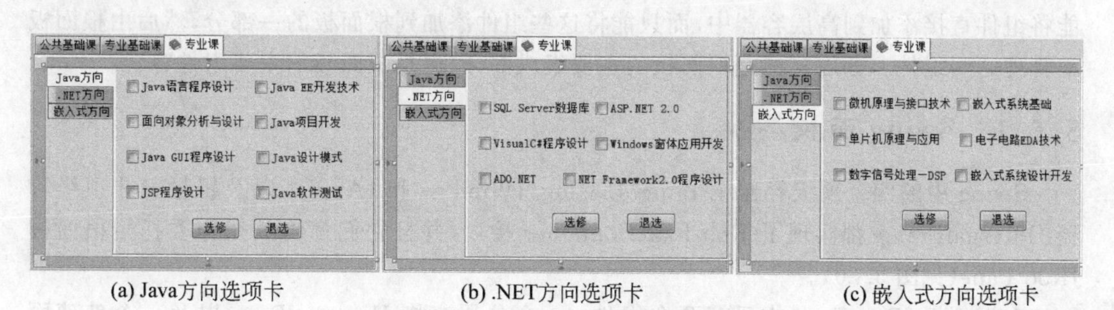

(a) Java方向选项卡　　(b) .NET方向选项卡　　(c) 嵌入式方向选项卡

图 5.18　专业课 3 个方向选课选项卡

对于组件比较多的复杂界面,应该认真检查 Navigator 窗口中的组件节点树,审查节点组件之间的关系是否正确,命名是否合理,有没有冲突等。本例题完成后的节点树见图 5.19。该模块的功能实现需要用到列表模型等知识,留待后续相应章节介绍。

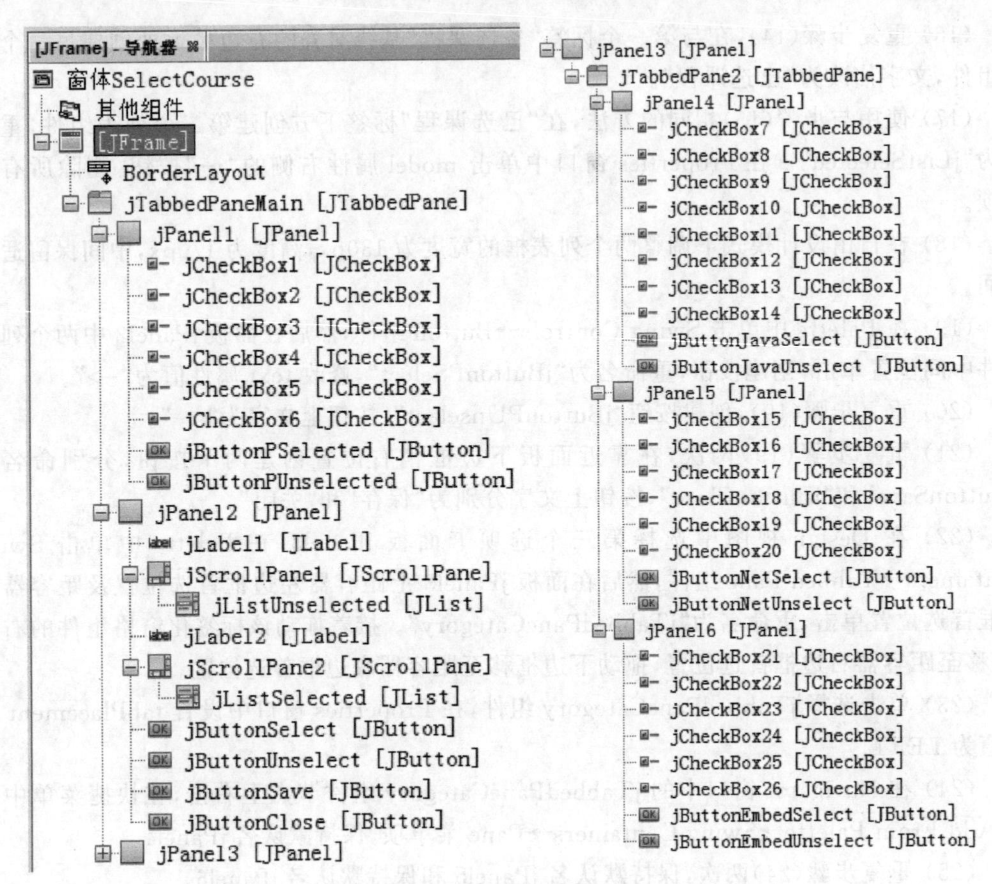

图 5.19　例 5.3 师生选课界面节点树

5.5 Swing 面板层次与分层窗格

正如 2.2 节中的图 2.5 所示，Swing 的高层容器有复杂的层次结构。事实上，Swing 不能将组件直接添加到高层容器中，而只能将这些组件添加到根面板的一部分，然后由根面板来管理这些组件。分层窗格是根面板的主要组成部分，也是根面板的主要组件容器。

5.5.1 Swing 面板层次

Swing 中的四个顶级容器 JFrame、JDialog、JWindow 和 JApplet 以及轻量级非顶级容器 JInternalFrame 都实现了 RootPaneContainer 接口，并且它们都将其操作委托给根面板 JRootPane（见图 5.20）。

在根面板 JRootPane 中只有两个组件：一个分层窗格 JLayeredPane 以及一个玻璃面板 Glass Pane(Component)（见图 5.21）。前面的玻璃面板位于所有窗格之上，可以是任意组件，而且是不可见的，能够截取鼠标移动，保证类似工具提示文本这样的元素显示在其他的 Swing 组件之前。后面是分层窗格 JLayeredPane。分层窗格也由两部分组成：在其上部包含一个可选的 JMenuBar，在其下部的另一层中包含一个内容面板 content Pane。如果已在根面板上设置了 JMenuBar 组件，它将沿窗体的上边缘放置，content Pane 的位置和大小

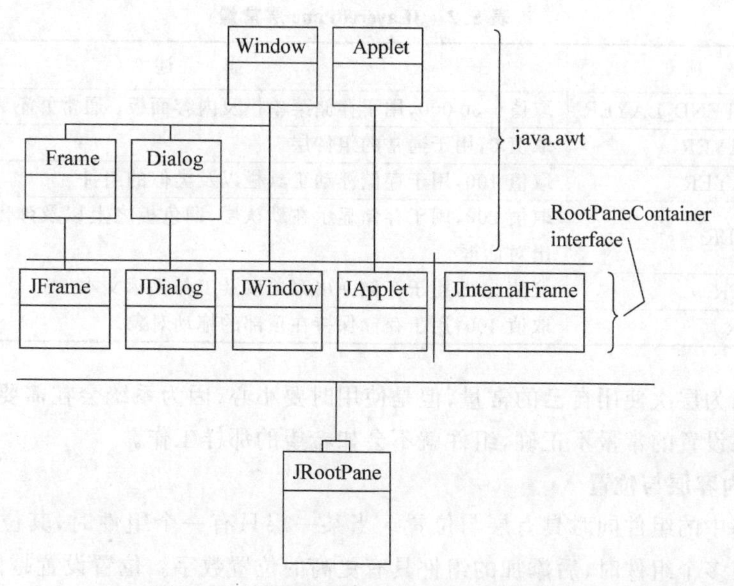

图 5.20　使用根窗格的各个类之间的关系

将进行调整以填充剩余的区域。但如果没有使用 JMenuBar,则 content Pane 就会占据整个版面。通常将组件添加在根面板 JRootPane 中,实际上就是添加在内容面板中。

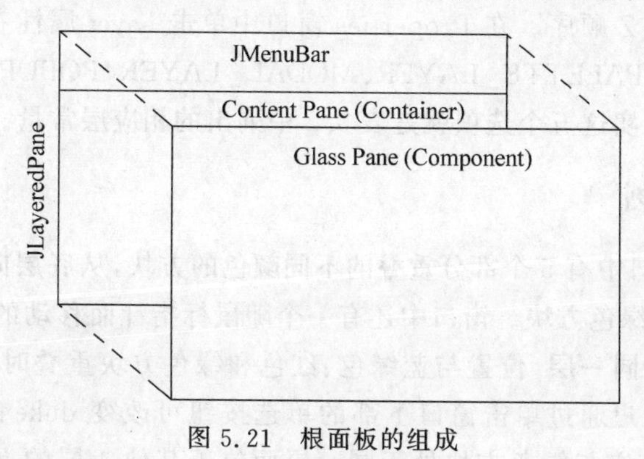

图 5.21　根面板的组成

5.5.2　分层窗格的使用

分层窗格 JLayeredPane 是一种 Swing 容器,提供了管理其内部组件的第三维:深度(也称 Z 顺序或层)。这可以保证在某些情况下,例如创建工具提示文本、弹出菜单与拖曳时,特定的组件可以创建在其他的组件之上。

1. 在层中添加组件

每向分层窗格中添加一个组件时,使用一个整数设置组件的 Z 顺序。层设置越高,则组件绘制离顶层组件就越近。分层窗格预定义了六个层(见图 5.22)及层常量(见表 5.2)。

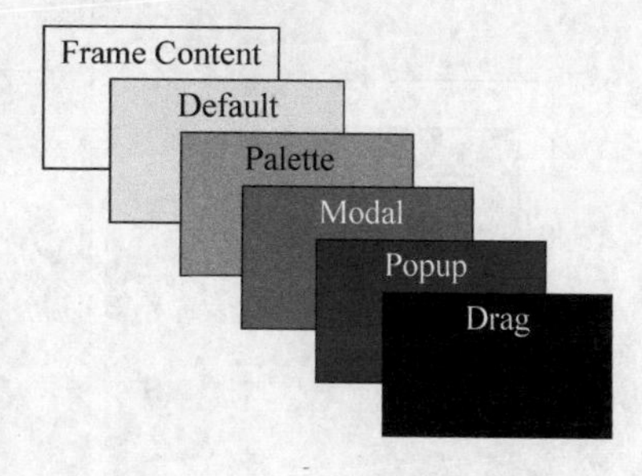

图 5.22　分层窗格预定义层

表 5.2 JLayeredPane 层常量

选　项	描　述
FRAME_CONTEND_LAYER	取值－30 000,用于存储菜单栏及内容面板；通常并不为开发者所用
DEFAULT_LAYER	取值 0,用于通常的组件层
PALETTE_LAYER	取值 100,用于存储浮动工具栏以及类似的组件
MODAL_LAYER	取值 200,用于存储显示在默认层,调色板之上以及弹出菜单之下的弹出对话框
POPUP_LAYER	取值 300,用于存储弹出菜单以及工具提示文本
DRAG_LAYER	取值 400,用于存储保持在顶部的拖动对象

尽管可以为层次使用自己的常量,但是使用时要小心,因为系统会在需要时使用预定义的常量。如果设置的常量不正确,组件就不会如希望的那样工作。

2. 使用内容层与位置

分层窗格中的组件同时具有层与位置。当某一层只有一个组件时,其位于位置零。当在相同的层有多个组件时,后添加的组件具有更高的位置数字。位置设置越低,显示距离顶部组件越近。位置－1 自动位于具有最高位置的底层。

3. 属性

分层窗格组件本身没有什么特有的属性。添加到分层窗格内的组件有 Layer 属性设置组件在分层窗格中的 Z 顺序。在 Properties 窗口中单击 Layer 属性右侧的下三角按钮,有 DEFAULT_LAYER、PALETTE_LAYER、MODAL_LAYER、POPUP_LAYER 和 DRAG_LAYER 五个选项,其实这五个选项就是表 5.2 中列出的相应层常量。

5.5.3 应用举例

例 5.4 程序窗口中有 5 个部分重叠的不同颜色的方块,从底层向顶层依次是黄色、洋红色、蓝绿色、红色和绿色方块。窗口中还有一个随鼠标指针而移动的 duke 图标。duke 初始与蓝绿色方块位于同一层,位置与蓝绿色、红色和绿色方块重叠时被遮挡而不能显示或不能完全显示。但用户通过单击窗口下部的单选按钮可改变 duke 的层次,例如,用户单击 green 单选按钮后,它与绿色方块处于同一层而位于其他 4 层的上边,只有移动到与绿色方块重叠时才被遮挡(见图 5.23)。使用 NetBeans IDE 的 GUI 设计器,可视化设计该程序。

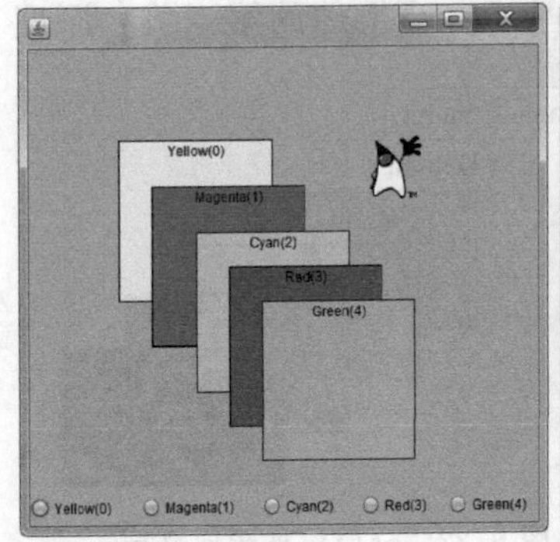

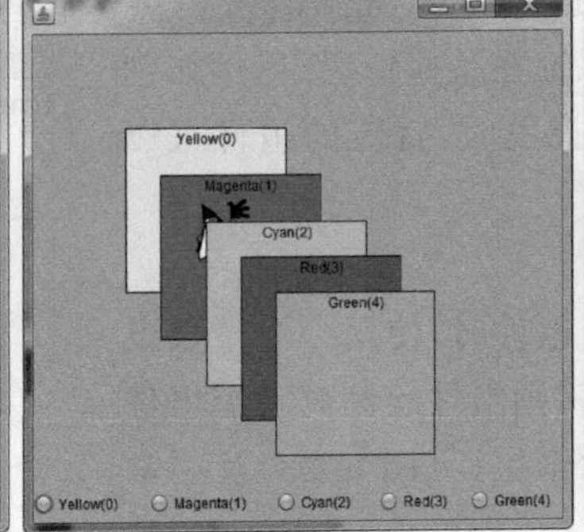

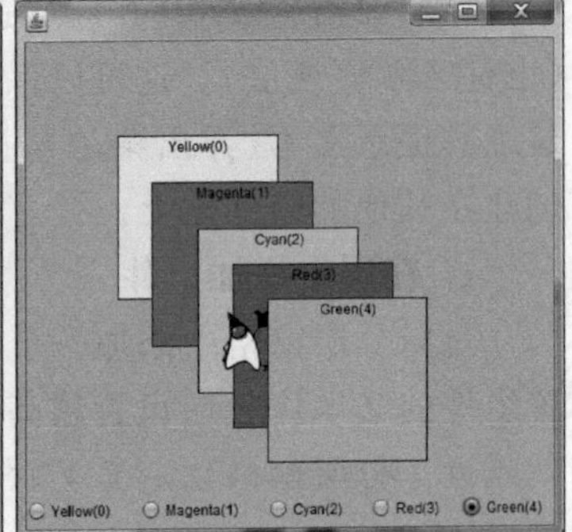

图 5.23 例 5.4 程序的运行界面部分快照

分析：5个方块及 duke 图标有层次布局，应该放置于分层窗格中，并通过它们的 Layer 属性设置布局层次。每个方块及 duke 图标都可以使用标签组件实现，给标签设置相应背景颜色并设置为不透明。五个单选按钮设置为一个按钮组，并为它们注册和设计 Action 事件监听器来改变 duke 标签的 Layer 属性值。

解：设计步骤如下。

(1) 在 chap5 项目的 book. container. demo 包中新建一个 JFrame Form，类名为 LayeredPaneDemo。设置该窗体为边框式布局。

(2) 单击 Palette→Swing Containers→Layered Pane 组件，然后在窗体的中央部位单击，即创建了一个分层窗格组件，使用默认组件名 jLayeredPane1。

(3) 分层窗格组件 jLayeredPane1 默认使用空值布局，本例设置为绝对布局。

(4) 在 Palette 中单击 Swing Controls→Label 组件，然后在 Design 视图的分层窗格组件 jLayeredPane1 上的适当位置(靠近左上角)单击，创建一个标签组件，并重命名为"jLabelYellow"。

(5) 在 Properties 窗口中单击 background 属性行右侧的"…"按钮，在 background 对话框中选择 Color Chooser → AWT Palette → Yellow 选项，单击 OK 按钮；单击 horizontalAlignment 属性行右侧下三角按钮，选择 CENTER；单击 verticalAlignment 属性行右侧下三角按钮，选择 TOP；在 text 属性行右侧输入"Yellow(0)"；修改首选尺寸、最大尺寸和最小尺寸都为[140，140]；单击 opaque 属性行右侧复选框(选取)；单击 Layer 属性行右侧下三角按钮，选择 DEFAULT_LAYER。

(6) 重复步骤(4)和(5)，按表 5.3 修改变量名，设置属性值。horizontalAlignment、verticalAlignment、opaque、首选尺寸、最大尺寸和最小尺寸属性都与步骤(5)取相同值。并移动各标签组件位置，使它们按照如图 5.23 所示位置重叠。

表 5.3　例 5.4 中各色块标签属性

默认组件名	重命名组件名	background	text	层	X	Y
jLabel2	jLabelMagenta	洋红色	Magenta(1)	PALETTE_LAYER	110	120
jLabel3	jLabelCyan	青色	Cyan(2)	MODAL _LAYER	150	160
jLabel4	jLabelRed	红色	Red(3)	POPUP _LAYER	180	190
jLabel5	jLabelGreen	绿色	Green(4)	DRAG _LAYER	210	220

(7) 在 Palette 中单击 Swing Controls→Label 组件，然后在 Design 视图的分层窗格组件 jLayeredPane1 上的适当位置(靠近右上角)单击，创建一个标签组件，并重命名为 jLabelDuke。

(8) 准备好 duke 图标的图像文件，复制到本窗体类所在的包中。单击 icon 属性行右侧的"…"按钮，在 icon 对话框中选择图像选择器的项目内图像，指定图标。单击 Layer 属性行右侧下拉箭头，选择 MODAL _LAYER。清除 text 属性右侧的文字。

(9) 在 Palette 中单击 Swing Controls→Button Group 组件，然后在 Design 视图的分层窗格组件 jLayeredPane1 上的左下角适当位置单击，创建一个按钮组组件，使用默认名 buttonGroup1。

(10) 在 Palette 中单击 Swing Controls→Radio Button 组件，然后在 Design 视图的分

层窗格组件 jLayeredPane1 上的下部适当位置单击，创建一个单选按钮组件，重命名为 jRadioButtonYellow。

(11) 在 Properties 窗口的 text 属性行右侧输入"Yellow(0)；"单击 buttonGroup 属性行右侧下三角按钮，选择 buttonGroup1。

(12) 在 Design 视图中右击该单选按钮组件，在快捷菜单中选择 Events→Action→actionPerformed 菜单项，在 Source 视图中该组件的事件处理方法(jRadioButtonYellowActionPerformed)中输入语句：

```
jLayeredPane1.setLayer(jLabelDuke, JLayeredPane.DEFAULT_LAYER);
```

(13) 重复步骤(10)～步骤(12)，按照表 5.4 修改组件名、text 属性值及输入事件处理语句。

(14) 在 Design 视图中右击窗体 LayeredPaneDemo，在快捷菜单中选择 Events→MouseMotion→mouseMoved 菜单项，在事件处理方法 jLayeredPane1MouseMoved()中添加语句"jLabelDuke.setLocation(evt.getX()－50, evt.getY()－50);"。

表 5.4　例 5.4 中各单选按钮的设置

默认组件名	重命名组件名	text	事件处理方法中输入的语句
jRadioButton2	jRadioButtonMagenta	Magenta(1)	jLayeredPane1.setLayer(jLabelDuke, JLayeredPane.PALETTE_LAYER);
jRadioButton3	jRadioButtonCyan	Cyan(2)	jLayeredPane1.setLayer(jLabelDuke, JLayeredPane.MODAL_LAYER);
jRadioButton4	jRadioButtonRed	Red(3)	jLayeredPane1.setLayer(jLabelDuke, JLayeredPane.POPUP_LAYER);
jRadioButton5	jRadioButtonGreen	Green(4)	jLayeredPane1.setLayer(jLabelDuke, JLayeredPane.DRAG_LAYER);

5.6　桌面窗格与内部框架

有些 GUI 应用程序将信息在多个窗口中显示出来，并且把这些窗口都包含在一个大的窗口之中。当应用程序窗口最小化时，其中包含的所有子窗口都隐藏起来，关闭应用程序窗口，则这些子窗口都被关闭。在 Windows 环境，这种界面称为多文档界面(Multiple Document Interface, MDI)。这种程序的 GUI 就好像一个传统的视窗系统，其中有一个桌面，这个桌面上放置了多个浮动的窗口。Swing 中使用桌面窗格组件创建这种桌面，使用内部框架创建这些浮动窗口。

5.6.1　桌面窗格的使用

桌面窗格 JDesktopPane 是用于创建多文档界面或虚拟桌面的容器。桌面窗格是特殊的分层窗格，管理可能的重叠内部窗体。

桌面窗格是中间容器，使用时需要把它添加到顶级容器或顶级容器所包含的容器中。

例如，在项目 chap5 的 book. container. demo 包中新建一个 JFrame 窗体，命名为 DesktopPaneDemo，并设置为边框式布局。在 Palette 上单击 Swing Containers→Desktop Pane 组件，鼠标移到窗体中央单击，即可创建一个桌面窗格组件 jDesktopPane1。

桌面窗格本身默认是空值布局，灰色([171,171,171])背景和黑色([0,0,0])前景颜色，无边框。有一个 DesktopManager 接口实现类实例的引用，委托该实例管理桌面窗格内部框架。默认设置时，在 Design 视图中桌面窗格是一个灰色的矩形，单击选择后有橙色边框。运行该程序，窗口中的桌面窗格有一个蓝色带图案背景（见图 5.24，但可以通过主题及 L&F 改变）。

图 5.24　设计视图下的桌面窗格(左)与运行时的界面(右)

桌面窗格有以下几个重要属性。

1. dragMode

该属性设置桌面窗格的内部窗口拖曳时的界面更新绘制模式。一般地，在拖曳窗口过程中，桌面管理器会不断要求窗体重新绘制，这样会导致界面更新绘制速度和程序响应速度非常缓慢。为了提高性能，可以设置"边框拖曳"，即当用户拖动窗口时，只有窗口的边框是连续更新的，而窗口的内容只有当拖到最终停止位置时才刷新。但在视频硬件支持拖动操作时，在拖动过程中可以将窗口图像映射到屏幕别的位置，从而界面刷新速度也很快，同时界面观感更好。在桌面窗格的 Properties 窗口中，单击 dragMode 属性行右侧的下三角按钮，选择 OUTLINE_DRAG_MODE 即设置边框拖曳模式，而选择 LIVE_ DRAG_MODE 则设置为采用实况拖曳更新模式。

2. selectedFrame

该属性设置桌面窗格中当前活动的内部窗体。在桌面窗格的 Properties 窗口中，单击 selectedFrame 属性行右侧的下三角按钮设置。

3. allFrames

这是一个只读属性，返回桌面窗格中的所有内部窗体。

5.6.2　内部框架

内部框架 JInternalFrame 是一个轻量级的高层窗口，且有一个根面板，许多方面都很像 JFrame，但它并不是一个顶层窗口。内部框架一般放在桌面窗格中用以构建多文档界面。

要创建一个内部框架，一般先需要创建一个桌面窗格，然后在该桌面窗格中创建内部框架。例如，前面已经创建了桌面窗格 jDesktopPane1，接下来在组件面板的 Swing Containers 组中单击 Internal Frame 组件图标，然后将鼠标光标移到桌面窗格中单击，即创建了一个内部框架 jInternalFrame1，且自动采用边框式布局。初建的内部框架组件很小，它的父容器桌面窗格默认采用空值布局，但 IDE 采用自由设计模式，可以直接拖动边框改变该内部框架的大小。

另一种创建内部框架的方法是，在 IDE 的主菜单中选择 New→New File 菜单项，在 New File 对话框中选择 Swing GUI Forms 类别，在文件类型列表中选 JInternalFrame Form，单击 Next 按钮，输入类名，单击 Finish 按钮即可创建一个独立的内部框架。当设计完成该内部框架后，从 Projects 窗口中将该窗体文件拖放到其他容器，即可使该内部框架作为接收容器的一个内部框架组件使用。也可以在包名节点上右击，选择 New→JInternalFrame Forms，输入类名，单击 OK 按钮即可，这样更为简单。

如果桌面窗格采用自由设计模式，初始创建的内部框架运行时没有标题、最小化、最大化/还原和关闭按钮等修饰部件，不能调整大小，也不能移动。当设置桌面窗格采用空值布局时，如果不设置 JFrame 窗体大小，程序运行时窗口内部高度极小，看不到内部框架，放大窗口后内部窗口却可以自由移动，但不能调整大小。内部框架窗口有控制菜单(见图 5.25)。

图 5.25　内部框架的设计和运行界面

内部框架许多属性可以定制其外观和行为。

1. defaultCloseOperation

该属性设置当用户关闭该内部框架时的行为。取值为 DISPOSE 则销毁该内部窗格，取值为 HIDE 则只是隐藏该内部窗格，取值为 DO_NOTHING 则无响应动作。单击 Properties 窗口中该属性行右侧的下三角按钮，选择其中一种。

2. title

title 属性设置该内部窗格的标题栏文字。单击 Properties 窗口中该属性行右侧的文本框，输入标题文字即可。

3. closable

该属性设置是否在标题栏显示“关闭”按钮。单击 Properties 窗口中该属性行右侧的复选框，如果该复选框被选取，则标题栏显示“关闭”按钮，否则标题栏不显示“关闭”按钮。程序运行时，用户单击内部框架窗口“关闭”按钮的效果取决于 defaultCloseOperation 属性的设置。

4. iconifiable

该属性设置是否在标题栏显示“最小化”按钮。单击 Properties 窗口中该属性行右侧的复选框,如果该复选框被选取,则标题栏显示“最小化”按钮,否则标题栏不显示“最小化”按钮。程序运行时,用户单击内部框架窗口“最小化”按钮,则该内部窗格缩小为该窗口标题栏,显示在桌面窗格的靠近底边框行,“最小化”按钮变为“还原”按钮;再次单击则还原为最小化前的状态。

5. maximizable

该属性设置是否在标题栏显示“最大化”按钮。单击 Properties 窗口中该属性行右侧的复选框,如果该复选框被选取,则标题栏显示“最大化”按钮,否则标题栏不显示“最大化”按钮。程序运行时,用户单击内部框架窗口“最大化”按钮,则该内部窗格扩大占据整个桌面窗格空间,“最大化”按钮变为“还原”按钮;再次单击则还原为最大化前的状态。

6. resizable

该属性设置是否可以通过拖动窗口的调整控柄改变内部框架窗口大小。单击 Properties 窗口中该属性行右侧的复选框,如果该复选框被选取,则可以改变该内部框架窗口大小,否则内部框架窗口大小不可通过拖动边框改变。

7. frameIcon

该属性设置在标题栏左端显示的控制菜单图标。单击 Properties 窗口中该属性行右侧的“…”按钮,在对话框的图像选择器中选取一个合适图像文件;如果项目中曾经导入过图标,则可以单击下拉箭头直接在列表中选择。

8. normalBounds

该属性设置该内部框架初始显示的位置和大小。单击 Properties 窗口中该属性行右侧的“…”按钮,在对话框中输入 X、Y、Width 和 Height 值。

9. selected

selected 属性指定该内部框架是否是程序运行时初始界面中选取的内部框架窗口。单击 Properties 窗口中该属性行右侧的复选框,如果该复选框被选取,则程序运行时该内部框架窗口处于前台,一般它的标题栏以蓝色显示,否则处于后台且标题栏以灰色显示。

10. visible

visible 属性指定该内部框架在程序运行时初始界面中是否可见。单击 Properties 窗口中该属性行右侧的复选框,如果该复选框被选取,该内部框架在 Design 视图和程序运行窗口中显示出来,否则在桌面窗格中看不见该内部窗格,但在 Navigator 窗口中可以找到该内部窗格的对应节点。还应注意,在设计时修改了该属性,可能在界面上看不到该内部窗格组件,因为此时把它的尺寸设为 0×0,需要重新设置大小。

11. layer 及 Layer

内部窗格所在的桌面窗格是一个分层窗格,所以 Layout 组的 Layer 属性以表 5.2 所列的预定义常量指定该内部窗格所处的层。Other Properties 组的 layer 属性则用一个整数值(int)指定该内部窗格所处的层。这两个属性发生冲突时,Other Properties 组的 layer 属性值优先。

12. maximum

该属性设置该内部窗格在程序运行的初始界面中是否以最大化方式显示。但只有在它所在的桌面窗格采用空值布局时才有确定效果。

13. icon

此属性设置该内部窗格在程序运行的初始界面中是否以最小化方式(图标)显示。但只有在它所在的桌面窗格采用空值布局时才有确定效果。

5.6.3 多文档界面的设计方法

使用 Java Swing 类库和 NetBeans IDE 设计一个多文档界面时,需要处理一些较为复杂的问题。例如,需要处理内部框架窗口的级联与平铺布局,处理属性设置的否决问题,拖曳操作,以及内部框架中的对话框使用等。

1. 设计多文档界面的一般步骤

(1) 设计应用程序中的常规 JFrame 窗体。

(2) 在 JFrame 中添加和设计桌面窗格。

(3) 构建和设计若干个内部框架。

(4) 确定和调整内部框架的大小。

(5) 设计和设置内部框架的显示属性。

(6) 向内部框架中添加所需要的组件。

(7) 将内部框架添加到桌面窗格中。

(8) 确定和设置默认选定的内部框架。

(9) 调整各内部框架的位置,使它们互相有合适的距离。一般内部框架之间的合适距离是标题栏的高度,计算方法是:

```
int frameDistance = iframe.getHeight() - iframe.geContentPane().getHeight();
```

其中,iframe 是内部框架组件名。

(10) 重新定位各内部框架的位置。计算方法是:

```
nextFrameX += frameDistance;
nextFrameY += frameDistance;
if(nextFrameX + width > desktop.getWidth())
    nextFrameX = 0;
if(nextFrameY + height > desktop.getHeight())
    nextFrameY = 0;
```

其中,width 和 height 是当前内部框架的宽度和高度,desktop 是内部框架所在的桌面窗格组件名。

2. 级联窗口

Windows 环境有用于窗口级联与平铺的标准命令,但是 Swing 的桌面窗格和内部框架却没有提供任何有关级联和平铺窗口的内部支持,需要编写程序解决这个问题。

为了级联所有窗口,应该将它们绘制成相同大小,并交错排列位置。首先获取桌面窗格中的所有内部框架:

```
JInternalFrame[] frame = jDesktopPane1.getAllFrames();
```

还应注意排除已经最小化的内部框架,将最大化的内部框架设置为非最大化可缩放状态。

为级联一个桌面窗格中内部框架设计下列方法，其中，参数 jDesktopPane 是内部框架所加入的桌面窗格、jFrame 是桌面窗格 jDesktopPane 的父容器(一般是一个 JFrame)。该方法代码如下。

```
public void cascadeInerWindows(JFrame jFrame, JDesktopPane jDesktopPane) {
    jFrame.setExtendedState(JFrame.MAXIMIZED_BOTH);
    jFrame.validate();
    JInternalFrame[] frame = jDesktopPane.getAllFrames();
    if(frame == null || frame.length == 0)          //如果桌面窗格中不包含内部框架则直接返回
        return;
    int s = 0;                                      //内部框架的左边框和顶边框的间距
    int x = 10, y = 10 ;                            //内部框架的左上角坐标
    int w = 0, h = 0 ;                              //内部框架的宽度和高度
    for (int i = frame.length - 1; i >= 0; i-- ) {
        if (!frame[i].isIcon()) {
           if(s == 0) {//找到第一个非最小化的内部框架,初始化间距、宽度和高度
                s = frame[0].getHeight() - frame[0].getContentPane().getHeight();
                w = frame[0].getWidth();
                h = frame[0].getHeight();
           }
           try {
                frame[i].setMaximum(false);
                frame[i].reshape(x, y, w, h);
                x += s;
                y += s;
                if (x + w > jDesktopPane.getWidth()) {
                    x = 0;
                }
                if (y + h > jDesktopPane.getHeight()) {
                    y = 0;
                }
           } catch (PropertyVetoException e) {
                e.printStackTrace();
           }
        }
    }
}
```

3. 平铺窗口

窗口的平铺比级联更复杂一些。首先，计算出非最小化的内部框架数目，然后计算桌面窗格中平铺内部框架时所需行数及每行列数。循环中先在各行第一列平铺内部框架，一列排满后排列下一列。当排满不满员的一行后，重新计算窗格高度，以便最大限度地利用桌面窗格高度。该方法代码如下。

```
public void tileInerWindows(JFrame jFrame, JDesktopPane jDesktopPane) {
    jFrame.setExtendedState(JFrame.MAXIMIZED_BOTH);
    jFrame.validate();
    JInternalFrame[] frame = jDesktopPane.getAllFrames();
```

```
    if(frame == null || frame.length == 0)
        return;
    int frameCount = frame.length;                    //桌面窗格包含的内部框架个数
    int rows = (int) Math.sqrt(frameCount);           //平铺窗格所需要的行数
    int cols = frameCount / rows;                     //平铺窗格每行的列数
    int extra = frameCount % rows;                    //最后一行包含的窗格数
    int r = 0, c = 0;                                 //行号与列号
    int w = jDesktopPane.getWidth() / cols;           //桌面窗格(布局空间)宽度
    int h = jDesktopPane.getHeight() / rows;          //桌面窗格(布局空间)高度
    for (JInternalFrame fr : frame) {
        if (!fr.isIcon()) {
            try {
                fr.setMaximum(false);
                fr.reshape(c * w, r * h, w, h);
                r++;
                if (r == rows) {
                    r = 0;
                    c++;
                    if (c == cols - extra) {
                        rows++;
                        h = jDesktopPane.getHeight() / rows;
                    }
                }
            } catch (PropertyVetoException e) {
                e.printStackTrace();
            }
        }
    }
}
```

4. 否决属性设置

在具有多文档界面的程序中，有时需要程序监视用户对内部框架窗口的一些属性改变的操作，以便防止用户做了程序所不希望的操作。如用户对窗口中的数据做了修改，还没有存盘，但是用户单击了窗口的“关闭”按钮，此时后台还有一些计算没有完成，即不能立即存盘(数据不完整)，那么就需要否决用户关闭窗口的操作。可以通过给该属性设计并注册可否决的更改监听器(VetoableChangeListener)而否决属性改变。

通过以下几个步骤可以实现这样一个**监视并通知**机制。

(1) 为每个内部框架注册一个 VetoableChangeEvent 事件监听器。

(2) 实现 VetoableChangeListener 接口的 vetoableChange()方法。使用该方法的参数(VetoableChangeEvent evt)evt 的 getName()方法查找用户想要更改的属性名称，还可以调用 getNewValue()方法获取用户提供的该属性新值。

(3) 可以通过抛出一个 PropertyVetoException 异常阻止该属性的更改。当然也可以给出具体原因及建议。

5. 内部框架中的对话框

有时在内部框架中可能需要使用对话框与用户交互。但是，不能使用 JDialog 类型的

对话框，因为 JDialog 对话框会在视窗系统中创建一个新窗口，并且不知道它与内部框架窗口之间的相对位置。相应地，应该是 JOptionPane 类型的 showIntenalXxxDialog 方法创建一个轻型对话框。如果要求复杂，则可以用 JInternalFrame 来自己设计。

5.6.4 应用举例

例 5.5 修改例 5.2 设计的文本阅读器，每当在左窗格选择一个文本文件时，就在右边窗格显示这个文件内容。即，使右边窗格能够同时显示多个文本文件内容。

分析：要使拆分窗格的右边窗格同时显示多个文件内容，可以将原例 5.2 中右边窗格的组件替换为桌面窗格，然后在这个桌面窗格中添加内部框架。每新打开一个文本文件就添加一个内部窗格。这可以在左边窗格中的 ListSelectionEvent 事件监听器中动态添加。为此，需要先创建一个独立的内部框架，并在其中添加文本区域，并设置有关属性，然后在需要时创建该内部框架的实例，并添加到桌面窗格中。

解：按照以下步骤设计。

(1) 在 Projects 窗口中右击 TextFileReader0.1 项目名称，在快捷菜单中单击 Copy 菜单项，在 Copy Project 对话框中修改项目名称为 TextFileReader0.2，单击 Copy 按钮。

(2) 打开 TextFileReader0.2 项目中的 MyFileReader.java 文件，在 Navigator 窗口中右击 jSplitPanefr 节点下的 jScrollPane2 节点，在快捷菜单中单击 Delete 菜单项。

(3) 在 Palette 中单击 Swing Containers→Desktop Pane 组件，然后在 Design 视图的拆分窗格右面的"右键"占位符按钮上单击，创建桌面窗格组件 jDesktopPane1。

(4) 右击 jDesktopPane1 组件，在快捷菜单中单击 Set layout→Null Layout 菜单项。

(5) 在 Projects 窗口中右击该项目 Source Packages→book.filereader 节点，在快捷菜单中单击 New → Other → Swing GUI Forms → JInternalFrame Form 命令，输入类名"InternalFrameText"，单击 Finish 按钮。即创建了一个独立的内部框架 InternalFrameText 窗体。

(6) 设置 InternalFrameText 内部框架的 closable、iconifiable、maximizable、resizable、selected 和 visible 为选取状态。

(7) 在 Navigator 窗口中右击 JInternalFrame 节点，在快捷菜单中单击 Set Layout→Border Layout 菜单项。

(8) 在 Palette 中单击 Swing Controls→Text Area 组件，然后在 Design 视图内部框架 InternalFrameText 窗体的中央单击，创建 jTextArea1 组件。

(9) 设置 jTextArea1 组件的 editable 属性为非选取状态，lineWrap 属性为选取状态。

(10) 切换到 InternalFrameText 窗体的 Source 视图，在类体中添加字段变量"String fileName=null;"并为 fileName 添加 getter()和 setter()代码。为 jTextArea1 添加 getter()方法。

(11) 切换到 MyFileReader 窗体的 Source 视图，在类体中添加以下字段变量。

```
private InternalFrameText internalFrameText1;
private javax.swing.JTextArea jTextAreaText;
```

在构造方法中最后一行语句后面添加代码：

```
internalFrameText1 = new InternalFrameText();
this.jTextAreaText = this.internalFrameText1.getjTextArea1();
```

(12) 在 MyFileReader 类体中编写向桌面窗格组件 jDesktopPane1 中添加内部框架窗口的方法，方法代码如下。

```
void newIFT(String fileName) {
    boolean hasFrame = false;
    for (JInternalFrame frame : jDesktopPane1.getAllFrames()) {
        if (fileName.equals(((InternalFrameText) frame).getFileName())) {
            internalFrameText1 = (InternalFrameText) frame;
            hasFrame = true;
            break;
        }
    }
  int s = internalFrameText1.getHeight() - internalFrameText1.getContentPane().getHeight();
    int x = internalFrameText1.getX() + s;
    int y = internalFrameText1.getY() + s;
    int w = internalFrameText1.getWidth();
    int h = internalFrameText1.getHeight();
    if (!hasFrame) {
        internalFrameText1 = new InternalFrameText();
        internalFrameText1.setFileName(fileName);
        jTextAreaText = internalFrameText1.getjTextArea1();
        jDesktopPane1.add(internalFrameText1);
        internalFrameText1.setBounds(x, y, (int)(jDesktopPane1.getSize().getWidth() * 0.7),
                                            (int)(jDesktopPane1.getHeight() * 0.7));
        internalFrameText1.setTitle(fileName);
    }
    try {
        internalFrameText1.setSelected(true);
    } catch (PropertyVetoException ex) {
        Logger.getLogger(MyFileReader.class.getName()).log(Level.SEVERE, null, ex);
    }
}
```

(13) 修改文件列表 jListFile 的 ListSelectionEvent 事件处理方法，在检测到当前选择的列表项是文本文件时，在该代码块开头调用 newIFT 方法。

```
else if (file != null && (file.getAbsolutePath().endsWith(".txt") ||
                                        file.getAbsolutePath().endsWith(".TXT"))) {
    newIFT(file.getAbsolutePath());
    … //例 5.2 中该部分程序代码不变
}
```

完成上述设计后运行程序，基本符合要求（见图 5.26）。

(a) 初始界面

(b) 打开一个文件

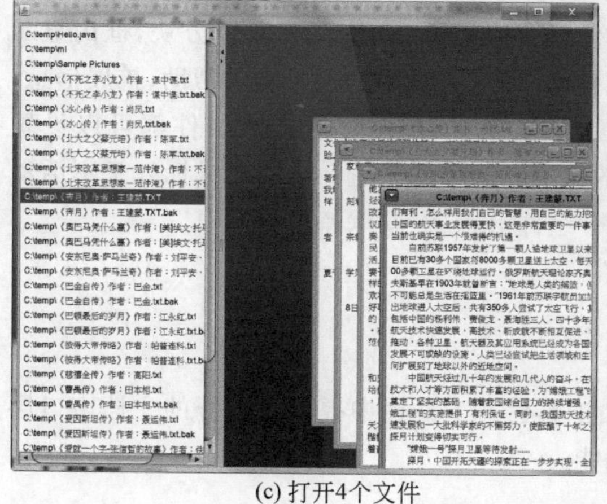

(c) 打开4个文件

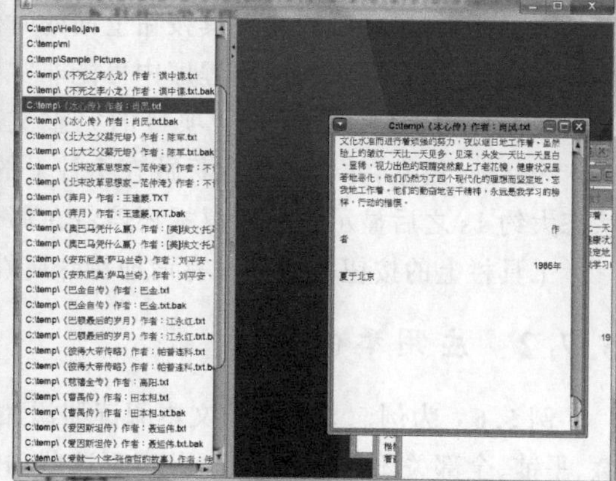

(d) 切换到第一个文件窗口

图 5.26 例 5.5 设计的文本阅读器程序运行界面

5.7 工 具 栏

工具栏 JToolBar 是一个中间容器，可以添加按钮、组合框等组件，把常用的命令放在可以迅速发现的位置，并把它们以常用命令组的形式组合在一起。许多情况下，工具栏按钮在菜单栏中会有对应的命令。Swing 的工具栏组件具有“浮动”的能力，即也可以成为父窗口顶部独立的子窗口，在父容器采用边框式布局时，还可以拖动到四个边框旁边。

5.7.1 使用方法

要使用工具栏，应该先有一个父容器，在 Palette 中单击 SwingContainers→Tool Bar 组件，在 Design 视图的父容器上单击，即可创建一个空的工具栏组件。在设置和调整好工具栏大小之后，可以向工具栏中添加按钮、组合框等组件形成工具栏上的工具按钮。放置到工具栏上的按钮外观与其他位置按钮有较明显的区别。

工具栏有以下重要属性。

1. orientation

该属性设置工具栏在父容器中的排列方向。在 Properties 窗口中单击该属性行右侧下三角按钮，下拉列表中有 HORIZONTAL 和 VETICAL 两个选项，分别设置工具栏水平或垂直排列。

2. floatable

该属性设置工具栏在父容器中可否浮动。在 Properties 窗口中单击该属性行右侧复选框，当该属性处于选取状态时，用户可以拖动工具栏到其他位置，也可以拖出原位置形成一个单独小窗口，且它的左端有一个小突起标志（层叠 平铺）；否则，该工具栏固定于设置所定位之处，左端没有特殊标志（层叠 平铺）。

3. toolTipText

该属性设置工具栏的工具提示文字。

通常，工具栏的工具按钮上显示图标、文字或二者都有。此外，通常也为工具按钮设置工具提示框，将鼠标停留在工具按钮上面的时候弹出来一个小“泡泡”（黄色方块，框内显示一些文字）。工具提示在应用程序中可能非常有用，可以为难用的项目提供帮助、扩展信息，甚至在拥挤的 UI 中显示某个项目的完整文本。事实上，Swing 的多数组件都可以设置 toolTipText 属性，并通过把鼠标放在组件上的特定时间来触发它；通常在鼠标处于不活动状态大约 1s 之后显示。只要鼠标还停留在那个组件上，它们就保持可见。

工具栏上的按钮等组件没有增加特殊属性。

5.7.2 应用举例

例 5.6 为例 5.5 设计的文本阅读器添加工具栏。工具栏中提供对打开的文档窗口层叠、平铺、全部关闭和退出按钮，并实现这些功能。

解：按照以下步骤设计。

(1) 打开 TextFileReader0.2 项目的 MyfileReader 窗体，在 Navigator 窗口中右击 JFrame 节点，在快捷菜单中选择 Add From Palette→Swing Containers→Tool Bar 命令。

(2) 在 Navigator 窗口中单击 jToolBar1 节点，在 Properties 窗口中修改首选大小的宽度为 100px、高度为 25px，最大尺寸和最小尺寸的宽度为 190px、高度为 27px。其他属性默认。

(3) 在 Palette 中单击 Swing Controls→Button 组件，然后在 Design 视图中工具栏的中央单击，创建 jButton1 组件，重命名为 jButtonCascade。修改 text 属性为“层叠”。

(4) 重复步骤(3)三次，分别创建三个按钮。组件名和 text 属性值分别为“jButtonTile”——“平铺”、“jButtonAllClose”——“全部关闭”及“jButtonExit”——“退出”。

(5) 右击组件 jButtonCascade，在快捷菜单中选择 Events→Action→action Performed，在 Source 视图中编写窗口层叠事件处理方法。使用 5.6.3 节设计的方法，代码如下。

```
private void jButtonCascadeActionPerformed(java.awt.event.ActionEvent evt) {
    cascadeInerWindows(this, jDesktopPane1);
}
```

(6) 右击组件 jButtonTile，在快捷菜单中选择 Events→Action→action Performed 菜单项，在 Source 视图中编写窗口平铺事件处理方法。使用 5.6.3 节设计的方法，代码如下。

```
private void jButtonTileActionPerformed(java.awt.event.ActionEvent evt) {
    tileInerWindows(this, jDesktopPane1) ;
}
```

(7) 右击组件 jButtonAllClose,在快捷菜单中选择 Events→Action→action Performed 菜单项,在 Source 视图中编写全部关闭窗口事件处理方法。代码如下。

```
private void jButtonAllCloseActionPerformed(java.awt.event.ActionEvent evt) {
    for (JInternalFrame frame : jDesktopPane1.getAllFrames()) {
        frame.dispose();
    }
}
```

(8) 右击组件 jButtonExit,在快捷菜单中选择 Events→Action→action Performed 菜单项,在 Source 视图中编写"退出"按钮事件处理方法。代码如下。

```
private void jButtonExitActionPerformed(java.awt.event.ActionEvent evt) {
    System.exit(0);
}
```

完成上述步骤后运行程序,满足设计要求。当然可以进一步改进,如对每个工具按钮设置图标、设置工具提示等,请读者自行完善。

习　题

1. 什么是容器?容器与 Swing Controls 组的组件是什么关系?
2. 试述滚动窗格的内部组成。
3. 如何给文本区域添加滚动条?
4. 如何设计一个左边和右边始终按 3∶7 比例显示的拆分窗格?
5. 一个选项卡是 Palette 中提供的特定组件吗?如果是,它是哪个组中的哪个组件?如果不是,如何创建一个选项卡?
6. 分层窗格有哪些预定义层次?在预定义层次外可以创建新层次吗?如果可以,怎么创建?
7. 桌面窗格与内部框架是什么关系?桌面窗格与程序窗体是什么关系?
8. 什么是单文档界面?什么是多文档界面?如何使用 Java 语言创建多文档界面程序?
9. 工具栏必须定位于程序窗口的标题栏下面吗?工具按钮必须水平排列吗?

第6章 对话框与选择器的使用

GUI程序设计中,对话框是实现用户与程序进行数据交换,提高程序交互性的不可或缺的组件。对话框一般都会弹出一个窗口,在窗口中显示一些信息,或者请求用户输入少量数据,或者征求用户对下一步操作的决断等。在 NetBeans IDE“组件”面板中的 Swing Windows 组提供的组件类型中(见图 6.1),Frame 是前面一直在使用的应用程序顶级主窗口,已在 2.2 节做过介绍。Option Pane 提供了一些常用的典型类型的对话框;Dialog 则是一个顶级窗口,可以创建更为复杂和灵活的应用程序对话框;File Chooser 和 Color Chooser 则是两种标准对话框。

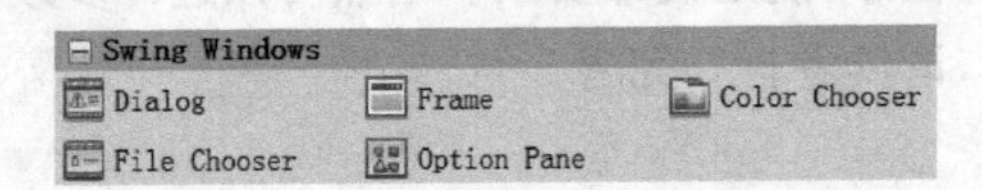

图 6.1　NetBeans Palette 中的 Swing Windows 组

Java GUI 程序的对话框分为模式对话框和无模式对话框两种类型。模式对话框是指在用户结束与该对话框交互之前,程序不允许与其他窗口交互,只有完成本次对话框交互工作后,用户才可以继续操作程序的对话框。模式对话框主要用于程序从用户获取继续运行所必需的数据和信息。反之,无模式对话框则在用户与其交互过程中,同时还可以与程序的其余界面元素交互。

6.1 对　话　框

对话框 JDialog 是用于显示信息的标准弹出窗口。对话框组件是一个高层容器,其中的根面板 JRootPane 包含一个内容面板以及一个可选的 JMenuBar,而且实现了 RootPaneContainer 与 WidnowConstants 接口。

6.1.1 对话框的使用

对话框尽管是一个高层容器,但是一般都用于为应用程序窗口提供与用户交流信息的手段,且在需要时以弹出式窗口的方式显示在界面上。创建对话框时可以为它设置一个父容器。这个父容器可以是一个 JFrame 窗体,也可以是另外一个对话框组件。

可以像创建一个普通组件一样,在窗体中创建一个对话框。单击 Palette→Swing Windows→Dialog 组件,然后在窗体上单击即可创建一个对话框组件。查看 Navigator 窗口中的组件节点树,发现该对话框组件是 Other Components 的子节点,而不是 JFrame 的子节点(见图 6.2)。

查看 IDE 生成的代码,发现这样创建的对话框并没有指定一个父容器:

```
jDialog1 = new javax.swing.JDialog();
```

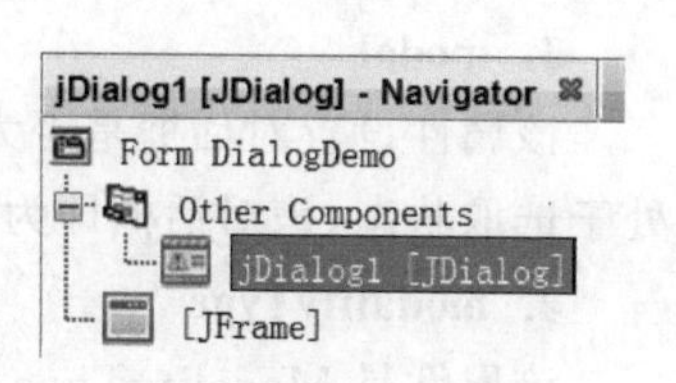

图 6.2　对话框在节点树上的位置

可以通过定制代码给对话框指定一个父容器。在 Navigator 窗口中右击对话框组件节点 jDialog1,在快捷菜单中选择 Customize Code 菜单项,在随后出现的 Code Customizer 对话框中确保组件是该对话框(jDialog1),在 Initialization code 代码框中单击 default code 组合框的下三角按钮,选择 custom creation 列表项,然后在该项的右侧为构造方法添加参数(见图 6.3)。此处添加"this"表示用该行代码所在类的当前对象——JFrame 实例作实参。传递窗体作实参的作用是,当 JDialog 为模式对话框时,这个对话框没有关闭时阻止用户对程序窗口其余部分的操作。

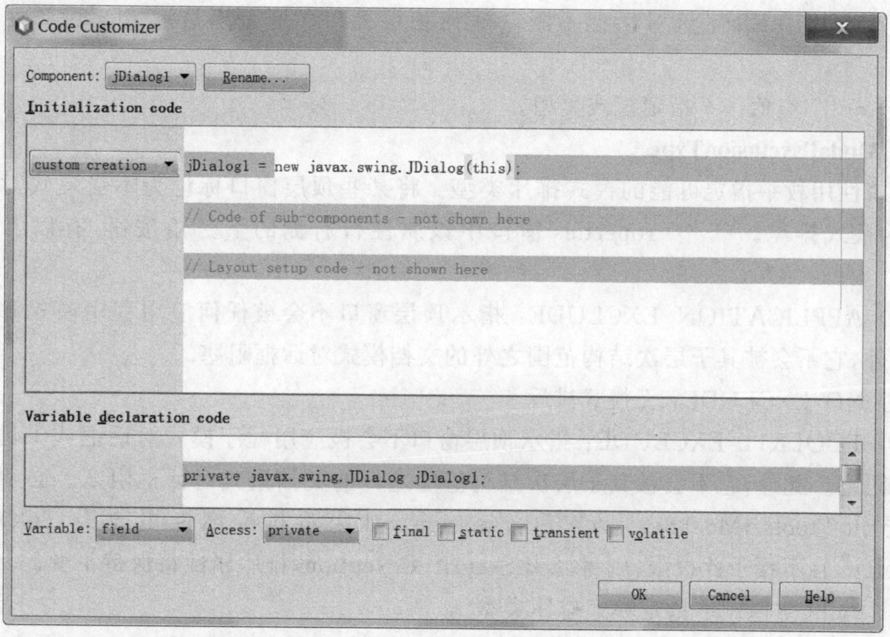

图 6.3　对话框的初始化代码

对话框组件有一些重要属性影响它的外观和行为。

1. defaultCloseOperation

该属性指定对话框所使用的默认关闭操作。单击 Properties 窗口中该属性行右侧的下三角按钮,选择 DISPOSE 则用户单击"关闭"按钮时销毁该对话框,选择 HIDE 只是隐藏该对话框,选择 DO_NOTHING 则忽略用户操作无响应动作。

2. title

该属性设置对话框的标题栏文字。单击 Properties 窗口中该属性行右侧的文本框,输入标题栏文字即可。

3. modal

该属性设置对话框是否为模式对话框。单击 Properties 窗口中该属性右侧使其复选框处于选取状态，该对话框即为模式对话框，否则是无模式对话框。

4. modalityType

该属性是 ModalityType 枚举，指定模式类型及其相关范围。模式对话框阻塞对某些顶层窗口的所有输入。是否阻塞某一特定窗口取决于对话框的模式类型，称为阻塞范围。单击 Properties 窗口中该属性行右侧的下三角按钮，有以下五个列表项。

(1) APPLICATION_MODAL：该对话框阻塞同一个 Java 应用程序中的所有顶层窗口(它自己的子层次结构中的顶层窗口除外)。这是选取 modal 属性时的默认值。

(2) DOCUMENT_MODAL：该对话框阻塞对同一文档中所有顶层窗口的输入(它自己的子层次结构中的顶层窗口除外)。

(3) TOOLKIT_MODAL：该对话框阻塞从同一工具包运行的所有顶层窗口(它自己的子层次结构中的顶层窗口除外)。

(4) MODELESS：该对话框不阻塞任何顶层窗口。这是未选取 modal 属性时的默认值。

(5) null：空值。不指定模式类型。

5. ModalExclusionType

该属性用枚举指定可能的模式排斥类型。将某些顶层窗口标记为不受模式对话框阻塞，称为模式排斥。单击 Properties 窗口中该属性行右侧的下三角按钮，有以下四个列表项。

(1) APPLICATION_EXCLUDE：指示顶层窗口不会被任何应用程序模式对话框阻塞。此外，它不会被其子层次结构范围之外的文档模式对话框阻塞。

(2) NO_EXCLUDE：无模式排斥。

(3) TOOLKIT_EXCLUDE：指示顶层窗口不会被应用程序模式对话框或工具包模式对话框阻塞。此外，它不会被其子层次结构范围之外的文档模式对话框阻塞。必须为这种排斥授予 "toolkitModality" AWTPermission。如果将排斥属性更改为 TOOLKIT_EXCLUDE 且不授予此权限，则将抛出 SecurityEcxeption，排斥属性将保持不变。

(4) null：空值。不指定模式排斥类型。

6. type

该属性设置对话框的类型。其取值范围及作用与 JFrame 中的 type 属性一致。

此外，对话框组件还有许多属性，如是否置顶、可否改变大小(resizable)、设置窗口图标等都与 JFrame 组件一致。

创建对话框组件的第二种方法是，单击 IDE 主菜单中的 File→New File 命令，选择 Java Swing Forms 类别，选择 JDialog Form 类型，单击 Next 按钮，输入类名和包名，最后单击 Finish 按钮，即可创建一个独立对话框窗体。

对话框窗体作为父容器，可以向其中添加各种 Swing 组件，设计自己的对话框。设计用第一种方式创建的对话框时，可以在 Navigator 窗口的对话框组件节点上双击，设计视图中就显示该对话框窗体(而不是父容器 JFrame)，然后直接在窗体上添加组件，进行设计。还需要在程序中处理对话框按钮的事件及返回值。

6.1.2 应用举例

例 6.1 为学生成绩管理系统设计教师注册界面，界面原型如图 6.4 所示。并试着把前面为该系统设计的界面模块集成起来。

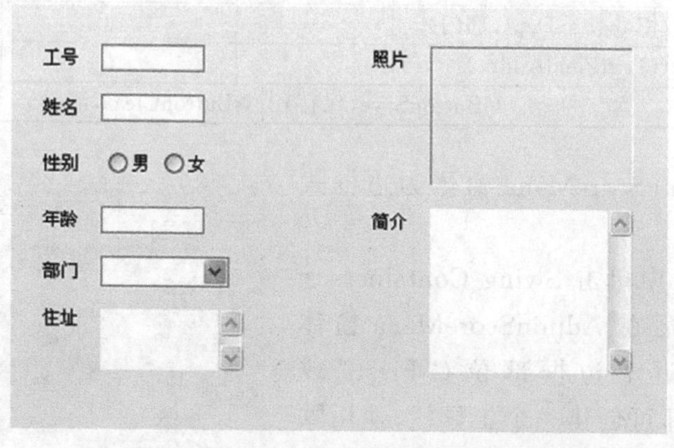

图 6.4 学生成绩管理系统教师注册界面原型

分析：本书所开发的学生成绩管理系统有两个注册界面，其中例 5.1 设计的学生注册界面主容器是 JFrame 窗体。一般 JFrame 窗体用作程序主界面，像这种注册界面使用对话框更合适。本例就将教师注册界面设计在对话框上。前面开发的模块中，学生登录进入系统之后直接跳转到成绩查询界面，这部分已经正确完成界面转接；教师登录进入系统后应该做所任课程的成绩登录等工作(尚未开发)；管理员登录进入系统之后，应该进行学生注册、教师注册、为教师排课、为学生指派课程等工作，已经设计有三个界面模块，本例题为管理员设计工作模块。本章的其他节中还会对这个学生成绩管理系统进行开发。还是在一个新项目中设计。

解：设计步骤如下。

(1) 右击 Projects 窗口中的 StdScoreMana0.3 项目，在快捷菜单中单击 Copy 菜单项，在 Copy Project 对话框中输入项目名称“StdScoreMana0.4”，单击 Copy 按钮。

(2) 打开 StdScoreMana0.4 项目的 Source Packages 节点，在 book.stdscoreui 节点上右击，在快捷菜单中选择 New→Other→Swing GUI Forms→JDialog Form 菜单项，在 New JDialog Form 对话框中输入类名“TchRegister”，单击 Finish 按钮。

(3) 采用自由设计模式布局，使用前面所介绍的方法和技术在窗体上添加如图 6.4 所示的 9 个标签(照片用标签组件显示)、4 个文本字段(住址也用文本字段输入)、1 个文本区域、2 个单选按钮、1 个组合框，另外在下部添加 3 个按钮。

(4) 将对话框窗体上各组件的变量名和文字按照表 6.1 做对应修改。

(5) 采用拖动、对齐等方法布局组件(见图 6.5)。

(6) 对项目中 ScoreMana 模块进行重构。右击本项目中 book.stdscoreui 包中的 ScoreMana.java 节点，在快捷菜单中选择 Refactor → Rename 命令，输入新名称“StdScoreMana”，单击 Refactor 按钮即可。

(7) 右击本项目中 book.stdscoreui 包节点，在快捷菜单中选择 New→JFrame Form 命令，输入类名称“AdminScoreMana”，单击 Finish 按钮。

表 6.1 对话框窗体上组件的相对位置及(变量名,文字)

(jLabelID,工号)	(jTextFieldID,)		(jLabelPic,照片)	(jLabelImg, std2.jpg)
(jLabelName,姓名)	(jTextFieldName,)			
(jLabelSex,性别)	(jRadioButtonMale,男)	(jRadioButtonFemale,女)		
(jLabelAge,年龄)	(jTextFieldAge,)		(jLabelIntro,简介)	
(jLabelDept,部门)	(jCoboBoxDept,部门)			(jTextAreaIntro,)
(jLabelAddr,住址)	(jTextFieldAddr,)			
		(jButtonSave,保存)	(jButtonClear,清除)	(jButtonClose,关闭)

(8) 设置 AdminScoreMana 窗体为边框式布局。

(9) 在 Palette 中单击 Swing Containers→Tool Bar 组件，然后在 AdminScoreMana 窗体 Design 视图的靠近上边框部位(“First”或“NORTH”)单击，即可创建一个工具栏，使用默认名 jToolBar1。

(10) 在 Navigator 窗口中右击 jToolBar1 节点，在快捷菜单中单击 Add FromPalette→Swing Controls→Button 菜单项，重命名为 jButtonStdReg。

(11) 重复步骤(10)两次，分别为新建的工具按钮重命名为 jButtonTchReg 和 jButtonSelectCourse。

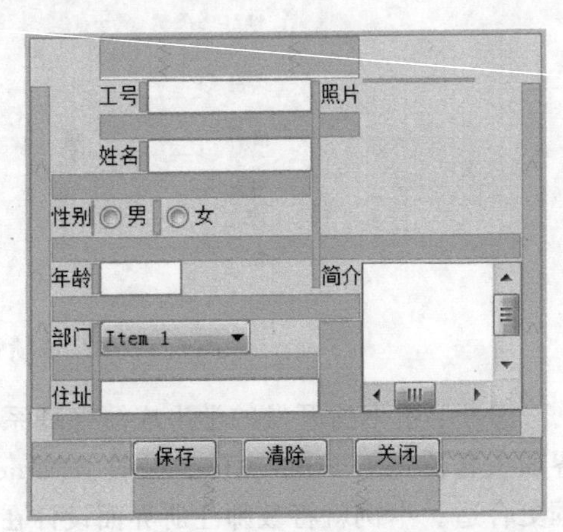

图 6.5 对话框窗体 TchRegister 设计视图

(12) 单击 jButtonStdReg 按钮，按空格键，修改文字为“学生注册”。同样方法修改 jButtonTchReg 和 jButtonSelectCourse 上的文字为“教师注册”和“编派课程”。

(13) 修改 StdRegister 窗体和 SelectCourse 窗体 JFrame 组件的 defaultCloseOperation 属性为 DISPOSE。

(14) 为 AdminScoreMana 窗体的 jButtonStdReg(“学生注册”)按钮注册事件监听器，并编写事件处理方法。该方法代码如下。

```
private void jButtonStdRegActionPerformed(java.awt.event.ActionEvent evt) {
    new StdRegister().setVisible(true);
}
```

(15) 为 AdminScoreMana 窗体的 jButtonTchReg(“教师注册”)按钮注册事件监听器，并编写事件处理方法。该方法代码如下。

```
private void jButton1ActionPerformed(java.awt.event.ActionEvent evt) {
    new TchRegister(this,true).setVisible(true);
}
```

(16) 为 AdminScoreMana 窗体的 jButtonSelectCourse(“编派课程”)按钮注册事件监听器，并编写事件处理方法。该方法代码如下。

```
private void jButton2ActionPerformed(java.awt.event.ActionEvent evt) {
    new SelectCourse().setVisible(true);
}
```

(17) 在 Palette 中单击 Swing Controls→Label 组件，然后在 Design 视图 AdminScoreMana 窗体的中央部位单击，使用默认名 jLabel1。并修改它的 text 属性值为“管理员你好，欢迎使用简易学生成绩管理系统！”，设置首选、最大和最小尺寸的高度为 180，horizontalAlignment 属性值为 CENTER。

完成上述步骤后，运行 AdminScoreMana（见图 6.6），发现在没有关闭教师注册窗口之前，不能在该程序中进行其他操作（但可以对其他程序操作），另外两个模块则无此限制。

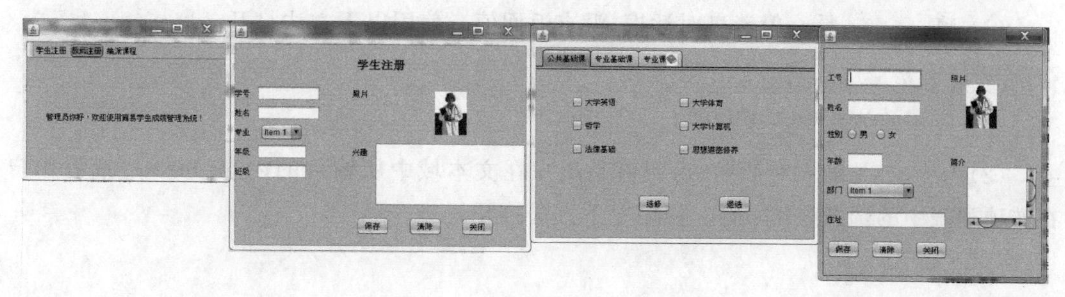

图 6.6　管理员模块运行界面

6.2　选项窗格

选项窗格 JOptionPane 是可以弹出一个窗口，以便显示一些信息，可能还需要用户选择某个选项，或要求用户输入的简单对话框。对于大多数需要简单使用对话框的程序，使用选项窗格更为简单。一个典型的选项窗格一般有四个组成部分：标志消息类型的图标、给出详细信息的消息区域、用于接收用户输入的输入区域和用于接收用户选择动作的按钮区域（见图 6.7）。

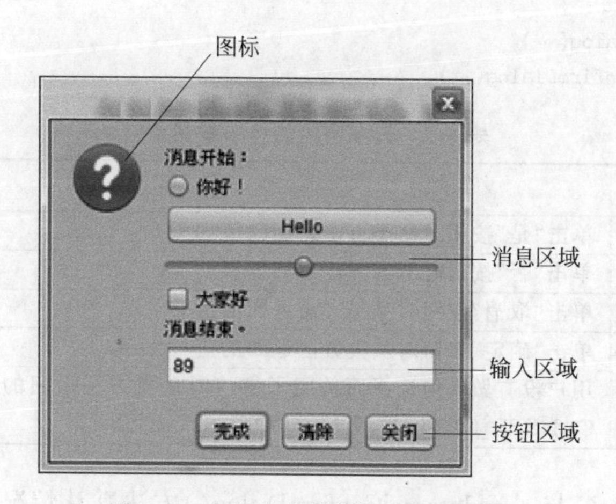

图 6.7　典型的选项窗格的界面组成

6.2.1　通过工厂方法使用选项窗格

选项窗格类 JOptionPane 提供了 25 个工厂方法，在对话框或是内部框架中直接创建选项窗格组件，使用适用于各种典型应用场景的对话框与用户交互。在这种情况下，不必设计界面，直接弹出这些标准对话框即可满足需要。

这些工厂方法分为两类，一类适用于在对话框中创建选项窗格，以 showXxxDialog()的方式命名；另一类则适用于内部框架，以 showInternalXxxDialog()的方式命名。其中，Xxx是消息类型。这些方法都是 JOptionPane 类的静态方法，直接用类名调用。

1. 四种消息类型

有四种不同的消息类型，对应地有以下四种方法。

(1) Message：是一般消息对话框，没有返回值。使用以下方法打开。

```
void showMessageDialog(…)
void showInternalMessageDialog(…)
```

(2) Input：是输入对话框，返回值是用户在文本域中所输入的内容(String)或者用户在选项列表中的选择(Object)。使用以下方法打开。

```
showInputDialog(…)
showInternalInputDialog(…)
```

默认情况下，showInputDialog()与 showInternalInputDialog()方法使用“输入”标题创建一个 QUESTION_MESASGE 弹出对话框。输入对话框的选项类型为 OK_CANCEL_OPTION，显示一个 OK 按钮与一个 Cancel 按钮，而且选项类型是不可以改变的。这些方法的返回数据类型或者是一个 String，或者是一个 Object。如果没有指定选项值，弹出窗口会向用户展示一个文本域，并且将输入作为一个 String 返回。如果指定了选项值，会由选项值数组中获取一个 Object。

(3) Confirm：是确认对话框，返回值标识了用户在选项窗格内单击的按钮。在一个按钮被单击后，弹出对话框消失，而返回值是表 6.2 中整数常量之一。使用以下方法打开。

```
int showConfirmDialog(…)
int showInteralConfirmDialog(…)
```

表 6.2　选项窗格的选项按钮常数

常　数	含　义
YES_OPTION	单击“是”按钮时从类方法返回的值
NO_OPTION	单击“否”按钮时从类方法返回的值
CANCEL_OPTION	单击“取消”按钮时从类方法返回的值
OK_OPTION	单击“确定”按钮时从类方法返回的值
CLOSED_OPTION	用户没有做任何选择而关闭了窗口时从类方法返回的值，很可能将此值视为 CANCEL_OPTION 或 NO_OPTION

showConfirmDialg()与 showInternalConfirmDialog()方法默认情况下使用 QUESTION_MESSAGE 类型以及“选择一个选项”标题创建一个确认弹出对话框。因为确认对话框询问一个问题，其默认选项类型为 YES_NO_CANCEL_OPTION，为其指定“是”“否”以及“取消”按钮。对这些方法的调用所获得的返回值是下列 JOptionPane 常量中的一个：YES_OPTION、NO_OPTION 或 CANCEL_OPTION。

(4) Option：是选项对话框，返回值为一个整数值，与确认弹出对话框的返回值类型相同。如果按钮标签是通过一个非 null 的参数手动指定的，整数表示所选择的按钮的位置。使用以下方法打开。

```
int showOptionDialog(…)
int showInternalOptionDialog(…)
```

选项对话框提供了最大的灵活性，允许指定所有的参数，且没有默认参数。

2. 使用方法

选项窗格弹出的对话框一般都是在事件处理方法或开发者所编写的程序段中直接编写代码调用的。NetBeans IDE 已经提供了很好的代码辅助功能，在输入类名 JOptionPane 后，再输入一个“. show”，IDE 立即会弹出一个方法选择对话框，列出了该类以“show”开头的所有静态方法，用键盘上下箭头键或鼠标移动直接单击定位到某个方法上时，稍后即在方法列表框上边或下边出现该方法的文字说明和解释（即 API 文档内容，见图 6.8）。浏览定位到适合的方法，回车或双击选择之后 IDE 即自动将方法调用代码填写到光标位置，随即出现对光标所在参数的提示（见图 6.9），然后按照提示填写适当的参数即可。

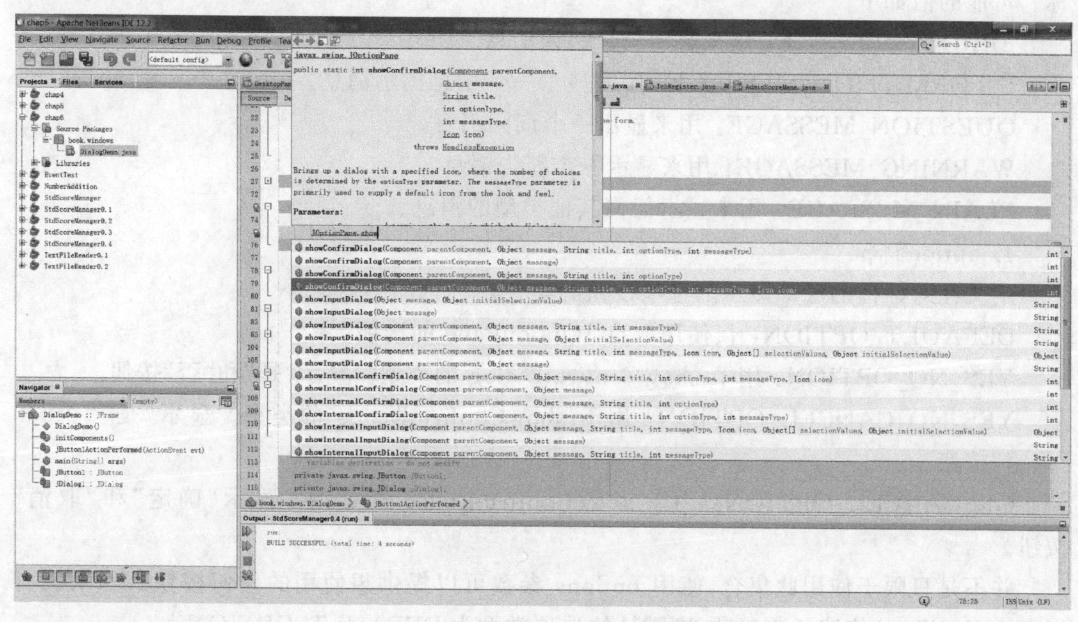

图 6.8 NetBeans IDE 的代码辅助窗口

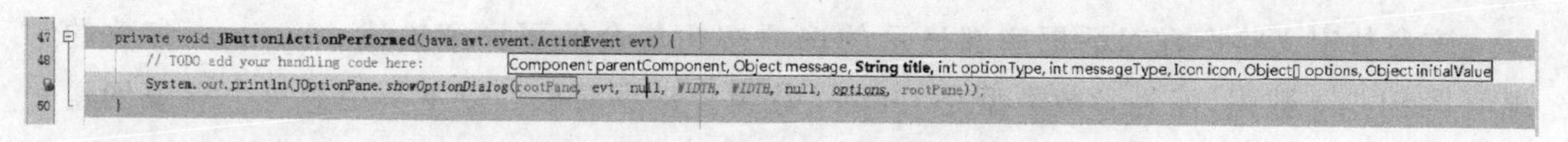

图 6.9 NetBeans IDE 的光标跟随参数提示窗口

事实上，这些方法的参数遵守如下一致的模式。

1) parentComponent

定义作为此对话框父容器的 Component。通过两种方式使用此参数：一是包含它的 Frame 可以用作该对话框的父 Frame，对话框的位置使用其屏幕坐标。一般情况下，将对话框紧靠父组件置于其下方。二是此参数为 null，在这种情况下默认的 Frame 用作父级，并且对话框居中位于屏幕上。

2）message

要显示在对话框中的描述消息。在最常见的应用中，message 就是一个 String 或 String 常量。不过，此参数的类型实际上是 Object。解释依赖于其类型：

Object[]：对象数组被解释为在纵向堆栈中排列的一系列 message（每个对象一个）。解释是递归式的，即根据其类型解释数组中的每个对象。在信息正文区域每行显示一个元素。

Component：该组件（Component）在对话框的消息区域直接显示。

Icon：该 Icon 被包装在 JLabel 中并在对话框中显示。

其他：该对象通过调用其 toString()方法被转换为 String。结果被包装在 JLabel 中显示。

3）messageType

定义消息类型。外观管理器根据此值对对话框进行不同的布置，并且通常提供默认图标。可能的值如下。

ERROR_MESSAGE：用来显示一个错误消息。

INFORMATION_MESSAGE：用来显示一个信息提示消息。

QUESTION_MESSAGE：用来显示一个询问消息。

WARNING_MESSAGE：用来显示一个警告消息。

PLAIN_MESSAGE：用来显示任何其他类型的消息。

4）optionType

定义在对话框的底部显示的选项按钮的集合。

DEFAULT_OPTION：仅使用取自 JOptionPane 的选项。

YES_NO_OPTION：用于 showConfirmDialog 的类型。显示"是"和"否"按钮。

YES_NO_CANCEL_OPTION：用于 showConfirmDialog 的类型。显示"是""否"和"取消"按钮。

OK_CANCEL_OPTION：用于 showConfirmDialog 的类型。显示"确定"和"取消"按钮。

并不是只限于使用此集合，使用 options 参数可以提供想使用的任何按钮。如果没有指定 optionType 构造函数参数，则默认的选项类型为 DEFAULT_OPTION。

5）options

该参数定义将会在对话框底部显示的选项按钮集合的更详细描述。options 参数的常规值是 String 数组，但是参数类型是 Object 数组。根据对象的以下类型为每个对象创建一个按钮。

Component：该组件被直接添加到按钮行中。

Icon：创建的 JButton 以此图标作为其标签。

其他：Object 对象通过使用其 toString()方法转换为字符串，并使用该结果作为 JButton 的标签。

如果提供了 options 参数，则 optionType 参数会被忽略，而按钮集合配置则会由 options 获取。如果这个参数为 null，则按钮标签会由 optionType 参数来决定。

6) icon

要在对话框中显示的装饰性图标。图标的默认值由 messageType 参数确定。如果希望使用默认图标,则需要将 icon 参数的值指定为 null。如果 icon 参数不为 null,则不论是何种消息类型都会使用所指定的图标。

7) title

对话框的标题。一般是一个字符串,描述有关详细信息。

8) initialValue

默认选择(输入值)。当 options 参数不为 null 时,initialValue 参数可以指定当面板初始显示时哪一个按钮是默认按钮。如果其为 null,则按钮区域的第一个组件为默认按钮。

输入对话框的参数与上述稍有不同,如果输入值是从一组选项中选取,其中,Object[] selectionValues 指定这组选项；参数 initialSelectionValue 指定初始选择值。

例 6.2 显示一个警告对话框,其 options 为"继续"和"取消",title 为"警告",message 为"单击【继续】继续"。该对话框在用户单击窗口中的按钮 jButton1 时弹出。

解:按以下步骤设计。

(1) 在项目 chpa6 的 book. windows. demo 包中创建一个 JFrame 窗体,类名为 OptionPaneDemo。

(2) 设置窗体使用边框式布局。

(3) 在窗体的下部位置创建一个按钮,使用默认名。

(4) 为该按钮注册 Action 事件监听器并编写事件处理方法,代码如下。

```
private void jButton1ActionPerformed(java.awt.event.ActionEvent evt) {
    Object[] options = { "继续", "取消" };
    JOptionPane.showOptionDialog(null, "单击【继续】继续", "警告",
                    JOptionPane.DEFAULT_OPTION, JOptionPane.WARNING_MESSAGE,null,
                                                    options, options[1]);
}
```

运行程序,当在主窗口单击 jButton1 按钮时弹出警告对话框(见图 6.10)。

图 6.10 弹出式警告对话框

6.2.2 通过创建选项窗格组件使用

通过工厂方法使用选项窗格时,JOptionPane 自动将自身放在一个弹出对话框中并管理用户响应,获取响应值。依据所使用的工厂方法,将自身放在一个 JDialog 或是一个 JInternalFrame 中,借助于 Icon 与 JButton 组件集合,可以很容易配置显示多种消息与输入的对话框。

当使用 NetBeans IDE 的 GUI 构建器可视化编程时,IDE 会将 JOptionPane 看作一个

JavaBean 组件，并且会忽略其工厂方法，此时可以在 GUI 构建器 Palette 的 Swing Windows 组中单击 Option Pane 组件，然后在 Design 视图的父窗体中合适位置单击，创建一个选项窗格组件。但是，接下来还有更多的工作。

1. 一般步骤

通过创建选项窗格组件使用对话框的一般步骤如下。

(1) 创建一个对话框窗体或内部框架窗体。

(2) 在该窗体上添加选项窗格组件。

创建的选项窗格组件是一个使用组件填充的面板，一般有某种类型标准对话框的必备组件和布局。该面板位于步骤(1)创建的弹出对话框中。弹出对话框除了可以是一个对话框窗体或内部框架窗体外，还可以是其他的弹出对话框。

(3) 在 Properties 窗口中设置该选项窗格的有关属性。

(4) 在其他组件的事件处理方法或其他可自由修改和定制的代码中显示对话框或内部框架窗体。

(5) 监听弹出对话框的选项窗格按钮区域组件的操作，然后处理弹出对话框的关闭。如在选中之后隐藏弹出对话框。

(6) 使用 getValue()方法查询用户选中的选项，对于输入选项窗格还可以使用 getInputValue()方法获得输入值。

这种方式可以利用选项窗格的既有界面和功能快速创建标准对话框，但是设置选项窗格的许多属性都需要编写定制代码，且还需要注意各个属性值之间的正确搭配，使用起来并不十分容易。

2. 设置选项窗格属性

设置选项窗格属性的操作方法与其他组件一样，都在 Properties 窗口中设置。但是选项窗格有许多属性需要编写定制代码，仍然显得复杂一些。

1) messageType

该属性设置选项窗格显示的消息类型。可以是上文所述的五种消息类型之一，它们都是 JOptionPane 类的常量，都以“_MESSAGE”结尾。设置该属性的方法是，单击 Properties 窗口中该属性行右侧的“…”按钮，单击 messageType 对话框第一行的下三角按钮，选择最后一个列表项 Customize Code，然后在代码输入框中输入“JOptionPane.”，在稍后出现的代码辅助列表中选择适合类型的常量(如 INFORMATION_MESSAGE，见图 6.11)，单击 OK 按钮关闭对话框。

2) message

该属性设置对话框的消息正文。含义和可以使用的类型与前述一致。与消息类型的设置方法一样。例如，输入如下定制代码：

```
new Object[]{
  "消息开始：",
  new JRadioButton("你好!"),
  new JButton("Hello"),
  new JSlider(),
  new JCheckBox("大家好"),
  "消息结束。"
}
```

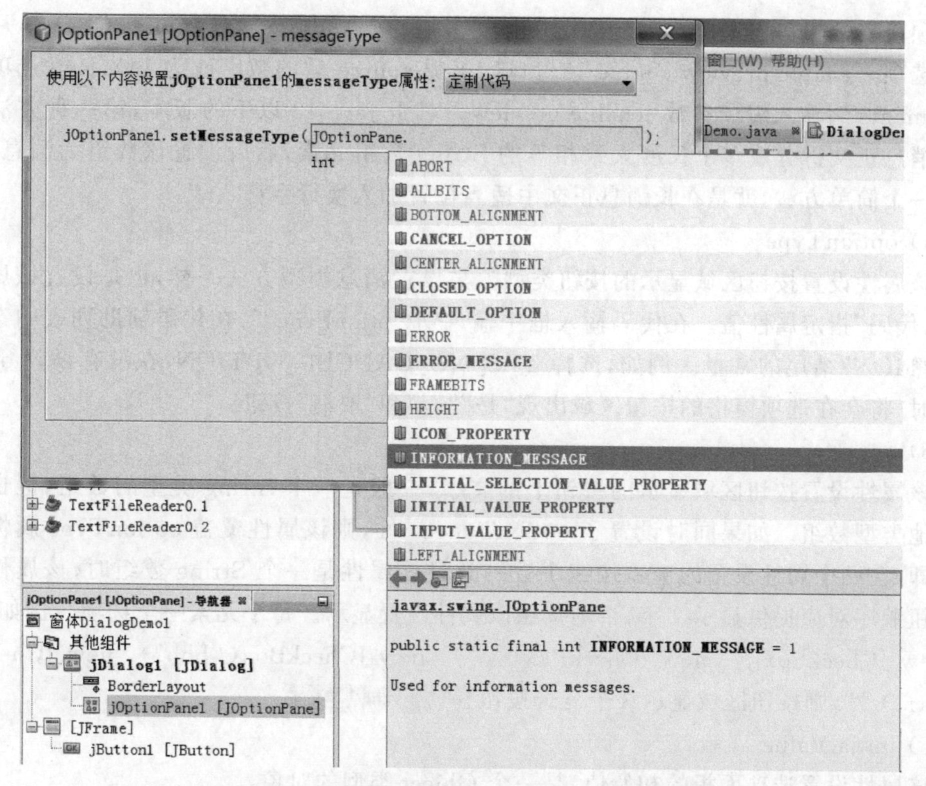

图 6.11　设置 messageType 对话框——定制代码

运行程序,单击主窗口中的按钮,弹出消息对话框(见图 6.12)。可以看出,数组中每个元素各在一行输出,四个组件以它们本来的样子显示(而不是字符串)。从本例可以直观感受到选项窗格消息正文的灵活多样性。

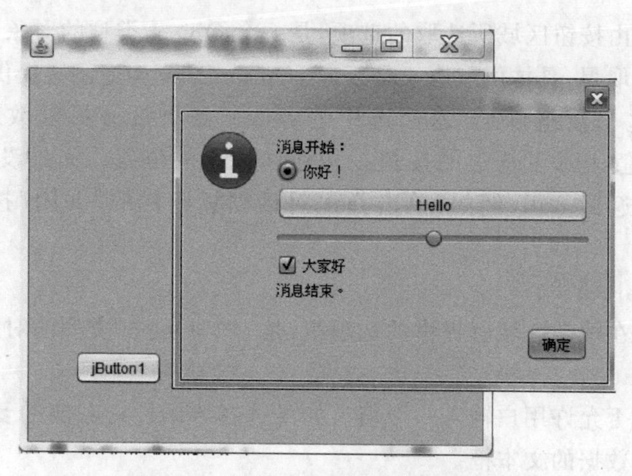

图 6.12　消息正文中输出数组和组件

3) maxCharacterPerLineCount

该属性设置消息区域每行最多字符个数。但是,在属性窗口中提供的是一个最大值,且不能直接修改。要显示多行消息,可以使用 Java 15 新增的文本块语法,即构造用一对三个双引号定界的字符串,然后将该字符串设置为 massage 属性值。对于 Java 13 和 14 版本,可以在项目属性窗口中选择 Build→Compiling 节点，在 Additional Compiler Options 后输入编译选项 --enable-preview-source 13(Java 14 版-source 后的数字改为 14)，Run 选项卡在 Arguments 后输入编译参数--enable-preview。对于 Java 13 以下的版本，第一种方法是手工把消息正文拆分成多个长度大致相等的 String 数组元素，然后设置该数组为消息正文。还有一个简单方法，就是在长消息正文中适当位置加入换行字符"\n"。

4) optionType

该属性设置按钮区域显示的按钮类型。与设置消息类型方法一样，也是设置该属性的"定制代码"指定属性值。在代码输入框中输入"JOptionPane."，在代码辅助列表中选择以"_OPTION"结尾的常量。例如，选择 YES_NO_CANCEL_OPTION，在没有设置 options 属性时，将会在选项窗格的按钮区域出现"是""否"和"取消"按钮。

5) options

该属性设置按钮区域显示的按钮上的文字，一般是一个 String 类型的数组，但也可以是其他类型数组。如果同时设置了 optionType 属性，则该属性覆盖 optionType 属性的设置。即，在两个属性设置的选项按钮个数一致且该属性是一个 String 数组时，该属性为每个按钮顺序对应提供显示文字，否则按照该属性设置显示。每个元素一个选项。例如，设置为"new JCheckBox[]{ new JCheckBox("a"), new JCheckBox("bbb"), new JCheckBox("rrrrr") }"，则按钮区域显示 3 个复选按钮 a bbb rrrr 。

6) initialValue

该属性设置选项面板的初始值，是一个 Object 类型的对象。

7) inputValue

该属性设置选项面板的输入值，是一个 Object 类型的对象。一般在 messageType 是 JOptionPane. QUESTION_MESSAGE，且正文区有一个接收输入值的组件时有意义。

8) value

该属性标识了由按钮区域所选取的选项，是一个 Object 类型的对象。该值在程序中使用 getValue()方法取得，具体值取决于是否向 JOptionPane 构造函数提供了一个 options 数组。如果提供了这个数组，则会返回选中的参数。如果没有提供数组，则会返回一个 Integer 对象，而其值表示了选中的按钮在按钮区域中的位置。如果没有选择任何内容，getValue()方法会返回 null，例如，单击弹出对话框标题栏的"关闭"按钮时该方法返回 null。

9) selectionValues

该属性标识了在按钮区域所提供的选项组，是一个 Object 类型的对象数组。

10) wantsInput

该属性设置是否允许用户输入一个值。如果选择该属性行右侧的复选框，则一般会出现一个供用户输入数据的文本框。

上述众多的属性需要合理搭配才能设计一个不干扰和误导用户的选项窗格。这往往需要实践，新手可能使用工厂方法更为简单。

3. 显示对话框

选项窗格的父组件对话框窗体或内部框架窗体一般是在用户操作或某些情况出现时弹出的，例如，用户单击了某个按钮，或者程序运行时发生某种错误时提示用户。一般在事件源组件的事件处理方法，或出现某种情况的运算代码段编写语句，显示对话框或内部框架窗体，从而使选项窗格显示出来。

例 6.3 显示一个输入对话框，要求用户输入年龄。该对话框在用户单击窗口中的“年龄”按钮时弹出。

解：设计步骤如下。

(1) 在项目 chpa6 的 book. windows. demo 包中创建一个 JFrame 窗体，类名为“DialogDemo1”。

(2) 设置窗体使用边框式布局。

(3) 在窗体的 Last 位置创建一个按钮，使用默认名 jButton1，文字更改为“年龄”。

(4) 在 Navigator 窗口中右击 Other Components，在快捷菜单中选择 Add From Palette→Swing Windows→Dialog 菜单项，使用默认名 jDialog1，且设置该对话框窗体为边框式布局。设置该对话框的首选和最小尺寸的宽度为 300px，高度为 200px。

(5) 双击 jDialog1 对话框组件，此时 Source 视图只显示该对话框。在 Palette 的 Swing Windows 组中单击 Option Pane 组件，然后单击视图中的 jDialog1 组件中央部位，使用默认名 jOptionPane1。

(6) 选择 jOptionPane1 组件，在 Properties 窗口中设置该组件的以下属性。

messageType 定制代码为“JOptionPane. QUESTION_MESSAGE”；

message 属性的定制代码为 "你的年龄？"；

wantsInput 属性设置为选取状态。

(7) 为 DialogDemo1 窗体上的按钮 jButton1 注册 Action 事件监听器，并编写事件处理方法。代码如下。

```
private void jButton1ActionPerformed(java.awt.event.ActionEvent evt) {
    jDialog1.setVisible(true);
}
```

运行程序，当在主窗口单击“年龄”按钮时弹出输入对话框（见图 6.13）。

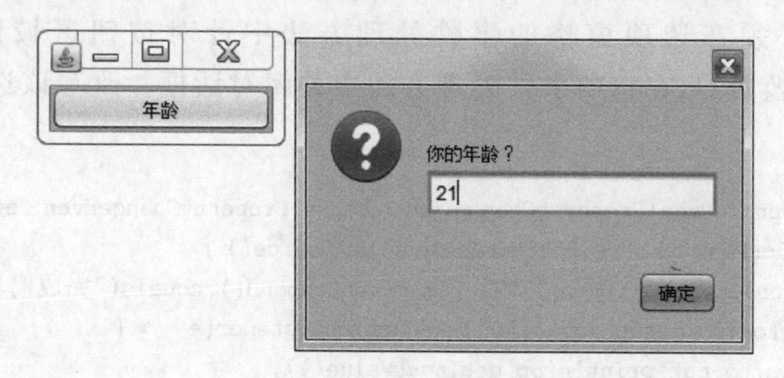

图 6.13 例 6.3 运行窗口

4. 监听并处理用户操作

在例 6.3 运行窗口中单击对话框中的“确定”按钮时，对话框并不关闭。这是因为程序并不知道如何响应，所以忽略用户动作。因此，接下来就应该监听按钮区域组件的选中，然后在选中之后隐藏弹出对话框。

可以使用 PropertyChangeListener 来监听边界属性的变化。JOptionPane 类定义了下列 11 个常量来辅助监听边界属性的变化。

```
ICON_PROPERTY
INITIAL_SELECTION_VALUE_PROPERTY
INITIAL_VALUE_PROPERTY
INPUT_VALUE_PROPERTY
MESSAGE_PROPERTY
MESSAGE_TYPE_PROPERTY
OPTION_TYPE_PROPERTY
OPTIONS_PROPERTY
SELECTION_VALUES_PROPERTY
VALUE_PROPERTY
WANTS_INTUT_PROPERTY
```

如果没有定制选项窗格的 options 属性而使用 optionType 所定制的选项按钮，或者没有定制 optionType 而直接使用默认的“确定”按钮，选项窗格的 PropertyChangeListener 监听器能够监听用户在选项窗格上对选项按钮的选择，并且在用户选择后执行该监听器的事件处理方法。但是必须在监听方法中关闭对话框。例如，为例 6.3 选项窗格编写如下事件处理方法。

```
private void jOptionPane1PropertyChange(java.beans.PropertyChangeEvent evt) {
    JOptionPane op = (JOptionPane)evt.getSource() ;
    System.out.println(op.getInputValue());
    jDialog1.setVisible(false);
}
```

在用户输入年龄并单击“确定”按钮后会输出所输入的内容并关闭对话框。但如果定制了 optionType 属性，如定制为“JOptionPane. YES_NO_CANCEL_OPTION”，则单击“是”按钮输出最新输入的内容，单击“否”和“取消”按钮，则输出前一次(或初始值)用户输入的内容，且无论选择哪个选项按钮都会执行“jDialog1. setVisible(false);”语句关闭对话框。

如果定制了选项窗格的 options 属性，则会复杂得多。例如，定制例 6.3 的按钮区域如图 6.14 所示，则必须在选项窗格的事件处理方法中针对按钮区域的每个按钮编写 ActionEvent 事件监听器，在它的事件处理方法中关闭对话框。改写该选项窗格的事件处理方法如下。

```
private void jOptionPane1PropertyChange(java.beans.PropertyChangeEvent evt) {
    final JOptionPane op = (JOptionPane)evt.getSource() ;
    if(((JButton)op.getOptions()[0]).getActionCommand().equals("完成")) {
        ((JButton)op.getOptions()[0]).addActionListener(e -> {
            System.out.println(op.getInputValue());
            System.out.println("value:" + op.getValue());
            jDialog1.setVisible(false);
        });
    }
}
```

运行程序时单击对话框中的“完成”按钮，执行了“jDialog1. setVisible(false);”语句，关闭了对话框。但是，此时没有获得用户在文本框中输入的内容，也没有返回用户所选择的按钮索引(op.getValue())。此处输出的只是在选项窗格 Properties 窗口中设置的“inputValue”和“value”初始值(见图 6.14)。

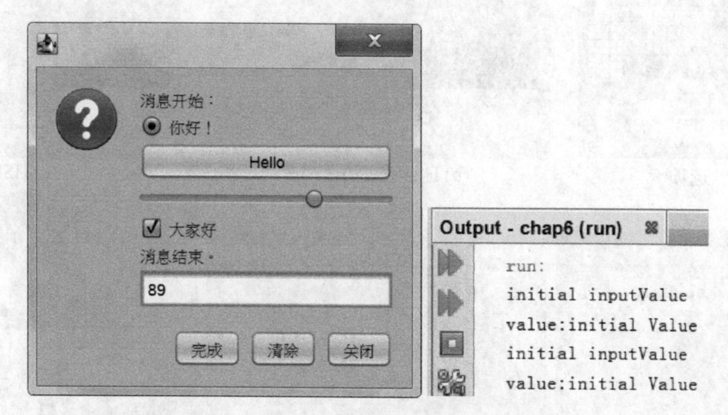

图 6.14　例 6.3 的定制按钮区域

5. 查询用户选择

如果没有定制选项窗格的 options 属性，在选项窗格的 PropertyChangeEvent 监听器中使用该选项窗格组件的 getValue()方法获取用户的选择，返回值是用户单击的按钮的索引。如果用户单击了第一个按钮则返回 0，第二个按钮返回 1，以此类推。

如果定制了选项窗格的 options 属性，则需要在针对按钮区域的每个按钮编写的 ActionEvent 事件监听器中设置 value 属性的值。下面这段代码演示了这种用法。

```
private void jOptionPane1PropertyChange(java.beans.PropertyChangeEvent evt) {
    final JOptionPane op = (JOptionPane)evt.getSource();
    if(((JButton)op.getOptions()[0]).getActionCommand().equals("完成")) {
        ((JButton)op.getOptions()[0]).addActionListener(e -> {
            System.out.println(op.getInputValue());
            op.setValue((JButton)e.getSource());
            //System.out.println("value:" + op.getValue());
            System.out.println("value:" + ((JButton)op.getValue()).getActionCommand());
            jDialog1.setVisible(false);
        });
    }
}
```

使用选项窗格的两种方式相比，创建选项窗格组件的方式有极大的灵活性，同时也比较复杂。使用工厂方法则简单方便，能够满足使用各种标准对话框的应用需要，且一般也不需要在对话框中做太复杂的事情，因此几乎总是用工厂方法使用对话框。

6.3　颜色选择器的使用

颜色选择器 JColorChooser 就是一个内建有多个颜色选择选项卡的标签化窗格等组件的颜色选择选项窗格(见图 6.15)。

图 6.15(a)“样本”选项卡提供了预定义的颜色样本集合，可以满足一般需要。

图 6.15(b)HSV 选项卡允许用户使用色调、饱和度和明亮度的颜色模式选择颜色。

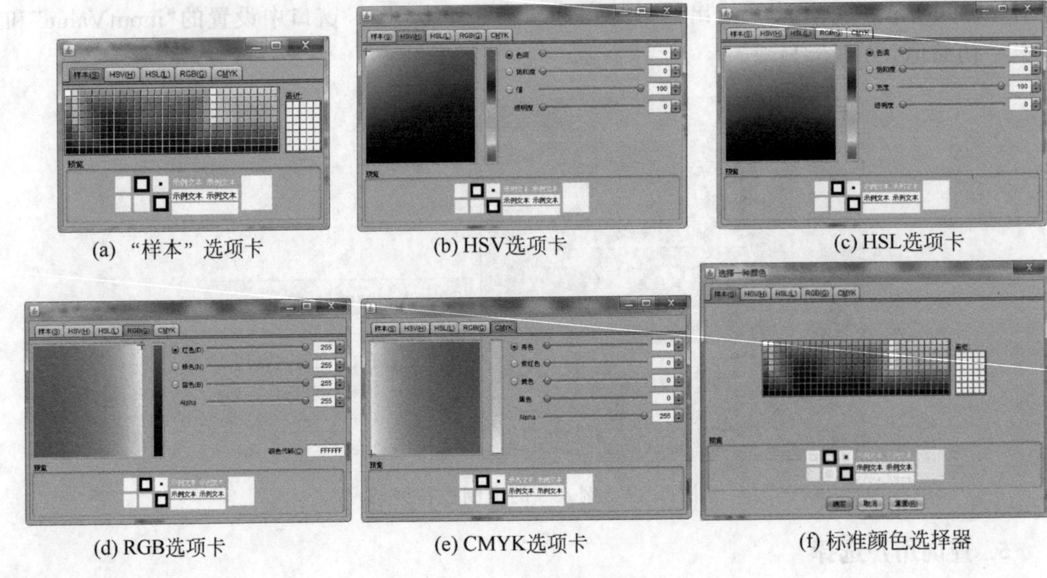

(a) “样本”选项卡　(b) HSV选项卡　(c) HSL选项卡

(d) RGB选项卡　(e) CMYK选项卡　(f) 标准颜色选择器

图 6.15　颜色选项卡

HSV 又称为 HSB。

图 6.15(c)HSL 选项卡提供了使用色相、饱和度和亮度(Hue,Saturation,Lightness)颜色模式选择颜色。HSL 又称为 HLS。

图 6.15(d)RGB 选项卡允许用户使用红绿蓝颜色模式选择颜色，是数字色彩最常用的模式。

图 6.15(e)CMYK 选项卡提供用户使用印刷四分色模式选择颜色。

图 6.15(f)是使用工厂方法创建的标准颜色选择器。

6.3.1　通过创建颜色选择器组件使用

与使用选项窗格组件一样，首先需要一个对话框窗体或内部框架窗体等父容器，接着在 GUI 构建器 Palette 的 Swing Windows 组中单击 Color Chooser 组件，然后在 Design 视图的父窗体中合适位置单击，创建一个颜色选择器组件。接下来的工作与 6.2.2 节所述的选项窗格组件使用的一般步骤基本一致。

颜色选择器组件的初始颜色由它的 color 属性设置。设置方法是在 Properties 窗口中单击 color 属性行右侧的“…”按钮，在对话框的颜色选择器中选择一种颜色，单击 OK 按钮关闭对话框即可。

例 6.4　为例 5.6 设计的文本阅读器的工具栏添加“前景颜色”和“背景颜色”按钮。当用户单击它们时弹出颜色选择器对话框，分别改变右边当前文档窗口文字显示区域的前景颜色和背景颜色。

解：按照以下步骤设计。

(1) 在 Projects 窗口中右击 TextFileReader0.2，在快捷菜单中单击 Copy 菜单项，在 Copy Project 对话框中输入项目名称“TextFileReader0.3”，单击 Copy 按钮。

(2) 在 Projects 窗口中右击 TextFileReader 0.3，在快捷菜单中单击 Clean and Build 菜单项。

(3) 打开项目 TextFileReader 0.3，双击 MyFileReader.java 文件，打开 MyFileReader 窗体。

(4) 在 Navigator 窗口中双击 jToolBar1 节点,在 Palette 窗口中单击 Swing Controls 组中的 Button 组件,然后在 Design 视图的工具栏右侧部位单击,添加工具按钮,并修改变量名为“jButtonTextColor”,text 属性值为“文字颜色”。

(5) 重复步骤(4)创建另一个工具按钮,变量名改为“jButtonBackgroundColor”,text 属性值为“背景颜色”。

(6) 在 Navigator 窗口中右击 Other Component 节点,在快捷菜单中单击 Add From Palette→Swing Windows→Dialog 菜单项,修改变量名为“jDialogColor”。

(7) 在 Navigator 窗口中双击 jDialogColor 节点,在 Properties 窗口中设置它的首选和最小尺寸为[400, 300]。并设置为边框式布局。

(8) 在 Palette 窗口中单击 Swing Controls 组中的 Button 组件,然后在 Design 视图靠近底边框部位单击,修改变量名为“jButtonColorClose”,文字为“关闭”。

(9) 在 Palette 窗口中单击 Swing Windows 组中的 Color Chooser 组件,然后在 Design 视图中央部位单击,使用默认变量名 jColorChooser1。

(10) 切换到 Source 视图,增加字段变量“String whichColor;”。

(11) 在 Navigator 窗口中双击 jToolBar1 节点,然后在 Design 视图中右击“文字颜色”按钮,在快捷菜单中选择 Events→Action→actionPerformed 命令,设计事件监听方法。方法代码如下。

```
private void jButtonTextColorActionPerformed(java.awt.event.ActionEvent evt) {
    whichColor = "文字颜色";
    jDialogColor.setVisible(true);
}
```

(12) 用与步骤(11)相同的操作为“背景颜色”按钮设置如下事件监听方法。

```
private void jButtonBackgroundColorActionPerformed(java.awt.event.ActionEvent evt){
    whichColor = "背景颜色";
    jDialogColor.setVisible(true);
}
```

(13) 在 Navigator 窗口中双击 jDialogColor 节点,用与步骤(11)相同的操作为 jButtonColorClose 按钮编写事件处理方法。方法代码如下。

```
private void jButtonColorCloseActionPerformed(java.awt.event.ActionEvent evt) {
   for (JInternalFrame frame : jDesktopPane1.getAllFrames()) {
        if (frame.isSelected()) {
            jTextAreaText = ((InternalFrameText) frame).getjTextArea1();
            break;
        }
   }
   if(whichColor.equals("文字颜色"))
       jTextAreaText.setForeground(jColorChooser1.getColor());
   if(whichColor.equals("背景颜色"))
       jTextAreaText.setBackground(jColorChooser1.getColor());
   jDialogColor.setVisible(false);
}
```

完成上述设计步骤后运行程序,发现可以按照题意运行。

6.3.2 通过工厂方法使用颜色选择器

使用 JColorChooser 类的静态工厂方法 showDialog()能够快速创建标准颜色选择器对话框。如图 6.15(f)所示，除了颜色选择标签化窗格之外，还有三个标准按钮“确定”“取消”和“重置”。当单击“确定”按钮时，弹出对话框关闭，而 showDialog()方法会返回当前选中的颜色值。当单击“取消”按钮时，弹出对话框也会关闭，此方法返回 null，而不是返回所选择的颜色值或是初始颜色值。单击“重置”按钮 JColorChooser 将用户所选中的颜色修改为在启动时所提供的初始颜色，弹出对话框不关闭。在大多数需要颜色对话框的应用中，首选这种方式。

例 6.5 为例 5.6 设计的文本阅读器的工具栏添加“前景颜色”和“背景颜色”按钮。当用户单击它们时弹出颜色选择器对话框，分别改变右边当前文档窗口文字显示区域的前景颜色和背景颜色。

分析：该题与例 6.4 完全一致，使用 JColorChooser 类的 showDialog()方法不需要创建对话框，直接在工具按钮的事件处理方法中修改文本区域的颜色即可。这样的解决方法更为简洁。

解：按照以下步骤设计。

(1) 重复例 6.4 的步骤(1)，创建项目 TextFileReader0.4。

(2) 用与例 6.4 步骤(2)～步骤(5)相同的方法，清理构建项目 TextFileReader0.4，添加两个工具按钮“文字颜色”和“背景颜色”。

(3) 在 Navigator 窗口中双击 jToolBar1 节点，然后在 Design 视图中右击“文字颜色”按钮，在快捷菜单中选择 Events→Action→actionPerformed 菜单项，设计事件监听方法。方法代码如下。

```
private void jButtonTextColorActionPerformed(java.awt.event.ActionEvent evt) {
    Color color = JColorChooser.showDialog(rootPane, "选择文字颜色", Color.BLACK);
    for (JInternalFrame frame : jDesktopPane1.getAllFrames()) {
        if (frame.isSelected()) {
            jTextAreaText = ((InternalFrameText) frame).getjTextArea1();
            break;
        }
    }
    jTextAreaText.setForeground(color);
}
```

(4) 使用与步骤(3)相同的方法为“背景颜色”按钮设计事件处理方法，代码如下。

```
private void jButtonButtonBackgroundColorActionPerformed(java.awt.event.ActionEvent evt) {
    Color color = JColorChooser.showDialog(rootPane, "选择文字颜色", Color.BLACK);
    for (JInternalFrame frame : jDesktopPane1.getAllFrames()) {
        if (frame.isSelected()) {
            ((InternalFrameText) frame).getjTextArea1().setBackground(color);
            break;
        }
    }
}
```

完成上述步骤后运行程序，符合题意要求。显然这种方式更为简洁，主要是省去了中间创建对话框及处理颜色选择器对话框关闭的麻烦，还不容易出错。

6.4 文件选择器

文件选择器 JFileChooser 是用于供用户选择文件名与目录名的选择器(见图 6.16)。类似于其他的 Swing 选择器组件，JFileChooser 并没有自动被放入一个弹出对话框中，但可以置于程序用户界面的任何地方。

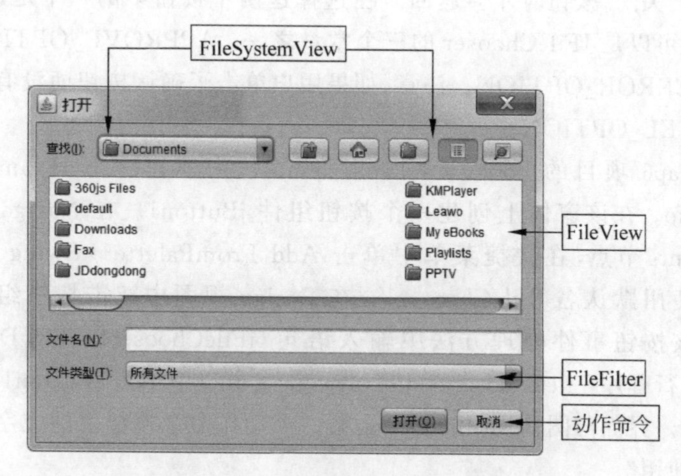

图 6.16 文件选择器组件的构成

FileSystemView 是文件选择器的文件系统网关。它是 javax. swing. filechooser 包中的一个抽象类，被设计成能够直接获得尽可能多的特定于 OS 的文件系统信息。

FileView 为 File 提供 UI 信息，对文件选择器所选观感提供图标和类型描述。例如，Microsoft Windows 观感为目录和一般文件返回一般 Windows 图标。

FileFilter 过滤显示给用户的文件集合，阻止不需要的文件出现在目录清单中。一般使用指定的扩展名集合进行过滤。它是 javax. swing. filechooser 包中的一个抽象类。

动作命令区域出现的命令按钮取决于文件选择器类型，也可以定制。此外，双击文件执行第一个命令按钮，按 Esc 键是执行"取消"命令。

6.4.1 文件选择器的使用

可以把文件选择器组件直接添加到容器中，就像一个其他简单组件一样使用。这样它会一直显示在容器中，并且占用很大的容器面积。但运行程序时仍然实现了文件选择器的功能。

用户还是希望在必要时以弹出对话框形式显示文件选择器，使用后关闭。可以像使用颜色选择器一样，首先创建一个对话框窗体、内部框架窗体或其他窗体，然后将文件选择器组件添加到其中。在需要显示文件选择器对话框时弹出对话框。

文件选择器组件本身有弹出对话框的方法，因此一般方法是，在 Navigator 窗口 Other Components 节点下添加文件选择器组件，在主界面调用显示方法打开文件选择器。这也是三种方法中最为简单的方法。

打开文件选择器的方法有以下三个。

```
public int showDialog(Component parentComponent, String approvalButtonText)
public int showOpenDialog(Component parentComponent)
public int showSaveDialog(Component parentComponent)
```

它们都会打开一个模式对话框显示文件选择器，并且在父组件的中间位置显示对话框。提供一个 null 父组件参数会将弹出对话框放在屏幕中间。这个方法只有当用户单击"打开"/"保存"或是"关闭"按钮时才会返回。在选择这两个按钮中的一个之后返回一个状态值。这个状态值可以是 JFileChooser 的三个常量之一：APPROVE_OPTION，CANCEL_OPTION 或是 ERROR_OPTION。注意，如果用户单击了确认按钮而没有选择任何文件，则会返回 CANCEL_OPTION。

例如，在 chap6 项目的 book. windows. demo 包中新建一个 JFrame 窗体，命名为 FileChooserDemo。在该窗体上创建一个按钮组件 jButton1。在 Navigator 窗口中右击 Other Components 节点，在快捷菜单中单击 Add FromPalette→Swing Windows→File Chooser 命令，使用默认名 jFileChooser1。在 Design 视图中双击按钮组件 jButton1，在 Source 窗口的该按钮事件处理方法中输入语句"jFileChooser1. showDialog(this, "使用");"即可。运行程序 FileChooserDemo. java，在主窗口中单击 jButton1 按钮，即弹出文件选择器对话框。界面与图 6.16 相同，只是第一个动作命令按钮上的文字是"使用"，窗口标题栏也显示"使用"。

6.4.2 文件选择器的属性

文件选择器可配置的方面比较多，相应的属性也较多。

1. dialogType

该属性设置文件选择器对话框的类型。在 Properties 窗口中该属性右侧单击下三角按钮，有三个列表项。其中，OPEN_DIALOG 指定该对话框是打开文件选择器对话框，SAVE_DIALOG 则是保存文件对话框，CUSTOM_DIALOG 则是定制的文件选择器对话框。

使用 showXXXDialog()方法打开的文件选择器对话框，其类型决定于使用哪个打开方法。使用 showOpenDialog()方法打开文件选择器对话框，则就是打开文件对话框，使用 showSaveDialog()方法则弹出保存文件对话框。

2. dialogTitle

该属性设置文件选择器对话框的标题文字。在 Properties 窗口中该属性右侧输入文字即可。

3. controlButtonsAreShown

该属性设置是否在操作按钮区域显示操作按钮。在 Properties 窗口中该属性右侧单击复选框，从而取消对该属性的选择，则隐藏"打开"/"保存"和"关闭"按钮。

4. approveButtonText

该属性设置第一个操作按钮上显示的文字。在 Properties 窗口中该属性右侧输入文字即可。

5. approveButtonMnemonic

该属性设置第一个操作按钮的访问键，是一个字符的 ASCII 码。运行时按住 Alt 键再按下这个字符就相当于单击了这个按钮。在 Properties 窗口中该属性右侧输入整数(字符的 ASCII 码)或字符即可。

6. approveButtonToolTipText

该属性设置第一个操作按钮的工具提示文字。在 Properties 窗口中该属性右侧输入文字即可。运行时鼠标放到按钮上，稍候即弹出黄色框显示此处设置的文字。

7. currentDirectory

该属性设置文件选择器初始显示文件使用的目录。默认是用户主目录 user. home。在 Properties 窗口中该属性右侧单击"…"按钮，在出现的对话框中选择合适的目录，单击 OK 按钮即可。

8. fileHidingEnabled

该属性设置是否在文件选择器的文件列表中不显示隐藏文件。在 Properties 窗口中该属性右侧单击复选框，选取该属性则隐藏属性的文件不显示出来，否则显示具有隐藏属性的文件。

9. fileSelectionMode

该属性设置文件选择器的文件选取模式。在 Properties 窗口中该属性右侧单击下三角按钮，有三个列表项。其中，FILES_ONLY 指定只选择文件，DIRECTORIES_ONLY 只选择目录，FILES_AND_DIRECTORIES 指定用户可以同时选择文件与目录。

10. multiSelectionEnabled

该属性设置在文件选择器中可否选择多个文件。在 Properties 窗口中该属性右侧单击复选框，选取该属性则用户可以选择多个文件，否则只能选择一个文件。

11. selectedFile

该属性设置文件选择器初始显示时所选择的文件。在 Properties 窗口中该属性右侧单击"…"按钮，在出现的对话框中选择合适的文件，单击 OK 按钮即可。

12. selectedFiles

该属性设置文件选择器在多选模式下，初始显示时所选择的文件列表，是一个 File 数组，一般通过定制代码指定。

还有几个复杂的属性，下面分别介绍。

6.4.3 fileFilter

fileFilter 是文件选择器的一个复杂属性。该属性设置一个过滤器，对于每一个要显示的 File 对象(文件与目录)决定是否要显示在对话框中。Swing 库定义了一个抽象类 FileFilter，除了提供一个接受机制，当向用户显示时，过滤器同时提供了描述或名字。在类的定义中两个方法反映了这种功能。

```
public abstract class FileFilter {
    public FileFilter();
    public abstract String getDescription();
    public abstract boolean accept(File file);
}
```

在设置文件选择器的该属性时，必须编写一个该类的子类来实现其中的抽象方法。然后使用实现类的对象作为该属性值。大多数文件选择过滤器都是基于文件扩展名进行过滤，但也有根据文件其他特征进行过滤的应用。

例 6.6 创建可以接受一个文件扩展名数组的过滤器。如果是一个目录，则会自动接受。否则，文件扩展名必须与所提供的数组中的扩展名匹配，而且扩展名前的字符必须是一个句点。文件名是大小写敏感的。

解：接上文所述，在 FileChooserDemo.java 程序的窗体中继续。按照下列步骤设计。

(1) 切换到 Source 视图，在 FileChooserDemo 类中编写一个 FileFilter 的子类，类名为 ExtensionFileFilter，代码如下。

```
public class ExtensionFileFilter extends FileFilter {
    String description;
    String extensions[];
    public ExtensionFileFilter(String description, String extension) {
        this(description, new String[] {extension} );
    }
    public ExtensionFileFilter(String description, String extensions[]) {
        if(description == null) {
            this.description = extensions[0] + "{ " + extensions.length + "} ";
        } else {
            this.description = description;
        }
        this.extensions = (String[])extensions.clone();
        toLower(this.extensions);
    }
    private void toLower(String array[]) {
        for(int i = 0, n = array.length; i < n; i++) {
            array[i] = array[i].toLowerCase();
        }
    }
    public boolean accept(File file) {
        if(file.isDirectory()) {
            return true;
        } else {
            String path = file.getAbsolutePath().toLowerCase();
            for(int i = 0, n = extensions.length; i < n; i++) {
                String extension = extensions[i];
                if(path.endsWith(extension)&&(path.charAt(path.length() -
                                    extension.length() - 1) == '.')) {
                    return true;
                }
            }
        }
        return false;
    }
    public String getDescription() {
        return description;
    }
}
```

(2) 切换到 Design 视图。在 Navigator 窗口中单击 Other Components 节点下的

jFileChooser1 节点。在 Properties 窗口中的 fileFilter 属性行右侧单击“…”按钮，选择 Customize Code，在代码输入区输入下列内容。

```
new ExtensionFileFilter("图像文件",new String[] {"jpg", "jpeg", "gif", "png"})
```

运行程序，在文件选择器窗口的“文件类型”中包含“所有文件”和“图像文件”两项，默认选择“图像文件”。程序也按要求工作。

acceptAllFileFilterUsed 属性：如果在 Properties 窗口 acceptAllFileFilterUsed 属性行右侧单击复选框取消该属性的选取状态，再运行例 6.6 程序，则在文件选择器的“文件类型”中只包含“图像文件”一项。可见，该属性设置为选取状态(默认)，则在文件选择器的“文件类型”中包含“所有文件”列表项，否则不包含该项。

6.4.4 accessory

该属性设置为文件选择器添加的附加组件。附加组件可以加强选择器的功能，包括预览图片或文档，或是播放音频文件。要响应文件选择变化，附加组件应将其自己作为 PropertyChangeListener 关联到文件选择器。当 JFileChooser. SELECTED_FILE_CHANGED_PROPERTY 属性变化时，附加组件发生变化来反映文件选择。

例 6.7 为文件选择器设计和添加图片预览附加组件。

解：接例 6.6，在 FileChooserDemo. java 程序的窗体中继续。按照下列步骤设计。

(1) 切换到 Source 视图，在 FileChooserDemo 类中编写一个类，类名为 LabelAccessory。该类为一个标签组件设置 icon 属性。还实现 PropertyChangeListener 接口，实现该接口的 propertyChange()方法，方法中把光标所在图像文件进行缩放，并设置为组件的 icon 属性值。同时在构造方法中注册该类的对象为文件选择器组件的事件监听器。代码如下。

```
public class LabelAccessory extends JLabel implements PropertyChangeListener {
    private static final int PREFERRED_WIDTH = 125;
    private static final int PREFERRED_HEIGHT = 100;
    public LabelAccessory(JFileChooser chooser) {
        setVerticalAlignment(JLabel.CENTER);
        setHorizontalAlignment(JLabel.CENTER);
        chooser.addPropertyChangeListener(this);
        setPreferredSize(new Dimension(PREFERRED_WIDTH,PREFERRED_HEIGHT));
    }
    public void propertyChange(PropertyChangeEvent event) {
        String changeName = event.getPropertyName();
        if (changeName.equals(JFileChooser.SELECTED_FILE_CHANGED_PROPERTY)) {
            File file = (File) event.getNewValue();
            if (file != null) {
                ImageIcon icon = new ImageIcon(file.getPath());
                if (icon.getIconWidth() > PREFERRED_WIDTH) {
                    icon = new ImageIcon(icon.getImage().getScaledInstance(
                                            PREFERRED_WIDTH, -1, Image.SCALE_DEFAULT));
                    if (icon.getIconHeight() > PREFERRED_HEIGHT) {
                        icon = new ImageIcon(icon.getImage().getScaledInstance(
                                            -1, PREFERRED_HEIGHT, Image.SCALE_DEFAULT));
                    }
                }
```

```
                setIcon(icon);
            }
        }
    }
}
```


(2) 切换到 Design 视图。在 Navigator 窗口中单击 Other Components 下的 jFileChooser1 节点。在 Properties 窗口的 accessory 属性行右侧单击"…"按钮，选择 Customize Code，在代码输入区输入"new LabelAccessory(jFileChooser1)"，单击 OK 按钮即可。

运行程序，在文件选择器的右边中部出现文件缩略图（见图 6.17）。

图 6.17　添加了图像预览附件的文件选择器

6.4.5　fileView

fileView 属性设置 FileView 区域的观感。文件选择器的 FileView 区域列出了每一个文件的名字、图标或描述。另外，FileView 还控制一个目录是否可遍历，从而使程序进行弱级别的访问控制。不可遍历的目录具有一个不同的默认图标，因为这些目录不能用于文件选择的浏览。Swing 的 javax.swing.filechooser 包中设计了一个 FileView 抽象类，以使用户定制该属性。

FileView 类定义了五个方法以便定制该视图的这些方法。下面是 FileView 类的定义。

```
public abstract class FileView {
    public FileView();
    public String getDescription(File file);
    public Icon getIcon(File file);
    public String getName(File file);
    public String getTypeDescription(File file);
    public Boolean isTraversable(File file);
}
```

自定义 FileView 需要创建一个子类并重写相应的方法。默认情况下，如果某个方法返回 null，表明不希望定制这个方面。之后，将实现类的对象设置为 fileView 的属性值。

例 6.8　为文件选择器设计自定义的 FileView。要求自定义与 Java 开发相关的文件显示，特别是 .java，.class，.jar 以及 .html 或 .htm 文件。对于这些文件类型中的每一种，用一个特殊的图标替换默认图标显示在文件名前边。对于 Java 源文件还要显示文件长度。

解：接例 6.7，在 FileChooserDemo.java 程序的窗体中按照下列步骤设计。

(1) 切换到 Source 视图，在 FileChooserDemo 类中编写一个内部类，类名为 JavaFileView。该类按照题意实现抽象类 FileView 中的五个方法。代码如下。

```
public class JavaFileView extends FileView {
    Icon javaIcon;
    Icon classIcon;
    Icon htmlIcon;
    Icon jarIcon;
    public JavaFileView(){
        this.jarIcon = null ;
        this.htmlIcon = null ;
        this.classIcon = null ;
        this.javaIcon = null ;
    }
    public JavaFileView(String javaIcon,String classIcon,String htmlIcon,String jarIcon) {
        this.jarIcon = new ImageIcon("./icons/" + jarIcon);
        this.htmlIcon = new ImageIcon("./icons/" + htmlIcon);
        this.classIcon = new ImageIcon("./icons/" + classIcon);
        this.javaIcon = new ImageIcon("./icons/" + javaIcon);
    }
    public String getName(File file) {
        String filename = file.getName();
        if (filename.endsWith(".java")) {
            String name = filename + ": " + file.length();
            return name;
        }
        return null;
    }
    public String getTypeDescription(File file) {
        String typeDescription = null;
        String filename = file.getName().toLowerCase();
        if (filename.endsWith(".java")) {
            typeDescription = "Java Source";
        } else if (filename.endsWith(".class")) {
            typeDescription = "Java Class File";
        } else if (filename.endsWith(".jar")) {
            typeDescription = "Java Archive";
        } else if (filename.endsWith(".html") || filename.endsWith(".htm")) {
            typeDescription = "Applet Loader";
        }
        return typeDescription;
    }
    public Icon getIcon(File file) {
        if (file.isDirectory()) {
            return null;
        }
        Icon icon = null;
        String filename = file.getName().toLowerCase();
        if (filename.endsWith(".java")) {
```

```
            icon = javaIcon;
        } else if (filename.endsWith(".class")) {
            icon = classIcon;
        } else if (filename.endsWith(".jar")) {
            icon = jarIcon;
        } else if (filename.endsWith(".html") || filename.endsWith(".htm")) {
            icon = htmlIcon;
        }
        return icon;
    }
}
```

(2) 切换到 Design 视图。在 Navigator 窗口中单击 Other Components 下的 jFileChooser1 节点。在 Properties 窗口的 fileView 属性行右侧单击“…”按钮，选择 Customize Code，在代码输入区输入以下代码。

```
new JavaFileView("javaIcon.jpg", "classIcon.jpg", "htmlIcon.jpg", "jarIcon.jpg")
```

(3) 在项目文件夹 chap6 中创建文件夹 icons，在其中存放制作好的图标文件(见图 6.18)。

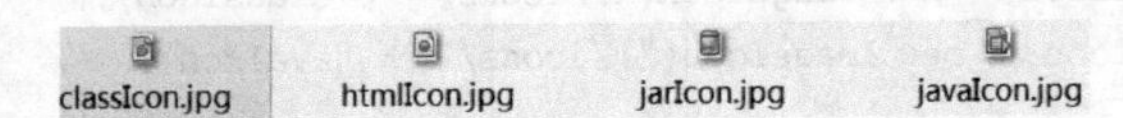

图 6.18　例 6.8 的 class 文件、java 文件、jar 文件及 html 文件的图标

完成以上 3 步，运行程序，文件选择器按期望的那样工作。

此外，还有 fileSystemView 属性设置在文件选择器中使用的平台相关的文件系统信息。Swing 的 FileSystemView 类以 FileSystemView 包私有子类的方式提供了三个自定义的视图。它们包括对 UNIX、Windows 以及一个通用处理器的支持。一般没有必要为某个程序定义 FileSystemView，使用默认值即可满足要求。

6.4.6　应用举例

例 6.9　为 StdScoreMana0.4 项目的学生注册界面添加照片上传功能。即将注册界面中的“照片”标签修改为“照片”按钮，单击时弹出文件选择器对话框，用户选择预览自己照片并上传至项目中的照片专用文件夹 pictures\std，同时照片图像的文件名改为该学生的学号，照片在 jLabelImg 组件显示出来。

分析：此题关键在于照片文件预览上传。利用文件选择器对话框的相应属性可以提供照片选择和预览功能。利用 javax.imageio 包中的有关类实现照片图像的上传功能。

解：按照以下步骤操作。

(1) 打开 StdScoreMana0.4 项目，接着打开 StdRegister.java 文件，在 Design 视图中打开 StdRegister 窗体。

(2) 双击 jPanel2 面板，右击该面板，在快捷菜单中选择 Customize Layout 菜单项。

(3) 在 Customize Layout 对话框中网格区域，删除第一行第五列的“照片”标签。接着在该网格单元右击，在快捷菜单中选择 Add From Palette→Swing Controls→Button 菜单项。单击 Close 按钮关闭对话框。

(4) 单击新添加的按钮，按空格键，输入“照片”。右击该按钮，更改变量名称为 jButtonPic。

(5) 在 Navigator 窗口中右击 Other Components 节点，在快捷菜单中选择 Add From Palette→Swing Windows→File Chooser 菜单项。更改变量名称为 jFileChooserPic。

为该文件选择器组件设置属性。设置 acceptAllFileFilterUsed 为未选取，dialogTitle 为"选择照片文件"，fileHidingEnabled 为选取。

(6) 切换到 Source 视图，添加内部类 ExtensionFileFilter 过滤只显示照片文件，添加内部类 LabelAccessory 为文件选择器对话框添加照片预览附件。代码与例 6.6 和例 6.7 相同类一致。对该内部类 LabelAccessory 的代码进行重构，抽取对图像进行缩放的方法 zoomPic()到外部类中，该方法后面还用于照片显示和保存。该方法代码如下。

```
public Icon zoomPic(File file, int width, int height) {
    ImageIcon icon = null;
    if (file != null) {
        icon = new ImageIcon(file.getPath());
        if (icon.getIconWidth() > width) {
            icon = new ImageIcon(icon.getImage().getScaledInstance(width, -1,
                                                    Image.SCALE_DEFAULT));

            if (icon.getIconHeight() > height)
                icon = new ImageIcon(icon.getImage().getScaledInstance(-1, height,
                                                    Image.SCALE_DEFAULT));

        }
    }
    return icon;
}
```

相应地，修改 LabelAccessory 类的 propertyChange()方法如下。

```
public void propertyChange(PropertyChangeEvent event) {
    String changeName = event.getPropertyName();
    if (changeName.equals(JFileChooser.SELECTED_FILE_CHANGED_PROPERTY)) {
        File file = (File) event.getNewValue();
        setIcon(zoomPic(file, PREFERRED_WIDTH, PREFERRED_HEIGHT));
    }
}
```

(7) 为文件选择器 jFileChooserPic 设置 fileFilter 属性，定制代码为：

```
new ExtensionFileFilter("图像文件",new String[] {"jpg", "jpeg"})
```

(8) 为文件选择器 jFileChooserPic 设置 accessory 属性，定制代码为：

```
new LabelAccessory(jFileChooserPic)
```

(9) 在 Projects 窗口中右击项目名 StdScoreMana0.4，在快捷菜单中选择 New→Folder 菜单项，命名为 pictures。继续在该目录下创建子文件夹 std，该文件夹用于存放学生照片文件。

(10) 为"照片"按钮 jButtonPic 组件设计并注册事件监听器。它的事件监听方法显示文件选择器对话框。方法代码如下。

```
private void jButtonPicActionPerformed(java.awt.event.ActionEvent evt) {
    if (jTextFieldID.getText() == null || jTextFieldID.getText().trim().equals("")) {
```

```
            JOptionPane.showMessageDialog(rootPane,
                    "没有输入学号,不能保存照片!\n 请输入学号后再选择照片:");
            return;
        }
        jFileChooserPic.showSaveDialog(jLabel1);
    }
```

(11) 设计一个实用方法，用于对照片图像存盘。方法代码如下。

```
public void savePic(Image iamge, String fileName) { //将缩略后的照片保存到文件中
    int w = iamge.getWidth(this);
    int h = iamge.getHeight(this);
//首先创建一个 BufferedImage 变量,因为 ImageIO 写图片用到了 BufferedImage 变量
    BufferedImage bi = new BufferedImage(w, h, BufferedImage.TYPE_3BYTE_BGR);
//再创建一个 Graphics 变量,用来画出来要保存的图片及上面传递过来的 Image 变量
    Graphics g = bi.getGraphics();
    try {
        g.drawImage(iamge, 0, 0, null);
//将 BufferedImage 变量写入文件中
        ImageIO.write(bi, "jpg", new File(fileName));
    } catch (IOException e) {
        e.printStackTrace();
    }
}
```

(12) 为文件选择器 jFileChooserPic 组件注册 ActionEvent 事件监听器，编写事件监听方法。方法代码如下。

```
private void jFileChooserPicActionPerformed(java.awt.event.ActionEvent evt) {
    JFileChooser theFileChooser = (JFileChooser) evt.getSource();
    String command = evt.getActionCommand();
    ImageIcon icon = null;
    if (command.equals(JFileChooser.APPROVE_SELECTION)) {
        File selectedFile = theFileChooser.getSelectedFile();
        icon = zoomPic(selectedFile, 125, 100);
        jLabelImg.setIcon(icon);
        Image image = icon.getImage();
        String fileName = "pictures/std/" + jTextFieldID.getText() +
                selectedFile.getName().substring(selectedFile.getName().lastIndexOf('.'));
        savePic(image, fileName);
    }
}
```

例 6.10 为学生成绩管理系统的教师注册界面添加并实现照片上传功能。即将注册界面中的“照片”标签修改为“照片”按钮，单击时弹出文件选择器对话框，用户选择预览自己的照片并上传至项目中的照片专用文件夹 pictures\tch，同时照片图像的文件名改为该教师的工号，照片在 jLabelImg 组件显示出来。

分析：该题目要求与例 6.9 一样，可以重复步骤(1)～步骤(12)实现题目要求的功能。但是这样就造成大量重复代码。不妨将两个模块中重复部分抽取为一个实用类，利用该实用类实现本题要求的功能。然后精简学生注册模块。

解：按以下步骤操作。

(1) 在 Projects 窗口中右击 StdScoreMana0.4 项目名，单击 Copy 菜单项，命名新项目名为 StdScoreManager0.5。以下操作均在 StdScoreManager0.5 项目中进行。

(2) 在 Projects 窗口中右击 StdScoreMana0.5 项目节点下的 book.stdscoreui 包节点，在快捷菜单中选择 New→Java Class 菜单项，输入类名“RegPictureUtils”，单击 Finish 按钮。

(3) 打开 StdRegister.java 文件，切换到 Source 视图，剪切 savePic()和 zoomPic()方法、ExtensionFileFilter 和 LabelAccessory 内部类代码，然后粘贴到 RegPictureUtils.java 文件的类体中。为了便于调用，给这两个方法和这两个内部类的定义都添加 static 修饰符。给 savePic()方法添加“Window wd”作为第一个参数。

(4) 修改 StdRegister 类的代码，解决错误问题。在 FileChooserPicActionPerformed()方法中调用 zoomPic()和 savePic()方法的语句前面添加前缀“RegPictureUtils.”，并为 savePic()的调用添加“this”作为第一个实参。

(5) 切换到 Design 视图，修改 jFileChooserPic 组件的 accessory 属性，定制代码改为“new RegPictureUtils.LabelAccessory(jFileChooserPic)”；fileFilter 属性的定制代码修改为“new RegPictureUtils.ExtensionFileFilter("图像文件",new String[] {"jpg", "jpeg"})”。

(6) 打开 TchRegister 窗体，重复例 6.9 的步骤(5)，为教师注册窗体添加文件选择器组件 jFileChooserPic。

(7) 在 pictures 目录下创建子文件夹“tch”，该文件夹用于存放教师照片文件。

(8) 执行与例 6.9 的步骤(10)相同的操作，为“照片”按钮 jButtonPic 组件设计并注册事件监听器。代码一样，只是最后一行修改为“jFileChooserPic.showSaveDialog(this);”，提示文字中的“学号”改为“工号”。

(9) 执行与例 6.9 的步骤(12)相同的操作，为文件选择器 jFileChooserPic 组件注册 ActionEvent 事件监听器。代码相同，只是文件名修改为：

```
String fileName = "pictures/tch/" + jTextFieldID.getText() +
                  selectedFile.getName().substring(selectedFile.getName().lastIndexOf('.'));
```

(10) 重复步骤(5)操作，为该模块的文件选择器设置 accessory 属性和 fileFilter 属性。完成上述步骤后，运行程序，可以按照设计要求工作(见图 6.19)。

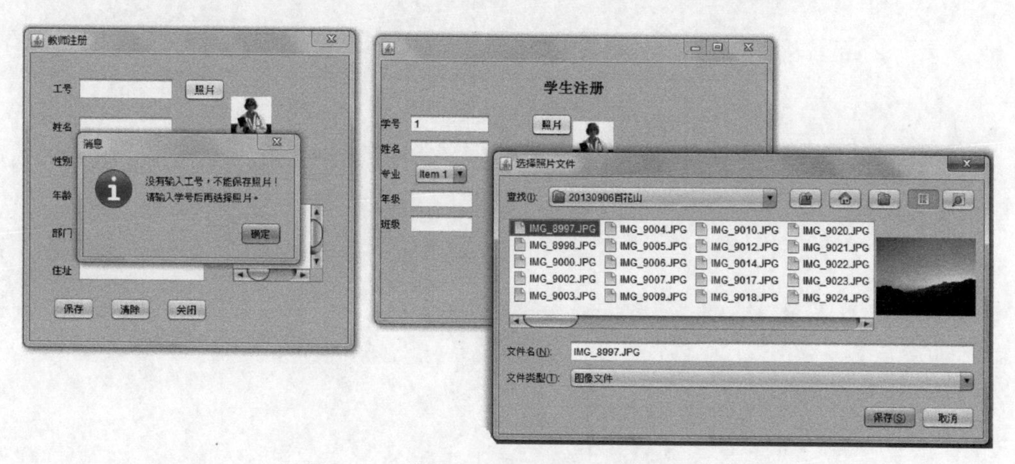

图 6.19　学生和教师注册模块运行界面

习　题

1. 哪些窗口是顶级窗口？哪些窗口是中间容器？

2. 试述对话框 JDialog 与 JFrame 的异同。

3. 标准选项窗格有哪些消息类型？

4. 试述通过创建选项窗格组件使用对话框的一般步骤。

5. 使用工厂方法创建消息对话框时，optionType 和 options 属性的关系是什么？

6. 举例说明如何使用颜色选择器。

7. 如何设计一个只允许用户打开文本文件，并且可以在文件选择器中预览文件内容的打开文件对话框？

第7章　Swing菜单的设计

菜单是几乎所有GUI程序都需要设计的界面元素,它为应用程序提供了快速执行特定方法和程序逻辑的用户接口,从而增加了程序的易用性。菜单是动态呈现的选择列表,它对应于相关方法(常称为命令)或GUI状态。菜单可以与应用程序的菜单栏相关,也可以浮在应用程序窗口之上,形成弹出式菜单。NetBeans IDE GUI构建器的"组件"面板上专门提供了Swing Menus组(见图7.1),使用该组提供的工具可以直观地设计出Java Swing GUI程序的各种菜单。本章介绍使用这些组件设计程序菜单的方法。

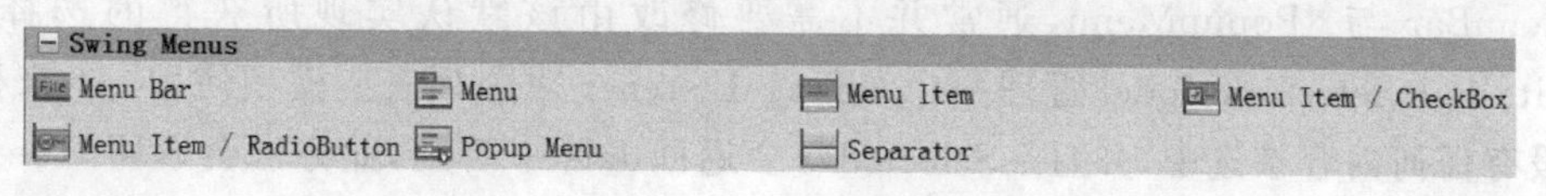

图7.1　NetBeans IDE的Swing Menus组

7.1　菜　单　栏

前面述及,菜单栏JMenuBar是程序窗体JFrame的一个组成部分,位于"层级"面板的上部(见图2.5)。此外,菜单栏组件也能放在AWT组件可以放置的位置,而不只限于窗体上。

7.1.1　菜单栏的使用

菜单系统的基础是菜单栏,是创建菜单项或子菜单的容器,程序主菜单及其菜单项都要构建在菜单栏上。通常系统提供的观感类型将菜单栏显示在窗体的上边,窗体标题的下边。

在Palette的Swing Menus组中单击Menu Bar组件,然后在窗体的任意部位单击,无论窗体采用何种布局类型,都会在窗体顶部创建一个菜单栏。可以用相同的方法为对话框和内部框架窗体创建菜单栏。如果窗体中已经有菜单栏,再创建的菜单栏会出现在Other Components节点下。

7.1.2　selectionModel

菜单栏本身没有多少特定属性。值得注意的是它的selectionModel属性,该属性记录菜单栏的哪个子组件被选中,并采用SingleSelectionModel类型。该模型采用一个整数索引的数据结构,其中的元素可以被选中。数据结构类似于数组或向量,重复访问相同位置可以获得相同的对象。

SingleSelectionModel 的接口定义如下。

```
public interface SingleSelectionModel {
    //Listeners
    public void addChangeListener(ChangeListener listener);
    public void removeChangeListener(ChangeListener listener);
    //Properties
    public int getSelectedIndex();
    public void setSelectedIndex(int index);
    public boolean isSelected();
    //Other Methods
    public void clearSelection();
}
```

SingleSelectionModel 接口也是 JPopupMenu 的选择模型。在 JPopupMenu 中，该接口描述了当前被选中的菜单项 JMenuItem。除选择索引外，该接口需要维护一个当选择索引变化时需要通知的 ChangeListener 列表。

Swing 提供的 SingleSelectionModel 默认实现是 DefaultSingleSelectionModel 类。对于 JMenuBar 与 JPopupMenu，通常并不需要修改由该默认实现所获得的选择模型。DefaultSingleSelectionModel 管理一个 ChangeListener 对象列表。模型使用－1 来标识当前并没有任何内容被选中，并且 isSelected()会返回 false；否则，此方法会返回 true。当选中索引变化时，所注册的 ChangeListener 对象会得到通知。

7.2 菜　单

菜单 JMenu 是放置在菜单栏上的基本组件。一个菜单上面有特定的标识文字，鼠标指针移动到菜单区域时会改变它所在区域的显示背景而变得像一个按钮。当单击一个菜单时，在一个弹出式菜单面板上显示它所包含的子组件。

7.2.1 创建菜单

有多种方法创建菜单。

(1) 单击 Palette 上 Swing Menus 组中的 Menu 组件，接着在菜单栏上单击，即可创建一个菜单。

(2) 在菜单栏右击，在快捷菜单中单击 Add Menu 菜单项，即可在该菜单栏上创建一个菜单。

(3) 在一个已有的菜单组件上右击，在快捷菜单中单击 Add From Palette→Menu 菜单项(见图 7.2)，即可创建该菜单的子菜单。

(4) 在创建菜单栏时，会同时在新菜单栏上创建两个菜单：File 和 Edit。

7.2.2 属性

菜单组件有一些一般组件的通用属性，同时也有一些特定属性。

1. text 与 label

text 属性设置菜单的显示文字。label 属性与 text 相同，且一般使用 text 代替该属性。

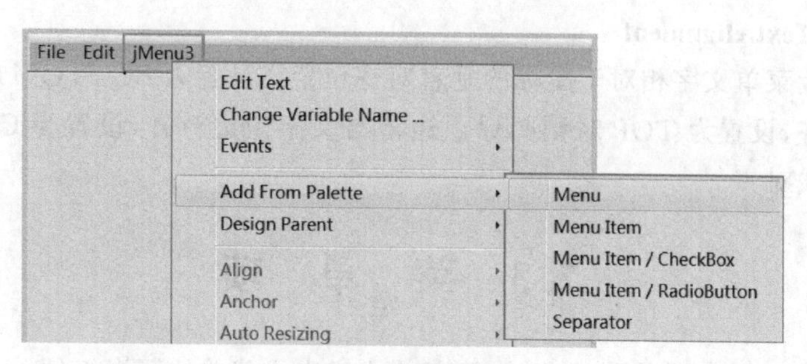

图 7.2　添加子菜单

当修改其中一个的属性值时，另一个也同时修改。

2. mnemonic

该属性设置菜单的命令字母。属性值一般是一个键盘字符的 ASCII 码，输入整数或字母。在程序运行时，用户可以按住 Alt 键与命令字母键来模拟菜单的选择。例如，在 NetBeans IDE 界面中按 Alt+F 组合键就可以打开 File 菜单。

此外，displayMnemonicIndex 属性设置命令字母在菜单字符串中的位置索引。

3. delay

该属性设置选择菜单与菜单面板显示之间的延迟。默认为 0，表示会立即显示子菜单。

4. icon

该属性设置菜单按钮上默认的显示图标。此外，还有以下一些图标设置。

disabledIcon：设置当菜单不可用时显示的图标。

disabledSelectedIcon：设置当菜单不可选择时显示的图标。

pressedIcon：设置单击菜单时的显示图标。

rolloverIcon：设置鼠标划过菜单按钮时的图标。

rolloverSelectedIcon：设置鼠标划过选择的菜单按钮时的图标。

selectedIcon：设置选择的按钮所显示的图标。

这些属性的设置对于识别菜单状态是有帮助的。

5. horizontalAlignment

该属性设置菜单图标和文字的水平对齐方式，有 TRAILING、RIGHT、LEFT、LEADING 和 CENTER 五种选项。

6. horizontalTextAlignment

该属性设置菜单文字相对于图标的水平对齐位置。其中，该属性值设置为 TRAILING 和 RIGHT 时，则图标在左文字在右（jMenu6）；设置为 LEFT 和 LEADING 时，则图标在右文字在左（jMenu6）；设置为 CENTER 时，图标浮于上层并在文字中间（jMenu6）。

7. iconTextGap

该属性设置菜单文字与图标之间的空距。

8. verticalAlignment

该属性设置菜单图标和文字在菜单栏上的垂直对齐方式。设置为 BOTTOM 时则图标和文字靠近菜单栏的底边框对齐，设置为 TOP 时则图标和文字靠近菜单栏的顶边框对齐，设置为 CENTER 时则图标和文字居中。

9. verticalTextAlignment

该属性设置菜单文字相对于图标的垂直对齐位置。设置为 BOTTOM 时则图标底边框与文字底边对齐，设置为 TOP 时则图标顶边框与文字顶边对齐，设置为 CENTER 时图标中线与文字中线对齐。

7.3 菜 单 项

菜单项 JMenuItem 是依附于菜单、子菜单或弹出式菜单的可视组件。一个菜单项就像一个按钮或工具栏上的工具项一样，是程序特定功能的用户接口，当用户单击菜单项时，会执行特定的代码段和操作。

7.3.1 菜单项的设计与使用

一些程序的菜单系统比较复杂，需要确定各菜单项所接口的功能，确定各个功能的访问路径，设计各级菜单和菜单项，明确它们之间的层次和类属关系。完成这些基础性工作之后，就可以开始创建和设计菜单了。

1. 菜单项的创建

在创建了菜单栏和菜单之后，需要接着向菜单中添加程序功能的实际菜单选择接口——菜单项。创建菜单项有以下几种方法。

(1) 单击 Palette 上 Swing Menus 组中的 Menu Item 组件，接着在菜单上单击，即可创建一个菜单项。

(2) 在菜单组件上右击，在快捷菜单中选择 Add From Palette→Menu Item 菜单项(见图 7.2)，即可创建该菜单的一个菜单项。

(3) 在 Navigator 窗口上菜单节点右击，在快捷菜单中选择 Add From Palette→Menu Item 菜单项，即可创建该菜单的一个菜单项。这种方法可以准确地为指定菜单添加菜单项。

2. 菜单项属性设置

菜单项 JMenuItem 通过各种超类继承了大约一百多个属性，它本身有十多个特定的属性。这些特定属性与菜单的属性名、作用和设置方法完全相同，只是菜单项没有 delay 属性，新增了 accelerator 属性，下面介绍这个属性。

accelerator 属性指定该菜单项的快捷键。**快捷键**一般是键盘上的一个组合键，可以使用该组合键直接选定该菜单项，而不需要进行鼠标单击操作。右击该属性行右侧的"…"按钮，出现 accelerator 对话框(见图 7.3)。其中，Virtual Key 右侧的下拉列表列出了所有按键常量可供选择；右边的四个复选框指定需要与虚拟键同时配合按下的控制键，包括 Ctrl、Alt、Shift 和 Meta(用于 Mac 计算机)。可以先选择一个虚拟键，再复选其中一个或多个控制键，此时所指定的快捷键会出现在按键行右侧的 Key Stroke 文本框中，单击 OK 按钮指定。

更为便捷的方法是插入点定位到 Key Stroke 文本框中，直接在键盘上按下所需要的快捷键，此时该快捷键出现在文本框中，无误后单击 OK 按钮即可指定。

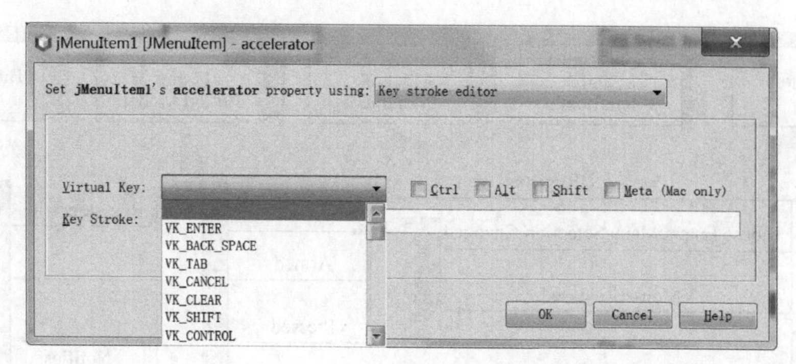

图 7.3　accelerator 对话框

3. 处理菜单项事件

菜单项在程序中所连接的功能是通过菜单项的事件处理完成的。因此,除了菜单系统的可视组件设计之外,事件处理的设计是菜单设计的另一项重点工作。

菜单项 JMenuItem 可以使用至少五种不同的事件监听器处理事件。菜单项组件继承了 AbstractButton 的 ChangeListener 与 ActionListener 事件监听器来监听和处理 ChangeEvent 与 ActionEvent 事件。菜单项 JMenuItem 组件支持当 MenuKeyEvent 与 MenuDragMouseEvent 事件发生时触发的 MenuKeyListener 与 MenuDragMouseListener 的事件处理。向菜单项 JMenuItem 设置 Action 属性,其作用类似于一种特殊的使用 ActionListener 监听的方法,稍后专门介绍。菜单项的最常见事件还是选择(即单击菜单项)事件 ActionEvent。

1) 使用 ChangeListener 监听 JMenuItem 事件

菜单项采用 ButtonModel 数据模型。用户对菜单项的操作触发了一系列的菜单项状态改变,并且反映在它的数据模型中。当使用鼠标操作时,鼠标光标划过菜单选项并且菜单变为选中时,JMenuItem 是 armed; 当按下鼠标按键时,JMenuItem 是 pressed; 松开鼠标后菜单项会变为未按下与 unarmed 状态; 如果没有选择(即没有单击菜单项)而将鼠标移动到另一个菜单项上,则菜单项会自动变为 unarmed 状态。图 7.4 示意了这种变化。

通常不会监听菜单项 JMenuItem 的 ChangeEvent 事件。

2) 使用 ActionListener 监听 JMenuItem 事件

菜单项一般需要监听和处理的常规事件是 ActionEvent。当用户选择(即单击)一个菜单项,或使用快捷键选择菜单项时,即触发 ActionEvent 事件,所注册的 ActionListener 监听器也会得到通知。

为一个菜单项注册并设计 ActionEvent 事件监听器的步骤是,在 Design 视图或 Navigator 窗口中右击该菜单项,在快捷菜单中选择 Events→Action→actionPerformed 菜单项。然后切换到 Source 视图设计事件处理方法。

例如,为 jMenuItem1 菜单项设计如下事件处理方法。

```
private void jMenuItem1ActionPerformed(java.awt.event.ActionEvent evt) {
    System.out.println(evt.getActionCommand());
}
```

运行程序,单击该菜单项时,该方法输出菜单项的 actionCommand 属性值。

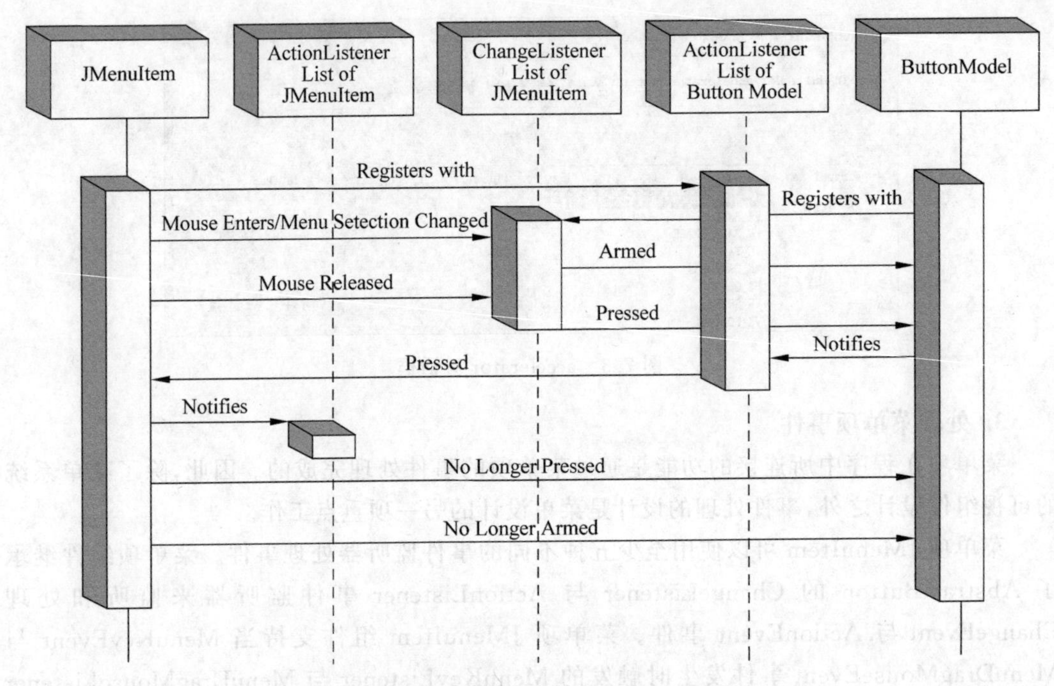

图 7.4　菜单项 JMenuItem 的选择时序图

7.3.2　复选框菜单项

复选框菜单项 JCheckBoxMenuItem 相当于将一个复选框 JCheckBox 作为菜单项放置在菜单上。复选框菜单项采用 ToggleButtonModel 数据模型，具有选中或未选中状态，同时显示合适的状态图标。复选框菜单项可以位于一个按钮组 ButtonGroup 中，此时该组中只有一个 JCheckBoxMenuItem 可以被选中。但这并不是它的通常使用方法，一般不要将多个复选框菜单项归为一个按钮组使用。

创建复选框菜单项的方法与创建一般菜单项相同。单击 Palette 上的 Swing Menus 组中的 Menu Item / CheckBox 组件之后，在目标菜单上单击即可。此时要注意位置指示符(一条棕黄色虚线)的位置。处于如图 7.5(a)所示状态时，会创建 jMenu6 菜单中的倒数第二个菜单项；但当处于如图 7.5(b)所示状态时，则会创建 jMenu6 菜单的子菜单 jMenu2 中的第一个菜单项。

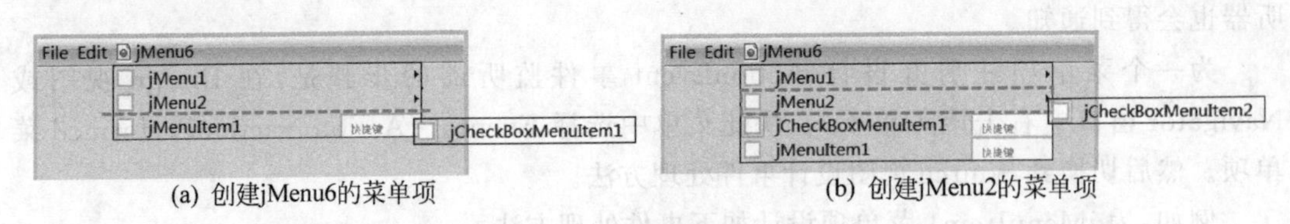

(a) 创建jMenu6的菜单项　　(b) 创建jMenu2的菜单项

图 7.5　创建菜单项

对复选框菜单项可能需要设置 selected 属性，指定程序运行时初始界面中该复选框菜单项是否处于选取状态。设置方法是，单击该属性行右侧的复选框，使其出现(true)或不出现(false)"√"标记。

使用 ItemListener 监听 JCheckBoxMenuItem 选中事件,且不需要查询事件源以确定选中状态,事件已经带有这些信息了。依据这个状态,可以进行正确的响应。例如,下段代码演示了这个监听器的基本用法。

```
private void jCheckBoxMenuItem1ItemStateChanged(java.awt.event.ItemEvent evt) {
    if(evt.getStateChange() == ItemEvent.SELECTED) {
      System.out.println("菜单项" + ((JCheckBoxMenuItem)evt.getSource()).
                                                  getActionCommand() + "处于选取状态。");
    } else {
            System.out.println("菜单项" + ((JCheckBoxMenuItem)evt.getSource()).
                                                getActionCommand() + "处于未选取状态。");
    }
}
```

7.3.3 单选按钮菜单项

单选按钮菜单项 Menu Item / RadioButton 组件相当于将单选按钮 JRadioButton 作为一个菜单项 JMenuItem 放置在菜单上。其作用类似于单选按钮 JRadioButton。当与其他的单选按钮菜单项组件共同放在一个按钮组中时,每次只有一个该类菜单项可以被选中。它采用 JToggleButton. ToggleButtonModel 按钮模型。

创建单选按钮菜单项的方法与创建复选按钮菜单项的完全相同。

单选按钮菜单项的属性与复选框菜单项的基本相同。一般需要设置它的 text、selected 和 buttonGroup 等属性。几乎总是需要设置 buttonGroup 等属性。这些属性设置方法与前述相同。

Swing 默认观感界面中,单选按钮菜单项的界面不是很美观,在 Windows 下与系统程序所显示的单选按钮菜单项前面的图标还是有较大差别(见图 7.6)。

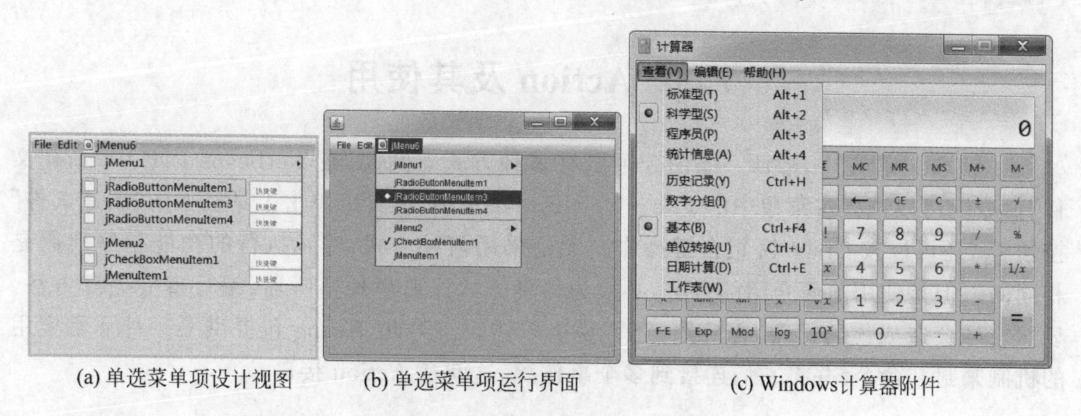

(a) 单选菜单项设计视图　　(b) 单选菜单项运行界面　　(c) Windows计算器附件

图 7.6　单选菜单项的可视外观

对单选按钮菜单项的选取会触发 ActionEvent 事件,注册 ActionListener 监听器进行处理。另外,经常希望将相同的监听器关联到处于同一按钮组 ButtonGroup 中所有的单选按钮菜单项组件上,毕竟它们由于某种原因分为一组。如果使用相同的监听器,监听器可以依据当前的选择而执行某些操作。

7.4 分隔符

分隔符 JSeparator 是一种特殊的组件，在界面上创建一条水平或垂直分隔线。分隔符可以用在菜单上将某些菜单项按照功能或其他准则分成一组。分隔符同样可以用在工具栏上，对工具项提供分组分隔标记。此外，分隔符也可以放置在任何希望使用水平或是垂直线来分隔屏幕不同区域的地方。

可以像创建其他简单组件一样创建一条分隔符。即在 Palette 的 Swing Menus 组中单击 Separator 组件，然后在 Design 视图中需要分隔符的位置单击，即可创建一条水平分隔符。

分隔符的重要属性是 orientation，在 Properties 窗口该属性行右侧单击下三角按钮，选择 HORIZONTAL 使分隔符显示一条水平直线，选择 VERTICAL 则显示一条竖直直线。除此之外，设置不同的前景和背景颜色等并不能改变菜单中分隔符的显示样式。

例 7.1 前面开发的文本阅读器程序有一个工具栏（层叠 平铺 全部关闭 退出 文字颜色 背景颜色）。其中，后两个工具项“文字颜色”和“背景颜色”与前边四个工具项功能是两个不同的方面。为该工具栏添加一个垂直分隔符，将这两组工具项分隔开来。

解：操作步骤如下。

(1) 打开 TextFileReader0.4 项目。

(2) 打开 MyFileReader 窗体。

(3) 在 Design 视图双击工具栏 jToolBar1。

(4) 在 Palette 的 Swing Menus 组中单击 Separator 组件，鼠标移到 Design 视图中“退出”与“文字颜色”之间（层叠 平铺 全部关闭 退出 文字颜色 背景颜色），单击鼠标即会创建一条垂直分隔线（层叠 平铺 全部关闭 退出 | 文字颜色 背景颜色）。

7.5 Action 及其使用

一般 GUI 程序中，激活一条命令可以有多种方式。例如，在 NetBeans IDE 中“新建文件”命令既可以选择主菜单中的 File→New File 菜单项，也可以单击工具栏上的“新建文件”按钮，还可以按 Ctrl＋N 组合键操作。无论采用何种方式，实际执行的功能程序代码是相同的。但是使用前面介绍的方法，必须为每种方式注册事件监听器，编写事件处理方法。显然这样会造成代码冗余，也麻烦，还容易引入错误。为此，Swing 包提供了一种非常实用的机制来封装命令，并将它们连接到多个事件源，这就是 Action 接口。

7.5.1 Action 接口

Swing 库使用 Action 接口扩展了原始的 ActionListener 接口来存储具有事件处理器的可视属性。这使得事件处理器的创建独立于可视化组件。当 Action 与一个组件相关联时，组件直接由事件处理器自动获取信息（例如按钮文本）。

Action 接口实现了 ActionListener，并且定义了一个查询表数据结构，其键值作为属性。当 Action 与一个组件相关联时，这些显式属性会自动地传递到 Action。以下是该接口定义。

```
public interface Action extends ActionListener {
    //Constants
    public final static String ACCELERATOR_KEY;
    public final static String ACTION_COMMAND_KEY;
    public final static String DEFAULT;
    public final static String LONG_DESCRIPTION;
    public final static String MNEMONIC_KEY;
    public final static String NAME;
    public final static String SHORT_DESCRIPTION;
    public final static String SMALL_ICON;
    //Listeners
    public void addPropertyChangeListener(PropertyChangeListener listener);
    public void removePropertyChangeListener(PropertyChangeListener listener);
    //Properties
    public boolean isEnabled();
    public void setEnabled(boolean newValue);
    //Other methods
    public Object getValue(String key);
    public void putValue(String key, Object value);
}
```

Action 接口必然有自其父接口 ActionListener 继承来的 actionPerformed(ActionEvent evt),在此方法中执行实际的事件处理逻辑。

7.5.2 实现 Action

AbstractAction 类提供了 Action 接口的一个默认实现。首先对预定义常量赋予表 7.1 所描述的作用。

表 7.1 AbstractAction 预定义常量集合

常 量	描 述
NAME	Action 名字,用作按钮标签
SMALL_ICON	Action 图标,用作按钮标签
SHORT_DESCRIPTION	Action 的简短描述;可以用作提示文本,但默认情况下并不使用
LONG_DESCRIPTION	Action 的长描述;可以用作访问功能
ACCELERATOR	KeyStroke 字符串;可以用作 Action 的快捷键
ACTION_COMMAND_KEY	InputMap 键;映射到与 JComponent 相关 ActionMap 中的 Action
MNEMONIC_KEY	按键代码;可以用作 Action 的命令字母
DEFAULT	可以用于自定义属性的未用常量

其次,实现了 Action 接口提供的除了 actionPerformed()外的所有方法。

(1) setEnabled(boolean newValue)设置启用或禁用监听到事件源的该 Action。

(2) isEnabled()方法则用于判断监听到事件源的 Action 是否启用。

(3) putValue(String key, Object value)方法用于存储 Action 对象中的任意"名-值"对。例如,"action. putValue(Action. NAME, "Blue");"存储了该 Action 的名字。

(4) getValue(String key)方法获取指定键 key 的值。例如,"action. gutValue(Action. NAME);"获取 NAME 键的值,此处返回字符串"Blue"。

（5）addPropertyChangeListener()方法在 Action 对象的属性变化时使监听器得到通告，尤其是菜单或工具栏触发的动作。

（6）removePropertyChangeListener()方法则使监听器不再关注 Action 对象属性的变化。

应用程序中实现一个 Action 时，只要设计 AbstractAction 类的子类，在其中只需要实现 actionPerformed()方法，定义实际的事件处理逻辑即可。例如，以下 TheExitAction 类继承自 AbstractAction 类，实现了 actionPerformed()抽象方法，从而实现了一个 Action。

```
import java.awt.event. * ;
import javax.swing. * ;
class TheExitAction extends AbstractAction {
        public TheExitAction() {
                putValue(Action.SHORT_DESCRIPTION, "退出程序");
        }
        @Override
        public void actionPerformed(ActionEvent e) {
            System.exit(0);
        }
}
```

7.5.3 使用 Action

要将设计的 Action 应用到菜单项和工具项，首先创建 Action 实现类的对象，然后将该 Action 对象设置为组件的 action 属性值。操作步骤是，选择菜单项或工具项，在 Properties 窗口中单击 action 属性行右侧的“…”按钮，在下拉列表中选择 Customize Code，在代码输入区中输入创建 Action 对象的语句或直接输入 Action 对象变量名，单击 OK 按钮即可。

例 7.2 为 TextFileReader0.4 主窗口添加菜单栏，并添加“文件”“格式”和“窗口”三个菜单，将工具栏上的功能分类添加到菜单中。

分析：该题目要求的菜单结构比较简单。其中，“文件”菜单设置“关闭”“全部关闭”和“退出”三个菜单项，“格式”菜单设置“文字颜色”和“背景颜色”两个菜单项，“窗口”菜单设置“层叠”和“平铺”两个菜单项。除了“关闭”之外，各个菜单项都同时在工具栏上有对应的工具项。

解：设计步骤如下。

（1）在 Design 窗口中右击 TextFileReader0.4 节点，在快捷菜单中选择 Copy 菜单项，ProjectName 中输入“TextFileReader0.5”，单击 Copy 按钮。

（2）打开 TextFileReader0.5 项目中的 MyFileReader 窗体，切换到 Design 视图。单击 Palette 中的 Swing Menus 组下的 MenuBar 组件，在窗体上单击，创建菜单栏。

（3）单击 Palette 中的 Swing Menus 组下的 Menu 组件，在菜单栏上单击，创建第三个菜单。因为创建菜单栏时已经自动创建了两个菜单 File 和 Edit。

（4）右击 File 菜单，在快捷菜单中选择 Change Variable Name 命令，New Name 中输入“jMenuFile”，单击 OK 按钮。单击 File 菜单，按空格键，输入文字“文件(F)”，回车。

（5）在 Properties 窗口 mnemonic 属性值文本框中输入字符 F。

（6）重复步骤(4)和(5)，修改 Edit 菜单的变量名为 jMenuFormat，文字为“格式(T)”，

mnemonic 属性值为 T；修改第三个菜单变量名为 jMenuWindow，文字为“窗口(W)”，mnemonic 属性值为 W。

(7) 单击 Palette 中的 Swing Menus 组下的 Menu Item 组件，鼠标移动到 Design 视图的“文件(F)”菜单单击，创建该菜单中的一个菜单项。

(8) 修改步骤(7)所建菜单项的变量名为 jMenuItemClose，文字为“关闭(S)”，mnemonic 属性值为 S。

(9) 在 Properties 窗口中单击 accelarator 属性行右侧的“…”按钮，在对话框中下拉列表中选择 Key stroke editor，在 Key Stroke 右侧文本框单击，按 Alt+C 组合键，单击 OK 按钮。

(10) 重复步骤(7)～(9)，按表 7.2 创建其余菜单项。

表 7.2　窗口菜单项

菜单	菜单项组件	变量名	文字	mnemonic	accelarator
文件	菜单项	jMenuItemClose	关闭(S)	S	Alt+C
	菜单项	jMenuItemCloseAll	全部关闭		Alt+A
	菜单项	jMenuItemExit	退出(X)	X	F4
格式	菜单项	jMenuItemTextColor	文字颜色		
	菜单项	jMenuItemBackground	背景颜色		
窗口	单选按钮	jRadioButtonMenuItemCascade	层叠		
	单选按钮	jRadioButtonMenuItemTile	平铺		

(11) 在 Navigator 窗口中右击 Other Components，在快捷菜单中选择 Add From Palette→Swing Controls→Button Group 菜单项。重命名为 buttonGroupWindow。

(12) 修改单选按钮菜单项 jRadioButtonMenuItemCascade 和 jRadioButtonMenuItemTile 的 buttonGroup 属性值为 buttonGroupWindow。

(13) 为“关闭”菜单项注册 ActionEvent 事件监听器，编写事件监听方法如下。

```
private void jMenuItemCloseActionPerformed(java.awt.event.ActionEvent evt) {
    for (JInternalFrame frame : jDesktopPane1.getAllFrames()) {
        if (frame.isSelected()) {
            ((InternalFrameText) frame).dispose();
            break;
        }
    }
}
```

(14) 为“全部关闭”菜单项和工具项编写 Action 实现类。在 MyFileReader 类的内部编写以下内部类。

```
class AllClose extends AbstractAction {
    @Override
    public void actionPerformed(ActionEvent e) {
        for (JInternalFrame frame : jDesktopPane1.getAllFrames()) {
            frame.dispose();
        }
    }
}
```

(15) 在 Design 视图中单击 jButtonAllClose 工具项，在 Properties 窗口 action 属性行右侧单击“…”按钮，选择 Custom Code，在代码输入区输入“new AllClose()”，单击 OK 按钮。在 Events 窗口中单击 actionPerformed 事件行右侧的“…”按钮，在打开的事件处理程序管理器对话框中，选取 jButtonAllCloseActionPerformed，单击 Remove 按钮，最后单击 OK 按钮。

(16) 在 Design 视图中单击 jMenuItemCloseAll 菜单项，在 Properties 窗口 action 属性行右侧单击“…”按钮，选择 Custom Code，在代码输入区输入 new AllClose()，单击 OK 按钮。

(17) 为“退出”工具项和菜单项编写 Action 实现类如下。

```
class TheExit extends AbstractAction {
    @Override
    public void actionPerformed(ActionEvent e) {
        System.exit(0);
    }
}
```

(18) 使用与步骤(15)和(16)相同的操作，为“退出”工具项和菜单项设置 action 属性，属性定制代码为 new TheExit()。

(19) 为“文字颜色”工具项和菜单项编写 Action 实现类如下。

```
class TextColorAction extends AbstractAction {
    @Override
    public void actionPerformed(ActionEvent e) {
        Color color = JColorChooser.showDialog(rootPane, "选择文字颜色", Color.BLACK);
        for (JInternalFrame frame : jDesktopPane1.getAllFrames()) {
            if (frame.isSelected()) {
                jTextAreaText = ((InternalFrameText) frame).getjTextArea1();
                break;
            }
        }
        jTextAreaText.setForeground(color);
    }
}
```

(20) 使用与步骤(15)和(16)相同的操作，为“文字颜色”工具项和菜单项设置 action 属性，属性定制代码为 new TextColorAction ()。

(21) 为“背景颜色”工具项和菜单项编写 Action 实现类如下。

```
class BackgroudAction extends AbstractAction {
    @Override
    public void actionPerformed(ActionEvent e) {
        Color color = JColorChooser.showDialog(rootPane, "选择文字颜色", Color.BLACK);
        for (JInternalFrame frame : jDesktopPane1.getAllFrames()) {
            if (frame.isSelected()) {
                ((InternalFrameText) frame).getjTextArea1().setBackground(color);
                break;
            }
        }
    }
}
```

(22) 使用与步骤(15)和(16)相同的操作,为"背景颜色"工具项和菜单项设置 action 属性,属性定制代码为 new BackgroudAction ()。

(23) 为"层叠"工具项和菜单项编写 Action 实现类如下。

```
class CascadeAction extends AbstractAction {
    @Override
    public void actionPerformed(ActionEvent e) {
        jButtonCascadeActionPerformed(e);
    }
}
```

(24) 使用与步骤(16)相同的操作,为"层叠"菜单项设置 action 属性,属性定制代码为 new CascadeAction()。

(25) 为"平铺"工具项和菜单项编写 Action 实现类如下。

```
class TileAction extends AbstractAction {
    @Override
    public void actionPerformed(ActionEvent e) {
        jButtonTileActionPerformed(e);
    }
}
```

(26) 使用与步骤(16)相同的操作,为"平铺"菜单项设置 action 属性,属性定制代码为 new TileAction()。

完成上述步骤,运行程序发现,相同命令的菜单项和工具项工作情况一致,且快捷键也与所属菜单项一样工作。例如,按 F4 键,同样可以退出程序。

7.6 弹出式菜单

弹出式菜单也叫快捷菜单,它不依附于菜单栏,而是依附于某个组件。常见的是鼠标在某个组件上右击后,立即出现在鼠标附近的一种菜单。Swing 的弹出式菜单组件 Popup Menu 是弹出菜单的容器,用于显示所包含的菜单组件。

7.6.1 弹出式菜单的设计

弹出式菜单的设计步骤包括创建弹出式菜单,添加菜单项构造弹出式菜单,设置弹出式菜单的依附组件以及事件处理等。

1. 创建弹出式菜单

使用 GUI 构建器可以可视化地创建弹出式菜单。

(1) 单击 Palette 中 Swing Menus 组下的 Popup Menu 组件,然后在 Design 视图的任意位置单击,即可创建一个弹出式菜单,且显示在 Navigator 窗口的 Other Components 节点下。

(2) 在 Navigator 窗口的 Other Components 节点上右击,在快捷菜单中选择 Add From Palette→Swing Menu→Popup Menu 菜单项,即可创建一个弹出式菜单。

2. 设置弹出式菜单的属性

弹出式菜单有以下重要属性。

1) invoke

该属性设置此弹出菜单的调用者，即弹出菜单在其中显示的组件。

2) componentPopupMenu

该属性设置此弹出菜单组件的弹出菜单。

3) inheritsPopupMenu

该属性的值是一个 boolean 量。当设置为 true 时，如果没有直接为该组件设置 componentPopupMenu，则会查找并使用父容器的弹出菜单。

4) lightWeightPopupEnabled

该属性默认情况下处于选取状态。如果值为 true，当显示弹出菜单时，它选择使用轻量级(纯 Java 的)弹出菜单。当弹出式菜单可以完整地显示在最外层的窗体框架内时使用 JPanel，否则使用 JWindow。但是轻量级和重量级组件在 GUI 中不能很好地混合使用。如果应用程序混合使用轻量级和重量级组件，则应该禁用轻量级弹出窗口。

3. 为弹出式菜单添加菜单及菜单项并调整顺序

在 Navigator 窗口的 Other Components 节点下，右击弹出式菜单组件，在快捷菜单中选择 Add From Palette→Swing Menus→Menu 菜单项，即可为弹出式菜单创建一个菜单。

在 Navigator 窗口的 Other Components 节点下，右击弹出式菜单组件，在快捷菜单中选择 Add From Palette→Swing Menus→Menu Item 菜单项，即可为弹出式菜单创建一个菜单项。

如果所添加的菜单和菜单项次序不符合要求，可以进行调整。调整的方法是，右击弹出式菜单组件，在快捷菜单中选择 Change Order 菜单项，在 Change Order 对话框中选择需要调整顺序的菜单或菜单项，单击 Move up 按钮上移或 Move down 按钮下移该项，完成后单击 OK 按钮(见图 7.7)。

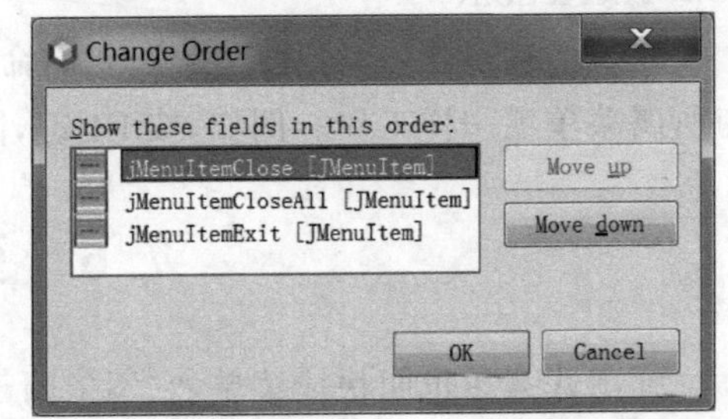

图 7.7 更改菜单项顺序对话框

4. 为组件设置弹出菜单

弹出菜单总是依附于某个组件，只有在该组件上右击才会弹出该菜单。在弹出菜单依附组件的属性窗口中，单击 componentPopupMenu 属性行右侧的下三角按钮，一般会列出该组件所在容器中的弹出菜单组件，在列表中选择该组件的弹出菜单即可。

7.6.2 应用举例

例 7.3 为例 7.2 的 TextFileReader0.5 项目中的桌面窗格 jDesktopPane1 组件设计弹出式菜单。该弹出式菜单中包含“关闭”和“全部关闭”两个菜单项，还包含“格式”和“窗口”两个子菜单。其中，“格式”菜单包含“文字颜色”和“背景颜色”两个菜单项，“窗口”菜单包含“层叠”和“平铺”两个菜单项。

解：设计步骤如下。

(1) 打开 MyFileReader 窗体，在 Navigator 窗口的 Other Components 节点下右击，在

快捷菜单中选择 Add From Palette→Swing Menus→Popup Menu 菜单项，使用默认名。

(2) 在 Navigator 窗口中右击弹出式菜单组件 jPopupMeu1，在快捷菜单中选择 Add From Palette→Swing Menus→Menu Item 菜单项，重命名为“jMenuItemPopupClose”。修改该菜单项文字为“关闭(S)”。设置 mnemonic 属性值为 S，accelarator 属性值为 Alt+C。

(3) 为弹出式菜单 jPopupMeu1 中的“关闭(S)”菜单项设计 Action 实现类，代码如下。

```
class CloseAction extends AbstractAction {
    @Override
    public void actionPerformed(ActionEvent e) {
        jMenuItemCloseActionPerformed(e);
    }
}
```

(4) 设置弹出式菜单 jPopupMeu1 中的“关闭(S)”菜单项的 action 属性值为定制代码 new CloseAction()。

(5) 重复步骤(2)和(4)，为弹出式菜单创建菜单项 jMenuItemPopupCloseAll。文字为“全部关闭”，accelarator 属性值为 Alt+A，action 属性值为定制代码 new AllClose()。

(6) 在 Navigator 窗口中右击弹出式菜单组件 jPopupMeu1，在快捷菜单中选择 Add From Palette→Swing Menus→Menu 菜单项，重命名为 jMenuPopupFormat。修改该菜单项文字为“格式(T)”。设置 mnemonic 属性值为 T。

(7) 在 Navigator 窗口 Other Components 下右击 jMenuPopupFormat 组件，在快捷菜单中选择 Add From Palette → Swing Menus → Menu Item 菜单项，重命名为 jMenuItemPopupTextColor。修改该菜单项文字为“文字颜色”，action 属性值为定制代码 new TextColorAction()。

(8) 重复步骤(7)，创建 jMenuPopupFormat 菜单中的第二个菜单项 jMenuItemPopupBackground，菜单项文字为“背景颜色”，action 属性值为定制代码 new BackgroudAction()。

(9) 在 Navigator 窗口中右击弹出式菜单组件 jPopupMeu1，在快捷菜单中选择 Add From Palette→Swing Menus→Menu 菜单项，重命名为 jMenuPopupWindow。修改该菜单项文字为“窗口(W)”。设置 mnemonic 属性值为 W。

(10) 在 Navigator 窗口 Other Components 下右击 jMenuPopupWindow 组件，在快捷菜单中选择 Add From Palette→Swing Menus→Menu Item/RadioButton 菜单项，重命名为 jRadioButtonMenuItemPopupCascade。修改该菜单项文字为“层叠”，action 属性值为定制代码 new CascadeAction()。

(11) 重复步骤(10)，为 jMenuPopupWindow 菜单创建第二个单选按钮菜单项 jRadioButtonMenuItemPopupTile，菜单项文字为“平铺”，action 属性值为定制代码 new TileAction()。

(12) 修改单选按钮菜单项 jRadioButtonMenuItemPopupCascade 和 jRadioButtonMenuItemPopupTile 的 buttonGroup 属性值为 buttonGroupWindow。

(13) 在 Navigator 窗口中单击选择 jDesktopPane1 节点，在 Properties 窗口中单击 componentPopupMenu 属性行右侧的下三角按钮，选择弹出式菜单组件 jPopupMeu1。

完成上述步骤后运行程序，在右边桌面窗格右击，出现弹出式菜单（即快捷菜单），符合设计要求（见图 7.8）。

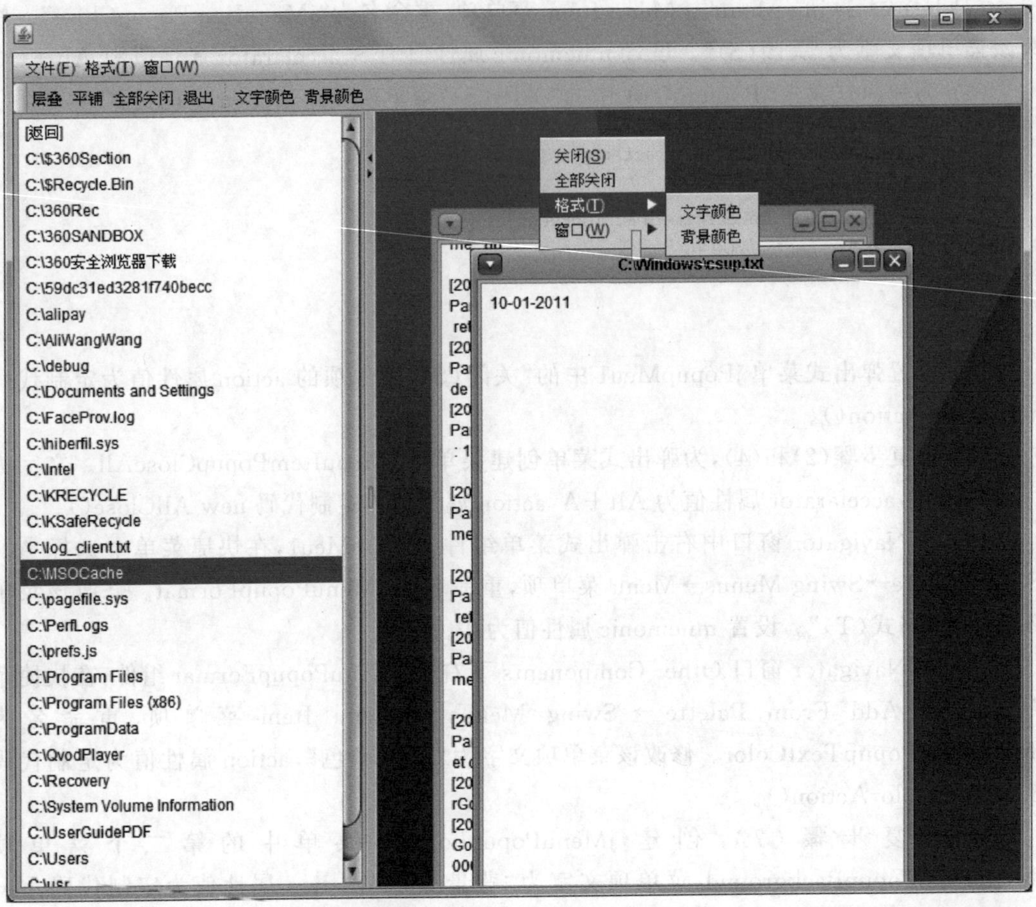

图 7.8 例 7.3 程序运行界面——弹出式菜单

习 题

1. 观察 Windows“附件”组“计算器”程序的菜单系统，试述该程序菜单的组成结构。

2. 仿照 Windows“附件”组“计算器”程序的菜单系统，为例 4.3 的简易四则运算计算器设计菜单，其中包含“编辑”和“帮助”两个菜单。（功能可以简化）

3. 为例 4.3 的简易四则运算计算器设计弹出式菜单，并使用 Action 实现其功能。

第8章 Swing控件的使用

Swing库提供了丰富的控件，NetBeans IDE的GUI构建器中专门提供了Swing Controls组（见图8.1），以便采用可视化设计方法在程序的GUI中使用这些组件。前面学过几个简单控件的使用方法，本章介绍其余控件的使用。

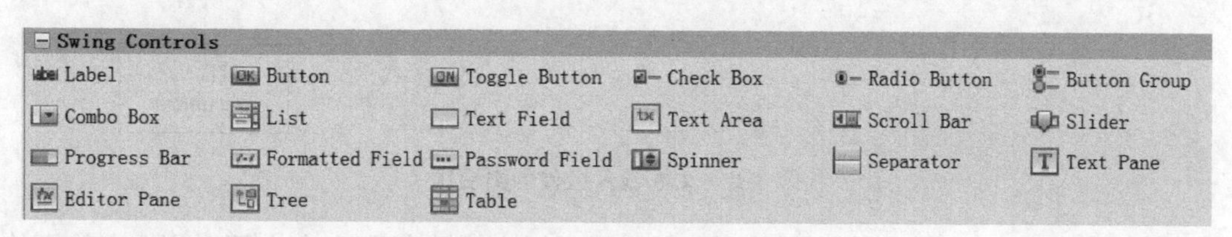

图8.1　组件面板上的Swing Controls控件

Swing库所提供的组件都包含三方面，即内容、外观和行为。内容是组件的状态和所展现的数据，如文本区域的宽度、可否编辑等状态，其中输入的文本等内容；外观即组件的图形化形态，如大小、颜色、位置、装饰部件等；行为即组件对事件的反应。Swing库对组件的设计采用MVC设计模式，其中，模型（Model，M）存储状态与内容，视图（View，V）显示内容及外观，控制器（Controller，C）处理用户输入。同时模式还规定了它们的联系和交互方式。在采用可视化方法开发Java GUI程序时，应同时考虑这三个方面。

8.1　文本输入控件

Swing库提供了一组文本输入控件，并把它们组织在具有继承关系的层次结构中，包括两类，一类是用于显示的组件，另一类用于存储和处理文本数据（见图8.2）。所有的文本组件显示和编辑的数据都存储在实现了Document接口类的模型对象中。文本字段JTextField和文本区域JTextArea的数据用PlainDocument简单地存储了没有格式的纯文本行。

前面已经介绍过文本字段JTextField（Text Field）、文本区域JTextArea（Text Area）和口令字段JPassworField（Password Field），下面介绍其余几个文本输入组件。

8.1.1　格式化字段

许多情况下需要对用户输入的文本有具体的格式要求，例如，年龄输入必须是整数，出生日期输入不能是随意的一些字母组合，身份证号和电话号码输入有一定的位数要求，且不

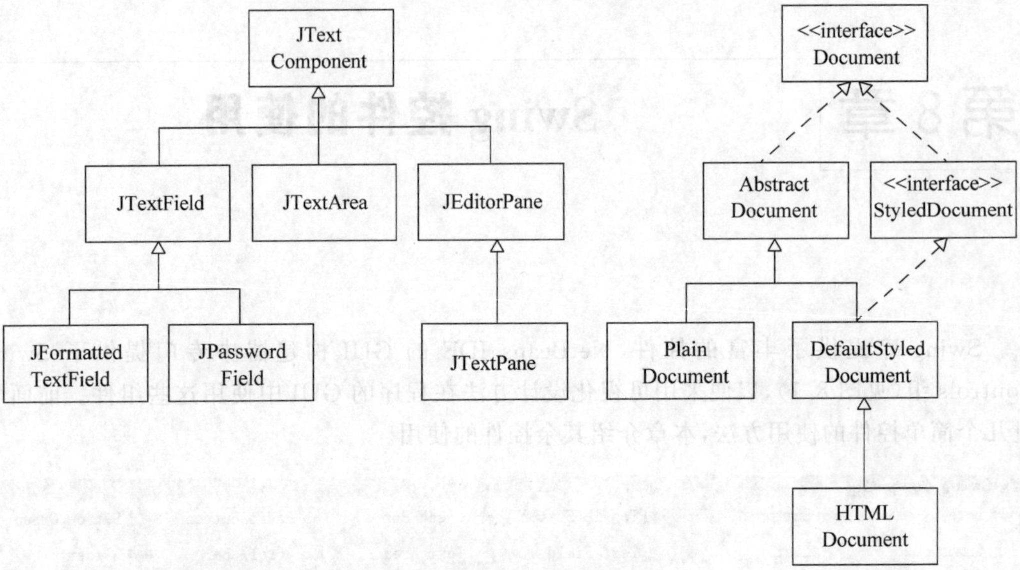

JText Component
<<interface>> Document
JTextField
JTextArea
JEditorPane
Abstract Document
<<interface>> StyledDocument
JFormatted TextField
JPassword Field
JTextPane
Plain Document
DefaultStyled Document
HTML Document

图 8.2　文本输入组件的类层次

能有字母等。对于这样的要求，尽管可以通过监听用户按键来处理，如前面对用户名输入的处理，但是 Swing 提供了专业的组件满足这类要求，就是格式化字段 JFormattedTextFiled 组件。

在 Palette 中单击 Swing Controls 组的 Formatted Filed 组件图标后，在 Design 视图的目标容器上单击，即可创建一个格式化字段组件。对该组件的使用关键在于设置合适的输入格式。

1. formatterFactory

该属性设置数据格式用于格式化要显示的值，以及强制执行编辑策略。在 Properties 窗口中单击该属性行右侧显示属性值的列，出现该属性值设置对话框（见图 8.3），选择数据的 Category 和所采用的 Format，单击 OK 按钮即可。

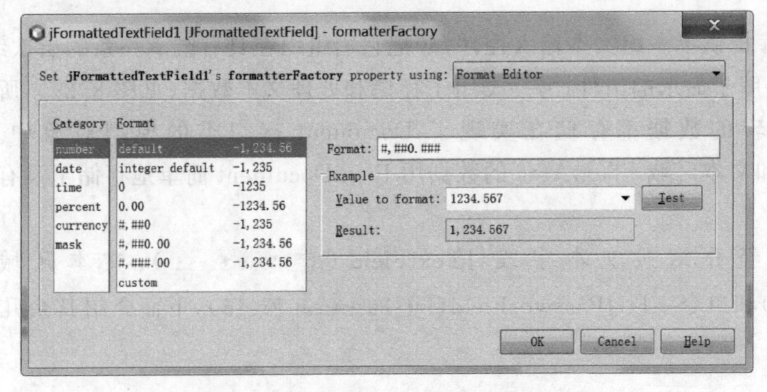

图 8.3　formatterFactory 属性设置对话框

formatterFactory 设置对话框的格式编辑器提供了数值、日期、时间、百分比和货币这些常用类别数据的常用格式，能够满足大多数需要。如果需要为特定类型的数据提供格式，可以选择其中的 mask 类别的 custom 格式，然后在右边面板 Format 右侧的文本框中输入定制掩码。定制掩码采用表 8.1 列出的符号。

表 8.1 formatterFactory 掩码符号

符号	作　用	符号	作　用
#	一个数字	A	一个字母或数字
?	一个字母	H	一个十六进制数字(0～9，A～F，a～f)
U	一个字母，转换为大写	*	任何字符
L	一个字母，转换为小写	‘	在模式中包含的转义字符

例如，某学校对学生公寓楼的宿舍编号格式是：两位整数的楼号-两位整数的楼层号-三位整数的宿舍号，如“03-12-024”表示第 03 号公寓楼第 12 层的 024 号宿舍。那么公寓楼宿舍管理程序开发时可以设置一个格式化字段用于输入宿舍编号，为该组件定制输入格式“##-##-###”。事实上，如图 8.3 所示的对话框对各类别的各种格式都定制好了掩码串，其结果也是这些掩码串的作用。

前面开发的学生成绩管理系统的学生注册和教师注册界面中，学号、工号、年级、班级和年龄输入字段都有特定的格式，将这些组件替换为格式化字段组件，并定制其格式将会使程序更加友好和专业。

2. focusLostBehavior

该属性设置格式化字段失去焦点时的行为。用户要向格式化字段输入值时，用鼠标单击它或按制表键，在它的输入区出现插入点，输入完成后，用户单击其他组件(或按制表键)，该格式化字段就失去了焦点，此时其行为取决于该属性的设置。单击该属性行右侧的下三角按钮，有以下四种选项。

(1) COMMIT_OR_REVERT，即“提交或回复”。如果文本字符串有效，也就是格式符合设置，且校验无误，则输入内容被提交，格式器将输入串转换为对象，且使该对象成为该组件的当前值。然后将这个对象再转换成字符串，成为文本框中显示的字符串。但是要注意，格式是整数时，以数字开始的输入是合法的，如输入了 1279x 会被转换为 1279。

(2) REVERT，即恢复。输入被丢弃，当前值不发生变化，文本框恢复到表示原有值的字符串。

(3) COMMIT，即提交。如果输入内容是有效的，文本字符串和文本框的值都是用户输入的值。但如果输入内容是无效的，则文本字符串和文本框的值都保持不变，即文本字符串是输入前的值，而文本框则是用户输入，此时二者不同步。

(4) PERSIST，即持久化。此种设置即使文本字符串是有效的，文本框和当前值都不发生变化，需要调用 commitEdit()、setValue()和 setText()使它们保持同步。

3. editValid

editValid 属性记录当前的编辑是否有效。这是一个只读属性，不能在 Properties 窗口中编辑它的值，但是可以在程序中检查输入值的有效性。

4. inputVerifier

该属性为文本组件设置一个输入校验器，当该组件失去焦点时，校验器检查输入，要是输入有误，则重新使该组件获得焦点，强制用户更正输入的错误内容。一般可以输入文本的组件都有该属性，通过定制代码方式设置该属性的值。

校验器必须继承 InputVerifier 类并实现它的抽象方法 verify()。例如，编写以下类：

```
class MyVerifier extends InputVerifier {
    @Override
    public boolean verify(JComponent input) {
        return jFormattedTextField1.isEditValid();
    }
}
```

设置 jFormattedTextField1 组件的 inputVerifier 属性为定制代码"new MyVerifier()"，当输入不正确时，无法将焦点移到其他组件。

格式化字段有与文本字段一样的许多其他属性。

8.1.2 编辑器窗格

编辑器窗格 JEditorPane 是可编辑各种内容的文本组件。此组件使用当前已安装的 EditorKit，对于给予它的各种内容，将其形态变换为适当的文本编辑器种类。即编辑器窗格是用来分析并显示格式化文本的组件，并提供适当的编辑功能。

在 Palette 中单击 Swing Controls 组的 Editor Pane 组件后，在 Design 视图的目标容器上单击，即可创建一个编辑器窗格组件。查看 Navigator 窗格发现，同时创建了一个滚动窗格组件，并将该编辑器窗格组件置于其中。

1. contentType

该属性设置此编辑器窗格组件处理的内容类型。默认情况下，支持下列内容类型。

(1) text/plain：纯文本，即无法识别给定的类型时所使用的默认值。在此情况下使用的工具包是 DefaultEditorKit 的扩展，可生成有换行的纯文本视图。

(2) text/html：HTML 文本。在此情况下使用的工具包是类 javax.swing.text.html.HTMLEditorKit，支持 HTML 3.2。

(3) text/rtf：富文本格式(RTF)文本。在此情况下使用的工具包是类 javax.swing.text.rtf.RTFEditorKit，它提供了对多样化文本格式(Rich Text Format)的有限支持。

尽管具备编辑功能，但 JEditorPane 的最主要功能在于展现不同类型的文件格式内容，特别是网页。可以显示大多数的 HTML 元素，包括图片、格式化文字、URL 链接等。但是 JEditorPane 并不是一个全功能的 Web 浏览器，它仅能支持简单的 HTML 语法。因此，该组件最主要的用途是用来制作在线辅助说明文件。

该属性的默认值是 text/plain 纯文本。如果要支持 text/html 网页，则只需设置 page 属性为 URL 字符串，该属性值即变更为 text/html。

2. page

该属性指定此编辑器窗格组件所要显示的 text/html 网页的 URL 字符串。在 Properties 窗口中单击该属性右侧文本框，输入 URL 字符串(如 http://news.baidu.com/)，稍后即显示该页面内容。

3. editable

设置该属性为选取状态(true)，则可以编辑文本框中的内容。如果内容是 HTML 文本，则可以看到 JavaScript 命令、注释及其他一些标签，但超级链接不再是活动的了。还可以输入、删除和修改文本，可以使用 Ctrl＋C、Ctrl＋X 和 Ctrl＋V 对文本利用剪贴板进行复制、剪切和粘贴操作。如果设置该属性值为未选取状态(false)，则此编辑器窗格组件内显示了对内容文本的解释结果。

4. 监听超链接单击事件

当在非编辑状态下为 page 属性设置一个 URL 时，编辑器窗格组件内显示的超链接被单击时并不做页面跳转，但会触发 HyperlinkEvent 事件，需要程序监听并处理这个事件以更新 page 属性的 URL 字符串，从而实现页面跳转。

事件监听器 HyperlinkListener 接口只有一个方法：void hyperlinkUpdate(HyperlinkEvent e)。

在该接口的实现类中需要检测事件类型。有下列三种类型。

(1) HyperlinkEvent. EventType. ENTERED：进入到该超链接。

(2) HyperlinkEvent. EventType. EXITED：退出该超链接。

(3) HyperlinkEvent. EventType. ACTIVATED：单击该超链接。

下列类的对象可作为 HyperlinkEvent 事件监听器实现单击超链接的页面跳转。

```
class HyperActive implements HyperlinkListener {
    public void hyperlinkUpdate(HyperlinkEvent e) {
        if (e.getEventType() == HyperlinkEvent.EventType.ACTIVATED) {
            JEditorPane pane = (JEditorPane) e.getSource();
            try {
                pane.setPage(e.getURL());
            } catch (Throwable t) {
                t.printStackTrace();
            }
        }
    }
}
```

8.1.3 文本窗格

文本窗格 JTextPane 是为文字和版面处理设计的组件。当需要对文字设置字体缩放、改变文字风格、加入图片等效果时，应该使用文本窗格组件。

在 Palette 中单击 Swing Controls 组的 Text Pane 组件后，在 Design 视图的目标容器上单击，即可创建一个文本窗格组件。查看 Navigator 窗口发现，同时创建了一个滚动窗格组件，并将该文本窗格组件置于其中。

文本窗格是十分复杂的组件，它的大量操作利用了文档存储模型和属性变化。以下简单介绍两个在 Properties 窗口中可以看见的属性及其简单应用。

1. inputAttributes

inputAttributes 是一个不能修改的属性，是 javax. swing. text. MutableAttributeSet 接口类型。MutableAttributeSet 则是 AttributeSet 接口的子接口。AttributeSet 接口是唯一封装文本属性集合的类型。属性基本上是键和与该键关联的值，这些内容通常用于描述某个图形表示形式(如字体)的功能。通常，通过文本窗格组件的视图响应属性定义并呈现属性。

StyleConstants 类封装了已知的或常见的属性键和方法，通过应用 AttributeSet()或 MutableAttributeSet()方法以类型安全的方式获取/设置属性。表 8.2 列出了 StyleConstants 类定义的主要属性键。这些属性键(除 Size 外)都定义了对应的取值和设值方法，使用它们可以通过程序控制文本窗格组件的文本格式。

表 8.2　StyleConstants 类定义的属性键

属 性 键	意 义
ALIGN_CENTER	段落居中对齐
ALIGN_JUSTIFIED	段落两端对齐
ALIGN_LEFT	段落左对齐方式
ALIGN_RIGHT	段落右对齐方式
Alignment	段落对齐方式
Background	背景色属性的名称
BidiLevel	由 Unicode bidi 算法指派的字符双向级别
Bold	粗体属性的名称
Family	字体系列的名称
FirstLineIndent	段落第一行要缩进的空间量
FontFamily	字体系列的名称
FontSize	字体大小的名称，有对应的取值和设值
Foreground	前景色属性的名称
IconAttribute	图标属性的名称
IconElementName	用于表示图标的元素名称
Italic	斜体属性的名称
LeftIndent	段落左边的缩进量
LineSpacing	段落的行之间的空间量
ModelAttribute	用来标识嵌入了对象的模型的属性，这些嵌入的对象具有分开的模型视图
NameAttribute	用于命名属性集合的属性名称
Orientation	段落的方向
ResolveAttribute	用来标识属性的解析父集的属性名(如果定义了属性的解析父集)
RightIndent	段落右边的缩进量
Size	字体大小的名称，没有对应的取值和设值方法
SpaceAbove	段落上方的空间量
SpaceBelow	段落下方的空间量
StrikeThrough	删除线属性的名称
Subscript	下标属性的名称
Superscript	上标属性的名称
TabSet	段落的 TabSet，类型为包含 TabStop 的 TabSet
Underline	下画线属性的名称

一般使用文本窗格组件的 getInputAttributes()方法获取 MutableAttributeSet 对象 attr，使用 StyleConstants 类的静态方法设置属性对象 attr 的相应属性。

2. styledDocument

该属性设置此文本窗格的文档模型，是 javax. swing. text. StyledDocument 接口类型。如图 8.2 所示，该接口用作通用样式化文档的接口，是 javax. swing. text. Document 接口的子接口。

Document 接口作为 Swing 文本组件模型的文本容器类型。此接口的目标是为了满足不同的文档处理需要,从非常简单的文档(纯文本 text field)到非常复杂的文档(例如,HTML 或 XML 文档)。

在最简单的级别,文本可用一个线性的字符序列模型表示。为支持国际化,Swing 文本模型使用 Unicode 字符。要引用序列中的位置,使用的是两个字符之间的坐标。如图 8.4 所示,文本在文档中的位置用位置或偏移量描绘。位置是从零开始的。例如,如果文档的内容为序列"The quick brown fox","The" 之前的位置为 0,位于 "The" 之后、它后面的空白之前的位置为 3。

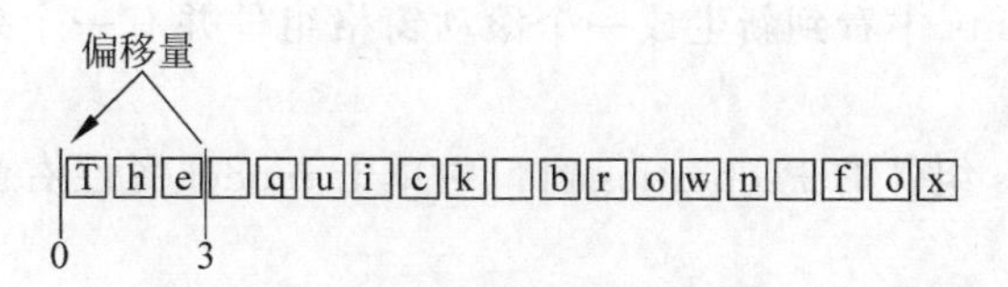

图 8.4 文本文档中的位置

只将文本表示为一般的内容并不常见。更多的情况下,文本都通常具有与其关联的某种结构。具体构造成哪种结构取决于特定的 Document 实现。文本窗格 JTextPane 对可输入区域内容使用"段落"的概念,即以 Enter(回车)键为每一段落的分界点,每按一次 Enter 键就增加一个段落。并采用以整个编辑区为根节点,每个段落为枝节点,每个字符为叶节点的结构存储文件。

使用文本窗格组件的 getStyledDocument()方法获取文本内容尺寸后,可以使用 setCharacterAttributes()方法设置指定范围的字符格式,使用 setParagraphAttributes()方法设置指定范围的段落格式。

```
void setCharacterAttributes(int offset, int length, AttributeSet s, boolean replace)
void setParagraphAttributes(int offset,int length, AttributeSet s, boolean replace)
```

其中,参数 replace 表示在设置新属性时是否清除以前的属性。如果为 true,此操作将完全替换以前的属性。如果为 false,新属性将与以前的属性合并。

8.1.4 应用举例

例 8.1 为例 7.3 的 TextFileReader0.5 项目中的程序主界面的工具栏和"格式"菜单添加设置文本"字体"和"字号"命令,并实现其功能。

分析:TextFileReader0.5 项目使用文本区域显示文件内容文本,但是对文本区域组件及其中的文本没有设置字体和字号的功能,应该将程序界面中的文本区域替换为文本窗格组件,利用文本窗格组件的相关属性和方法设置其中显示文本的字体和字号。字体设置应提供一个系统中安装的字体列表供用户选择,而字号则简单地显示一个输入对话框供用户输入字号大小。

解:按照以下步骤设计。

(1) 在 Projects 窗口中右击 TextFileReader0.5 项目名,在快捷菜单中单击 Copy 菜单项,在 Copy Project 对话框中输入新项目名称"TextFileReader0.6",单击 Copy 按钮。

(2) 在 Projects 窗口中右击 TextFileReader0.6，在快捷菜单中单击 Clean and Build 菜单项。

(3) 打开项目 TextFileReader0.6，双击 MyFileReader.java 文件，打开 MyFileReader 窗体。

(4) 在 Navigator 窗口中右击 Other Components，在快捷菜单中单击 Add From Palette→Swing Windows→Dialog 菜单项，修改变量名为 jDialogFont。设置该对话框组件的 title 属性值为“请选择一种字体”，首选和最小尺寸为宽度 250px，高度 400px。

(5) 在 Navigator 窗口中双击 jDialogFont 组件，在 Palette 窗口中单击 Swing Controls 组中的 List 组件，然后在 Design 视图的中央部位单击，创建一个列表组件。在 Navigator 窗口 Other Components 中看到新生成一个滚动窗格组件并有一个列表组件，重命名此列表组件为 jListFonts。

(6) 在 jListFonts 组件的 Properties 窗口中单击 model 属性右侧的文本框，清除其中所有列表项内容。

(7) 在 Projects 窗口中该项目的 book.filereader 包节点下双击 InternalFrameText.java 文件，打开 InternalFrameText 窗体。

(8) 在 Navigator 窗口中删除 jTextArea1 节点及其父节点 jScrollPane1。

(9) 在 Palette 窗口中单击 Swing Controls 组的 Text Pane 组件，然后在 Design 视图的中央部位单击，创建一个文本窗格组件，使用默认名 jTextPane1。

(10) 切换到 Source 视图，为 jTextPane1 字段插入 Getter()方法，同时删除原来的文本区域字段 jTextArea1 的 Getter()方法。

(11) 切换到 MyFileReader 窗体的 Source 视图，删除类中的字段定义：

```
private javax.swing.JTextArea jTextAreaText;
```

添加新的字段定义：

```
private javax.swing.JTextPane jTextPaneText;
```

修改该类的构造方法为：

```
public MyFileReader() {
    initComponents();
    this.jTextPaneText = this.internalFrameText1.getjTextPane1();
}
```

将原来使用 jTextAreaText 的变量名全部更换为 jTextPaneText；将原来调用 getjTextArea1()方法的代码全部更换为调用 getjTextPane1()。

修改 jListFileValueChanged()方法，利用文本窗格直接读取流中字符的功能简化代码。

```
private void jListFileValueChanged(javax.swing.event.ListSelectionEvent evt) {
    final File[] files;
    String str = "";
    if (!evt.getValueIsAdjusting()) {
        File file = (File) jListFile.getSelectedValue();
        if (file != null && file.getName().equals("[返回]")) {
            file = new File(old).getParentFile();
```

```java
                if (file == null) {
                    jListFile.setModel(new AbstractListModelImpl(File.listRoots()));
                }
            }
            if (file != null && file.isDirectory()) {
                old = file.getAbsolutePath();
                files = sFile(file.listFiles());
                jListFile.setModel(new AbstractListModelImpl(files));
            } else if (file != null && (file.getAbsolutePath().endsWith(".txt") ||
                                        file.getAbsolutePath().endsWith(".TXT"))) {
                newIFT(file.getAbsolutePath());
                jTextPaneText.setText("");
                try {
                    FileReader fr = new FileReader(file);
                    jTextPaneText.read(fr, null);
                } catch (FileNotFoundException ex) {
                 Logger.getLogger(MyFileReader.class.getName()).log(Level.SEVERE, null, ex);
                } catch (IOException ex) {
                 Logger.getLogger(MyFileReader.class.getName()).log(Level.SEVERE, null, ex);
                }
            }
        }
    }
```

(12) 将显示文件内容的文本区域更换为文本窗格后，原来修改背景颜色的方法不能正常起作用，修改为如下代码。

```java
class BackgroudAction extends AbstractAction {
    @Override
    public void actionPerformed(ActionEvent e) {
        Color color = JColorChooser.showDialog(rootPane, "选择背景颜色", Color.YELLOW);
        if(color == null)
            color = Color.YELLOW;
        for (JInternalFrame frame : jDesktopPane1.getAllFrames()) {
            if (frame.isSelected()) {
                JTextPane jtp = ((InternalFrameText) frame).getjTextPane1();
                MutableAttributeSet attr = jtp.getInputAttributes();
                StyleConstants.setBackground(attr, color);
                StyledDocument sdoc = jtp.getStyledDocument();
                sdoc.setCharacterAttributes(0, jtp.getText().length() - 1, attr, false);
                break;
            }
        }
    }
}
```

修改后“背景颜色”设置命令只是对文本窗格内的文字起作用，而不是修改整个文本显示区的背景。

(13) 在工具栏中添加两个按钮，分别修改变量名为 jButtonFont 和 jButtonFontSize，文字分别为“字体”和“字号”。

(14) 为菜单栏的“格式”菜单添加两个菜单项，变量名分别为 jMenuItemFont 和 jMenuItemFontSize，文字分别为“字体”和“字号”。

(15) 在 Navigator 窗口中双击 Other Components 节点下的 jDialogFont 对话框，在 Palette 窗口中单击 Swing Controls 组的 Button 组件，然后在 Design 视图的靠近下边框部位单击，创建一个按钮组件，重命名为 jButtonFontFamily，设置 text 属性值为“确定”。然后右击该按钮，在快捷菜单中选择 Events→Action→actionPerformed 菜单项，编写如下事件处理方法。

```
private void jButtonFontFamilyActionPerformed(java.awt.event.ActionEvent evt) {
    String fontName = (String)jListFonts.getSelectedValue();
    for (JInternalFrame frame : jDesktopPane1.getAllFrames()) {
        if (frame.isSelected() && fontName!= null && !fontName.equals("")) {
            JTextPane jtp = ((InternalFrameText) frame).getjTextPane1();
            MutableAttributeSet attr = jtp.getInputAttributes();
            StyleConstants.setFontFamily(attr, fontName);
            StyledDocument sdoc = jtp.getStyledDocument();
            sdoc.setCharacterAttributes(0, jtp.getText().length() - 1, attr, false);
        } else {
            JOptionPane.showMessageDialog(rootPane, "不能设置字体!");
        }
        break;
    }
    jDialogFont.setVisible(false);
}
```

(16) 设计“字体”命令的 Action 实现类，代码如下。

```
class FontFamilyAction extends AbstractAction {
    @Override
    public void actionPerformed(ActionEvent e) {
        GraphicsEnvironment ge = GraphicsEnvironment.getLocalGraphicsEnvironment();
        String[] fontFamily = ge.getAvailableFontFamilyNames();
        jListFonts.setListData(fontFamily);
        jDialogFont.setVisible(true);
    }
}
```

(17) 切换到 MyFileReader 窗体 Design 视图，选择“字体”工具项，在 Properties 窗口中单击 action 属性行右侧的“…”，在对话框的第一行下拉列表中选择 Custom Code，在代码区输入“new FontFamilyAction()”，单击 OK 按钮。

(18) 选择“格式”菜单中的“字体”菜单项，在 Properties 窗口中单击 action 属性行右侧的“…”，在对话框的第一行下拉列表中选择 Custom Code，在代码区输入“new FontFamilyAction()”，单击 OK 按钮。

(19) 设计“字号”命令的 Action 实现类，代码如下。

```
class FontSizeAction extends AbstractAction {
    @Override
    public void actionPerformed(ActionEvent e) {
```

```
        String f = JOptionPane.showInputDialog(rootPane, "请输入字号大小。", 16);
        if(f == null) f = "12";
        int fs = Integer.parseInt(f);
        for (JInternalFrame frame : jDesktopPane1.getAllFrames()) {
            if (frame.isSelected() && fs > 0 && fs < 512) {
                JTextPane jtp = ((InternalFrameText) frame).getjTextPane1();
                MutableAttributeSet attr = jtp.getInputAttributes();
                StyleConstants.setFontSize(attr, fs);
                StyledDocument sdoc = jtp.getStyledDocument();
                sdoc.setCharacterAttributes(0, jtp.getText().length() - 1, attr, false);
            } else {
                JOptionPane.showMessageDialog(rootPane, "不能设置字号大小!");
            }
            break;
        }
    }
}
```

(20) 重复步骤(17)和(18),为"字号"工具项和菜单项设置 action 属性值,定制代码为 new FontSizeAction()。

完成上述步骤后运行程序,基本符合设计要求。此外,还可以利用文本窗格组件的 page 属性显示 HTML 网页文件,从而扩展程序功能。

8.2 选择控件

选择控件是一组十分常用的组件,包括单选按钮、复选按钮、开启/关闭按钮、组合框和列表等。前面介绍和使用过其中的一些组件,如 2.5.4 节介绍过单选按钮 JRadioButton, 5.3.3 节初步介绍过列表 JList,在 5.4.3 节的例 5.3 中使用过复选框,在 6.1.2 节的例 6.1 中使用过组合框。本节继续介绍这些组件。

8.2.1 开启/关闭按钮

开启/关闭按钮 JToogleButton、单选按钮 JRadioButton 以及复选框 JCheckBox 都是可切换的组件,即它们在两种状态——选取与未选取之间进行切换。多个同类可选择组件可以置于一个按钮组中,此时在多个可选择组件中选取一个,实现多选一功能。

1. 可切换组件的数据模型 ToggleButtonModel 类

ToggleButtonModel 类为开启/关闭按钮 JToogleButton 及其子类的组件复选框 JCheckBox 与单选按钮 JRadioButton,以及复选框菜单项 JCheckBoxMenuItem 与单选按钮菜单项 JRadioButtonMenuItem 的默认数据模型。

JToggleButton.ToggleButtonModel 定义如下。

```
public class ToggleButtonModel extends DefaultButtonModel {
    //Constructors
    public ToggleButtonModel();
    //Properties
    public boolean isSelected();
```

```
    public void setPressed(boolean newValue);
    public void setSelected(boolean newValue);
}
```


从该类的定义可知，可切换按钮组件主要属性是它的选取状态和按钮按下与否两个方面。

2. 开启/关闭按钮的使用

开启/关闭按钮常常用在工具栏中，以便控制某个方面功能的开启与关闭。当开启/关闭按钮按下时处于选取状态，再单击一次弹起则处于未选取状态。当多个可切换组件，如几个开启/关闭按钮、单选按钮和复选框组件处于同一个按钮组时，对其中一个的选取会同时取消对其他可切换组件的选取，即同一时段只能选取其中一个。

在 Palette 窗口中单击 Swing Controls 组的 Toggle Button 组件，然后在 Design 视图中容器上单击，即可创建一个开启/关闭按钮组件。

开启/关闭按钮组件的属性与单选按钮基本相同。在许多组件的属性窗口中可以看到以下几个属性，它们会影响组件绘制效率和(或)外观。

1) opaque

opaque 是所有组件的祖先类 JComponent 的属性，该属性设置一个组件是否透明。在 Properties 窗口中该属性行的右侧单击复选框设置该属性值。当处于选取状态(true)时组件透明，组件的容器必须在组件之后绘制背景。当处于未选取状态(false)时组件不透明，GUI 系统只绘制组件本身。

2) doubleBuffered

在默认情况下，所有的 Swing 组件会将绘制操作重复缓存到一个完整的容器层次结构所共享的缓冲区中，这极大地改善了绘制性能。当设置 doubleBuffered 属性为选取状态时(true)允许双缓冲，重复的绘制操作只有一个屏幕更新绘制。

3) multiClickThreshhold

这个属性表示以 ms 计数的时间。如果一个按钮在这段时间间隔被鼠标多次选中，并不会产生额外的动作事件。默认情况下这个属性值为 0，意味着每一次单击都会产生一个事件。为了避免在重要的对话框中偶然重复提交动作的发生，应将这个属性设置为 0 以上的合理值。

3. 开启/关闭按钮的事件处理

在开启/关闭按钮组件上能够触发三种特定事件，即 ActionEvent、ItemEvent 和 ChangeEvent。对应地使用三种事件监听器接口 ActionListener、ItemListener 和 ChangeListener 监听并处理相应的事件。

1) 使用 ActionListener 监听选择事件

当用户选中或是取消选中开启/关闭按钮时触发 ActionEvent 事件，可以注册 ActionListener 监听器进行处理。在用户触动按钮时，组件会通知已注册的 ActionListener 对象。这时需要确定按钮的状态，从而对选取或是取消选取进行正确的响应。一般先获取事件源的模型，然后查询其选中状态。以下是测试源码。

```
private void jToggleButton1ActionPerformed(java.awt.event.ActionEvent evt) {
    AbstractButton abstractButton = (AbstractButton) evt.getSource();
```

```
        boolean selected = abstractButton.getModel().isSelected();
        System.out.println("Action - selected=" + selected);
    }
```

2）使用 ItemListener 监听 ItemEvent 事件

当开启/关闭按钮组件的选取状态改变时，会触发 ItemEvent 事件，该事件记录了当前的选取状态。在 ItemListener 的 itemStateChanged()方法中，通过事件对象获知当前的按钮状态。以下是测试代码。

```
    private void jToggleButton1ItemStateChanged(java.awt.event.ItemEvent evt) {
        int state = evt.getStateChange();
        if (state == evt.SELECTED) {
            System.out.println("Selected");
        } else {
            System.out.println("Deselected");
        }
    }
```

注册以上两个事件监听器后运行程序，当开启/关闭按钮 jToggleButton1 按下时输出 Selected \n Action-selected=true。再次单击该按钮 jToggleButton1 弹起，输出 Deselected \n Action-selected=false。其中，"\n"表示换行。

8.2.2 复选框

复选框 JCheckBox 是用复选标记方框表示当前选取与否的可切换组件。通常有两个显示部分，即左边有一个方框，右边是文字。除了显示样式不同之外，其数据模型与事件处理方法与开启/关闭按钮基本相同。尽管可以把多个复选框放在一个按钮组，但那样只能选择其中之一，这并不是复选框的通常用法。一般使用多个复选框为用户提供多种选择，可以选择一个、多个、全选或全不选。

在 Palette 窗口中单击 Swing Controls 组的 Check Box 组件图标，然后在 Design 视图中容器上单击，即可创建一个复选框组件。

复选框组件的数据模型也是 ToggleButtonModel 类，属性与开启/关闭按钮的几乎完全一样，主要属性就是 selected，设置和记录该复选框是否被选取。复选框组件值得注意的属性是它的各种图标。如果设置了 icon 属性，它前面的那个选择方框就会被图标代替。因此，如果需要设置图标，则至少需要设置 icon 和 selectedIcon 两个属性的图标，前者标记未选取状态，后者标记选取状态。

通常对复选框组件监听 ActionEvent 和 ItemEvent 事件。用法与前述相同。

8.2.3 组合框

如果界面中有较多的选择项提供给用户选择，且需要节省屏幕空间，也许还希望节省用户查找选项的时间，那么组合框 JComboBox 是合适的组件。组合框由一个提供选择项的选项列表，一个向下打开列表的下三角按钮和一个帮助查找选择项的文本框组合而成。

在 Palette 窗口中单击 Swing Controls 组的 Combo Box 组件图标，然后在 Design 视图中容器上单击，即可创建一个组合框组件。

组合框组件比前面介绍过的选择组件都要复杂，有较多的特定属性。

1. model

该属性设置组合框中的列表项数据。在创建了组合框组件后，GUI 构建器自动生成了 4 个列表项。对于少量字符串类型的列表项，单击 Properties 窗口中该属性行右侧的文本框，直接输入各列表项的字符串，中间用英文逗号分隔即可。更好用的方法是，单击该属性行右侧的"…"按钮，在组件的 model 对话框中使用默认的 Combo Box Model Editor，在中间部位的输入框中逐项输入各列表项即可，每项一行。也可以删除和修改已有的列表项。

如果列表项较多，需要使用组合框的数据模型对象设置。组合框的数据模型是 javax.swing.DefaultComboBoxModel 类。该类有以下两个易用的构造方法。

1) public DefaultComboBoxModel(Object[] items)

用对象数组 items 初始化 DefaultComboBoxModel 对象。参数数组中各个元素为列表项。

2) public DefaultComboBoxModel(Vector <?> v)

用向量 v 初始化 DefaultComboBoxModel 对象。参数向量中的各个元素即为列表项。

在组合框组件的 model 对话框中选择使用 Custom Code 设置 model 属性，在代码输入区域输入类似于 new DefaultComboBoxModel(myArrData) 的代码(见图 8.5)。其中，参数 myArrData 可以是程序中已经定义并初始化的数组或 Vector 对象。

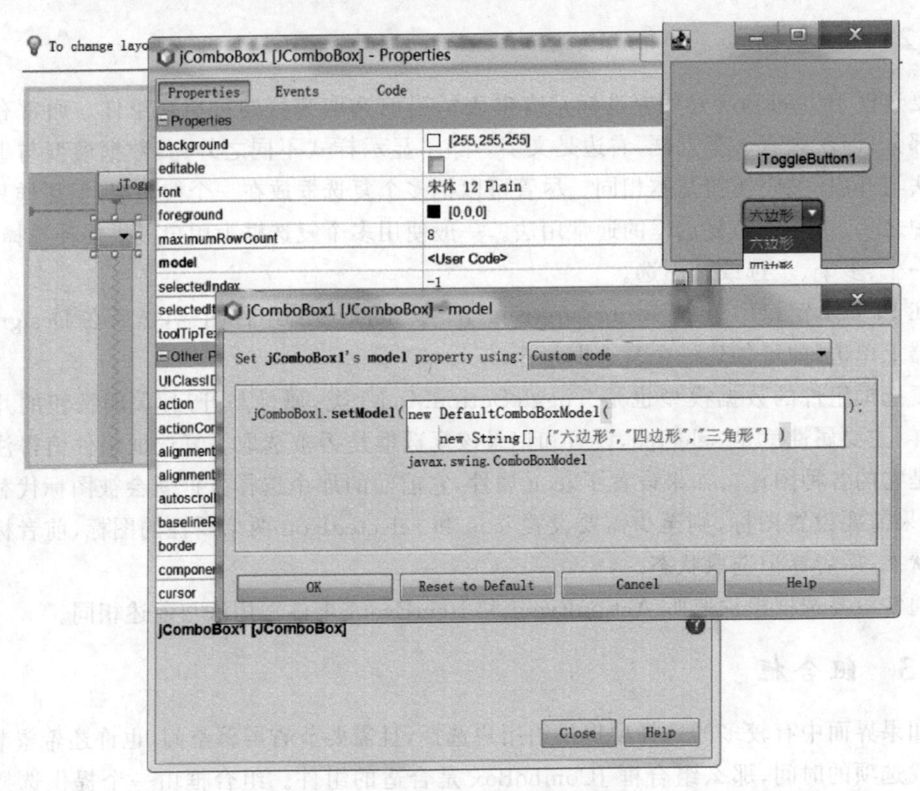

图 8.5　定制组合框的 model 属性

使用数据模型类提供的方法可以在程序运行时动态地设置、修改和获取列表项。下面列出这些方法。

void addElement(Object anObject)：在模型的末尾添加项。

Object getElementAt(int index)：返回指定索引处的列表项。

int getIndexOf(Object anObject)：返回指定对象在列表中的索引位置。

Object getSelectedItem()：返回所选择列表项的数据对象。

int getSize()：返回列表的长度。

void insertElementAt(Object anObject，int index)：在指定索引处添加列表项。

void removeAllElements()：清空列表。

void removeElement(Object anObject)：从模型中移除列表项。

void removeElementAt(int index)：在指定索引处移除列表项。

void setSelectedItem(Object anObject)：设置被选取的列表项对象。

2. editable

该属性指定可否在组合框的文本域输入。单击该属性行右侧的复选框，设置为选取(true)状态时用户可以在文本域中输入，同时选取光标定位到与输入字符匹配的第一个列表项。否则用户不能输入，且文本域以灰色显示。

3. selectedIndex

该属性记录被选中列表项的索引。是只读属性，不能在 Properties 窗口中直接修改，但可以通过定制代码设置。

4. selectedItem

该属性记录被选中列表项。是只读属性，不能在 Properties 窗口中直接修改，但可以通过定制代码设置。

5. editor

editor 是组合框可输入时用户输入所用的编辑器。是只读属性，不可修改，很少使用。

6. keySelectionManager

该属性指定当按下一个键时如何改变选取的列表项对象。KeySelectionManager 是 JComboBox 的内部接口，其中只有一个方法：

```
int selectionForKey(char aKey, ComboBoxModel aModel)
```

定义给定的 aKey 和模型，返回应该被选择的行。如果找不到匹配项，则返回－1。

例如，按照图 8.5 定义组合框 jComboBox1 的列表项，为该组合框的 keySelectionManager 属性设置如下定制代码。

```
new KeySelectionManager() {
    public int selectionForKey(char aKey,ComboBoxModel aModel) {
        int result = switch(aKey) { //低于 JDK 12 版本此语法不识别
            case '1' -> 0;
            case '2' -> 1;
            case '3' -> 2;
            default -> 2;
        };
        return result;
    }
}
```

且设置 jComboBox1 为不可编辑。运行程序并使该组合框获取焦点，按数字键 1、2、3 时，会分别选取选取第 1、第 2、第 3 列表项，且按任何其他键都会选取第 3 列表项。

7. renderer

该属性设置组合框列表项的绘制渲染器。可以编写代码定制该属性。例如，先编写以下内部类。

```
class MyCellRenderer extends JLabel implements ListCellRenderer {
    public MyCellRenderer() {
        setOpaque(true);
    }
    public Component getListCellRendererComponent(JList list, Object value, int index,
                                    boolean isSelected, boolean cellHasFocus) {
        setText(value.toString());
        if (isSelected) {
            setBackground(Color.RED);
            setForeground(Color.WHITE);
        } else {
            setBackground(Color.WHITE);
            setForeground(Color.BLACK);
        };
        return this;
    }
}
```

然后为该属性编写定制代码为 new MyCellRenderer()，则运行时拉下选项列表，选取的那个列表项以红色背景白色文字显示。

8. ActionEvent 事件处理

当用户从组合框中选取一个选项时，会触发 ActionEvent 事件。通过该事件对象的 getSource()方法获取事件源组合框，使用组合框对象的 getSelectedItem()方法可以获取所选择的选项。

8.2.4 列表

列表 JList 是一个常用选择组件，在界面上显示一个让用户能同时看到多个列表选项的框。尽管与组合框一样也为用户提供了一个包含多个选择项的列表，但是它的使用更为复杂。

在 5.3.3 节已经介绍过列表组件的创建和 10 个基本属性，本节介绍几个较为深入的问题。

1. 列表模式

列表组件中的列表项在 GUI 构建器中通过 model 属性设置。可以单击 Properties 窗口中该属性行右侧的文本框，直接输入各列表项的字符串，中间用英文逗号分隔。但是如果需要设置很长的列表、列表项会发生变化的列表以及不是字符串的列表，那这种方法就行不通了。

如果为列表组件的 model 属性值设置定制代码，那么会看到代码输入区需要一个 javax.swing.ListModel 类型的对象（见图 8.6）。前面设计文本阅读器时，对拆分窗格左边

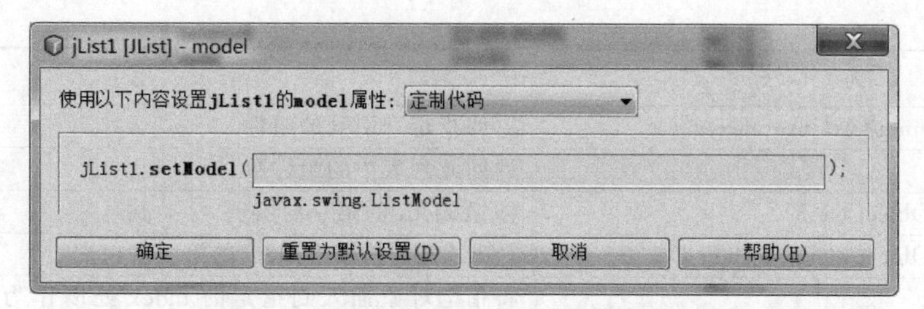

图 8.6　列表组件的 model 属性设置对话框

的列表就是采用这个方法在程序运行时动态设置列表项的。

javax. swing. ListModel 是一个接口,定义了以下四个方法。

(1) int getSize():返回列表的长度。

(2) Object getElementAt(int index):返回指定索引处的列表项。

(3) void addListDataListener(ListDataListener l):为列表组件注册 ListDataEvent 事件的一个监听器 l,每次在数据模型发生更改时都得到通知。

(4) void removeListDataListener(ListDataListener l):为列表组件注销 ListDataEvent 事件的监听器 l。

javax. swing. AbstractListModel 类实现了此接口的后两个方法。AbstractListModel 类的子类 javax. swing. DefaultListModel 采用 java. util. Vector 组织列表,并且在发生更改时通知 ListDataListener。DefaultListModel 除了实现 ListModel 中的所有方法外,还提供了三十多个方法以便对列表进行各种操作。

应该注意,列表数据模型并未要求存储列表项的数据,这在列表项很多时可以节省存储空间。此种情况下,列表项在需要显示时才会计算。

2. 插入和删除列表项

使用列表数据模型的实现类 javax. swing. DefaultListModel 所提供的方法可以容易地向列表添加和删除列表项。由于该类的方法在列表维护过程中十分有用,表 8.3 给出该类的方法。

表 8.3　列表数据模型 DefaultListModel 类的方法

方　法	作　用
void add(int index, Object element)	在此列表的指定位置处插入指定元素
void addElement(Object obj)	将给定组件添加到此类表的末尾
int capacity()	返回此列表的当前容量
void clear()	从此列表中移除所有元素
boolean contains(Object elem)	测试指定对象是否为此列表中的组件
void copyInto(Object[] anArray)	将此列表的组件复制到指定数组中
Object elementAt(int index)	返回指定索引处的组件
Enumeration <?> elements()	返回此列表的组件枚举
void ensureCapacity(int minCapacity)	增加此列表的容量(如有必要),以确保其至少能够保存最小容量参数指定的组件数
Object firstElement()	返回此列表中的第一个组件
Object get(int index)	返回列表中指定位置处的元素

续表

方　法	作　用
Object getElementAt(int index)	返回指定索引处的组件
int getSize()	返回此列表中的组件数
int indexOf(Object elem)	搜索 elem 的第一次出现
int indexOf(Object elem,int index)	从 index 开始搜索 elem 的第一次出现
void insertElementAt(Object obj, int index)	将指定对象插入到指定的 index 处以作为此列表中的组件
boolean isEmpty()	测试此列表中是否有组件
Object lastElement()	返回列表的最后一个组件
int lastIndexOf(Object elem)	返回 elem 最后一次出现处的索引
int lastIndexOf(Object elem, int index)	从指定的索引处开始反向搜索 elem，并返回该对象的索引
Object remove(int index)	移除此列表中指定位置处的元素
void removeAllElements()	从此列表中移除所有组件，并将它们的大小设置为零
boolean removeElement(Object obj)	从此列表中移除参数的第一个（索引最小的）匹配项
void removeElementAt(int index)	删除指定索引处的组件
void removeRange(int fromIndex,int toIndex)	删除指定索引范围中的组件
Object set(int index, Object element)	使用指定元素替换此列表中指定位置的元素
void setElementAt(Object obj, int index)	将此列表指定 index 处的组件设置为指定的对象
void setSize(int newSize)	设置此列表的大小
int size()	返回此列表中的组件数
Object[] toArray()	以正确顺序返回包含此列表中所有元素的数组
String toString()	返回此列表标识属性的字符串
void trimToSize()	对此列表的容量进行裁剪，使其等于此列表的当前大小

从表 8.3 可见，使用它的方法 add(int index, Object element) 和 insertElementAt(Object obj, int index) 方法可以向列表指定位置插入列表项对象。五个 remove() 方法用不同方式从列表中删除列表项。当使用这些方法对列表进行了增加或删除操作，列表组件会得到通知并立即更新列表的显示。

3. 列表的绘制与单元渲染

大多数情况下，列表项是字符串。但是从列表模型中发现，列表项是一个对象，例如，可以用一个图标 Icon 对象数组或向量构造一个图标列表。

通过设置列表组件的 cellRenderer 属性指定列表项的绘制和渲染方式。列表组件该属性的定制代码输入区也需要一个 ListCellRenderer 对象，这与前面所述的组合框的 renderer 属性值要求的类型一致，该接口实现类的编写要求也一样。

例 8.2　扩展例 8.1 中的"字体"命令所显示的字体列表功能，使列表中能够显示每一个列表项所指的字体字样。

分析：列表项的绘制和渲染通过 cellRenderer 属性设置，具体实现通过编写 ListCellRenderer 接口的实现类完成。

解：按以下步骤设计。

(1) 通过复制项目 TextFileReader0.6 新建项目 TextFileReader0.7。双击新项目中的

MyFileReader. java 文件，打开 MyFileReader 窗体。

(2) 切换到 Source 视图，编写内部类实现 ListCellRenderer 接口。类代码如下。

```
class MyCellRenderer extends JLabel implements ListCellRenderer {
    public MyCellRenderer() {
        setOpaque(true);
    }
    public Component getListCellRendererComponent(JList list, Object value,
                                int index, boolean isSelected, boolean cellHasFocus) {
        setText(value.toString());
        if (isSelected) {
            setBackground(Color.BLUE);
            setForeground(Color.WHITE);
        } else {
            setBackground(Color.WHITE);
            setForeground(Color.BLACK);
        };
        setFont(new Font(value.toString(), Font.PLAIN, 16));
        return this;
    }
}
```

(3) 在 FontFamilyAction 类中显示对话框的前一句添加语句：

```
jListFonts.setCellRenderer(new MyCellRenderer());
```

完成程序功能的扩展。运行程序，字体列表中显示出了各种字体(见图 8.7)。

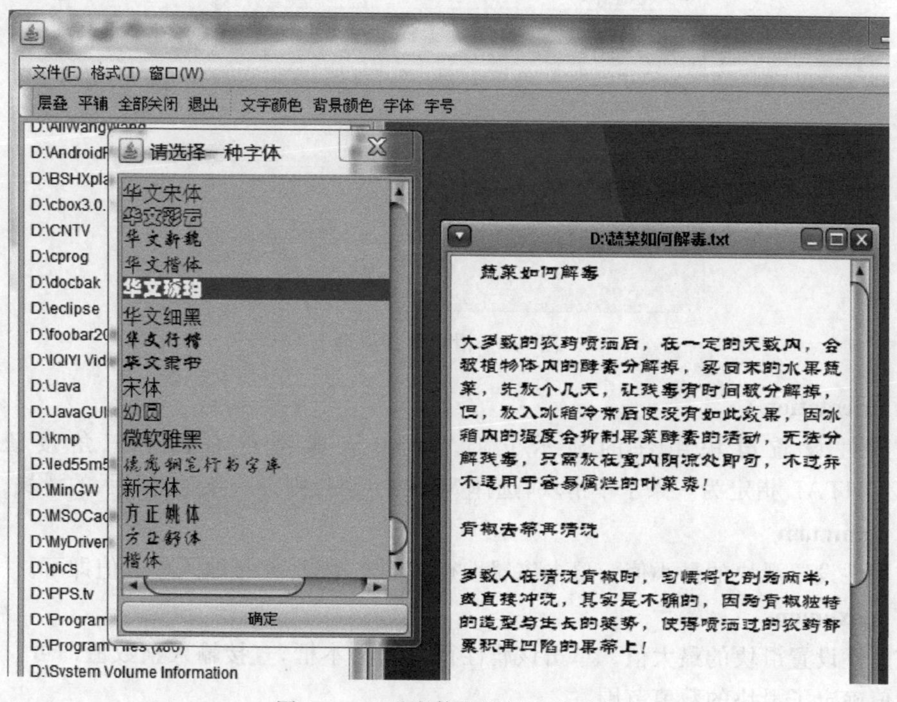

图 8.7 显示字体字样的字体列表

8.3 数值组件

GUI 程序中经常使用进度条指示工作进度，使用滚动条标示当前视口在整个文档中的相对位置，此外也需要以形象的图形化方式输入一些离散数值。Swing 提供了几种输入离散值的组件。本节介绍这些组件的可视化设计方法。

8.3.1 滑块

滑块 JSlider 是允许用户以图形方式在有界区间内通过移动滑块来选择值的组件。常见于播放器的音量控制、进度显示和控制等程序界面中。

在 Palette 窗口中单击 Swing Controls 组中的 Slider 组件，然后在 Design 视图中容器上单击，即可创建一个滑块组件。

右击窗体中的滑块组件，在快捷菜单中选择 Properties 菜单项，在弹出的滑块组件的 Properties 对话框中可以看到有一些比较重要的属性，通过这些属性可以设置滑块的各种装饰部件，以及它的刻度范围(见图 8.8)。

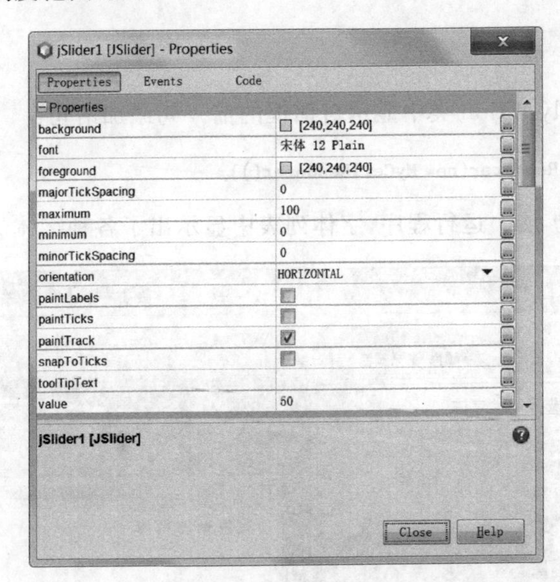

图 8.8　滑块组件属性

1. orientation

该属性设置滑块组件的显示方向。单击该属性行右侧下三角按钮，选择 HORIZONTAL 指定为一条水平滑块，选择 VERTICAL 则为一条垂直显示的滑块。

2. minimum

该属性设置滑块的最小值。单击该属性行右侧文本框，直接输入整数值即可。

3. maximum

该属性设置滑块的最大值。单击该属性行右侧文本框，直接输入整数值即可。最小值和最大值确定了滑块的数值范围。

4. value

该属性设置并存储滑块的初始值。单击该属性行右侧文本框，直接输入整数值即可。默认值为50。

5. majorTickSpacing

该属性设置滑块的主刻度间隔。单击该属性行右侧文本框，直接输入整数值即可。该值不应大于滑块的数值范围。

6. minorTickSpacing

该属性设置滑块的次刻度间隔。单击该属性行右侧文本框，直接输入整数值即可。次刻度间隔与主刻度间隔值之间是彼此独立的，但是最好还是有整倍数关系，以防产生刻度混乱。

7. paintTicks

该属性设置是否绘制滑块的刻度线。在设置的主刻度和(或)次刻度间隔不为0时，单击该属性行右侧复选框，设置为选取状态时即在界面上绘制出主次刻度线。当该属性设置为未选取状态，或主次刻度间隔都为0时，则不绘制刻度线。

8. snapToTicks

默认状态下，该属性处于未选取状态。此时，用户可以拖到滑块到两个相邻刻度线之间的任意位置，并不一定与最近的刻度线对齐。单击该属性行右侧复选框，设置该属性值为选取状态，那么拖动滑块时强制与最近刻度线对齐。

在滑块左边的滑轨上单击，或按左箭头或下箭头键，则滑块向左方向移动一个主刻度单元；单击滑块右边滑轨，或按右箭头或上箭头键，则滑块向右方向移动一个主刻度单元。

9. paintTrack

该属性设置是否显示滑轨。该属性值默认为选取状态(值为true)，显示滑轨。当单击该属性右侧的复选框使它处于未选取状态时，滑轨不再显示。

10. extent

该属性设置滑块所覆盖的范围，由此决定滑块的跨度。此属性设置为一个非0值，拖动滑块时总是距右端留出该属性值大小的一段距离。例如，如果该值设置为15，最小值为0，最大值为100，那么当滑块向右拖到85时再不能向右移动。一般地，跨度范围是最大值减去该属性值。

11. inverted

该属性设置为选取状态(值为true)，则此组件刻度最大值在左边，最小刻度值在右边。单击滑块左边(或按左箭头或下箭头键)，滑块向左移动，刻度值增加；单击滑块右边(或按右箭头或上箭头键)，滑块向右移动，刻度值减小。

12. ChangeEvent 事件

当用户移动滑块时，值发生改变，并触发 ChangeEvent 事件。该事件通过 ChangeListener 监听器进行监听和处理。

例如，右击滑块组件，在快捷菜单中选择 Events→Change→stateChanged 菜单项，编写如下事件处理方法。

```
private void jSlider1StateChanged(javax.swing.event.ChangeEvent evt) {
    JSlider js = (JSlider)evt.getSource();
```

```
        if(!js.getValueIsAdjusting())
            JOptionPane.showMessageDialog(rootPane, js.getValue());
    }
```


运行程序，当用户拖动滑块松开鼠标时弹出对话框，显示滑块当前值(见图 8.9)。滑块组件的 getValueIsAdjusting()方法在用户不再调整滑块值时返回 false。如果不进行判断，则当用户移动滑块时不断触发 ChangeEvent 事件。

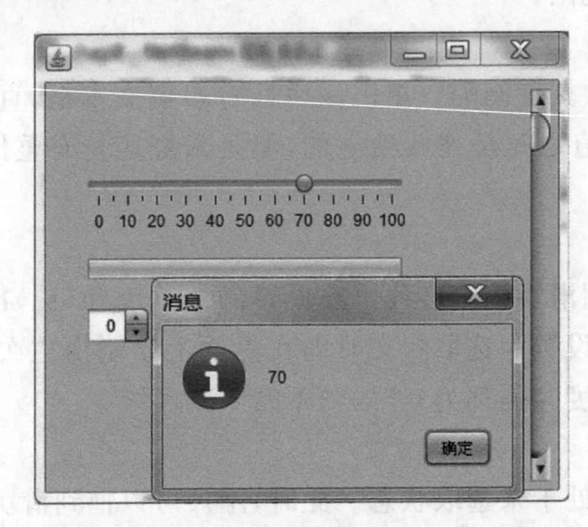

图 8.9　滑块组件及其 ChangeEvent 监听

8.3.2　滚动条

许多情况下，程序所加载的数据量比较大，难以在一个屏幕范围内全部显示出来。屏幕是用户查看数据的视口，视口中也只是显示了部分数据。通过移动视口，用户可以查看数据集的不同部分。滚动条 JScrollBar 是用户操纵视口的组件，同时也显示视口的当前位置。通常将显示调整为滚动条的结束位置，代表可显示内容结束，或内容的 100%。滚动条的开始为可显示内容的开始或 0%。滑块在其边界内的位置为可显示内容对应的百分比。

在 Palette 窗口中单击 Swing Controls 组的 Scroll Bar 组件，然后在 Design 视图中容器上单击，即可创建一个滚动条组件。滚动条的两端有减量(上端或左端)和增量(下端或右端)箭头，中间区域有滑块，也有一条滚动轴，如图 8.9 所示主窗口内靠近右边框的组件。

滚动条组件的许多属性与滑块相同，如设置滚动条的最小值、最大值、当前值、方向以及 valueIsAdjusting 等，属性名也与滑块的相同。

以下介绍滚动条特有的几个属性。

1. visibleAmount

该属性设置可见区域的大小，称为可见量，也叫作跨度。

2. blockIncrement

该属性设置滚动条的块增量。针对一次向上/向下滚动一个块(通常为 page)的请求，该属性指定滚动条值的更改量。当用户通过在滚动条滑块的上(左)方或下(右)方单击从而将值大幅度增大或减小时，ScrollBarUI 实现通常调用此方法。一般应将块增量设置为比视图的跨度稍小的大小。这样，当用户使滑块跳到一个相邻位置时，原有内容的一行或两行仍位于视图中。

3. unitIncrement

该属性指定单位值增量，即针对一次向上/向下滚动一个单位的请求，滚动条值的更改量。当用户单击滚动条向上/向下箭头时，ScrollBarUI实现通常调用此方法，并用此方法的结果来更新滚动条的值。

4. AdjustmentEvent 事件

JScrollBar 常用事件是 AdjustmentEvent，当用户移动滚动条上的滑块时会触发此事件。该事件通过 AdjustmentListener 监听器监听和处理。该监听器定义了一个 adjustmentValueChanged()方法，实现此方法能够获取有关滚动条的相关信息。

例如，右击滚动条组件，在快捷菜单中选择 Events→Adjustment→adjustmentValueChanged 菜单项，编写如下事件处理方法。

```
private void jScrollBar1AdjustmentValueChanged(java.awt.event.AdjustmentEvent evt) {
    JScrollBar jb = (JScrollBar)evt.getSource();
    if(!jb.getValueIsAdjusting())
        JOptionPane.showMessageDialog(rootPane, "滚动条调整到" + jb.getValue() + "%。");
}
```

运行程序，当用户拖动滚动滑块松开鼠标时弹出对话框，显示滚动条当前值(见图8.10)。

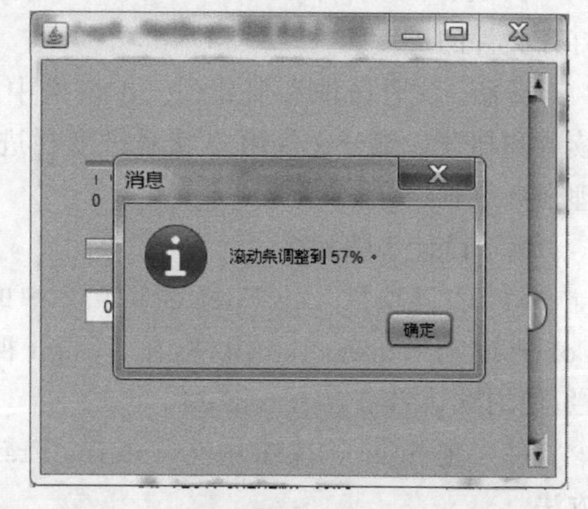

图8.10 滚动条组件及其 AdjustmentEvent 监听

如果需要滚动条，大多数情况下会使用滚动窗格容器。该容器本身实现了滚动条，并且有很好的控制。如果需要实现个性化的滚动条支持，就可以在自己的界面中创建滚动条，并进行精细化控制。

8.3.3 进度栏

当程序中有耗时任务运行时，用户需要反馈以便知道任务的运行进度。如果是前台任务长时间没有刷新界面，用户有可能认为程序死锁。如果是后台运行的耗时任务，用户每等一会儿就可能需要知道任务运行到什么进度，以判断大概还需要等待的时间。进度条 JProgressBar 就是这样一个为用户反馈任务执行进度的组件。进度条一般用一种颜色随着任务进行从一端逐步填充矩形框，以反映当前进度。默认情况下，进度条配备了一个凹陷的边框，并水平放置。还可以选择显示一个字符串，在进度条矩形的中央位置上显示耗时任务已完成的百分比。

在 Palette 窗口中单击 Swing Controls 组的 Progress Bar 组件图标，然后在 Design 视图容器上单击，即可创建一个进度条组件。

进度条组件的许多属性与滑块相同，如 minimum 设置进度条的最小值、maximum 设置最大值、value 设置当前值。但是进度条的 orientation 属性却不能简单设置，必须使用定制代码，在定制代码输入区输入 SwingConstants.VERTICAL 才可设置为垂直方向。默认为水平方向。下面介绍几个进度条的特定属性。

1. indeterminate

该属性确定进度条处于确定模式还是处于不确定模式。当单击该属性行右侧的复选框使其处于选取状态时(true)，即为不确定模式进度条，它循环显示动画以指示发生未知长度的操作。默认情况下，此属性为 false，随着任务进程进度条逐步增长到右端即停止。

2. string

该属性设置进度字符串的值。默认是一个整数百分数，如果直接输入一个值则直接显示该值。

3. stringPainted

该属性指定是否在进度条矩形框上显示进度值字符串。单击该属性行右侧复选框，当处于选取状态时显示进度字符串，否则不显示。

运行时，用户不能操作进度条，只能查看进度条指示的进度。设计使用进度条最主要的工作是根据任务的进程及时动态更新进度条。一般都是把耗时任务交给后台任务线程，进度条在前台界面上显示，EDT 线程实时更新进度条。使用 3.4 节介绍的 SwingWorker 可以较为方便地完成此类设计。

例 8.3 为项目 TextFileReader0.7 的每个显示文件内容的窗体添加进度栏，实时显示打开文件的进度。

分析：文件读取和加载到文本窗格中属于耗时操作，创建任务线程完成此项工作。每读取和加载一部分文件内容就对进度栏进行更新。利用 3.4 节所述的 SwingWorker 类管理任务线程设计。

解：设计步骤如下。

(1) 打开项目 TextFileReader0.7 中的 InternalFrameText 窗体，单击 Palette→Swing Controls→Progress Bar 组件，在 Design 视图窗体的靠近下边框部位单击，创建一个进度栏，使用默认名 jProgressBar1。

(2) 在 Source 视图中为 InternalFrameText 类添加 jProgressBar1 字段的 Getter() 方法。

(3) 打开该项目中的 MyFileReader 窗体，切换到 Source 视图。首先设计进度数据封装类。类代码如下。

```
class ProgressData {
    String lineStr;
    long bytes;
    public ProgressData(String lineStr, long bytes) {
        this.lineStr = lineStr;
        this.bytes = bytes;
    }
    public String getLineStr() {
        return lineStr;
    }
    public void setLineStr(String lineStr) {
        this.lineStr = lineStr;
    }
    public long getBytes() {
        return bytes;
```

```
    }
    public void setBytes(long bytes) {
        this.bytes = bytes;
    }
}
```

(4) 接着设计工作器类。类代码如下。

```
class TextReaderWorker extends SwingWorker {
    File file;
    long position;
    StyledDocument sd;
    InternalFrameText thisFrame;
    final int BRN = "\n".getBytes().length;
    @Override
    protected void done() {
        jTextPaneText.setCaretPosition(0);
        thisFrame.getjProgressBar1().setValue(100);
    }
    @Override
    protected void process(List chunks) {
        ProgressData data;
        for (int i = 0; i < chunks.size(); i++) {
            data = (ProgressData) chunks.get(i);
            String lineStr = data.getLineStr() + "\n";
            try {
                sd.insertString(sd.getEndPosition().getOffset() - 1, lineStr, null);
                this.position += data.getBytes() + BRN ;
                double percent = (position / (double) file.length()) * 100;
                thisFrame.getjProgressBar1().setValue((int) percent);
            } catch (BadLocationException ex) {
             Logger.getLogger(MyFileReader.class.getName()).log(Level.SEVERE, null, ex);
            }
        }
    }
    public TextReaderWorker(File file) {
        this.file = file;
        this.position = 0;
        sd = jTextPaneText.getStyledDocument();
        thisFrame = internalFrameText1;
    }
    @Override
    protected Object doInBackground() throws Exception {
        String str;
        try {
            FileReader fr = new FileReader(file);
            BufferedReader br = new BufferedReader(fr);
            str = br.readLine();
            while (str != null) {
                long lineLength = str.getBytes().length;
                publish(new ProgressData(str, lineLength));
```

```
                str = br.readLine();
            }
            br.close();
            fr.close();
        } catch (FileNotFoundException ex) {
            Logger.getLogger(MyFileReader.class.getName()).log(Level.SEVERE, null, ex);
        } catch (IOException ex) {
            Logger.getLogger(MyFileReader.class.getName()).log(Level.SEVERE, null, ex);
        }
        return null;
    }
}
```

此类中的 doInBackground()方法逐行读取文件，封装为进度数据类对象，并调用 publish()方法发布进度数据。progress()方法在文本窗格中逐步显示各行文字并计算更新进度条。

(5) 修改列表的 ListSelectionEvent 事件处理方法，将读取和显示文件内容以及更新进度栏的工作提交给任务线程。修改后的代码如下。

```
private void jListFileValueChanged(javax.swing.event.ListSelectionEvent evt) {
    final File[] files;
    String str = "";
    if (!evt.getValueIsAdjusting()) {
        File file = (File) jListFile.getSelectedValue();
        if (file != null && file.getName().equals("[返回]")) {
            file = new File(old).getParentFile();
            if (file == null)
                jListFile.setModel(new AbstractListModelImpl(File.listRoots()));
        }
        if (file != null && file.isDirectory()) {
            old = file.getAbsolutePath();
            files = sFile(file.listFiles());
            jListFile.setModel(new AbstractListModelImpl(files));
        } else if (file != null && (file.getAbsolutePath().endsWith(".txt") ||
                                        file.getAbsolutePath().endsWith(".TXT"))) {
            newIFT(file.getAbsolutePath());
            jTextPaneText.setText("");
            new TextReaderWorker(file).execute();
        }
    }
}
```

完成以上修改工作，运行程序，对特别大的文件可以看到进度栏的更新过程，小文件几乎一闪而过。

8.3.4 微调器

微调器 JSpinner（Spinner）是一个左边有输入框，右边有上下三角按钮的组件（12）。在输入框中可以输入具体数值，单击右边的上三角按钮增大输入框中的数值，单击下三角按钮减小输入框中的数值。

微调器特定属性很少。value 属性记录当前值,默认值为 0,可以通过定制代码设置新的初始值。nextValue 属性记录用户单击上三角按钮后下一个值的增量,默认为 1。previousValue 属性记录用户单击下三角按钮后下一个值的增量,默认为−1。如果当前值设置为 10,默认设置下,若用户单击上三角按钮,该微调器组件的值变为 11;若用户单击下三角按钮,则该微调器组件的值变为 9。

model 属性设置微调器的数据模型。单击该属性行右侧列则会弹出该微调器组件的 model 设置对话框。在 Spinner Model Editor 类别下提供了 Date(见图 8.11,日期)、List(见图 8.12,列表)和 Number(见图 8.13,数值)三种实用微调器。

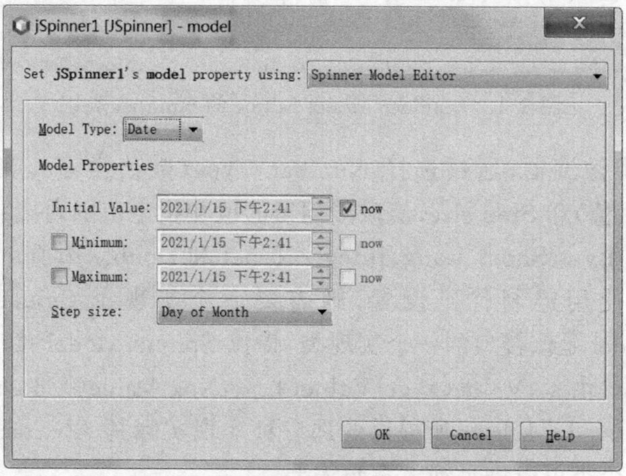

图 8.11 Spinner Model Editor 的 Date 类别

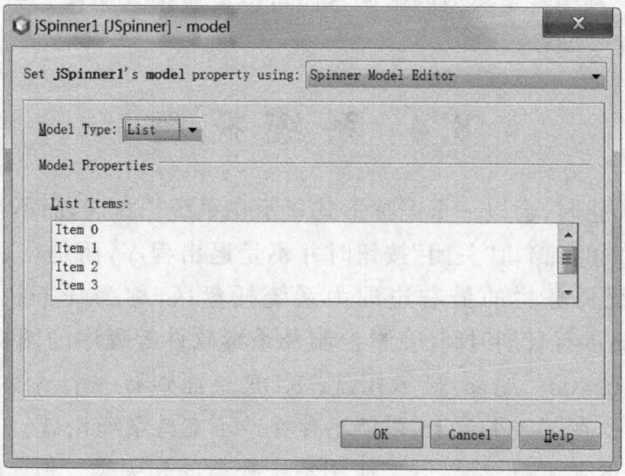

图 8.12 Spinner Model Editor 的 List 类别

对于 Date 类微调器可以设置最小日期和最大日期。在 Step size(步长)中指定该微调器按什么规则增减其值。

对于 List 类微调器,可以编辑其中的列表从而定义一个序列。当用户单击这种微调器的上下三角按钮时,其值在这个序列中变化。

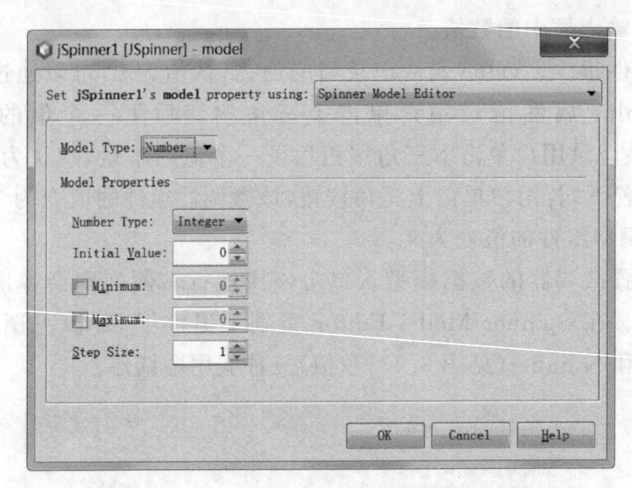

图 8.13　Spinner Model Editor 的 Number 类别

对于 Number 类微调器,通过选择 Number Type(数值类型),指定 Minimum(最小值)、Maximum(最大值)和 Step size,使该微调器的值在指定范围内按照指定步长增减。其中 Number Type 有 Byte、Short、Long、Integer、Float 和 Double 选项。

如果对该属性使用定制代码设置,则需要一个实现了 SpinnerModel 接口的类。AbstractSpinnerModel 是该接口的一个实现类,提供 SpinnerModel 接口的 ChangeListener 实现,它的子类必须提供 setValue()、getValue()、getNextValue()和 getPreviousValue()方法的实现。Spinner Model Editor 所提供的那三种实现实际是 AbstractSpinnerModel 类的子类,一般使用这三个类可以满足绝大多数需要。

微调器组件在 GUI 设计中有广泛的应用。既可以直接输入,又可以使用鼠标单击增减量三角按钮设置值。利用特定类型的微调器还可以减少输入错误。另外,使用微调器组件还可以减少占用界面空间。

8.4　系统托盘

一些程序在最小化时,会以一个图标形式显示在系统托盘区,而不在任务栏显示该程序的图标。一些程序在单击窗口“关闭”按钮时并不是退出程序,而是在系统托盘区显示一个图标。Windows 系统任务栏的最右边即为系统托盘区,称为任务栏状态区域(Taskbar Status Area),可能显示有日期时间、音量控制及杀毒软件等程序的图标。Linux 的 Gnome 桌面在通知区(Notification Area)显示托盘;KDE 桌面则有一个系统托盘区,就叫作系统托盘(System Tray)。在某些平台上,可能不存在或不支持系统托盘。

从 Java 6(即 JDK 1.6)开始提供了使用系统托盘的相关类。但是在 NetBeans IDE 的 GUI 设计器组件面板中没有相应的组件,因此还不能采用可视化方法设计。托盘图标几乎总是伴随着弹出式菜单,这个菜单可以采用前述的可视化方法创建。本节采用编写代码与可视化设计弹出菜单相结合的方法介绍如何使用系统托盘。

8.4.1　系统托盘 SystemTray 的获取与使用

如图 8.14 所示,系统托盘上有多个托盘图标,每个托盘图标是一个程序的最小化图标。

图 8.14　Windows 系统托盘(SystemTray)及托盘图标(TrayIcon)

当双击托盘图标时,对应的程序即恢复窗口运行形式。

系统托盘是系统资源,使用 SystemTray 类的 getSystemTray()方法获取。该方法定义为:

```
public static SystemTray getSystemTray()
```

同一个系统对每个应用程序都返回同一个实例。在一些平台上,可能不支持系统托盘。可以使用 isSupported()方法检查是否支持系统托盘。如果安装了安全管理器,则必须取得授权才能获取 SystemTray 实例,否则此方法将抛出 SecurityException。

SystemTray 类还提供了以下几个方法。

1. public void add(TrayIcon trayIcon) throws AWTException

将托盘项 trayIcon 添加到系统托盘。一旦添加了托盘图标,就可以在系统托盘中看到它。图标在托盘中的显示顺序取决于平台和实现。如果多次添加 TrayIcon 的同一实例,该方法会抛出 IllegalArgumentException 异常。如果 trayIcon 为 null 或未添加到系统托盘,则不抛出任何异常且不执行任何动作。

2. public TrayIcon []getTrayIcons ()

返回由应用程序添加到托盘中的所有图标的数组。一个程序无法访问由另一个应用程序添加的图标。返回的数组是实际数组的副本,可以以任意方式修改它,而不会影响系统托盘。

3. public Dimension getTrayIconSize ()

返回托盘图标在系统托盘中占用的空间大小(以 px 为单位)。可以使用这个方法在创建托盘图标之前获取图像属性的首选大小。在 TrayIcon 类中有一个类似的方法 TrayIcon.getSize()。

4. public void remove(TrayIcon trayIcon)

从 SystemTray 中移除指定的 TrayIcon。在应用程序退出时,应用程序添加的所有图标都将自动从 SystemTray 移除,在桌面系统托盘不能使用时也一样。

8.4.2　系统托盘图标 TrayIcon 的设计

一个托盘图标 TrayIcon 是 java.awt.TrayIcon 类的实例,可以添加到系统托盘中形成其中一项。TrayIcon 可以包含工具提示(文本)、图像、弹出菜单和一组与之关联的监听器。

1. 创建托盘图标

使用 TrayIcon 类的三个构造方法创建托盘图标。

(1) public TrayIcon(Image image):创建带有指定图像的 TrayIcon 对象。

(2) public TrayIcon(Image image, String tooltip)：创建带有指定图像和工具提示文本的 TrayIcon 对象。

(3) TrayIcon public TrayIcon(Image image, String tooltip, PopupMenu popup)：创建带指定图像、工具提示和弹出菜单的 TrayIcon 对象。其中，参数 image 为图标要使用的图像；tooltip 为用作工具提示文本的字符串，如果值为 null，则不显示工具提示；popup 为将用于托盘图标的弹出菜单，如果值为 null，则不显示弹出菜单。

如果已经安装了 SecurityManager，则必须授予 AWTPermission accessSystemTray 权限才能创建 TrayIcon。否则，构造方法将抛出 SecurityException。

2. 显示弹出消息

TrayIcon 类有一个嵌套枚举类型 MessageType 确定哪种图标会显示在消息标题中，以及可能的系统声音。定义了以下四个枚举值以表示四种消息类型。

(1) ERROR：错误消息。

(2) WARNING：警告消息。

(3) INFO：信息消息。

(4) NONE：简单消息。

要在托盘图标附近显示弹出消息，使用托盘图标的方法：

```
public void displayMessage(String caption, String text, TrayIcon.MessageType messageType)
```

消息将在一段时间之后或用户在消息上单击时消失。单击消息可能触发 ActionEvent。标题 caption 或文本 text 可以为 null，但如果两者都为 null，则抛出 NullPointerException。在某些平台上显示时，标题或文本字符串可能被截短，可以显示的字符数与平台有关。messageType 参数指示消息类型，是上述枚举值之一。

注意：一些平台可能不支持显示消息。

3. 设置工具提示字符串

如果创建托盘图标时没有指定工具提示字符串，可以使用方法 setToolTip()设置。

```
public void setToolTip(String tooltip)
```

当鼠标悬停在图标上时，自动显示工具提示。参数 tooltip 指定工具提示的字符串，如果为 null，则不显示任何工具提示。

4. 设置弹出菜单

如果创建托盘图标时没有指定弹出菜单，则使用方法 setPopupMenu()可以设置。

```
public void setPopupMenu(PopupMenu popup)
```

如果参数 popup 为 null，则没有任何弹出菜单与此 TrayIcon 关联。一个 popup 只能设置在一个 TrayIcon 上。在多个 TrayIcon 上设置同一个 popup 将导致 IllegalArgumentException。还应注意，在托盘图标上设置此 popup 之前或之后，都不得将它添加到任何父级弹出菜单，否则可能从该父级弹出菜单中移除此 popup。

弹出菜单可以先用可视化方法创建，然后设置到托盘图标上。但应特别注意，托盘图标上的弹出式菜单是 AWT 菜单，在 Palette 的 AWT 组有 Popup Menu 组件，属于 java.awt.PopupMenu 类型。尽管在 AWT 组中看不到菜单项等组件，但是一旦创建 AWT 的弹出式菜单组件，在其快捷菜单上的 Add 子菜单组中列出几类菜单项组件（见图 8.15），可以直接创建。

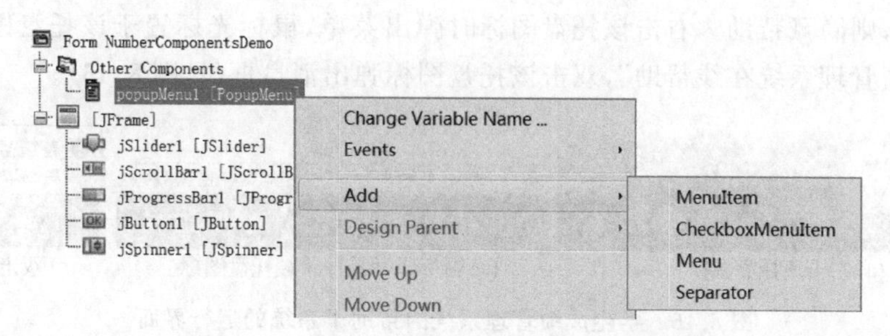

图 8.15 添加 AWT 菜单子组件的快捷菜单

对托盘图标的图像、工具提示字符串和弹出菜单都可以用对应的取值方法获取。

8.4.3 系统托盘的事件处理

可以使用 addPropertyChangeListener()方法为系统托盘注册 PropertyChangeEvent 事件监听器，监听指定属性 propertyName 的改变，但是通常很少用。系统托盘的事件处理主要是监听托盘图标的事件并进行处理。

1. 鼠标事件

托盘图标 TrayIcon 可以生成 MouseEvent，并支持添加相应的侦听器，以接收这些事件的通知。方法 public void addMouseListener(MouseListener listener)为托盘图标注册指定的鼠标侦听器，以监听从此 TrayIcon 触发的鼠标事件。但是，从 TrayIcon 接收 MouseEvent 的坐标是相对于屏幕的，而不是相对于 TrayIcon 的，并且不支持 MOUSE_ENTERED 和 MOUSE_EXITED 鼠标操作的监听。

2. 鼠标移动事件

当鼠标在托盘图标上移动时会触发 MouseMotionEvent。方法：

```
public void addMouseMotionListener(MouseMotionListener listener)
```

注册鼠标移动事件监听器，以接收从此 TrayIcon 触发的鼠标移动事件。MouseMotionEvent 的坐标是相对于屏幕的，而不是相对于 TrayIcon 的。此外，托盘图标不支持 MOUSE_DRAGGED 鼠标操作的监听。

3. Action 事件

在某些平台上，当用户使用鼠标或键盘选择托盘图标时，会触发一个 ActionEvent 事件。这种操作多数情况下为显示该托盘图标所属的程序界面，或激活程序运行。

此外，TrayIcon 可以自己处理一些事件。例如，默认情况下，在 TrayIcon 上右击时，会显示指定的弹出菜单。当鼠标光标悬停到 TrayIcon 上时，将显示工具提示。

8.4.4 应用举例

下面通过一个程序设计示例介绍系统托盘的使用方法。

例 8.4 为项目 StdScoreManagerV0.5 的学生成绩管理系统设计帮助程序，并以托盘图标出现在系统托盘中。设计一个弹出式菜单，有两个菜单项，当窗口处于打开状态时显示

Hide 和 Exit，已被隐藏时则显示 Show 和 Exit（见图 8.16）。其中，单击 Hide 菜单项隐藏帮助，单击 Show 菜单项则显示帮助，单击 Exit 菜单项则退出帮助程序。单击帮助提示框的“关闭”按钮，则隐藏帮助。右击该托盘图标时弹出菜单，鼠标光标置于该托盘图标上时，显示“学生成绩管理系统在线帮助”，双击该托盘图标弹出消息框（见图 8.16）。

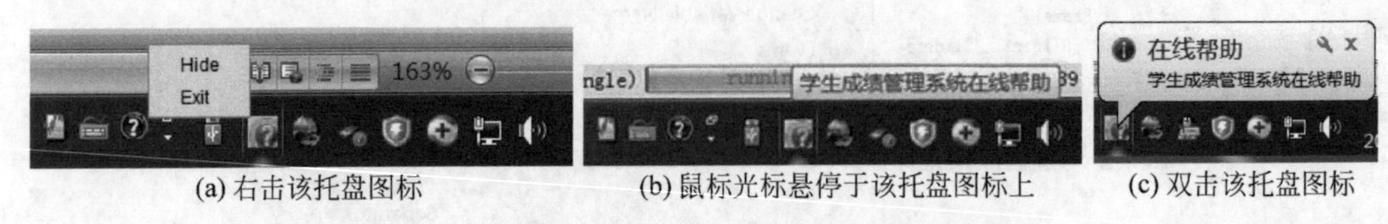

(a) 右击该托盘图标　(b) 鼠标光标悬停于该托盘图标上　(c) 双击该托盘图标

图 8.16　学生成绩管理系统的帮助子系统的运行界面

分析：首先设计帮助程序。该程序以前面例题开发的文件阅读器为基础，通过简单修改完成。难度不大。

本题主要任务是系统托盘图标的创建以及事件处理。包括以下三个方面的事件处理。

(1) 菜单项的事件处理。为 Hide(或 Show)和 Exit 菜单项分别编写 ActionEvent 事件监听器。

(2) 托盘图标的事件处理。为托盘图标的 ActionEvent 事件(右击操作触发)设计事件监听器，使托盘图标的弹出菜单打开。

(3) 帮助提示框的事件处理。为帮助提示框的 WindowEvent 事件设计事件监听器，当提示框关闭时，隐藏提示框，修改第一个菜单项的文字。

由于 GUI 构建器没有为托盘及托盘图标组件提供可视化设计支持，这里以手工编写代码为主，把此部分代码单独定义为一个方法，方法名取为 getTrayIcon，并返回该托盘图标。对于其中的弹出式菜单，则使用 GUI 构建器可视化设计。

解：按照以下步骤设计。

(1) 首先打开 TextFileReader0.7 项目，在 Projects 窗口中右击 book.filereader 包，在快捷菜单中选择 Copy 菜单项。

(2) 打开 StdScoreManager0.5 项目，在 Projects 窗口中右击 Source Packages 节点，在快捷菜单中选择 Paste 菜单项。然后清理并构建该项目。

(3) 再次右击该项目的 Source Packages 节点，在快捷菜单中选择 New→Folder 菜单项，在 Folder Name 右侧文本框中输入“helpPages”，单击 Finish 按钮。然后将编写好的 HTML 格式的帮助文件(扩展名为 html 或 htm)复制到该文件夹，同时复制已经准备好的图像文件 help.jpg 到该项目 Source Packages 节点的 images 目录下。

(4) 打开 StdScoreManager0.5 项目的 book.filereader 中的 MyFileReader 窗体，在设计视图选择左边列表，在 Properties 窗口中修改 jListFile 组件的 model 属性的定制代码如下。

```
new javax.swing.AbstractListModel() {
    File[] files = new File(getClass().getResource("/helpPages/").getFile()).listFiles();
    public int getSize() { return files.length; }
    public Object getElementAt(int i) { return files[i]; }
}
```

(5) 设置 jListFile 组件的 cellRenderer 属性。目的是在列表中只显示帮助文件名而不显示路径。首先为该属性编写以下类，作为 MyFileReader 的内部类，代码如下。

```
class HelpCellRederer extends JLabel implements ListCellRenderer {
    @Override
    public Component getListCellRendererComponent(JList list, Object value, int index,
                                    boolean isSelected, boolean cellHasFocus) {
        String str = ((File) value).getName();
        setText(str);
        return this;
    }
}
```

然后为该属性值填写定制代码 new HelpCellRederer()。

(6) 修改文件列表组件 jListFile 的 ListSelectionEvent 事件处理方法。修改后的代码如下。

```
private void jListFileValueChanged(javax.swing.event.ListSelectionEvent evt) {
    if (!evt.getValueIsAdjusting()) {
        Object obj = jListFile.getSelectedValue();
        File file = (File) obj;
        if (file != null && ((file.getAbsolutePath().toLowerCase().endsWith(".htm")
                || file.getAbsolutePath().toLowerCase().endsWith(".html")))) {
            newIFT(file.getAbsolutePath());
            try {
                jTextPaneText.setPage(file.toURI().toURL());
            } catch (MalformedURLException ex) {
        Logger.getLogger(MyFileReader.class.getName()).log(Level.SEVERE, null, ex);
            } catch (IOException ex) {
        Logger.getLogger(MyFileReader.class.getName()).log(Level.SEVERE, null, ex);
            }
        }
    }
}
```

(7) 使用 GUI 构建器，在 Design 视图中为该帮助程序的托盘图标设计弹出式菜单。

在 Navigator 窗口中右击 Other Components 节点，在快捷菜单中选择 Add From Palette→AWT→Popup Menu 菜单项，并重命名为 popupMenuHelp。

(8) 在 Navigator 窗口中右击 popupMenuHelp 节点，在快捷菜单中选择 Add→MenuItem 菜单项，为新建的菜单项重命名为 menuItemHelpShow。设置该菜单项的 label 属性值为 Hide。

(9) 重复步骤(8)，创建第二个 AWT 菜单项，变量名为 menuItemHelpExit，label 属性值为 Exit。

(10) 切换到 MyFileReader 的 Source 视图，在该类中编写方法 getTrayIcon()。该方法代码如下。

```
public TrayIcon getTrayIcon() {
    TrayIcon trayIcon = null;
    if (SystemTray.isSupported()) {
```

```
            SystemTray tray = SystemTray.getSystemTray();
            Image image = Toolkit.getDefaultToolkit().getImage(
                                    getClass().getResource("/images/help.jpg"));
            PopupMenu popup = popupMenuHelp;
            trayIcon = new TrayIcon(image, "学生成绩管理系统在线帮助", popup);
            trayIcon.addActionListener(e -> trayIconActionPerformed(e));
            try {
                tray.add(trayIcon);
            } catch (AWTException e) {
                System.err.println(e);
            }
        } else {
            System.out.println("不支持系统托盘");
        }
        return trayIcon ;
    }
```

在该 MyFileReader 类中编写此托盘图标的 ActionEvent 事件(双击该图标触发)监听方法,代码如下。

```
private void trayIconActionPerformed(ActionEvent evt) {
    trayIconHelp.displayMessage("在线帮助", "学生成绩管理系统在线帮助",
                                                TrayIcon.MessageType.INFO);
}
```

(11) 在 MyFileReader 中添加字段 trayIconHelp,语句为“TrayIcon trayIconHelp;”。在该类的构造方法中添加语句“trayIconHelp＝getTrayIcon();”。

(12) 切换到 MyFileReader 窗体的 Design 视图,在 Navigator 窗口中的 Other Components→popupMenuHelp→menuItemHelpShow 节点右击,在快捷菜单中选择 Events→Action→actionPerformed 菜单项,为该菜单项设计 ActionEvent 事件监听器。该菜单项的事件处理方法的代码如下。

```
private void menuItemHelpShowActionPerformed(java.awt.event.ActionEvent evt) {
    if(menuItemHelpShow.getLabel().equals("Hide")) {
        this.setVisible(false);
        menuItemHelpShow.setLabel("Show");
    } else {
        this.setVisible(true);
        menuItemHelpShow.setLabel("Hide");
    }
}
```

(13) 为菜单项 menuItemHelpExit 设计 ActionEvent 事件监听器。该菜单项的事件处理方法的代码如下。

```
private void menuItemHelpExitActionPerformed(java.awt.event.ActionEvent evt) {
    int ans = JOptionPane.showConfirmDialog(this, "退出帮助系统?");
    if(ans == 0) {
        if(trayIconHelp!= null)
            SystemTray.getSystemTray().remove(trayIconHelp);
```

```
            this.dispose();
        }
    }
```

(14) 在 Navigator 窗口中的 JFrame 节点上右击，在快捷菜单中选择 Events→Window→WindowClosing 菜单项，为该窗体设计 WindowEvent 事件监听器。事件处理方法的代码如下。

```
private void formWindowClosing(java.awt.event.WindowEvent evt) {
    menuItemHelpShow.setLabel("Show");
}
```

(15) 修改该窗体的退出 Action 类。修改后的类代码如下。

```
class TheExit extends AbstractAction {
    JFrame frame;
    public TheExit(JFrame frame) {
        this.frame = frame;
    }
    @Override
    public void actionPerformed(ActionEvent e) {
        frame.setVisible(false);
    }
}
```

(16) 打开该项目 book.stdscoreui 包中的 AdminScoreMana 窗体。在 Source 视图下为该类添加字段"MyFileReader help"。在 Design 视图下单击选择工具栏。在 Palette 中单击 Swing Controls 组的 Separator 组件，在工具栏最后一个工具项的右侧单击，创建一个分隔符。

(17) 在 Palette 中单击 Swing Controls 组的 Button 组件，在工具栏中分隔符的右侧单击，创建一个工具按钮，并重命名为 jButtonAdminHelp。修改该新建工具项的文字为"帮助"。为该按钮注册和设计 ActionEvent 事件处理方法，代码如下。

```
private void jButtonAdminHelpActionPerformed(java.awt.event.ActionEvent evt) {
    help = new MyFileReader();
    help.setVisible(true);
}
```

此外，还可以重复步骤(16)和(17)，为学生工作界面和教师工作界面设计打开帮助提示框的入口。

完成上述步骤后运行程序，发现可以按照要求运行。帮助信息以网页格式编写，存放于本项目的 src/helpPages 文件夹下。

习　题

1. 如何使用格式化字段保证输入数据格式的正确性？
2. 如何使用格式化字段保证输入成绩数据范围的正确性？

3. 使用编辑器窗格组件显示网页时，如何实现用户单击超链接的页面跳转？

4. 如何存取文本窗格中字符和段落格式？

5. 如何监听开启/关闭按钮的选择状态？

6. 如何知道一个复选框目前是否被用户选取？

7. 组合框可编辑时可否通过输入列表项的前几个字符立即将选择光标定位到那个列表项上？如果可以，怎样实现？

8. 以你班同学姓名为列表项，设计一个列表，并允许选择任意几个同学。将所选同学的姓名输出到弹出式对话框。

9. 设计一个 Java GUI 程序，界面中有一个按钮和一个滑块组件，当移动滑块时按钮的高度和宽度相应地增大或缩小。

10. 设计一个 Java GUI 程序，界面左上角有一个按钮，右边框处有一个垂直滚动条，下边框处有一个水平滚动条，当移动滚动条滑块时按钮的高度和宽度相应地增大或缩小。

11. 设计一个 Java GUI 程序计算十段自然数之和，分段为 0～1000、1000～2000、2000～3000、…、9000～10 000。用一个进度条显示计算进度，每计算一段进度条前进 10%。当单击“开始”按钮时，程序开始计算并让进度条开始工作（见图 8.17）。

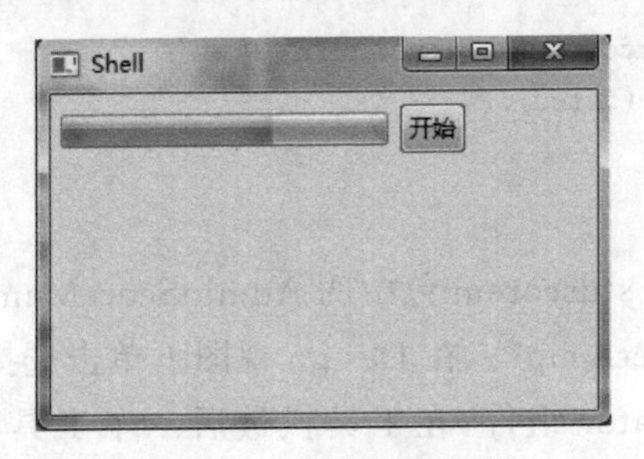

图 8.17　分段求和程序

12. 设计一个微调器组件，使用户使用该微调器选择一周的星期几。

13. 仿照例 8.4 将 7.7 节所设计的简易四则运算计算器程序作为系统托盘项管理。

第9章 表格组件与数据库的使用

很多 Java GUI 程序都会涉及数据处理。Java GUI 程序的数据处理包括数据的输入、数据结构的设计、数据的存储、数据的输出等环节。Java GUI 程序设计主要目的之一就是为用户直观、方便、高效地处理数据提供接口。多数情况下，输入的数据被保存在数据库中，或者程序中使用的数据就是直接从数据库中获取的。大量结构化数据一种主要的输出形式是表格。本章介绍使用 NetBeans IDE 操作数据库以及 Swing 表格组件的设计及使用。

9.1 NetBeans IDE 的数据库操作

Java 程序处理的数据主要保存在磁盘文件或数据库中。使用 Java 标准类库中提供的一整套对磁盘文件进行处理的类，可以方便地读写文件，进行数据格式转换等操作。但是使用磁盘文件存储和处理数据，需要 Java 程序处理较多的细节，读写效率不高，使用也不方便。大多数情况下使用数据库则更为高效和方便。因而长期以来，大量的 Java 应用都依赖于数据库，Java GUI 程序也不例外。

Java 语言提供了访问数据库的 API——JDBC(Java DataBase Connectivity)。Derby 是一个完全用 Java 编写的基于 Apache License 2.0 分发的开源关系数据库管理系统。NetBeans IDE 则提供了连接、创建和访问数据库的工具。本章介绍 NetBeans 数据库操作及表格组件的编程应用。

9.1.1 Derby 数据库的安装与运行

Derby 是 Apache 软件基金会(ASF)旗下的一个项目，是一个纯 Java 实现、开源的数据库管理系统(DBMS)，体积小巧，但功能齐备，是完全事务型、安全且基于标准的数据库服务器，支持几乎大部分的数据库应用所需要的特性，且完全支持 SQL、JDBC API 和 Java EE 技术。

在 JDK 6、JDK 7 和 JDK 8 中内置 Derby，被称为 Java DB，JDK 9 及之后版本需要单独下载安装。Derby 可以自由下载并免费使用，下载和安装都很容易。在 db.apache.org/derby/derby_downloads.html 站点选择合适的版本(如 For Java 9 and Higher 下的 10.15.2.0(February 18, 2020/SVN 1873585))，然后进入到下载页面，选择二进制(bin)分发文件(如 db-derby-10.15.2.0-bin.zip)，直接解压缩分发文件即可完成安装。如图 9.1 所示，其中，bin 子目录包含用于执行实用程序和设置环境的脚本，lib 子目录包含 Java 的 jar 文件供 Java 程序调用；sysinfo 显示系统以及 Derby 信息，可以验证安装情况；用 ij 来运行 SQL 脚本，也可以直接交互式执行 SQL 命令。docs 和 javadoc 包含 Derby 的使用手册及说明文档等，demo

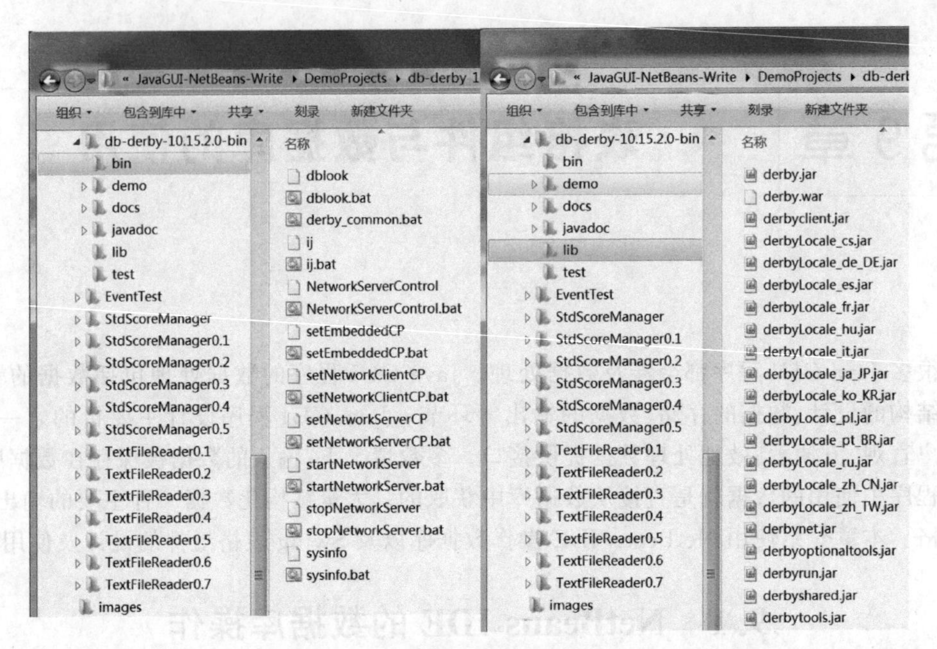

图 9.1 Java DB 安装目录及其库文件

目录包含示例数据库及 Java 程序。

设置环境变量 DERBY_HOME 的值为 Derby 的解压安装目录，如本书例题使用的是 D:\JavaGUI-NetBeans-Write\DemoProjects\db-derby-10.15.2.0-bin。在系统环境变量 PATH 中添加执行脚本的路径，如 D:\JavaGUI-NetBeans-Write\DemoProjects\db-derby-10.15.2.0-bin\bin。

Derby 可以两种模式运行，一种是作为嵌入式数据库，Derby 本身并不会在一个独立的进程中，而是和应用程序一起在同一个 Java 虚拟机（JVM）里运行，Derby 如同应用所使用的其他 jar 文件一样变成了应用的一部分。如果开发单机运行的 Java 应用程序，且数据量不是太大，可以使用这种模式。在编写了访问 Derby 嵌入式数据库的 Java 类并编译之后，采用 java -cp .;%DERBY_HOME%\lib\derby.jar HelloJavaDB 命令即可运行该类操作数据库，其中，%DERBY_HOME%为安装目录，类名为 HelloJavaDB。该模式下使用 JDBC 访问，驱动程序类名为 org.apache.derby.jdbc.EmbeddedDriver，连接 URL 为 jdbc:derby:helloDB;create=true，其中，helloDB 是数据库名。加载驱动和建立连接的程序段如下。

```
Class.forName("org.apache.derby.jdbc.EmbeddedDriver").newInstance();
Connection conn = null;
Properties props = new Properties();
props.put("user", "user1");
props.put("password", "user1");
conn = DriverManager.getConnection("jdbc:derby:helloDB;create = true", props);
```

第二种是网络数据库运行模式。这是传统的客户/服务器模式，需要启动一个 Derby 的网络服务器用于处理客户端的请求，不论这些请求是来自同一个 JVM 实例，还是来自于网络上的另一台机器（见图 9.2）。同时，客户端使用 DRDA（Distributed Relational Database Architecture）协议连接到服务器端。

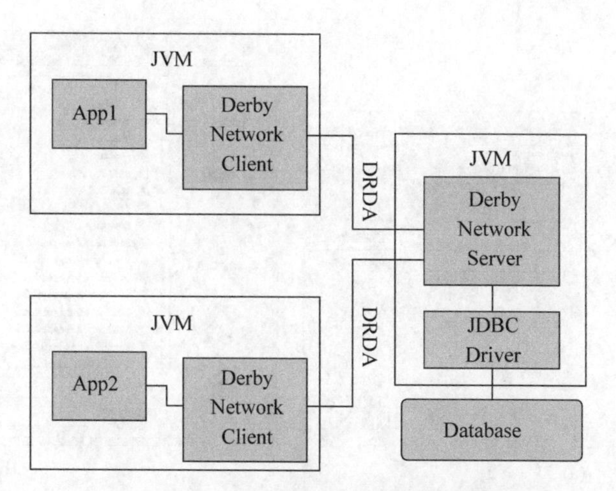

图 9.2 Derby 网络服务器模式架构

首先，对于如图 9.1 所示的安装路径，进入 Derby 解压目录，用以下命令启动网络服务器(见图 9.3)。

```
java -cp .;db-derby-10.15.2.0-bin\lib\derby.jar;db-derby-10.15.2.0-bin\lib\derbynet.jar org.apache.derby.drda.NetworkServerControl start
```

```
管理员: C:\Windows\system32\cmd.exe - java  -cp .;db-derby-10.15.2...

D:\JavaGUI-NetBeans-Write\DemoProjects>java -cp .;db-derby-10.15.2.0-bin\lib\derby.jar;db-derby-10.15.2.0-bin\lib\derbynet.jar org.apache.derby.drda.NetworkServerControl start
Mon Jan 18 09:08:55 CST 2021 : 已使用基本服务器安全策略安装了 Security Manager。

Mon Jan 18 09:08:56 CST 2021 : Apache Derby 网络服务器 - 10.15.2.0 - (1873585) 已启动并准备接受端口 1527 上的连接
```

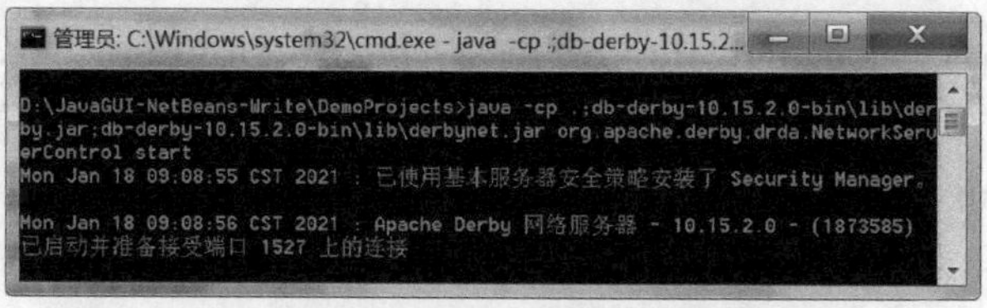

图 9.3 Derby 的网络服务器启动界面

然后就可以运行工具类查看和访问数据库，如新启动一个命令行，用 ij 来运行 SQL 脚本或直接交互式执行 SQL 命令。在 Java 程序中连接到该数据库服务器，利用 JDBC 接口访问数据库，驱动类为 org.apache.derby.jdbc.ClientDriver，客户端的连接格式为：jdbc:derby://server[:port]/databaseName[;attributeKey=value]。

9.1.2 设置与建立数据库连接

打开 NetBeans IDE 的 Services 窗口，展开 Databases 节点，在子节点 Drivers 下看到列出了 Java DB、MySQL、Oracle 和 PostgreSQL 条目，但在使用之前还需要进行设置。也可以注册其他数据库 JDBC 驱动并对其数据库进行操作。

1. 在 NetBeans IDE 中注册数据库

对于初次安装的数据库，应首先在 NetBeans IDE 中进行注册，以便能够使用该 IDE 方便地进行操作和维护。Apache NetBeans 12.2 使用高版本(JDK 9 及以上)时，会将 Derby 作为 Java DB 进行管理和使用。因此，使用 Derby 或 Java DB 之前，应该进行 Java DB 的配置，操作步骤如下。

(1) 在 Services 窗口中，右击 Databases 子节点 Java DB，在快捷菜单中选择 Properties 命令，打开 Java DB Properties 设置对话框(见图 9.4(a))。

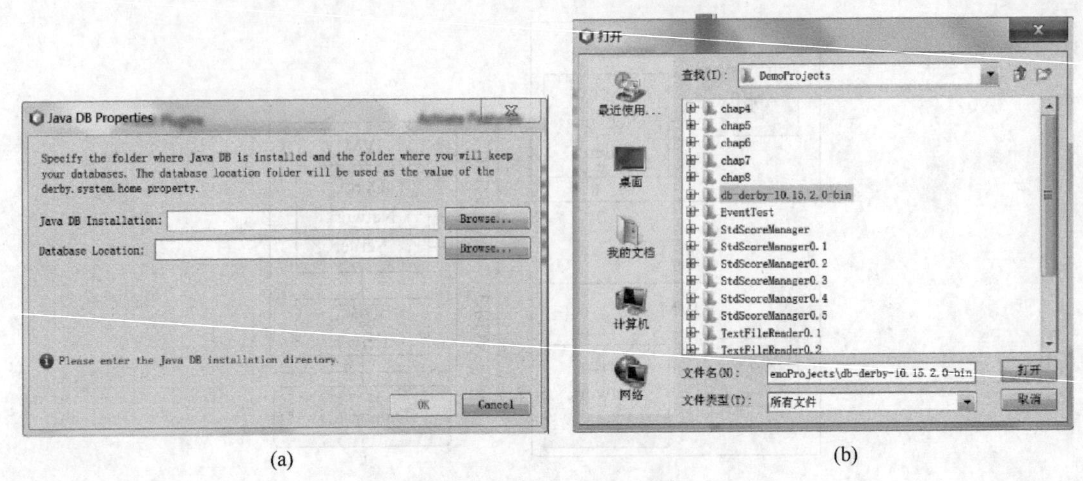

(a)　　　　　　　　　　　　　　　(b)

图 9.4　Java DB 属性对话框

（2）单击 Java DB Installation 行右侧的 Browse 按钮，选择 Derby 的安装目录，单击“打开”按钮（见图 9.4(b)）。

（3）单击 Database Location 右侧的 Browse 按钮，输入指定的数据库存放目录，单击“打开”按钮。例如，指定为 D:\JavaGUI-NetBeans-Write\DemoProjects\DataBases。单击 OK 按钮。

（4）展开 Databases 下的 Drivers 子节点，右击 Java DB(Embedded) 节点，在快捷菜单中选择 Customize，在 Customize JDBC Driver 对话框中，单击右上角的 Add 按钮，选取 Derby 安装目录下 lib 子目录中的 derby.jar 和 derbytools.jar 文件，单击“打开”按钮，再单击 OK 按钮。用同样方法为 Java DB(Network) 添加驱动程序文件 derby.jar、derbyclient.jar 和 derbytools.jar。

如果使用 My SQL 数据库服务器，则在 Services 窗口中，右击 Databases 节点，然后在快捷菜单中选择 Register MySQL Server 命令，在 MySQL Server Properties 对话框中输入 Basic Properties 和 Admin Properties 的有关参数（见图 9.5），即可在 Databases 节点下添加一个 MySQL Server 子节点。

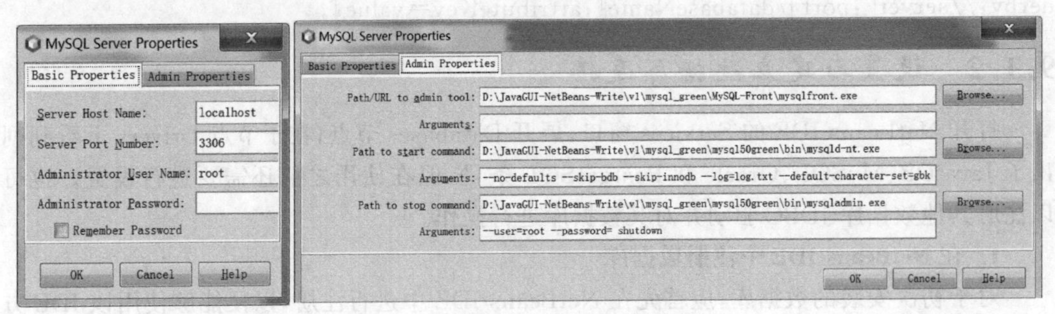

图 9.5　注册 MySQL Server 对话框

2. 启动服务器

在 Services 窗口中右击 Java DB 节点，将显示 Java DB 数据库快捷菜单。通过这些快捷菜单项可以启动和停止数据库服务器、创建新的数据库实例，以及设置属性。

启动数据库服务器的方法是：在 Services 窗口中右击 Java DB 节点，然后在快捷菜单中选择 Start Server 命令。如果 Output 窗口中出现以下输出内容(见图 9.6),表明服务器已经启动。

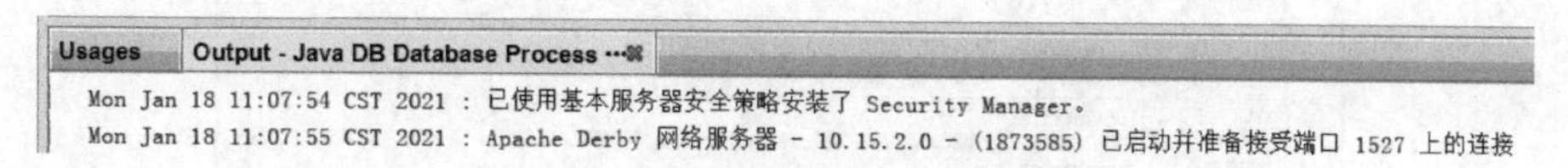

图 9.6 Java DB 数据库进程 Output 窗口

3. 创建并连接到数据库

在 Apache NetBeans 12.2 中,创建数据库并与该数据库建立连接的操作步骤如下。

(1) 在 Services 窗口中右击 Databases 节点,在快捷菜单中选择 New Connection 菜单项,则会出现 New Connection Wizard 对话框,在 Locate Driver 页(见图 9.7)的 Driver 右侧组合框中单击,在下拉列表中选择 New Driver 项。

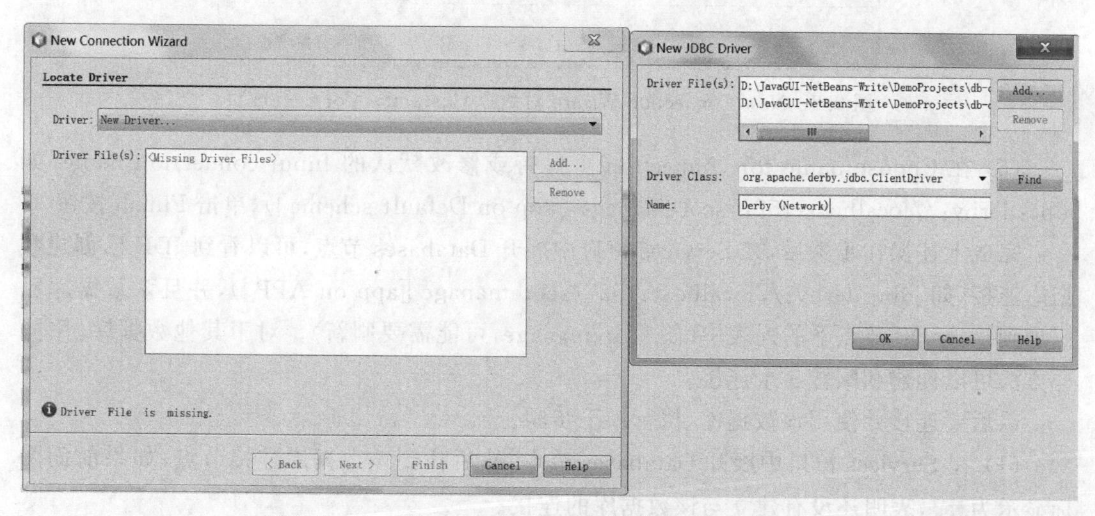

图 9.7 New Connection Wizard 对话框 Locate Driver 页

(2) 在新弹出的 New JDBC Driver 对话框(见图 9.7)中单击右边的 Add 按钮,在弹出的 Select Driver 对话框中导航到 Derby 安装目录下 lib 子目录,选择 derby.jar、derbyclient.jar 和 derbytools.jar,单击"打开"按钮。Driver Class 选择 org.apache.derby.jdbc.ClientDriver,检查修改 Name 右边文本框中的内容,再单击 OK 按钮。最后单击 Next 按钮。

(3) 在 Customize Connection 页面(见图 9.8)Host 右侧输入 Derby 网络模式数据库服务器主机名(如 localhost)或 IP 地址,Port 右侧输入端口号(如默认值 1527),Database 右侧文本框中输入数据库名(如 scoremanage);User Name 右侧文本框中输入用户名(如 app),Password 右侧文本框中输入连接口令(如 app)。为了调试方便,可以选取 Remember password。单击 Connection Properties 按钮,在 Connection Properties 对话框中单击 Add Property 按钮,在 Property 表中新增的一行的 Property 列双击并输入"create",在 Value 列输入"true",单击 OK 按钮。查看并修正 JDBC URL 右侧文本框中的内容(如 jdbc:derby://localhost:1527/ scoremanage)。单击 Test Connection 按钮,可以看到 Connection Succeeded,单击 Next 按钮。

(4) 在 Choose Database Schema 页保持默认选择 APP,单击 Next 按钮。

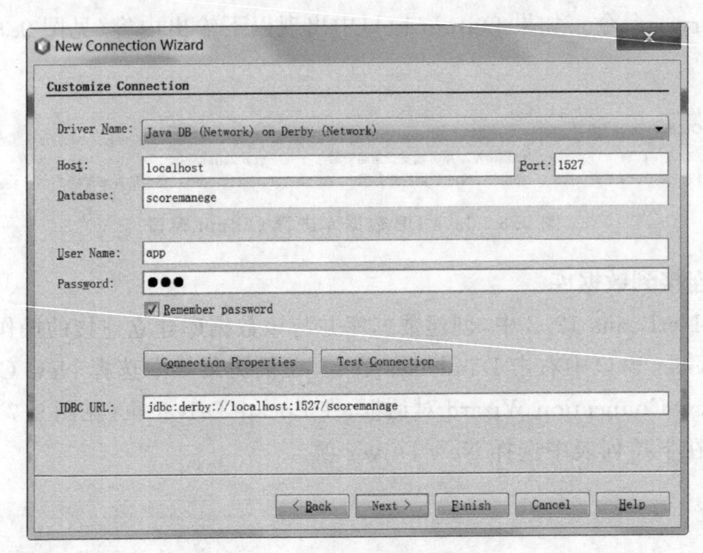

图 9.8 New Connection Wizard 对话框 Customize Connection 页

(5) 在 Choose name for connection 页保持或修改默认的 Input connection name(如 jdbc:derby://localhost:1527/scoremanage [app on Default schema]),单击 Finish 按钮。

完成上述操作步骤后,在 Services 窗口中展开 Databases 节点,可以看到 IDE 已创建数据库连接(如 jdbc:derby://localhost:1527/scoremanage [app on APP]),并且该数据库已添加到 Java DB 节点下的列表中(如 scoremanage,可能需要刷新)。对于其他数据库,用同样方法可以创建和配置一个连接。

以后要连接并使用该数据库,执行以下步骤。

(1) 在 Services 窗口中展开 Databases 节点,然后找到该数据库连接节点,如果前面图标显示为 ,表明还没有建立与该数据库的连接。

(2) 右击该连接节点(如 jdbc:derby://localhost:1527/scoremanage [app on APP]),然后在快捷菜单中选择 Connect 菜单项。连接节点图标变为 (完全显示出来),表示连接成功。

(3) 可以为数据库创建适当的显示名称,方法是右击数据库连接节点,在快捷菜单中选择 Rename 命令。在文本字段中输入新名称,然后单击 OK 按钮。

9.1.3 操作数据库

当建立了与数据库的连接之后,就可以使用 NetBeans IDE 提供的功能对数据库进行各种常见操作了。主要包括创建、删除和修改表,用数据填充表,查看表格数据及执行 SQL 语句和查询。

1. 创建表

刚创建的数据库尚未包含任何表或数据。一般开发中先要进行规划设计,确定数据库中包含哪些表,表的结构是什么,表之间有什么关系等。以前面实例学生成绩管理系统为例,共设计 9 个表。为了节约篇幅,本节不再叙述该系统数据库的概念设计和 E-R 模式分析等内容,表 9.1~表 9.9 给出了各个表的结构。

表 9.1 course 表(课程表)

字 段 名	类 型	含 义
id	smallint	标识号,不允许重复
name	varchar(40)	课程名
type	varchar(10)	课程类型

表 9.2 department 表(专业表)

字 段 名	类 型	含 义
id	smallint	标识号,不允许重复
name	varchar(40)	专业名

表 9.3 student 表(学生表)

字 段 名	类 型	含 义
id	int(12)	学号,不允许重复
name	char(10)	姓名
departmentID	smallint	专业
grade	smallint	年级
class	smallint	班级
pic	varchar(100)	照片路径
interested	varchar(1000)	学习兴趣

表 9.4 teacher 表(教师表)

字 段 名	类 型	含 义
id	smallint	工号,不允许重复
name	varchar(10)	姓名
sex	char(2)	性别
age	smallint	年龄
departmentID	smallint	专业
address	varchar(100)	住址
pic	varchar(100)	照片路径
intro	varchar(1000)	简介

表 9.5 department_grade_class 表(专业下设的班级表)

字 段 名	类 型	含 义
id	smallint	标识号,不允许重复
departmentID	smallint	专业标识号
grade	smallint	年级
class	smallint	班级

表 9.6 department_course 表(专业开设的课程表)

字 段 名	类 型	含 义
id	smallint	标识号
departmentID	smallint	专业标识号
courseID	smallint	课程标识号

表 9.7　student_course 表（学生选择的课程及成绩表）

字段名	类型	含义
id	int(13)	标识号
studentID	int(12)	学号
courseID	smallint	课程标识号
score	float(5)	成绩
updatetime	datetime	修改时间

表 9.8　teacher_course 表（教师任教的课程表）

字段名	类型	含义
id	int(13)	标识号
teacherID	smallint	工号
courseID	smallint	课程标识号
departmentID	smallint	专业标识号
grade	smallint	年级
class	smallint	班级

表 9.9　users 表（用户表）

字段名	类型	含义
name	varchar(20)	账户名（学生为学号、教师为工号）
password	varchar(20)	密码
job	smallint	身份（0—学生、1—教师、2—管理员）

然后，在 NetBeans IDE 中使用下列任一方法添加数据库表。

1）使用 Create Table 对话框创建表

(1) 展开 jdbc:derby://localhost:1527/scoremanage [app on APP] 连接节点，看到其中有 APP 和 Other schemas 子节点。APP 方案是适用于本书实例的方案。右击 APP 节点，然后在快捷菜单中选择 Set as Default Schema 菜单项。

(2) 展开 APP 节点，该节点下面有三个子文件夹：Tables、Views 和 Procedures。右击 Tables 节点，然后在快捷菜单中选择 Create Table 菜单项，即打开 Create Table 对话框（见图 9.9）。以下操作以创建 course 表为例。

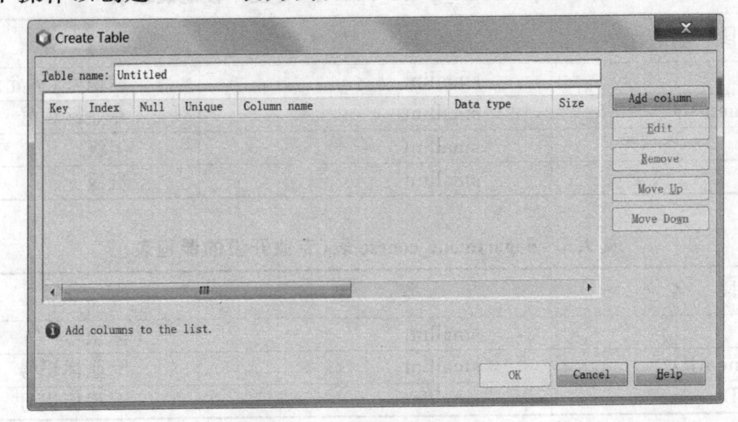

图 9.9　Create Table 对话框

(3) 在 Table name 文本框中输入“course”。

(4) 单击 Add column 按钮,随即出现 Add Column 对话框(见图 9.10)。

(5) 在 Name 右侧文本框中,输入“id”。在 Type 右侧下拉列表中选择 SMALLINT。

(6) 在 Constraints 组,选中 Primary key 复选框以将此列指定为此表的主键。在选取 Primary key 复选框时,还将会自动选取 Index 和 Unique 复选框,而 Null 复选框则会取消选取。这是因为主键用于标识数据库中的唯一行,并且默认情况下用作表索引。由于必须标识所有行,因此主键不能包含空值。单击 OK 按钮,看到 Create Table 对话框中出现了一行,由此定义了该数据库表的一个字段。

(7) 重复步骤(4)~(6),按表 9.1 定义添加 name 和 type 两个列。完成后即定义了课程表 course 的结构。

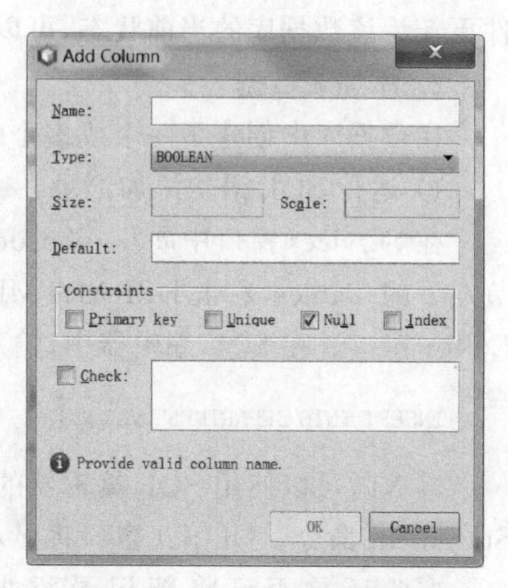

图 9.10 Add Column 对话框

(8) 如果某个列有误,可以在 Create Table 对话框(见图 9.9)中选择该字段行,然后单击 Edit 按钮,进行必要的修改。在该对话框中也可以删除(Remove)、移动(Move Up/Move Down)调整列的次序。最后单击 OK 按钮,完成表 course 的创建。IDE 会在数据库中生成 course 表,并且可以看到 Tables 节点下显示一个新的 course 表节点。在表节点下列出从主键(▦)开始的各个列(字段)。

2) 使用 SQL 编辑器创建表

(1) 在 Services 窗口中,右击 jdbc:derby://localhost:1527/scoremanage [app on APP]连接节点或该节点下的 Tables 节点,然后在快捷菜单中选择 Execute Command 命令,会在 SQL 编辑器的主窗口中打开一个空窗格。

(2) 在 SQL 编辑器中输入以下查询。这是将要创建的 department 表的表定义。

```
create table DEPARTMENT (id SMALLINT not null primary key, name VARCHAR(40) not null)
```

(3) 单击编辑器顶部任务栏中的 Run SQL 按钮(Ctrl+Shift+E 组合键)以执行查询。在 Output 窗口(Ctrl+4 组合键)中显示一条消息,指示已成功执行该语句(见图 9.11)。

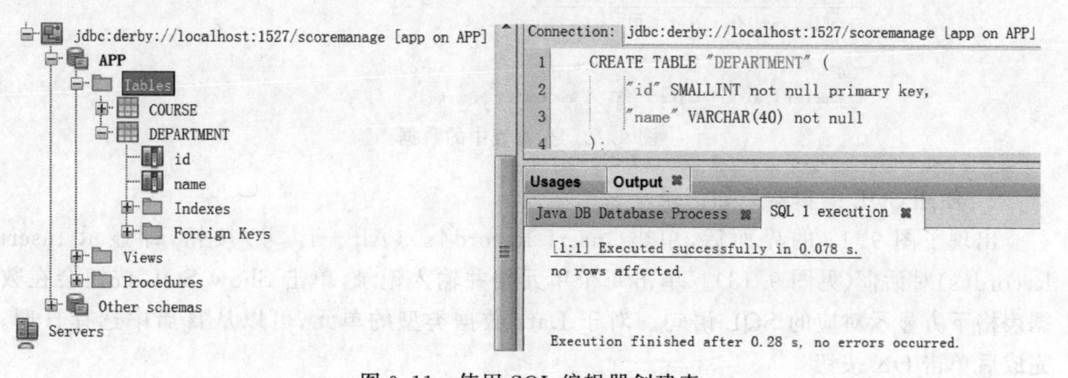

图 9.11 使用 SQL 编辑器创建表

(4) 为验证更改，在 Services 窗口中右击 jdbc:derby://localhost:1527/scoremanage [app on APP]连接节点，然后在快捷菜单中选择 Refresh 菜单项。此操作会将运行时 UI 组件更新为该数据库的当前状态，可以看到新的 DEPARTMENT 表节点（见图 9.11）。

2. 添加表数据

在数据库中创建了一个或多个表之后，可以用以下方法向表中添加记录。

1) 运行 SQL 语句添加记录

在 Services 窗口中展开 jdbc:derby://localhost:1527/scoremanage [app on APP]连接节点下的 Tables，右击 DEPARTMENT 表，然后选择 Execute Command 命令以打开 SQL Editor 窗口。在 SQL 编辑器中，输入以下语句。

```
INSERT INTO DEPARTMENT VALUES (1,'计算机科学与技术');
```

输入时可以使用 SQL 编辑器的代码完成功能。在 SQL 编辑器中右击，然后选择 Run Statement 命令。Output 窗口将显示一条消息，指示已成功执行该语句。

要验证是否已将新记录添加到 DEPARTMENT 表中，在 Services 窗口中右击 DEPARTMENT 表节点，然后选择 View Data 命令。选择 View Data 时，在 SQL 编辑器的上方窗格中自动生成一条查询，用于选择表中的前 100 行（FETCH FIRST 100 ROWS ONLY）数据。在 SQL 编辑器的下方窗格中显示该语句的结果。DEPARTMENT 表将显示在下方窗格中。可以看到，已添加了一个新行，其中包含刚通过 SQL 语句添加的数据（见图 9.12）。

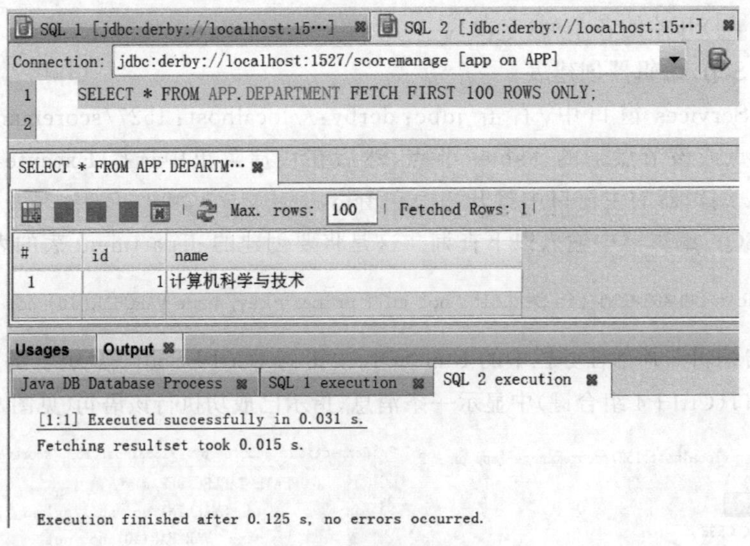

图 9.12　查看表中的数据

2) 使用 SQL 编辑器添加记录

出现了图 9.12 的界面后，单击 Insert Record(s)（Alt+I，▦）按钮，即显示 Insert Record(s)对话框（见图 9.13）。单击每个单元格并输入记录，单击 Show SQL 按钮会在数据表格下方显示对应的 SQL 语句。对于 Date 数据类型的单元，可以从日历中选择日期。完成后单击 OK 按钮。

在 SQL 编辑器中，可以通过单击表头行对结果进行排序，可以直接修改现有记录。单

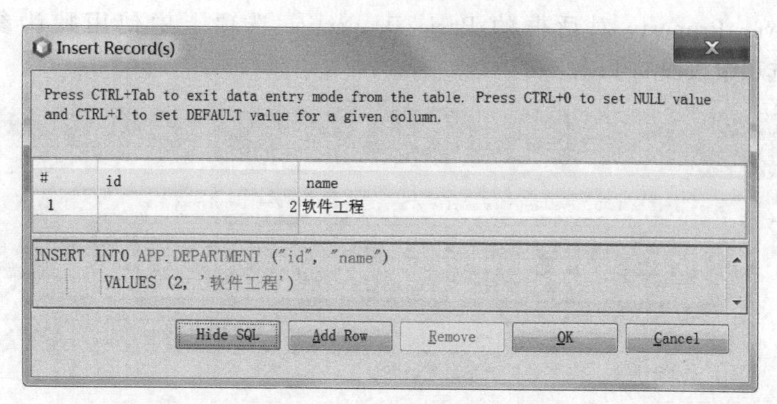

图 9.13 Insert Record(s)对话框

击 Remove 按钮删除当前所选行(记录)。

3. 删除表

要删除数据库表,可以在 Services 窗口中展开数据库连接节点下的 Tables 节点。右击要删除的表,然后在快捷菜单中选择 Delete 命令即可。

9.1.4 使用外部 SQL 脚本

从外部 SQL 脚本中发出命令是管理数据库的一种常用方式。如果已在其他位置创建了 SQL 脚本,并希望导入到 NetBeans IDE 中,以对指定的数据库运行该脚本,按以下步骤操作。

(1) 从 IDE 的主菜单中选择 File→Open File 命令。在文件浏览器中,导航至脚本文件的保存位置,然后单击 Open 按钮,即自动在 SQL 编辑器中打开该脚本。或者,也可以复制该脚本文件的内容,打开 SQL 编辑器,然后粘贴到 SQL 编辑器中。

(2) 确保从编辑器顶部工具栏的 Connections 下拉框中选择了到所需数据库的连接。

(3) 单击 SQL 编辑器任务栏中的 Run SQL 按钮。将对选定的数据库执行该脚本,并在 Output 窗口中显示反馈。

(4) 要验证脚本命令的效果,在 Services 窗口中右击该连接节点,然后选择 Refresh 菜单项,在该连接的 Tables 节点下面将显示通过 SQL 脚本创建的新表节点。

(5) 要查看新表中包含的数据,右击该表并选择 View Data 命令。通过这种方法,还可以将表格数据与 SQL 脚本中包含的数据进行比较,以查看它们是否匹配。

9.1.5 重新创建来自其他数据库的表

如果有一个来自其他数据库的表,并希望通过 NetBeans IDE 在所使用的数据库中重新创建,IDE 为此提供了非常方便的工具。首先,需要在 IDE 中注册第二个数据库,其过程与前面描述的类似。实际创建过程上分为两部分执行:首先"抓取"选定表的表定义,然后在选择的数据库中重新创建该表。

以下以导入《可视化程序设计——基于 Eclipse VE 开发环境》一书的学生成绩管理系统 MySQL 数据库 scoremanage 为例,介绍具体操作。

(1) 在 Services 窗口中右击 Databases 节点,选择 Register MySQL Server 菜单项。在

MySQL Server Property 对话框的 Basic Properties 选项卡中使用默认参数，Admin Properties 选项卡按图 9.14 输入。

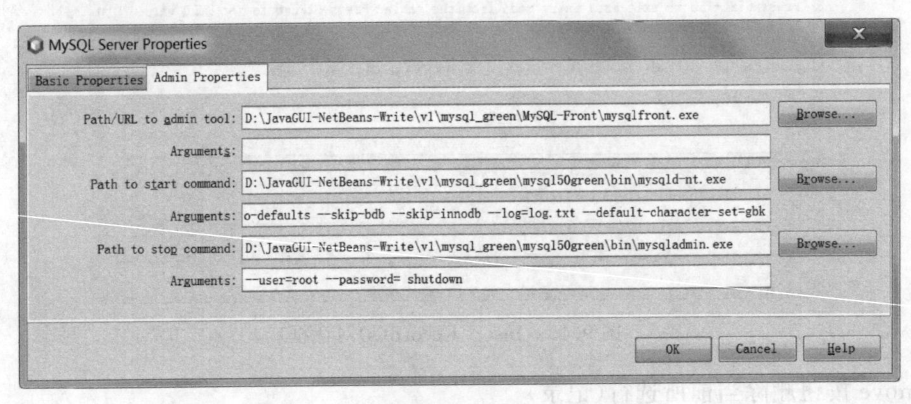

图 9.14　配置 MySQL 数据库服务器

（2）右击 Databases 节点，选择 New Connection 菜单项。Driver 选取 MySQL(Connector/JDriver)，单击 Driver File(s)右侧的 Add 按钮，导航到 D:\JavaGUI-NetBeans-Write\v1\mysql_green\jdbc\mysql-connector-java-3.1.11-bin.jar，单击“打开”按钮。

单击 Next 按钮，在 Customize Connection 向导页输入 User Name 为 root、Password 保持为空，修改 JDBC URL 为 jdbc:mysql://localhost/scoremanage。单击 Next 按钮，继续单击 Next 按钮，最后单击 Finish 按钮。

（3）在 Services 中单击 jdbc:mysql://localhost:3306/scoremanage[root on Default schema]前面的“+”，展开 scoremanage 节点，继续展开 Tables 节点(见图 9.15)。

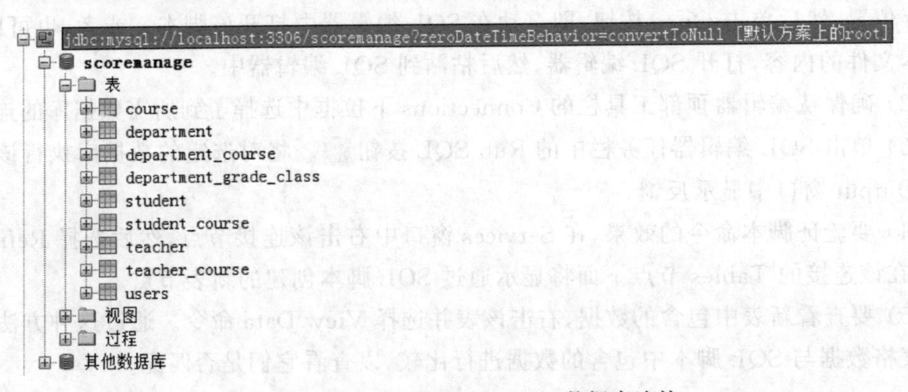

图 9.15　MySQL 的 scoremanage 数据库连接

（4）右击 student 表节点，然后选择 Grab Structure 菜单项。在 Grab Table 对话框中选择保存路径，使用默认文件名 student.grab，单击“保存”按钮存盘。该抓取文件记录了所选定表的定义。

（5）展开 Derby 数据库连接 jdbc:derby://localhost:1527/scoremanage [app on APP] 下的 APP 节点，右击 Tables 节点，然后选择 Recreate Table 菜单项，在打开的 Recreate Table 对话框中导航到抓取文件 student.grab，然后单击“打开”按钮。在打开的 Name the table 对话框中(见图 9.16)查看 Create table script 中的 SQL 语句。

(6) 可以修改表名称，单击 Edit table Script 按钮编辑定义表的 SQL 语句，例如 TINYINT(3)修改为 SMALLINT。然后，单击 OK 按钮，即在 scoremanage 数据库中立即创建表。如果出现语法错误，还可以将其中的语句复制到 SQL 命令窗口进行修改和调试。展开 Tables 节点，可以看到新的 student 表节点(见图 9.17)。

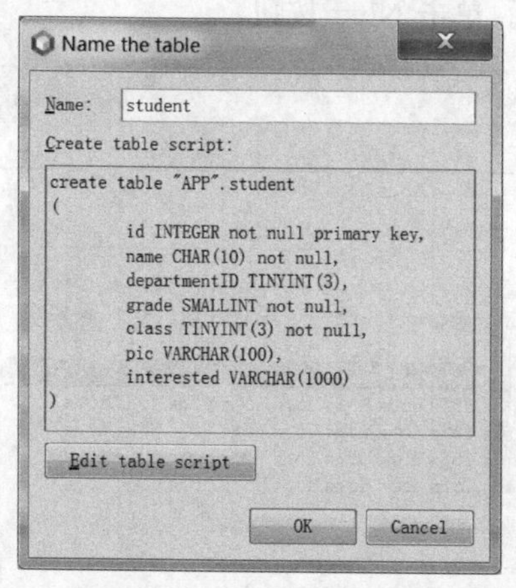

图 9.16 重新创建表的 Name the table 对话框

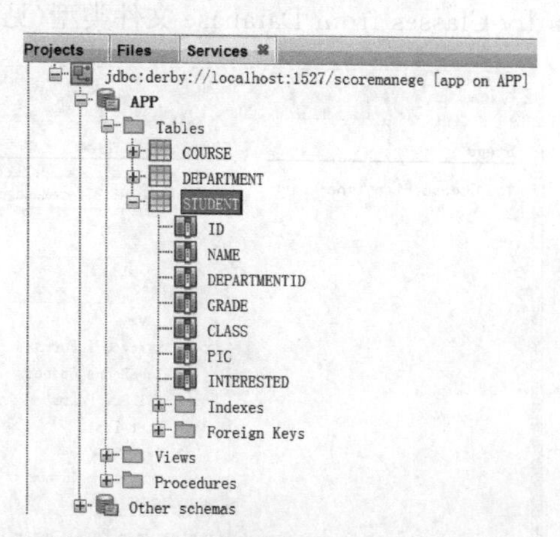

图 9.17 重新创建表产生的 student 表

如果查看新建的 student 表中的数据，将会发现数据库中没有任何记录，但该表的结构与抓取的表结构相同。

试一试：请使用上述方法创建 scoremanage 数据库中的其余 6 个表。

9.2 使用 NetBeans 生成实体类

在 Java 程序开发中通常将数据库中的一个表用一个或多个类来描述，一条记录用该类的一个对象封装，数据库的一个字段用该对象的一个实例变量存放，对各个字段对应的实例变量都编写取值(Getter())和设值(Setter())方法。这样的类在 Java 中被称为实体类或数据类。将数据用对象封装方便了 Java 程序的设计。引入 DAO(数据访问对象)可以将对数据库的具体操作从实体类中解耦。

9.2.1 创建表的实体类

在 Java 应用程序开发中，实体类是用于对必须存储的信息和相关行为建模的类。Apache NetBeans 产生的实体类导入了 Java 持久性库，并且在源代码中用@Entity 注解标注。实体类有以下三个特性。

(1) 一个实体类通常表示了关系数据库中的一个表。

(2) 实体类的每一个对象与表中的一个行相一致。

(3) 持久性的字段或属性与一个列相一致。

实体类既能够应用于 Java EE 开发，也能应用于 Java SE 开发。编写实体类时，需要用注解将实体和实体关系映射到一个数据库，而不必用外部 XML 描述符文件映射。使用 Apache NetBeans 可以从数据库直接生成实体类，而不必关心这些细节问题。只需知道一个实体类描述数据库中的一个表就可以了。

从数据库创建实体类的步骤如下。

(1) 复制 StdScoreManager0.5 项目，创建新项目 StdScoreManager0.6。在新项目的 Projects 窗口中，右击项目并选择 New→Other 命令，选择 Persistence 类别，然后选择 Entity Classes from Database 文件类型(见图 9.18)。单击 Next 按钮。

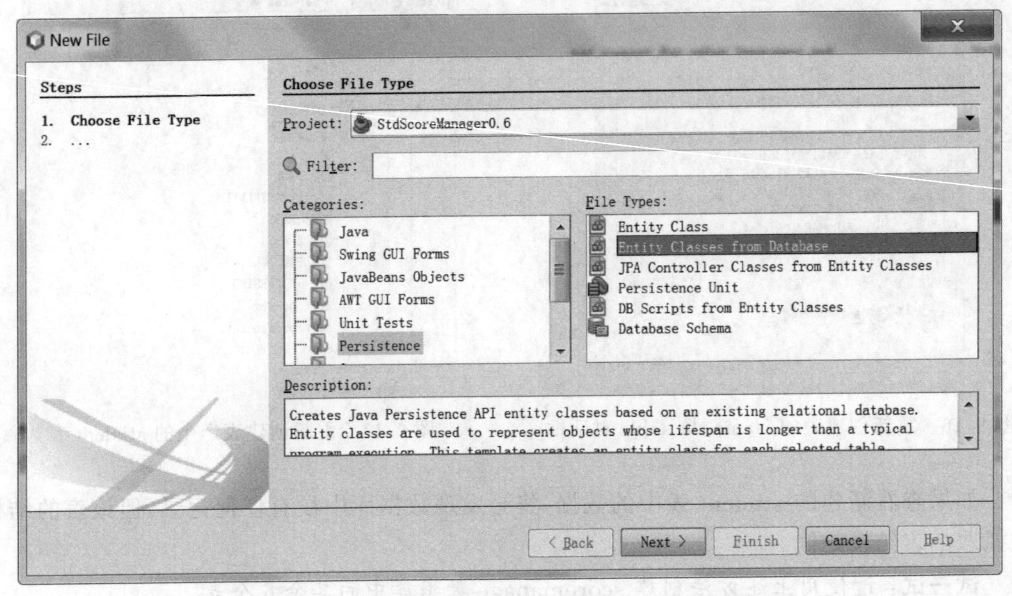

图 9.18　从数据库创建实体类对话框——选择类别

(2) 在向导的 Database Tables 页中，Database and Connection(数据库连接)选择例如 jdbc:derby://localhost:1527/scoremanage [app on APP] (见图 9.19)，单击 Add All 按钮从 Available Tables 列表选择所有表。Include Related Tables 保持选取，单击 Next 按钮。

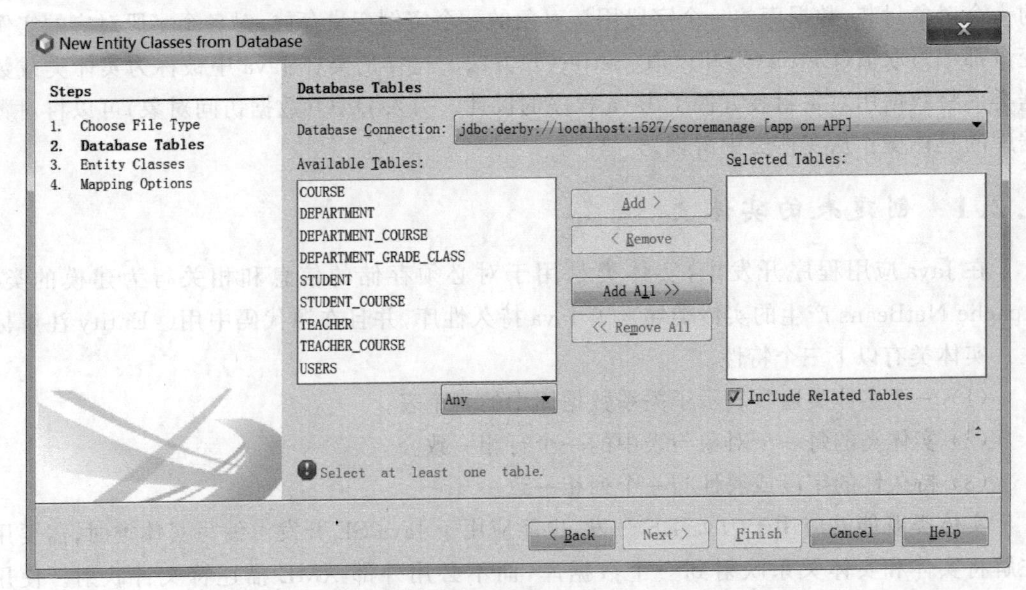

图 9.19　从数据库创建实体类对话框——选择数据库和表

(3) 在该向导的 Entity Classes 页中，package 右侧文本框中输入"book. stdscore. data"，确保选中了 Generate Named Query Annotations for Persistent Fields 和 Create Persistence Unit 复选框(见图 9.20)。单击 Next 按钮。

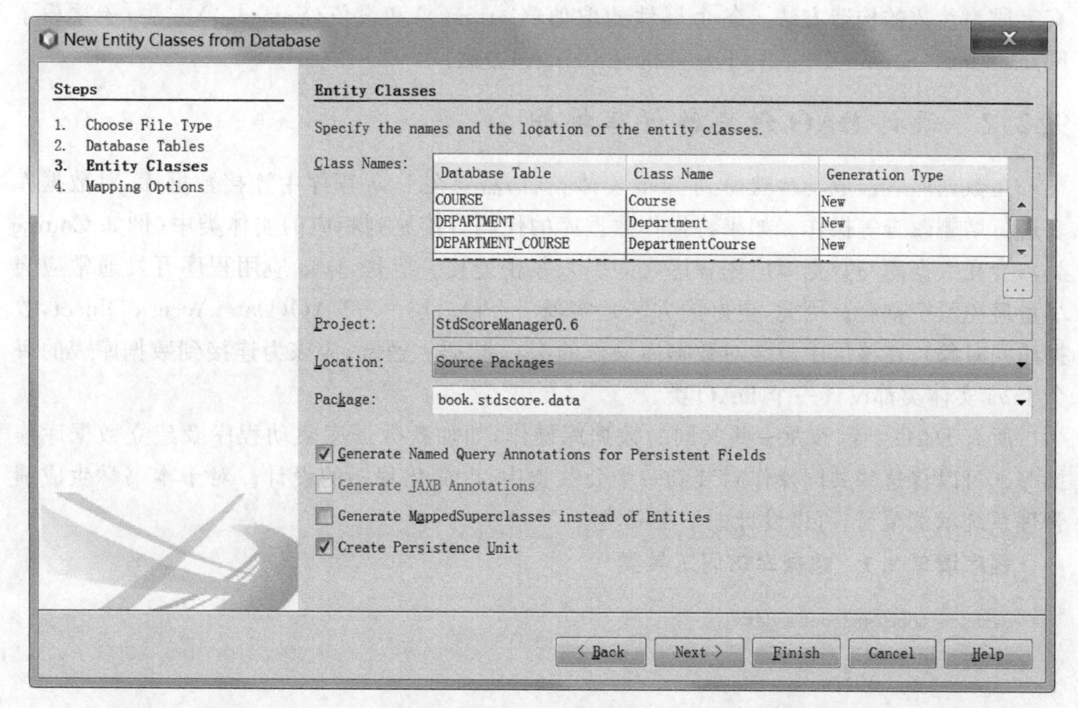

图 9.20　从数据库创建实体类对话框——设置实体类

(4) 对 Mapping Options 进行所需的定制，一般保持默认值。最后单击 Finish 按钮。

完成上述步骤后，本示例在 book. stdscore. data 包中为步骤(2)加入到 Selected Tables 的每一个表都生成实体类 Java 文件。

实体类中首先使用注解定义了与数据库表的对应关系，以及所使用的查询语句。例如，在实体类 Course. java 文件中包含以下语句段。

```
@Entity
@Table(name = "COURSE")
@NamedQueries({
    @NamedQuery(name = "Course.findAll", query = "SELECT c FROM Course c"),
    @NamedQuery(name = "Course.findById", query = "SELECT c FROM Course c WHERE
                                                        c.id = :id"),
    @NamedQuery(name = "Course.findByName", query = "SELECT c FROM Course c
                                                   WHERE c.name = :name"),
    @NamedQuery(name = "Course.findByType", query = "SELECT c FROM Course c
                                                   WHERE c.type = :type")})
```

类体中定义了数据库表的各个字段与类属性的映射关系，例如，表的字段 ID 与类的属性 id 的映射定义如下。

```
@id
@Basic(optional = false)
```

```
@Column(name = "ID")
private Short id;
```


类体中还定义了多个构造方法：无参、该表的主键字段为参数、表中定义为非 null 的所有字段为参数的构造方法。各个属性的取值（Getter()）和设值（Setter()）方法，还重载了 hashCode()、equals(Object object)和 toString()方法。

9.2.2 设计 DAO 封装数据库操作

在数据库表被成功地映射到 Java 实体类后，需要在 Java 程序中连接数据库，对数据库表进行增删改查等操作。如果将操作数据库的代码直接放到相应的实体类中（例如 Course 类），会在数据库与数据库应用程序之间引入紧密连接。但是，Java 应用程序开发通常应当尽量避免紧密耦合。因此，更好的方法是实现一个接口层——DAO（Data Access Object，数据访问对象），在该层中封装对数据库操作的 Java 代码。通常，应该为连接到数据库表的每个 Java 实体类都设计一个 DAO 类。

所有 DAO 类都涉及一些共同的数据库操作，如加载数据库驱动程序及建立数据库连接等。可以将这些共同操作封装到一个公共类中，以简化程序的设计。对于本书学生成绩管理系统示例项目，可以设计如下工具类。

程序清单 9.1　数据库访问工具类

```
package book.stdscore.data;
import java.sql.*;
import java.util.Properties;
public class InitDB {
    private Connection conn = null;
    private Statement stmt = null;
    private ResultSet rs = null;
    private static InitDB initDB_obj = null;
    private InitDB() { //Java DB 网络模式的访问
        try{
            Class.forName( "org.apache.derby.jdbc.ClientDriver");   //加载驱动
            conn = DriverManager.getConnection("jdbc:derby://localhost:1527/
                                    scoremanage", "app","app");  //建立连接
            stmt = conn.createStatement();                       //获取访问对象
        } catch (ClassNotFoundException e) {
            e.printStackTrace();
        } catch (SQLException e) {
            e.printStackTrace();
        }
    }
    public InitDB(boolean newcon) {                              //返回独立连接
        new InitDB();
    }
    public static InitDB getInitDB() {
        if (initDB_obj == null) {
            initDB_obj = new InitDB();
        }
        return initDB_obj;
```

```java
    }
    public Connection getConn() {
        return conn;
    }
    public Statement getStmt() {
        return stmt;
    }
    public ResultSet getRs(String sql) {                                    //获取查询结果集
        if (sql.toLowerCase().indexOf("select") != -1) {
            try {
                rs = stmt.executeQuery(sql);
            } catch (SQLException e) {
                e.printStackTrace();
            }
        }
        return rs;
    }
    public void closeDB() {                                                //关闭连接,释放资源
        try {
            if (rs != null) rs.close();
            if (stmt != null) stmt.close();
            if (conn != null) conn.close();
        } catch (SQLException e) {
            e.printStackTrace();
        }
    }
/**
 * 由于Java DB不能定义自增字段(AutoIncreament),方法getNextid自动产生ID
 * @param field ID字段名
 * @param table 数据库表名
 * @return id值
 */
    public static int getNextid(String field,String table) {
        int nextid = 0;
        ResultSet rs = getInitDB().getRs("select Max(" + field + ") from " + table);
        try {
            if (rs.next()) {
                nextid = rs.getInt(1);
            }
        } catch (SQLException e) {
            e.printStackTrace();
        }
        return ++nextid;
    }
}
```

例如,对于课程数据库表的实体类Course.java,包括根据标识字段从数据库表中创建数据对象、向数据库表中插入记录、更新数据库表中指定记录等操作。设计如程序清单9.2的DAO类封装对数据库的操作。如果以后需要进行其他对课程表的操作,可以直接修改该类。

程序清单 9.2　CourseDAO 类

```
package book.stdscore.data;
import java.sql.*;
public class CourseDAO {
    //从数据库中创建数据对象,传递课程 ID
    public static Course getFromDB(int courseID) {
        ResultSet rs = InitDB.getInitDB().getRs("select * from course where id = " + courseID);
        try {
            if (rs.next()) {
                Course course = new Course(rs.getShort(1), rs.getString(2));
                course.setType(rs.getString(3));
                return course;
            } else {
                return null;
            }
        } catch (SQLException e) {
            e.printStackTrace();
            return null;
        }
    }
    //从数据库中创建数据对象,传递课程名和课程类型
    public static Course getFromDB(String name, String type) {
        ResultSet rs = InitDB.getInitDB().getRs("select * from course where name = '" + name
                + "' and type = '" + type + "'");
        try {
            if (rs.next()) {
                Course course = new Course(rs.getShort(1), rs.getString(2));
                course.setType(rs.getString(3));
                return course;
            } else {
                return null;
            }
        } catch (SQLException e) {
            e.printStackTrace();
            return null;
        }
    }
    //向数据库表中插入记录。返回所插入记录的 ID,插入记录失败返回 0
    public static int insertToDB(String name, String type) {
        try {
            ResultSet rs = InitDB.getInitDB().getRs("select * from course where name = '" +
                                                name + "' and type = '" + type + "'");
            if (!rs.next()) {
                int id = InitDB.getNextid("ID", "COURSE");
                String sql = "insert into course (id,name,type) values(" + id + ",'" +
                                                        name + "','" + type + "')";
                int r = InitDB.getInitDB().getStmt().executeUpdate(sql);
                if (r > 0) {
                    return id;
                } else {
```

```
                    return 0;
                }
            } else {
                return rs.getInt(1);
            }
        } catch (SQLException e) {
            e.printStackTrace();
            return -1;
        }
    }
    //更新数据库表中指定记录
    public static int updateToDB(Course course) {
        if (course.getId()> 0) {
            ResultSet rs = InitDB.getInitDB().getRs("select * from course where name = '"
                    + course.getName() + "' and type = '" + course.getType() + "'");
            try {
                if (rs.next()) {
                    return -3; //新修改的课程名与课程类型已经存在
                }
                String sql = "update course set name = '" + course.getName() +
                        "', type = '" + course.getType() + "' where id = " + course.getId();
                return InitDB.getInitDB().getStmt().executeUpdate(sql);
            } catch (SQLException e) {
                e.printStackTrace();
                return -1;
            }
        } else {
            return -2;
        }
    }
}
```

9.3 表格的创建及属性设置

表格 JTable 是用来显示和编辑常规二维单元表的组件。JTable 提供了用来定义其呈现和编辑的工具，同时提供了这些功能的默认设置，从而可以轻松地设置简单表格。

9.3.1 表格的创建

在编程实践中，对于存储在数据库中的数据，或者可以组织为二维表结构的数据，都需要创建表格并显示数据。这种编程需要准备数据和创建表格组件两个步骤。

在 Design 视图中打开容器，然后在 Palette 的 Swing Controls 组中单击 Table 组件图标，在容器中单击即可创建一个表格组件。

例如，新建 chap9 项目，创建 book.table.demo 包，在该包中创建窗体 TableDemo1，设置为边框式布局。按照上述方法在窗体中央部位创建表格组件 jTable1。

初建的表格组件显示 4 行 4 列方格，每列头分别显示 Title 1、Title 2、Title 3 和 Title 4 列名。通过设置表格组件的 model 属性可以简单地设置列名和表格中的数据。在

Properties 窗口中单击 model 属性行右侧列，弹出该表格组件的 model 对话框，按需要进行设置（见图 9.21）。

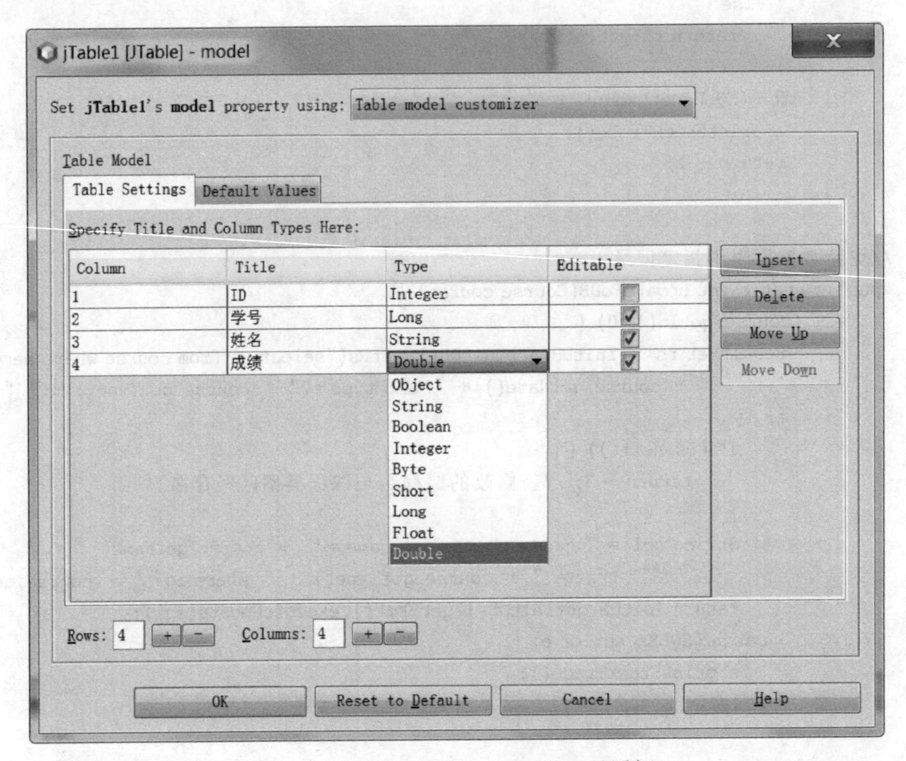

图 9.21　表格组件的 model 设置对话框

在 Table model customizer 页中，使用 Table Model 的 Table Settings 选项卡设置和修改每个表列的标题及类型。双击某行标题列中的文字，出现插入点，然后输入该列的列名（即标题文字）。单击类型列出现下拉列表，选择合适的类型。单击可编辑列中的复选框，选取时（true）表示用户可以编辑该列内容，否则是内容不能修改的只读列。在对话框的倒数第二行提供了设置列数和行数的工具。单击 Columns: 4 + - 中的＋按钮可以增加一列，单击－按钮则减少一列，在文本框中直接输入列数可以直接设定。使用右边的 Insert 按钮可以在当前行位置插入一列，单击 Delete 按钮可以删除光标所在行所设置的表格的那一列。使用 Move Up 和 Move Down 按钮可以调整光标所在行所设置列的位置。

使用 Model 的 Default Values 选项卡可以为表格输入初始数据（见图 9.22）。双击一个单元格即可直接输入数据。如果数据显示不全（出现…），可以用鼠标向右拖动该列的右边框线。如果数据行不够用，可以在对话框的倒数第二行的 Rows 标签后的文本框中输入行数，或单击＋按钮直接在当前位置添加一行。也可以使用右边 Rows 组的 Insert、Delete、Move Up 和 Move Down 按钮进行调整。还可以使用右边 Columns 组 Insert、Delete、Move Left 和 Move Right 按钮对列进行调整。

完成后单击 OK 按钮关闭对话框。在 Design 视图中即可出现填充数据的表格，运行时可以对设置为可编辑的列进行修改，也可以调整各列宽度。可见已经有表格的基本功能（见图 9.23）。

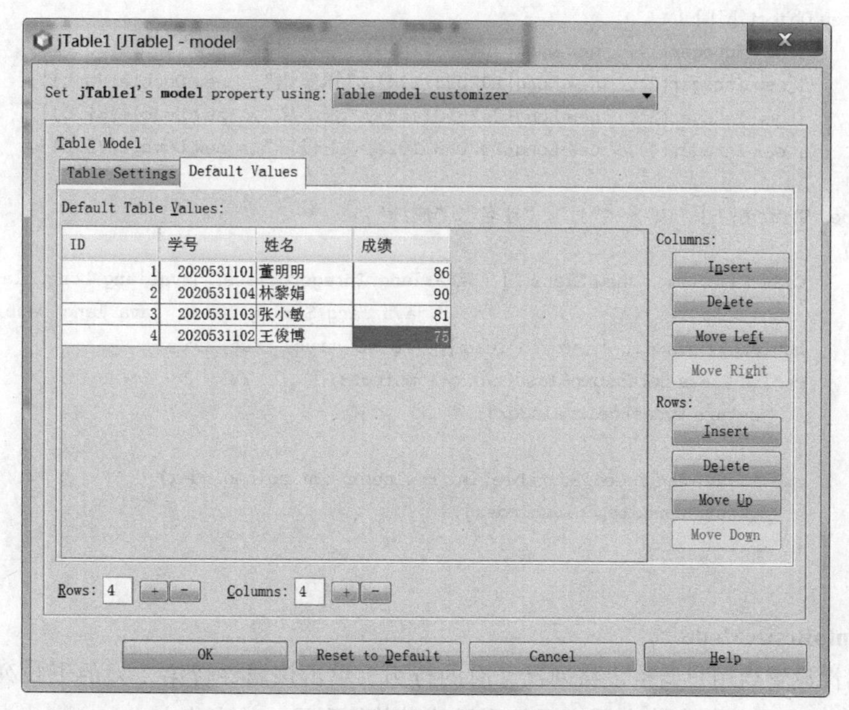

图 9.22　编辑表格组件的初始数据

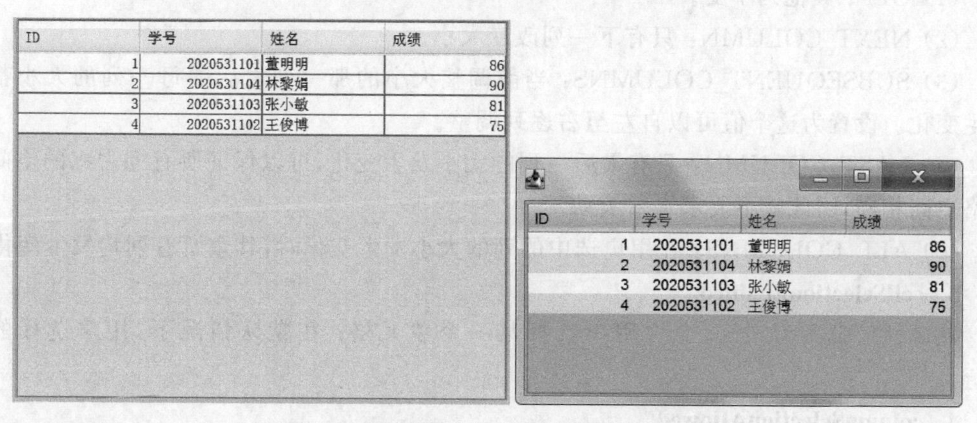

图 9.23　表格组件的设计视图与运行窗口

9.3.2　表格组件的属性

表格是一个比较复杂的组件，具有多个方面的可定制性。丰富的属性设置即是灵活的可定制性的体现之一。通过对以下属性的简单设置，就可以迅速地调整表格的外观。

1. autoCreateColumnsFromModel

此属性设置表格组件是否根据表格模型自动创建列。通过单击该属性行右侧复选框设置。默认设置为 true。如图 9.23 所示的表格组件，它的该属性为默认设置(true)，自动生成了以下表格模型匿名类。

```
jTable1.setModel (new javax.swing.table.DefaultTableModel(
```

```
new Object [][] {
    { new Integer(1),  new Long(2020531101), "董明明",  new Double(86.0)},
    { new Integer(2),  new Long(2020531104), "林黎娟",  new Double(90.0)},
    { new Integer(3),  new Long(2020531103), "张小敏",  new Double(81.0)},
    { new Integer(4),  new Long(2020531102), "王俊博",  new Double(75.0)}
},
new String [] { "ID", "学号", "姓名", "成绩"}
) {
    Class[] types = new Class [] {java.lang.Integer.class, java.lang.Long.class,
                                  java.lang.String.class, java.lang.Double.class};
    boolean[] canEdit = new boolean [] {false, true, true, true};
    public Class getColumnClass(int columnIndex) {
        return types[columnIndex];
    }
    public boolean isCellEditable(int rowIndex, int columnIndex) {
        return canEdit[columnIndex];
    }
});
```

2. autoResizeMode

此属性设置当用户调整表格列尺寸时的行为。单击该属性行第二列的下拉列表框，有五个列表项，每个值都会改变用户调整列尺寸时其他列尺寸的变化方式。

(1) OFF：其他列不变。

(2) NEXT_COLUMN：只有下一列改变大小。

(3) SUBSEQUENT_COLUMNS：当前调整大小的那一列之后的每一列的大小都将发生变化。设置为这个值可以自左至右逐列调整。

(4) LAST_COLUMN：只有最后一列的大小发生变化，可以保证所有列占据的空间与表格空间相同，因此就不要求水平滚动。

(5) ALL_COLUMNS：在用户选中的列的大小发生变化时，其余所有列均发生变化。

3. cellSelectionEnabled

该属性值设置为 true，允许用户选择某一个单元格；在默认情况下，用户选择的是一行。

4. columnSelectionAllowed

该属性值设置为 true，当用户单击单元格时，所在的整个列都会被选中。否则选择的是一行或一个单元格。

5. gridColor

使用该属性修改网格线的颜色。单击该属性行右侧的“…”按钮，可以在颜色选择器中选择需要的颜色作为表格网格线的显示颜色。

6. intercellSpacing

该属性设置单元格间隔，因此也影响网格线的粗细。单击该属性行右侧的“…”按钮，在弹出的对话框中输入 Width 和 Height 值，单击 OK 按钮即可。

7. rowHeight

该属性设置表的行高。单击该属性行右侧的文本区域，直接输入整数即可。

8. rowSelectionAllowed

如果该属性设置为 true,当用户单击单元格时,将选中包含该单元格的那一整行。否则,当用户单击单元格时,在该单元格中只是显示一个选择框。默认为选取状态(true)。

9. selectionBackground

该属性设置选中单元格的背景颜色。单击该属性行右侧的"…"按钮,可以在颜色选择器中选择需要的颜色。

10. selectionForeground

该属性设置选中单元格的前景颜色。单击该属性行右侧的"…"按钮,可以在颜色选择器中选择需要的颜色。

11. background

该属性设置未选中单元格的背景颜色。单击该属性行右侧的"…"按钮,可以在颜色选择器中选择需要的颜色。

12. foreground

该属性设置未选中单元格的前景颜色。单击该属性行右侧的"…"按钮,可以在颜色选择器中选择需要的颜色。

13. showHorizotalLines

该属性设置是否显示水平网格线。默认为选取状态(true)。当取消选取时(false),表格不会显示水平网格线。

14. showVerticalLines

该属性设置是否显示垂直网格线。默认为选取状态(true)。当取消选取时(false),表格不会显示垂直网格线。

15. rowMargin

该属性设置表格的行边距,以 px 为单位。

可见,使用可视化方法进行简单设置,就可对表格进行多方面定制。这些属性允许对表格进行调整,以满足应用程序的需求。事实上,前面使用简单步骤所创建的表格已经有不错的表现。例如,调整窗体高度,出现滚动条,但是不论显示哪些行,表头都始终看得见;可以拖动调整列的位置;可以拖动两个相邻列标题之间的分隔线而改变列宽。

9.4 表格模型

从 9.3 节所述的为如图 9.23 所示的表格组件自动生成的表格模型看出,输入的表格数据组织成一个二维数组,数组的行元素显示在一行,行元素中的各个元素显示在行内各列。这个数组传给了 DefaultTableModel 子类的构造方法。这就是表格组件的基本数据模型。

DefaultTableModel 是表格模型的实现,它使用一个向量 Vector 来存储表格所有行的值(Vector < Vector >),每行数据保存在一个 Vector 对象中,每个行 Vector 包含多个元素类型为 Object 的列数据(Vector < Object >)。除了将数据复制到 DefaultTableModel 之外,还可以用 TableModel 接口的方法来包装数据,以便将数据直接传递到表格组件。这样做通常可以提高应用程序的效率,因为模型可以自由选择最适合数据的内部表示形式。通常在创建子类时使用 AbstractTableModel 作为基类,在不需要创建子类时则使用 DefaultTableModel。

表格模型接口 TableModel 指定了表格 JTable 用于询问表格数据模型的方法。AbstractTableModel 抽象类为 TableModel 接口中的大多数方法提供默认实现。它负责管理监听器，并为生成 TableModelEvents 以及将其调度到监听器提供方便。一般地，要创建一个具体的表格模型作为 AbstractTableModel 的子类，只需提供对以下三个方法的实现。

public int getRowCount()：返回该模型中的行数。表格组件使用此方法来确定它应该显示多少行。此方法应该是快速执行的，因为在呈现期间会经常调用它。

public int getColumnCount()：返回该模型中的列数。表格组件使用此方法来确定在默认情况下它应该创建并显示多少列。

public Object getValueAt(int row, int column)：返回由行索引 row 指定行号，列索引 column 指定列号的单元格的值。

例 9.1 将 9.1.3 节创建并输入数据的 DEPARTMENT 数据库表显示在 Swing 的表格组件中。

分析：将数据库表显示在 Swing 的表格组件中的关键是设计表格模型类，从数据库中提取数据并组织为表格模型中的数据格式，即 Vector 对象或二维数组。

解：设计步骤如下。

(1) 在 StdScoreManager0.6 项目中右击 Libraries 节点，选择 Add JAR/Folder 菜单项，导航到 Derby 安装目录下的 lib 子目录，选取 derby.jar、derbyclient.jar、derbynet.jar、derbyshared.jar 和 derbytools.jar，单击"打开"按钮。

(2) 利用 9.2 节创建的 StdScoreManager0.6 项目中的实体类 Department 及工具类 InitDB。设计 DepartmentDAO 类，其中设计如下方法。

```
Public static Vector<Department> getDepartmentAll() {
    Vector<Department> allDept = new Vector<>();
    ResultSet rs = InitDB.getInitDB().getRs("select * from department");
    try {
        while (rs.next()) {
            allDept.add(new Department(rs.getShort(1), rs.getString(2)));
        }
    } catch (SQLException e) {
        e.printStackTrace();
        return null;
    }
    return allDept;
}
```

(3) 在 book.stdscoreui 包中创建 JFrame Form，类名为 DepartmentTable。在该窗体上创建 Table 组件，使用默认名 jTable1。

(4) 编写 jTable1 表格的模型类，代码如下。

```
class DepartmentTableModel extends AbstractTableModel {
    Vector<Department> allDept = null;
    public DepartmentTableModel() {
        allDept = DepartmentDAO.getDepartmentAll();
    }
```

```
    @Override
    public int getRowCount() {
        return allDept.size();
    }
    @Override
    public int getColumnCount() {
        return 2;
    }
    @Override
    public Object getValueAt(int i, int i1) {
        return i1 == 0 ? allDept.get(i).getId():allDept.get(i).getName();
    }
}
```

(5) 设置 jTable1 的 model 属性值为定制代码“new DeparmentTableModel()”。

运行程序,数据库表的数据在表格组件中显示出来(见图 9.24)。

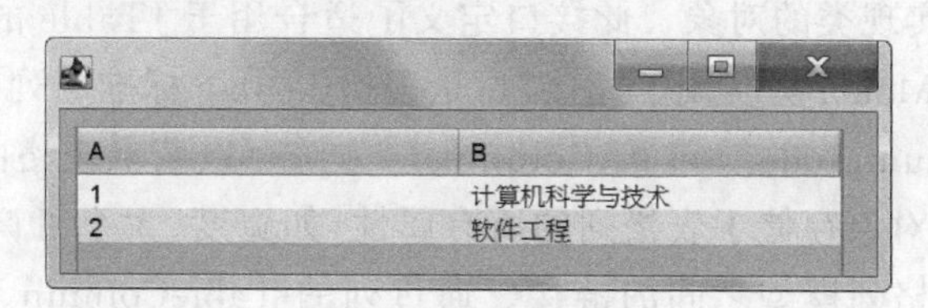

图 9.24 在表格组件中显示数据库表的数据

9.5 操作表格列和表格行

通过对 9.3.3 节所介绍的表格组件简单属性的设置,已经可以使用户调整表格列和表格行的一些表现。但是,尚有许多属性和行为不能用可视化方法简单设置,但这些却是程序设计中经常需要控制的。例如,图 9.23 和图 9.24 中列的宽度不尽合理,有些列太宽显得较空旷,还有可能一些列太窄而使数据显示不全,图 9.24 的列标题不合理。诸如此类问题就需要在程序中精细设计和控制。

9.5.1 操作表格列

1. 列类型及表头

在设置表格组件的 model 属性时,其中的列类型下拉列表中有各种可用类型选项(见图 9.21)。自动生成的代码通过一个 Class 类型的数组表示了各个列的类型,并被封装到表格模型类中,通过该类的 getColumnClass()方法返回。

此外,列的类型还可以是 Icon 类型。表格提供的绘制器能够正确地显示这些数据类型。其中,Boolean 类型绘制为复选框、Icon 类型绘制为图像,其他类型则绘制为字符串。

表格属性窗口中还可以看到 tableHeader 属性。单击该属性的值列,出现该组件的 tableHeader 属性设置对话框(见图 9.25)。其中,Resizing Allowed 复选框默认为选取(true),表示用户可以改变各列的宽度,如果取消选择(false),则用户不能改变各列的宽度;Reordering Allowed 复选框默认为选取(true),表示用户可以拖动改变各列的次序,如果取消选择,则用户不能改变列的次序。

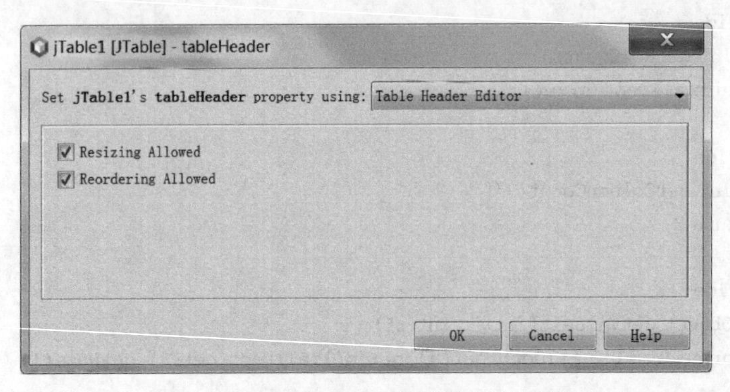

图 9.25　tableHeader 属性设置对话框

2. 访问表格列

colmunModel 属性表示表列模型。定制该属性的值时，需要传递接口 TableColumnModel 实现类的对象。此接口定义了适合用于 JTable 的列模型对象的要求。DefaultTableColumnModel 类实现了此接口，是表格 JTable 标准的列处理程序。使用该类的 getColumn(int columnIndex)和 getColumns()方法可以获取表格的 TableColumn 类的对象。TableColumn 对象存储了表格列的所有属性(如宽度、大小可调整性、最小和最大宽度)，以及表格列与表格列模型之间的链接。通过列的 TableColumn 对象可以对列进行编程设置。

例 9.2　完善例 9.1 表格，使列标题分别显示为“专业编号”和“专业名称”。

解：设计步骤如下。

(1) 在 Source 视图下为 DepartmentTable 程序添加如下方法。

```
DefaultTableColumnModel myColumnModel() {
    DefaultTableColumnModel tcm = (DefaultTableColumnModel) jTable1.getColumnModel();
    tcm.getColumn(0).setHeaderValue("专业编号");
    tcm.getColumn(1).setHeaderValue("专业名称");
    return tcm;
}
```

(2) 切换到 Design 视图，在 Properties 窗口中设置 columnModel 为定制代码 myColumnModel()。

运行程序，发现列标题已经符合要求(见图 9.26)。

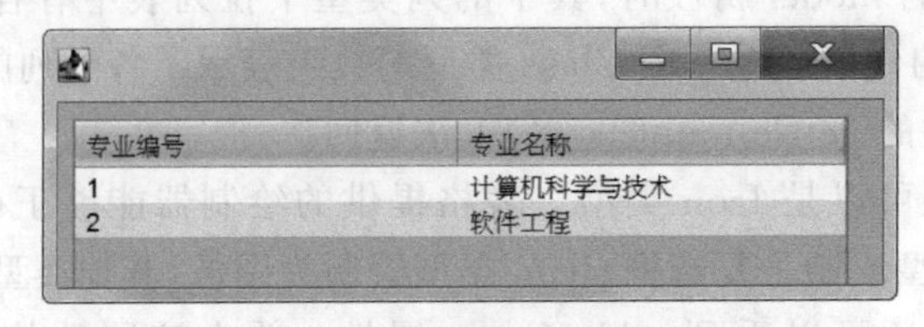

图 9.26　TableColumn 类对象设置列属性的方法

3. 改变列宽度

使用 TableColumn 对象可以在程序中设置列的首选、最小和最大宽度。包括以下方法。

1) public void setPreferredWidth(int preferredWidth)

将此列的首选宽度设置为 preferredWidth。如果 preferredWidth 超出最小或最大宽度,则将其调整为合适的界限值。

2) public void setMinWidth(int minWidth)

将此列的最小宽度设置为 minWidth,如有必要,调整新的最小宽度以确保 0≤minWidth≤maxWidth。例如,如果 minWidth 参数为负,则此方法将 minWidth 属性设置为 0。如果列宽度或 preferredWidth 属性的值小于新的最小宽度,则将该属性设置为新的最小宽度。

3) public void setMaxWidth(int maxWidth)

将此列的最大宽度设置为 maxWidth;如果 maxWidth 小于最小宽度,则设置为最小宽度。如果列宽度或 preferredWidth 属性的值大于新的最大宽度,则此方法将该属性设置为新的最大宽度。

上述三个方法有对应的 get 方法。此外,可以使用 getWidth()方法获取此列的宽度。

例如,修改例 9.2 的 myColumnModel()方法,增加对列进行控制的语句。代码如下。

```
DefaultTableColumnModel myColumnModel() {
  DefaultTableColumnModel tcm = (DefaultTableColumnModel)jTable1.getColumnModel();
    tcm.getColumn(0).setHeaderValue("专业编号");
    tcm.getColumn(1).setHeaderValue("专业名称");
    tcm.getColumn(0).setPreferredWidth(40);
    tcm.getColumn(0).setMinWidth(30);
    tcm.getColumn(0).setMaxWidth(180);
    tcm.getColumn(1).setPreferredWidth(60);
    tcm.getColumn(1).setMinWidth(40);
    tcm.getColumn(1).setMaxWidth(400);
    return tcm;
}
```

4. 隐藏列和显示列

在获取了一个表格列 TableColumn 对象后,可以使用表格组件的 removeColumn()方法将该列从表格视图中移除。但是,这只是隐藏了该列,并没有从表格模型中删除。随后可以使用 addColumn()方法使该列重新添加到表格视图中而重新显示出来。如果有一个表格列对象 TableColumn,也可以用 addColumn()方法添加到表中。

1) public void addColumn(TableColumn aColumn)

将 aColumn 追加到此 JTable 的列模型所保持的列数组的尾部。如果 aColumn 的列名称为 null,则将 aColumn 的列名称设置为 getModel(). getColumnName()所返回的名称。

2) public void removeColumn(TableColumn aColumn)

从此 JTable 的列数组中移除 aColumn。但此方法不从模型中移除列数据,它只移除负责显示它的 TableColumn。

9.5.2 操作表格行

在 GUI 构建器的 Properties 窗口中可以直接设置行的高度、行间距、可否选择行和行内表单元格等属性。在程序中也有比较简单的方法可以调用。

1. public void setRowHeight(int rowHeight)

将所有行的高度设置为 rowHeight(以 px 为单位)，重新验证并重新绘制它。单元格的高度等于行高减去行间距。

2. public void setRowHeight(int row, int rowHeight)

将索引为 row 的行高度设置为 rowHeight，重新验证并重新绘制它。此行中单元格的高度等于行高减去行间距。

3. public int getRowHeight()

返回表的行高，以 px 为单位。默认的行高为 16px。

4. public int getRowHeight(int row)

返回索引为 row 的行高度，以 px 为单位。

5. public void setRowMargin(int rowMargin)

设置相邻行中单元格之间的间距。

6. public int getRowMargin()

获取相邻行中单元格之间的间距，以 px 为单位。

用户选取行之后，程序中可以使用以下两个方法获取所选取的行。

7. public int getSelectedRow()

返回第一个选定行的索引；如果没有选定的行，则返回－1。

8. public int[] getSelectedRows()

返回包含所有选定行索引的整数数组；如果没有选定的行，则返回一个空数组。

9.6 排序与过滤

一般用户都会期望对表格中的数据按列进行排序。也就是说，用户期望当单击列标题后，看到表格按照单击的列升序或者降序顺序重新排列数据。同样，许多情况下用户也希望使表格中不需要的行不再显示。这就是对表格的排序和过滤操作。

9.6.1 表格行的排序

要对表格的行进行排序，只需设置 autoCreateRowSorter 属性为选取状态(true)即可。一旦设置，运行时单击表格某列的标题，则立即对表格按照该列排序，并且在该列标题上显示一个小三角箭头标示是升序排序还是降序排序(见图 9.27)。

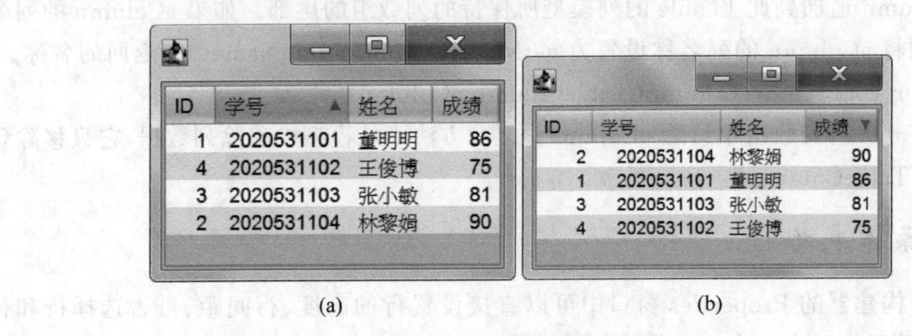

图 9.27 表格排序后的界面

程序的要求可能更加复杂，例如多列排序。图 9.27(a)是单击“学号”列的排序结果，图 9.27(b)则是随后单击“成绩”列的排序结果。只是按照一列排序，例如，按“成绩”排序时已经不再考虑“学号”列。此外，有些列的排序规则与默认并不相同，这就需要自己定制排序规则。对于自动排序之外的排序要求，必须通过定制 rowSorter 属性的设置来满足。

1. rowSorter 属性

从 rowSorter 属性的定制代码输入区看到，该属性的设置需要传入一个 javax.swing.RowSorter < M >实现类的对象。javax.swing.RowSorter < M >抽象类提供排序和过滤的基础。TableRowSorter < M >是 RowSorter 的一个实现，类型参数 M 是表格模型 TableModel 及其子类型，需要为 TableRowSorter 对象传递表格的 TableModel 提供排序和过滤操作。此类将完成所有内部操作，从而当用户做出适当的行为(如单击列标题)时，表格将进行排序。

2. 禁止排序

有时不允许对某些列进行排序，这可以使用 setSortable()方法指定。

```
public void setSortable(int column, boolean sortable)
```

该方法设置指定列 column 是否可排序。但只有调用 toggleSortOrder()时才检查指定的值。通过直接设置排序键，仍然可以对已标记为不可排序的列进行排序。默认值为 true。

使用方法 isSortable()检测指定列可否排序。

public boolean isSortable(int column)：如果指定的列可排序，则返回 true；否则返回 false。

3. 自定义排序

排序器使用比较器 Comparator 确定表格行的显示次序。java.util.Comparator < T >是一个接口，类型参数 T 是此 Comparator 可以比较的对象类型。要实现定制的排序器，就需要实现该接口，包括以下两个方法。

1) int compare(T o1, T o2)

该方法比较用来排序的两个参数。根据第一个参数小于、等于或大于第二个参数分别返回负整数、零或正整数。o1 和 o2 是要比较的两个对象。定制排序器总是需要重写该方法。

2) boolean equals(Object obj)

指示某个其他对象是否“等于”此 Comparator。不重写 Object.equals(Object)方法总是安全的。因此，一般不会重写此方法。

例 9.3 对例 9.2 设计的表格(见图 9.26)按照第二列“专业名称”的字符个数排序。

分析：如果设置 autoCreateRowSorter 属性为选取状态采用自动排序，“专业名称”列会依据字符拼音排序，不符合要求。因此，需要设计自定义排序器。

解：设计步骤如下。

(1) 在 Source 视图下为 DepartmentTable 类添加以下自定义排序器类。

```
class SortByCharNum extends TableRowSorter < TableModel > {
    public SortByCharNum(TableModel model) {
        super(model);
```

```
    }
    @Override
    public Comparator<?> getComparator(int column) {
        if(column == 1)
            return new MyComparator();
        else
            return super.getComparator(column);
    }
    class MyComparator implements Comparator<String> {
        @Override
        public int compare(String o1, String o2) {
            return o2.length() - o1.length();
        }
    }
}
```

(2) 切换到 Design 视图，为 jTable1 设置 rowSorter 为定制代码 new SortByCharNum (jTable1.getModel())。

在 Services 窗口中为 scoremanage 数据库的 DEPARTMENT 表添加一条记录，如[3，大数据技术]。然后运行程序，发现单击"专业名称"列，程序按题意工作(见图 9.28)。

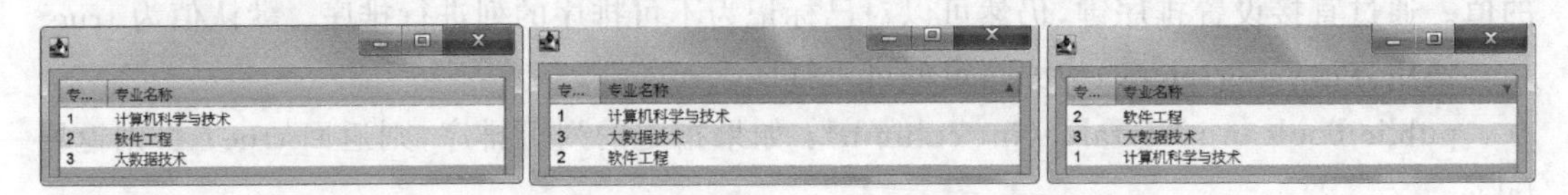

图 9.28　自定义排序器按照"专业名称"字符个数排序

4. 多重排序

如果需要按多个列进行排序，也是通过编写自定义排序器实现。在其中的比较器实现类中，比较方法 compare 组合比较排序关键列。

9.6.2　表格行的过滤

TableRowSorter 除了排序操作，还提供过滤操作。该类从其父类 DefaultRowSorter <M,I> 中继承了 setRowFilter()方法设置用于确定哪些行(如果有)应该在视图中隐藏的过滤器。对排序器应该在排序之前应用过滤器。该方法的格式是：

```
public void setRowFilter(RowFilter<? super M,? super I> filter)
```

1. 预定义过滤器

RowFilter 类已经实现了几个预定义过滤器，大多数情况下可以满足要求。这些预定义过滤器以 RowFilter 类的静态方法提供。

1) 数字过滤器 numberFilter

```
public static <M,I> RowFilter<M,I> numberFilter(RowFilter.ComparisonType type,
                                                  Number number, int... indices)
```

返回一个 RowFilter，包含符合指定比较类型 type 的所提供界限值 number 的条目。例如，下面的过滤器对类型为数值的条目进行过滤，过滤条件是条目的值等于 10。

```
RowFilter.numberFilter(ComparisonType.EQUAL, 10);
```

其中,参数 type 指定比较类型。在 RowFilter.ComparisonType 枚举中定义了以下 4 种类型。

BEFORE:指示应该包含值为所提供值之前的条目。

AFTER:指示应该包含值为所提供值之后的条目。

EQUAL:指示应该包含值与所提供值相等的条目。

NOT_EQUAL:指示应该包含值与所提供值不相等的条目。

参数 indices 指定要检查值的索引,对表格就是列索引,如果没有提供则计算所有值。

2) 日期过滤器 dateFilter

```
public static <M,I> RowFilter<M,I> dateFilter(RowFilter.ComparisonType type,
                                                Date date, int... indices)
```

返回一个 RowFilter,包含符合指定标准 type 的 date 值的条目。例如,下面的 RowFilter 只包含当前日期之后的日期值:

```
RowFilter.dateFilter(ComparisonType.AFTER, new Date());
```

其中,参数 type 为要执行的比较类型; date 为要比较的日期; indices 为要检查的值的索引,如果没有提供则计算所有的值。

3) 正则表达式过滤器 regexFilter

```
public static <M,I> RowFilter<M,I> regexFilter(String regex, int... indices)
```

返回一个 RowFilter,它使用正则表达式确定要包含哪些条目,只包含至少有一个匹配值的条目。例如,以下代码创建了一个 RowFilter,它包含其值至少有一个以"a"开头的条目。

```
RowFilter.regexFilter("^a");
```

返回的过滤器使用 Matcher.find()对包含的条目进行测试。若要测试完全匹配,可分别使用字符 '^' 和 '$' 来匹配该字符串的开头和结尾。例如,"^foo$"只包含其字符串完全为"foo"的行,而不是"food"之类。

其中,参数 regex 是在其上进行过滤的正则表达式; indices 是要检查的值的索引,如果没有提供则计算所有的值。

2. 自定义过滤器

如果预定义过滤器不能满足需求,则可以通过扩展 RowFilter<M,I>类编写自定义过滤器。

RowFilter<M,I>类是一个抽象类,类型参数 M 是模型的类型,I 是标识符的类型。RowFilter 用于从模型中过滤条目,使得这些条目不会在视图中显示。例如,一个与 JTable 关联的 RowFilter 可能只允许某个列中包含指定字符串的那些行显示。对于表格,一个条目对应于一行。RowFilter 的子类必须重写 include()方法指示是否应该在视图中显示该条目。

```
public abstract boolean include(RowFilter.Entry<? extends M,? extends I> entry)
```

如果应该显示指定的条目，则返回 true；如果应该隐藏该条目，则返回 false。

RowFilter.Entry 类的对象包含有关模型的信息以及从模型中获取底层值的方法。entry 参数可用于获取该条目中每一列的值，该类包括下列主要方法。

(1) public abstract M getModel()：返回底层模型。

(2) public abstract int getValueCount()：返回条目中值的数量。对于表格，此值对应于列的数量。

(3) public abstract Object getValue(int index)：返回指定索引处的值。此方法可以返回 null。当用于表时，索引对应于模型中的列号。

(4) public String getStringValue(int index)：返回指定索引处的字符串值。如果基于 String 值进行过滤操作，则首选此方法而不是使用 getValue()，因为 getValue(index).toString()返回的结果可能与 getStringValue(index)不同。此实现检查有无 null 值后调用 getValue(index).toString()。如有必要，提供不同字符串转换的子类应该重写此方法。

例 9.4 对例 9.3 完成的表格(见图 9.28)程序，添加“长名称专业”和“短名称专业”按钮，单击按钮时只显示专业名称多于 6 个字符的记录和不多于 6 个字符的记录。

解：设计步骤如下。

(1) 将 StdScoreManager0.6 项目的 DepartmentTable 窗体切换到 Design 视图，在窗体底部(Last)添加两个 Button 组件，text 属性值分别设置为“长名称专业”和“短名称专业”。

(2) 在例 9.3 设计的 SortByCharNum 类中添加内部类 DeptLengthFilter，代码如下。

```
class DeptLengthFilter extends RowFilter {
    boolean length = true;
    public DeptLengthFilter(boolean len) {
        length = len ;
    }
    @Override
    public boolean include(Entry entry) {
        String deptname = entry.getStringValue(1);
        if(length && deptname.length()> 6)
            return true;
        else if(!length && deptname.length()<= 6)
            return true;
        return false;
    }
}
```

(3) 为“长名称专业”按钮注册 ActionEvent 事件监听器，并编写如下事件处理方法。

```
private void jButton1ActionPerformed(java.awt.event.ActionEvent evt) {
    SortByCharNum ts = (SortByCharNum) jTable1.getRowSorter();
    ts.setRowFilter(ts.new DeptLengthFilter(true));
    jTable1.setRowSorter(ts);
}
```

(4) 为“短名称专业”按钮注册 ActionEvent 事件监听器，并编写如下事件处理方法。

```
private void jButton2ActionPerformed(java.awt.event.ActionEvent evt) {
    SortByCharNum ts = (SortByCharNum) jTable1.getRowSorter();
```

```
        ts.setRowFilter(ts.new DeptLengthFilter(false));
        jTable1.setRowSorter(ts);
    }
```

完成上述步骤后,程序就可以按题意运行。

从上述可见,自定义过滤器的使用比较复杂。基本思路是:首先通过 Entry 对象获取表格当前行排序关键字列的值,根据该值确定 RowFilter 类的 include()方法返回 true 还是 false,然后使用 RowFilter 类的对象作为实参传递给 TableRowSorter 类的 setRowFilter()方法。最后将 TableRowSorter 类对象传递给表格组件的 setRowSorter()方法设置该表格的 rowSorter 属性。

3. 多重过滤

使用 RowFilter 提供的方法可以进行多重**与**、**或**及**非**过滤。

1) 与过滤 andFilter

```
public static <M,I> RowFilter<M,I> andFilter(Iterable<? extends
                                    RowFilter<? super M,? super I>> filters)
```

返回一个 RowFilter,它包含所有提供的过滤器所共同包含的条目。参数 filters 是要测试的 RowFilter。

例如,显示所有包含字符串 "foo" **和**字符串 "bar" 的行,可以使用以下代码。

```
List<RowFilter<Object,Object>> filters = new ArrayList<RowFilter<Object,Object>>(2);
filters.add(RowFilter.regexFilter("foo"));
filters.add(RowFilter.regexFilter("bar"));
RowFilter<Object,Object> fooBarFilter = RowFilter.andFilter(filters);
```

2) 或过滤 orFilter

```
public static <M,I> RowFilter<M,I> orFilter(Iterable<? extends
                                    RowFilter<? super M,? super I>> filters)
```

返回一个 RowFilter,它包含所有提供的过滤器所各自包含的条目。

下例创建了一个 RowFilter,它将包括所有包含字符串"foo"**或**字符串"bar"的条目。

```
List<RowFilter<Object,Object>> filters = new ArrayList<RowFilter<Object,Object>>(2);
filters.add(RowFilter.regexFilter("foo"));
filters.add(RowFilter.regexFilter("bar"));
RowFilter<Object,Object> fooBarFilter = RowFilter.orFilter(filters);
```

3) 非过滤 notFilter

```
public static <M,I> RowFilter<M,I> notFilter(RowFilter<M,I> filter)
```

返回一个 RowFilter,它包含所提供的过滤器**不**包含的条目。其中,参数 filter 是要求反的 RowFilter。

例 9.5 为 9.3.1 节所创建的表格(见图 9.23)窗体增加"成绩筛选"按钮和一个组合框,组合框列出[全部,优秀,良好,及格,不及格]4 项。使表格显示选定类别的成绩行。其中,≥90 为优秀、<90 且≥80 为良好、<80 且≥60 为及格、<60 为不及格。

解:设计步骤如下。

(1) 将 chap9 项目的 TableDemo1 切换到 Design 视图,在窗体底部(Last)添加 Panel 组件 jPanel1,并设置为 BoxLayout 布局。在 jPanel1 面板上添加 Combo Box 和 Button 组件,分别设置合适的属性,添加 3 个 Filler 组件后布局如 全部 成绩筛选 。

(2) 为"成绩筛选"按钮 jButton1 注册 ActionEvent 事件监听器,并编写如下事件处理方法。

```
private void jButton1ActionPerformed(java.awt.event.ActionEvent evt) {
    double[] comval = new double[]{-1,90,80,60,0};
    int sel = jComboBox1.getSelectedIndex();
    RowFilter<TableModel,Object> rf = null ;
    switch(sel) {
        case 0:
        case 1:
          rf = RowFilter.numberFilter(RowFilter.ComparisonType.AFTER, comval[sel] - 0.1,3);
          break;
        default:
          List<RowFilter<TableModel,Object>> filters = new ArrayList<>(2);
          rf = RowFilter.numberFilter(RowFilter.ComparisonType.AFTER, comval[sel] - 0.1,3);
          filters.add(rf);
        rf = RowFilter.numberFilter(RowFilter.ComparisonType.BEFORE,comval[sel - 1] - 0.1,3);
          filters.add(rf);
          rf = RowFilter.andFilter(filters);
    }
    TableRowSorter<TableModel> ts = new TableRowSorter<>(jTable1.getModel());
    ts.setRowFilter(rf);
    jTable1.setRowSorter(ts);
}
```

运行程序,可以按照题意执行。

9.7 表单元的编辑

表格既是显示数据的常用组件,同时也是编辑数据的常用组件。特别是对于类似于关系数据库表这样可以组织成规则二维表结构的数据,使用表格形式进行编辑十分直观、方便和高效。

9.7.1 指定表格单元的可编辑性

一些表列的数据是不允许用户编辑的(例如学号),另一些表列用户必须通过编辑提供数据(例如,教师登录成绩必须输入成绩分数)。前述在表格组件的 model 属性设置对话框中,通过选择列的 Editable 复选框可以指定该列可否编辑。

一般使用表格模型的 isCellEditable()方法判断指定单元格是否可以编辑。

```
boolean isCellEditable(int rowIndex, int columnIndex)
```

如果 rowIndex 和 columnIndex 位置的单元格是可编辑的,则返回 true。否则,在该单元格上调用 setValueAt()不会更改该单元格的值。其中,参数 rowIndex 指定要查询的值所在行，columnIndex 指定要查询的值所在列。也可以在自定义模型中重写该方法指定表格单元的可编辑性。

9.7.2 使用默认编辑器

在 javax. swing. DefaultCellEditor 类中实现了三种类型的编辑器，可以直接使用它们为表格单元提供编辑器。事实上，这些编辑器能够满足大多数需要。

1. 复选框编辑器

默认情况下，表格组件自动为 Boolean 类型的表格单元安装一个复选框编辑器，用户单击该复选框在选择与不选择之间转换。使用在 javax. swing. DefaultCellEditor 类中提供的构造方法 public DefaultCellEditor(JCheckBox checkBox)可以用于创建一个复选框编辑器。

2. 组合框编辑器

对于在不多的几个离散值中选择一个值的单元格，可以提供一个组合框编辑器。但这种编辑器需要在程序中明确安装。使用 DefaultCellEditor 类的以下构造方法创建组合框编辑器：

```
public DefaultCellEditor(JComboBox comboBox)
```

例 9.6 对例 9.2 完成的表格(见图 9.26)，专业名称的取值是计算机科学与技术、软件工程、网络工程、大数据技术、智能科学、网络空间安全和物联网工程 7 个专业之一，可以为该列提供一个复选框编辑器。

解：设计步骤如下。

(1) 切换到 DepartmentTable. java 程序的 Source 视图，在内部类 DepartmentTableModel 中覆盖 isCellEditable()方法，代码如下。

```
public boolean isCellEditable(int rowIndex, int columnIndex) {
    if(columnIndex == 1)  return true;
    else  return false;
}
```

(2) 设计方法 setMyDeptsEditor()以创建表格单元的组合框编辑器。该方法代码如下。

```
void setMyDeptsEditor() {
    String[] depts = new String[]{ "计算机科学与技术", "软件工程", "网络工程",
                                   "大数据技术", "智能科学", "网络空间安全", "物联网工程"};
    JComboBox cdepts = new JComboBox(depts);
    TableCellEditor de = new DefaultCellEditor(cdepts);
    TableColumn tcdepts = jTable1.getColumn("专业名称");
    tcdepts.setCellEditor(de);
}
```

(3) 在 DepartmentTable 类的构造方法中最后一句添加调用语句：setMyDeptsEditor()。

完成后运行程序，在第二列各个单元中单击，即在该单元格中显示下拉列表，可以选择其中之一。

3. 文本字段编辑器

如果表格模型对单元格执行 getValueAt()方法返回的值是字符串，或者执行了 toString()方法而产生字符串返回值，表格组件会自动安装文本字段编辑器。运行时，用户双击该单元格即可出现插入点，并可进行编辑操作。若要编写代码安装，可使用以下构造方法。

```
public DefaultCellEditor(JTextField textField)
```

9.7.3 自定义编辑器

如果默认编辑器不能满足设计要求，就需要自己定义表格单元编辑器。自定义表格单元编辑器必须实现 javax. swing. table. TableCellEditor 接口。该接口要求必须实现以下方法。

```
Component getTableCellEditorComponent(JTable table, Object value,
                                       boolean isSelected, int row, int column)
```

该方法返回可以作为表格编辑器的组件。一旦在客户端的层次结构中安装了此组件，就能够绘制和接收用户输入。各个参数的作用如下。

table：要求编辑器进行编辑的 JTable；可以为 null。

value：要编辑的单元格的初始值；由具体编辑器解释和绘制该值。例如，如果 value 是字符串"true"，则它可呈现为字符串，或者也可作为已选中的复选框来呈现。null 是有效值。

isSelected：如果高亮显示来呈现该单元格，则为 true。

row：要编辑的单元格所在行。

column：要编辑的单元格所在列。

TableCellEditor 的父接口 CellEditor 定义了任何通用编辑器应该实现的方法，以便确定开始编辑、中止编辑、停止编辑等环节该如何处理等方面的操作。而 AbstractCellEditor 抽象类实现了 CellEditor 接口，实现了除 getCellEditorValue()方法之外的所有方法。

Object getCellEditorValue()：返回编辑器中包含的值。

由上述可知，编写自定义编辑器一般应该继承 AbstractCellEditor 抽象类，并且实现 TableCellEditor 接口。

例 9.7 继续在例 9.5 基础上设计，为 chap9 项目的 TableDemo1 表格编写和安装对"成绩"列数据采用微调器进行编辑的自定义编辑器。

解：设计步骤如下。

(1) 在 Design 视图下为 TableDemo1 窗体的 Other Components 节点添加微调器组件 jSpinner1，并设置 model 属性的 Model Type 为 Number，Number Type 为 Byte，Minimum 为 0，Maximum 为 100，Step 为 1。

(2) 切换到 Source 视图，在 TableDemo1 类中编写自定义编辑器类，该类的代码如下。

```
class ScoreCellEditor extends AbstractCellEditor implements TableCellEditor {
    @Override
    public Object getCellEditorValue() {
```

```
        return jSpinner1.getValue();
    }
    @Override
    public Component getTableCellEditorComponent(JTable table, Object value,
                                        boolean isSelected, int row, int column) {
        jSpinner1.setValue(value == null ? 0 : value);
        return jSpinner1;
    }
}
```

(3) 编写设置“成绩”列编辑器的方法 setScoreCellEditor(),代码如下。

```
void setScoreCellEditor() {
    TableColumn tc = jTable1.getColumnModel().getColumn(3);
    tc.setCellEditor(new ScoreCellEditor());
}
```

(4) 在窗体类的构造方法最后一句添加调用该方法的语句：setScoreCellEditor();。

完成上述步骤后,程序可按题意运行。

对于某些自定义单元格编辑器,可能还需要重写父类 AbstractCellEditor 中的 shouldSelectCell()、stopCellEditing()、cancelCellEditing()等方法。例如,可以为某个单元格定义一个对话框作为其编辑器,此时则需要处理在开始编辑时在 shouldSelectCell()方法中打开对话框,停止或终止编辑时分别在 stopCellEditing()和 cancelCellEditing()方法中关闭对话框,并处理表格单元的值。应注意,在 cancelCellEditing()方法的最后一段要调用其超类的同名方法。

习　题

1. Derby 数据库有哪两种运行模式？如何使用 JDBC 访问它所管理的数据库？应该使用的驱动程序名和 URL 是什么？

2. Java DB 数据库与 Derby 数据库系统是什么关系？在 NetBeans IDE 中如何设置和连接 Java DB 数据库？

3. 简述在 NetBeans IDE 中对 Java DB 数据库的某个表中的数据不用编程如何进行增、删、改、查操作？

4. 将你班的学生基本信息创建并录入到 Java DB 数据库中,并显示在表格组件中。要求籍贯信息为市。

5. 为习题 4 所创建的表格组件设置字体、背景颜色、前景颜色、行高、行边距、不显示列边线等常用属性。

6. 设置习题 4 所创建的表格组件的各列适当显示宽度。

7. 设置习题 4 所创建的表格组件的属性,使用户可以通过单击各列标题进行升序或降序排序。

8. 为习题 4 所创建的表格组件设置过滤器,使用户可以查询不同籍贯的学生。

9. 设置习题 4 所创建的表格组件的属性,使用户可以直接编辑表格中的数据。并使用用户编辑所提供的数据更新数据库中的记录。

第 10 章 树的设计与使用

许多情况下，程序要处理的数据具有分层结构，且具有一定的隶属关系或可以看作具有隶属关系，这种数据结构可以抽象为树，并且用树形图呈现。Swing 中的树(JTree)组件是显示、导航和编辑这种结构数据的工具，在 NetBeans IDE 的 GUI 构建器的“组件”面板上也提供了树组件 Tree 。本章介绍树组件的使用。

10.1 树的设计

一棵树是由节点有序连接而成。每个节点都有一个父节点，可能有零个或多个子节点。如果某个节点没有父节点，那它是根节点。每棵树有且只有一个根节点。如果一个节点没有子节点，那它是叶子节点。多棵树在一起形成森林，在 Swing 中给它们安排一个虚假的不显示的根节点。本节按照这样的构造设计和管理树。

10.1.1 创建树

创建 Java Application 项目 chap10，在其中创建包 book. tree. demo，在该包中创建窗体 TreeDemo。打开该窗体后，在 Design 视图下单击 Palette 中的 Swing Controls 组中的 Tree 组件图标，然后在容器适当位置单击，GUI 构建器即创建了一个树组件(见图 10.1)。预览该界面，发现树已经可以展开和收缩节点。

当然，用户的数据不一定就是 colors、sports 和 food 之类的品类。因此接下来要定义树

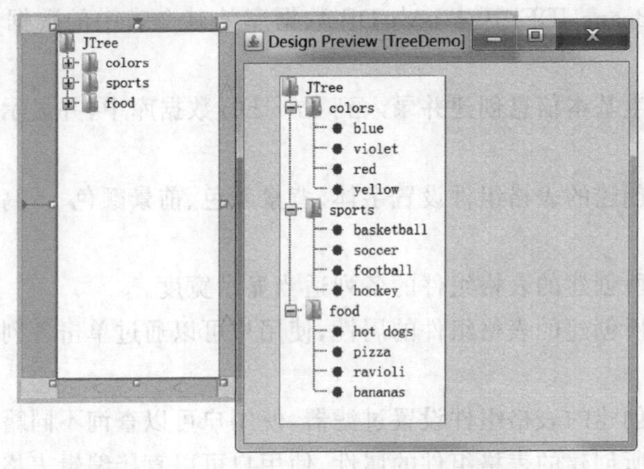

图 10.1 GUI 构建器创建的树组件

所显示的数据。在 Properties 窗口中单击该树组件的 model 属性行右侧列，弹出树组件的 model 设置对话框（见图 10.2），提供了 Tree Model Editor。在该编辑器的左边窗格编辑树的节点，可以输入、修改、删除和添加节点。右边窗格是编辑效果的预览。其中，左边窗格的文字可以直接修改，并立即反映到右边窗格的预览中。编辑时要特别注意，与显示在上边节点的向右缩进空格表示成为子节点。

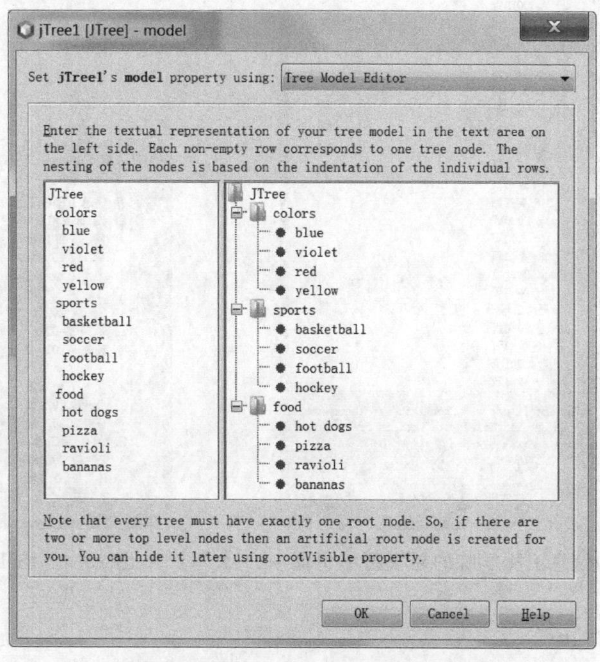

图 10.2　树组件的 model 设置对话框

例如，某学校的信息工程学院开办 3 个专业，每个专业有各年级在校生，每年级有几个班。把这些数据组织为树，填写在树组件的树模型编辑器中（见图 10.3），运行时即以树形结构显示（见图 10.4），且单击有关节点可以展开与收缩。

10.1.2　树组件的属性设置

树与表格一样，也是一个比较复杂的组件，它的许多属性需要通过定制代码设置。本节介绍一些可以直接在 Properties 窗口中设置的简单属性。

1. rootVisible

该属性指定树的根节点是否在界面上显示。单击该属性行右侧的复选框，选取时(true)显示根节点，这是默认设置。当取消选取时，则不会显示根节点，如图 10.4 所示的树组件将不再显示“信息工程学院”节点。

2. showsRootHandles

从图 10.3 和图 10.4 看出，除了根节点和叶子节点之外，其他各层节点前都有一个＋或－图标，或者有▶或▼图标。其中，＋或▶在节点收缩时显示，－或▼在节点展开时显示。这种符号称为“把手（Handle）”。如果需要在根节点前面也显示把手，则单击 showsRootHandles 属性行右侧的复选框，使它处于选取状态。默认为未选取状态。

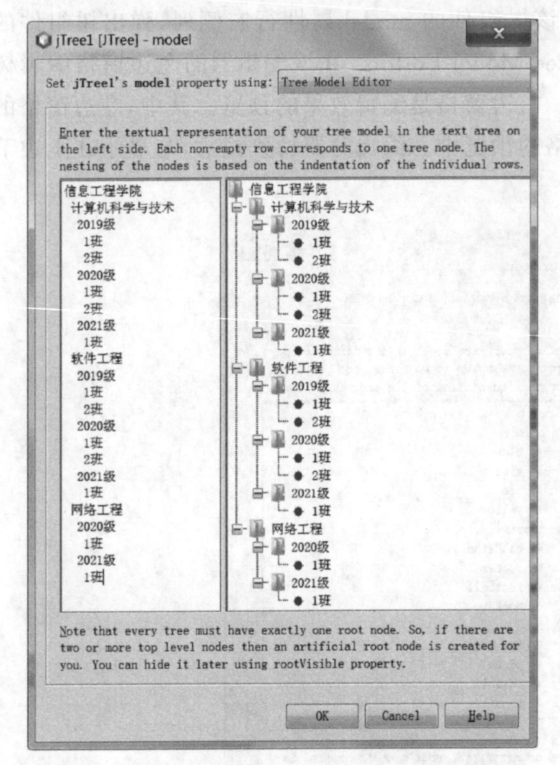

图 10.3　某学校的信息工程学院的树模型编辑器

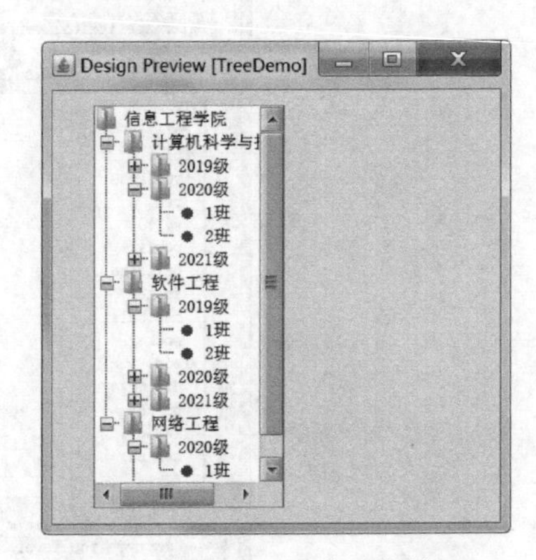

图 10.4　图 10.3 的运行界面

3. toggleClickCount

该属性设置切换节点展开与收缩状态需要单击鼠标主键（一般为左键）的次数，默认为 2，即双击。对于有子节点的节点，在节点图标或文字上双击一次展开，再次双击则收缩。如果希望单击就展开或收缩，修改该属性值为 1 即可。当然也可以修改为其他数字，但很少这样。

4. rowHeight

该属性设置树组件中行的高度。在该属性行右侧文本框单击，输入整数即可。

5. visibleRowCount

该属性设置树组件的可视行数。在该属性行右侧文本框单击，输入整数即可。

6. scrollsOnExpand

该属性指定当树的某个节点展开时，是否滚动视口让它显示在界面上。单击该属性行右侧的复选框，选取时（true）滚动视口，这是默认设置。当取消选取时，则不会滚动视口。可能某些节点即使展开也没有在视口中显示，这往往发生于程序代码控制展开节点的情况下。

7. editable

该属性指定是否在运行时允许用户编辑树。单击该属性行右侧的复选框，选取时（true）允许用户编辑树。未选取时，树只是为用户展示数据，不允许用户编辑，这是默认设置。

8. selectionRows

该属性设置程序运行时初始界面中处于选取状态的行号。单击该属性行右侧的文本框，直接在方括号内输入行号，且行号之间用逗号（英文）隔开。例如，输入值为[1,3]，则运行时初始界面第 2 行和第 4 行处于选取状态（反相显示）（见图 10.5）。

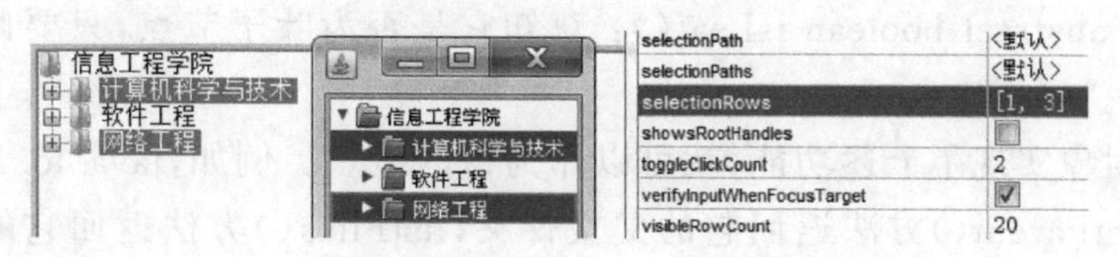

图 10.5　初始界面第 2 行和第 4 行处于选取状态

9. invokesStopCellEditing

该属性如果设置为 true，则在更改选择、更改树中的数据或通过其他方法停止编辑时，会调用 stopCellEditing()方法，并保存更改。如果设置为 false，则调用 cancelCellEditing()方法，并丢弃更改。默认值为 false。

10. largeModel

该属性设置此树是否为大模型。这是一种代码优化设置。当单元格高度对于所有节点都相同时，可以使用大模型。在此种设置下，UI 将缓存非常少的信息，并改为继续向模型发送消息。在没有大模型的情况下，UI 缓存大部分信息，从而使该模型的方法调用更少。

此值仅为 UI 的一个建议值。并不是所有的 UI 都将利用它。默认值为 false。

11. expandsSelectedPaths

该属性设置当选择发生改变时，是否使路径上的父节点可见。默认为选取状态。

此外，还有一些前面在其他组件中熟悉的属性，如 font 设置节点字体，设置前景和背景颜色等。

10.2　节点与树模型

节点是树的基本构件，通过节点间的连接构造树，实现树的物理结构。用户对树的操作也主要是对树节点的操作。节点既是树的显示单元，也是用户数据（称为用户对象）的载体，同时还记录了其他关系节点。一般情况下，用户对象 UserObject 是树节点的业务数据。树模型则描述与跟踪树节点之间的关系，管理树结构。

10.2.1　树节点

在 javax.swing.tree 包中，使用 TreeNode 接口描述可以用作树节点的对象。基本而言，一个树节点应该知道自己的父节点和子节点。该接口中定义了以下方法完成这些功能。

(1) public abstract Enumeration children()：以 Enumeration 形式返回该节点的子节点。

(2) public abstract TreeNode getParent()：获取该节点的父节点。

(3) public abstract TreeNode getChildAt(int index)：获取索引为 index 的子节点。

(4) public abstract int getChildCount()：获取子节点的个数。

(5) public abstract int getIndex(TreeNode node)：获取子节点 node 的索引。如果不包含 node 子节点，则返回−1。

(6) public abstract boolean getAllowsChildren()：表示是否可以拥有子节点。如果可

以，尽管目前还没有子节点，但以后会有的，那它就可以标记为不是叶子节点，而采用非叶子节点的图标（如文件夹）。

(7) public abstract boolean isLeaf()：获知它是否为叶子节点，只要此节点没有子节点，就返回 true。

如果某个对象实现了上述功能，就可以作为树的节点。例如，java. io. File 类的对象具有这些功能：getParent()方法返回它的父文件夹，listFiles()方法返回它的子文件夹和文件，isFile()和 isDirectory()获知它是叶子节点（文件）或不是（文件夹）等，因此一个文件的 File 封装对象就可以是一个树的节点。

TreeNode 接口的子接口 MutableTreeNode 则扩展了树节点的功能，定义了以下对节点的插入、删除和更改操作。

(1) public abstract void insert(MutableTreeNode child, int index)：将 child 添加到 index 位置成为子节点。

(2) public abstract void remove(int index)：删除 index 位置的子节点。

(3) public abstract void remove(MutableTreeNode child)：删除 child 子节点。

(4) public abstract void removeFromParent()：将该节点从父节点删除。

(5) public abstract void setParent(MutableTreeNode newParent)：将它的父节点设置为 newParent 节点。

(6) public abstract void setUserObject(Object object)：将该节点的用户对象设置为 object。

同样地，java. io. File 类也提供了一些上述操作。例如，createNewFile()和 mkdir()可以创建新的文件和目录，delete()可以从父节点删除该节点。

显然，要封装一个对象使它可以作为树的节点，那么它所属的类需要实现上述操作，至少需要实现 TreeNode 所定义的那七个方法。但是，开发中很少自己实现这个接口，而是从 javax. swing. tree. DefaultMutableTreeNode 类继承。因为 DefaultMutableTreeNode 类实现了上述两个接口，该类的对象能够作为树结构中的通用节点。

DefaultMutableTreeNode 为检查和修改节点的父节点和子节点提供操作，也为检查节点所属的树提供操作。该类提供了按各种顺序有效地遍历树或子树，或者沿着两节点间的路径进行遍历枚举的方法。DefaultMutableTreeNode 还可以保存对用户对象的引用。通过 toString() 请求，DefaultMutableTreeNode 返回其用户对象的字符串表示形式。

使用 DefaultMutableTreeNode 类的以下构造方法可以创建一个树节点。

(1) DefaultMutableTreeNode()：创建没有父节点和子节点的树节点，该树节点允许有子节点。

(2) DefaultMutableTreeNode(Object userObject)：创建没有父节点和子节点，但允许(以后)有子节点的树节点，并使用指定的用户对象对它进行初始化。

(3) DefaultMutableTreeNode(Object userObject, boolean allowsChildren)：创建没有父节点和子节点的树节点，使用指定的用户对象对它进行初始化，仅在参数 allowsChildren 为 true 时才允许有子节点。

(4) 创建了一个节点之后，可以使用该类的 setParent()方法为它指定父节点。

public void setParent(MutableTreeNode newParent)：设置该节点的父节点为

newParent,但不更改父节点的子节点数组。应从 insert()和 remove()调用此方法,以重新分配子节点的父节点。

(5) 使用该类的 add()方法为该节点添加和创建子节点。

public void add(MutableTreeNode newChild):将 newChild 从其父节点移除,并将它添加到该节点的子节点数组的结尾,使其成为该节点的子节点。参数 newChild 是作为该节点的子节点添加的节点。

DefaultMutableTreeNode 类除了实现接口定义的各种方法外,还实现了一些其他的方法,以方便编程。需要时请参考 API 文档。

例 10.1 在学生成绩管理系统中,为教师所任教的课程提供进行成绩登录、编辑和查阅的统一界面。

分析:某位教师可能任教多门课程。就他所教的一门课程而言,成绩登记表可能常见的是图 10.6 的样子。如果把它改为树形结构,以教师为根节点,课程为一级子节点,从二级节点采用如图 10.7 所示的树形结构,则使用起来更为方便。那么就需要自己设计和创建树的各级节点。

	A	B	C	D	E	F
1	学号	姓名	专业	年级	班级	成绩
44	2007051145	倪睿	软件工程	2008	3	82
45	2007051146	王慧	软件工程	2008	3	77
46	2007051147	项伟	软件工程	2008	3	77
47	2007051148	杨珍珍	软件工程	2008	3	79
48	2007051149	赵玉玉	软件工程	2008	3	70
49	2007171101	陈对强	教育技术	2007	1	83
50	2007171102	杜养奎	教育技术	2007	1	81
51	2007171103	龚振宇	教育技术	2007	1	70

Java语言

图 10.6 平面形式学生成绩登记表

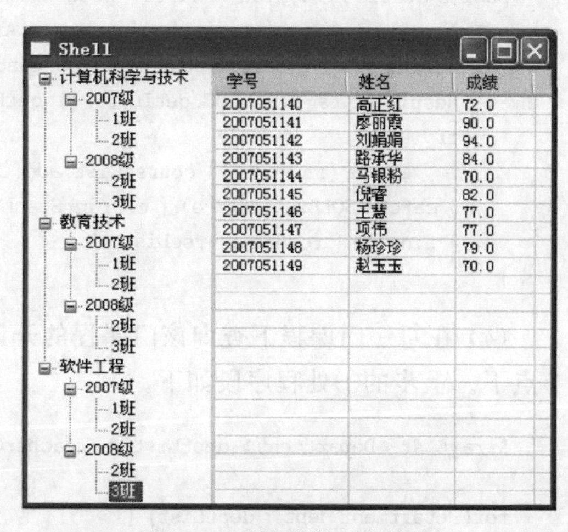

图 10.7 树形学生成绩表

本题的关键在于把如图 10.6 所示的平面数据结构转换成如图 10.7 所示的树形数据结构。正如前述及图 10.7 所揭示的,某位教师可能任教多门课程,各专业下设有各个年级,各年级设有多个班级,学生被分配到具体专业的具体年级的各个班级。显然,树的根节点下设课程为其子节点;课程父节点为根节点,子节点为各专业节点;各专业的父节点是课程节点,子节点是各年级;年级的父节点是专业,子节点是班级;班级的父节点是年级,子节点是学生。但学生数据显示在右边的表格中,并不作为子节点显示在树上,所以班级的子节点为空或班级直接为叶子节点。

将教师、课程、专业、年级、班级和学生的封装对象作为用户数据(User Object),使用 DefaultMutableTreeNode 类所提供的方法逐级构造这棵树。

解:设计步骤如下。

(1) 在 9.2.1 节所创建的 StdScoreManager0.6 项目中继续以下操作。对该项目执行 Clean and Build 命令。直接应用 9.2.1 节所创建的 scoremanage 数据库的实体类及 DAO 类。

(2) 创建教师对象节点。程序代码是：

```
Teacher tch = new Teacher(tid) ; //tid 为该教师的工号
DefaultMutableTreeNode teacherNode = new DefaultMutableTreeNode(tch);
```

(3) 根据教师工号“TEACHERID＝tid”条件，从 scoremanage 数据库 TEACHER_COURSE 表中查询得到该教师所任教课程。使用课程数据创建课程节点，并添加到教师节点下。使用 9.2.2 节设计的数据库操作类 TeacherCourseDAO，此段代码如下。

```
ArrayList<Course> courseList = TeacherCourseDAO.getCourseListFromDB(tid);
for(Course course : courseList) {
    courseNode = new DefaultMutableTreeNode(course);
    teacherNode.add(courseNode);
    //①…
}
```

其中，TeacherCourseDAO 类中 getCourseListFromDB()方法的代码如下。

```
public static ArrayList<Course> getCourseListFromDB(int teacherid) {
    ArrayList<Course> courseList = new ArrayList<>();
    String sql = "select courseID from teacher_course where teacherID = " + teacherid;
    ResultSet rs = InitDB.getInitDB().getRs(sql);
    try {
        while (rs.next()) courseList.add(CourseDAO.getFromDB(rs.getInt(1)));
    } catch (SQLException e) { e.printStackTrace();
    } finally { return courseList; }
}
```

(4) 在每一门课程下查询该门课程的开课专业，由结果集创建专业节点，并添加到课程节点下。上步的①处程序段如下。

```
ArrayList<Department> deptList = TeacherCourseDAO.getDepartmentListFromDB(tid,
                                                              course.getId());
for(Department dept : deptList) {
     deptNode = new DefaultMutableTreeNode(dept);
     courseNode.add(deptNode);
     //②…
}
```

(5) 同样思路，处理年级和班级节点。将上述各步骤所用代码组织为下列方法。

```
TreeNode createTreeNodes(int tid) {
    Teacher tch = new Teacher(tid); //tid 为该教师的工号
    DefaultMutableTreeNode teacherNode = new DefaultMutableTreeNode(tch);
    DefaultMutableTreeNode courseNode, deptNode, gradeNode, classNode;
    ArrayList<Department> deptList;
    ArrayList<Short> gradeList;
    ArrayList<Short> classList;
    ArrayList<Course> courseList = TeacherCourseDAO.getCourseListFromDB(tid);
    for (Course course : courseList) {
        courseNode = new DefaultMutableTreeNode(course);
        teacherNode.add(courseNode);
```

```
        deptList = TeacherCourseDAO.getDepartmentListFromDB(tid, course.getId());
        for (Department dept : deptList) {
            deptNode = new DefaultMutableTreeNode(dept);
            courseNode.add(deptNode);
            gradeList = TeacherCourseDAO.getGradeListFromDB(tid, course.getId(),
                                                                dept.getId());
            for (Short grade : gradeList) {
                gradeNode = new DefaultMutableTreeNode(grade);
                deptNode.add(gradeNode);
                classList = TeacherCourseDAO.getClassListFromDB(tid, course.getId(),
                                                                dept.getId(), grade);
                for (Short class1 : classList) {
                    classNode = new DefaultMutableTreeNode(class1);
                    gradeNode.add(classNode);
                }
            }
        }
    }
    return teacherNode;
}
```

方法 createTreeNodes()返回的 teacherNode 节点已经是一棵树的整个节点集，且各节点已经按照父子关系有机地联系起来。各个节点已经包含它的用户对象。接下来需要将它用树组件显示出来。

10.2.2 树模型

上述例题已经创建好了一个包含各级子节点的节点 teacherNode，例题也分析它应是这棵树的根节点，那么如何将它安装到树上并显示出来呢？回顾 10.1.1 节创建树时，通过设置 model 属性得到需要的一棵树。再查看生成的源代码，发现 GUI 构建器首先生成了一个没有节点的树对象 jTree1，然后像例 10.1 所做的，逐个构造节点，并添加到各自的父节点中，最后有一条语句：

```
jTree1.setModel(new javax.swing.tree.DefaultTreeModel(treeNode1));
```

即使用构造好的根节点创建了一个 DefaultTreeModel 类的对象，并设置该对象是树 jTree1 的 model。

javax.swing.tree.DefaultTreeModel 是树 JTree 的简单数据模型。提供以下构造方法使用树的根节点构造该类的对象。

(1) public DefaultTreeModel(TreeNode root)：创建其中任何节点都可以有子节点的树。参数 root 是作为树根的 TreeNode 对象。

(2) public DefaultTreeModel(TreeNode root, boolean asksAllowsChildren)：创建一棵树，指定某个节点是否可以有子节点，或者是否仅某些节点可以有子节点。参数 root 是作为树根的 TreeNode 对象；asksAllowsChildren 是一个布尔值，如果任何节点都可以有子节点，则为 false，如果询问每个节点看是否有子节点，则为 true。

因此，在例 10.1 中，在 book.stdscoreui 包中创建 JFrame Form 命名为 TchMana，设计

如图 10.8 所示界面。为左边的树 jTree1 的 model 属性设置定制代码值，在代码输入区输入代码：

```
new DefaultTreeModel(createTreeNodes(Integer.parseInt(user.getName())))
```

之后单击 OK 按钮，设置 rootVisible 属性为 false。运行程序，在左边显示学生成绩登录树。

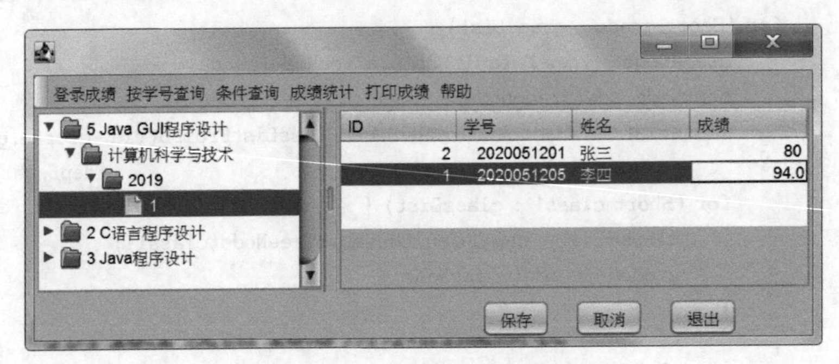

图 10.8　例 10.1 学生成绩登录树

DefaultTreeModel 类提供的方法，一类是以树节点的用户对象为参数，另一类是以节点对象为参数。有几个方法查询节点路径，特别是根节点的路径，更多的方法处理节点的变化。

10.2.3　使用 JTree

除了使用 10.1.1 节所述的可视化方法创建一棵树，JTree 有七个构造方法为创建树组件提供了多种途径，这在需要程序动态创建一棵树时十分必要。

1. public JTree(TreeNode root)

该方法返回 JTree，指定的 TreeNode 作为其根节点，它也显示根节点。默认情况下，可以将叶子节点定义为不带子节点的任何节点。参数 root 是一个 TreeNode 对象。

例如，使用此方法可以直接创建图 10.8 的树，而不需要生成树模型对象。因此，在 Palette 的 Swing Controls 组中单击 tree 组件，然后在窗体（或其他容器）上单击之后，在树组件上右击，在快捷菜单中选择 Customize Code 菜单项，在 Code Customizer 对话框中 Initialization Code 区的组合框单击下拉箭头，选择 Custom Creation，JTree 构造方法参数直接输入根节点 createTreeNodes(Integer.parseInt(user.getName()))即可。这样更为直接。

2. public JTree(TreeNode root, boolean asksAllowsChildren)

该方法返回 JTree，指定的 TreeNode 作为其根节点，它用指定的方式显示根节点，并确定节点是否为叶子节点。参数 root 是一个 TreeNode 对象，asksAllowsChildren 如果为 false，则不带子节点的任何节点都是叶节点；如果为 true，则只有不允许带子节点的节点是叶节点。

3. public JTree(TreeModel newModel)

该方法返回 JTree 的一个实例，使用指定的数据模型创建树并显示根节点。参数 newModel 是用作数据模型的 TreeModel 对象。

4. public JTree(Object[] value)

该方法返回 JTree，给定数组 value 的每个元素作为不被显示的新根节点的子节点。默认情况下，可以将叶子节点定义为不带子节点的任何节点。参数 value 是 Object 数组。

例如，在 chap10 项目中创建窗体 TreeDemo1，在窗体中创建 Tree 组件 jTree1。右击该树组件 jTree1，在快捷菜单中选择 Customize Code 菜单项，出现 Code Customizer 对话框（见图 10.9），在 Initialization Code 区选择 Custom Creation，输入 File. listRoots() 为 JTree 的参数（上列第 4 种构造方法），即可在树组件中列出系统的所有盘符节点。但是，每个盘符都显示为叶子节点，随后再处理这个问题。

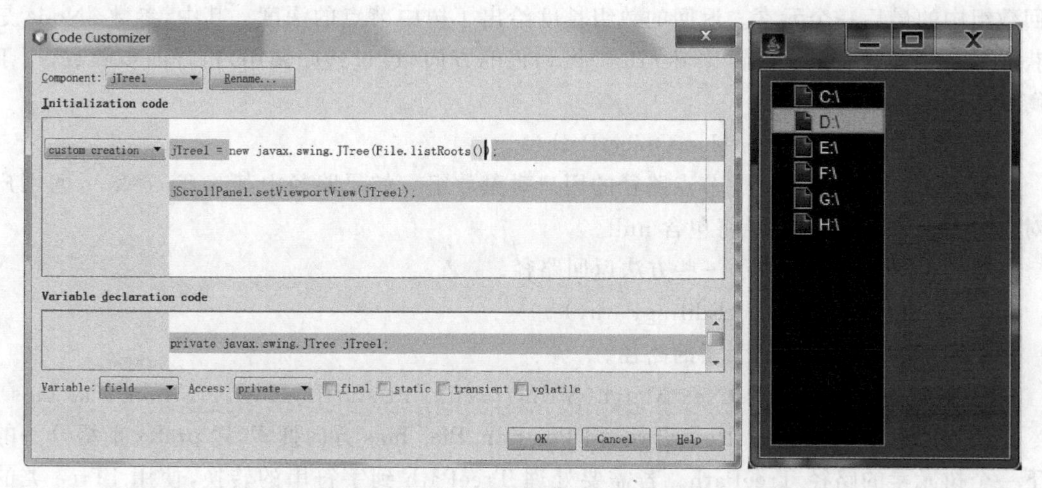

图 10.9　通过传入用户对象数组定制树组件的创建

JTree 类提供了几十个方法处理树节点的选择、展开和路径等问题。需要时请查阅 API 文档，此处不再叙述。

10.3　路径选择与节点枚举

选择节点是使用树的常见行为，很多情况下也伴随着展开与收缩树的节点等操作。如果选择深层次的节点，就需要表达和记忆所选节点所处的位置。树组件对节点的位置采用树路径进行处理。有时需要找到与某个节点相关的节点，这种操作需要对节点进行枚举操作。

10.3.1　树路径

一条树路径是从根节点开始，到达目标节点所经过的一个最短节点序列。例如，图 10.10 中到达所选节点的路径是圈选出来的节点序列：信息工程学院→计算机科学与技术→2014 级→1 班。

图 10.10　到达选定节点的路径

1. 树路径的获取

在 Swing 中用 TreePath 类表示节点路径。TreePath 是 TreeModel 提供的 Object 数组。对数组的元素进行排序，使根始终是数组的第一个元素（index 为 0）。TreePath 类提供了四个构造方法，但是一般并不直接创建 TreePath 对象，而是通过 TreeNode 实现类获取 Path。DefaultMutableTreeNode 类中提供了以下方法获取路径。

1）public TreeNode[] getPath()

该方法返回从根到达此节点的路径中的 TreeNode 对象组成的数组。该路径中第一个元素是根，最后一个元素是此节点。

2）protected TreeNode[] getPathToRoot(TreeNode aNode,int depth)

该方法提供从根到指定节点的路径 TreeNode 组成的数组。其中，源节点 aNode 是返回数组中的最后一个元素。返回的数组长度给出了树中节点的深度。其中，参数 aNode 是获取其路径的 TreeNode 节点，depth 提供朝根的方向（通过递归调用）执行的步骤数，用于衡量返回的数组的大小。

3）public Object[] getUserObjectPath()

该方法返回从根到达此节点路径的用户对象数组。如果路径中某些 TreeNode 的用户对象为 null，则返回的路径将包含 null。

组件 JTree 类也提供了一些方法返回路径。

1）public TreePath getEditingPath()

返回当前正在编辑的元素的路径。

2）public TreePath getNextMatch(String prefix,int startingRow,Position. Bias bias)

该方法返回从 startingRow 开始，向 Position. Bias bias 方向搜索，以 prefix 前缀开头的下一个树元素的路径 TreePath。若需要处理 TreePath 到字符串的转换，使用 JTree 类的 convertValueToText()方法。其中，bias 指定搜索方向，可取 Position. Bias. Forward 或 Position. Bias. Backward。

3）protected TreePath[] getPathBetweenRows(int index0， int index1)

该方法返回从 index0 行到 index1 行包括 index1 行之间的路径 JTreePath 实例。如果不存在则返回 null。

4）public TreePath getPathForLocation(int x,int y)

该方法返回指定位置处的节点路径。其中，参数 x 提供水平像素数的整数，从显示区域左边开始减去左边距；y 提供垂直像素数的整数，从显示区域顶部开始减去顶边距。

5）public TreePath getPathForRow(int row)

返回指定行 row 的路径。如果 row 不可见，或 row < 0，或 row > getRowCount()，则返回 null。

2. 树路径 TreePath 类的方法

树路径 TreePath 类提供的方法也比较常用，主要方法如下。

(1) Object getLastPathComponent()：返回此路径的最后一个组件（即节点自身）。

(2) TreePath getParentPath()：返回包含除最后一个路径组件之外所有元素的路径（即父节点的路径）。

(3) Object[] getPath()：返回有序的 Object 数组，它包含此 TreePath 组件。

(4) Object getPathComponent(int element)：返回路径中指定索引位置的组件。

(5) int getPathCount()：返回路径中的元素数。

(6) Boolean isDescendant(TreePath aTreePath)：如果 aTreePath 为此 TreePath 的后代，则返回 true。

(7) TreePath pathByAddingChild(Object child)：返回包含此路径中对象的所有元素加上 child 的新路径。

(8) Boolean equals(Object o)：通过检查路径中每个元素的相等性，测试两个 TreePath 的相等性。

10.3.2 节点枚举

为了查找某一个节点，往往需要从根节点开始遍历所有子节点，直到找到相匹配的节点。这就是节点枚举操作。DefaultMutableTreeNode 类提供了几个方法进行节点枚举。

1. public Enumeration depthFirstEnumeration()

该方法创建并返回一个枚举，该枚举按深度优先的顺序遍历以此节点为根的子树(见图 10.11(a))。由枚举的 nextElement()方法返回的第一个节点是最右边的叶子节点，最后返回的是该节点。例如，对图 10.11(a)中的节点⑧应用该方法，返回结果是 ① ② ③ ④ ⑤ ⑥ ⑦ ⑧。

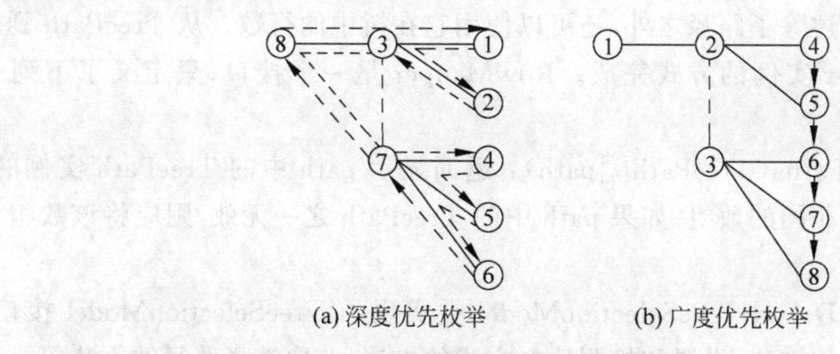

图 10.11 节点枚举

2. public Enumeration breadthFirstEnumeration()

该方法创建并返回一个枚举，该枚举按广度优先的顺序遍历以此节点为根的子树(见图 10.11(b))。由枚举的 nextElement()方法返回的第一个节点是此节点。

3. public Enumeration preorderEnumeration()

创建并返回按前序遍历以此节点为根的子树的一个枚举。由枚举的 nextElement()方法返回的第一个节点是此节点。例如，对图 10.11(b)中的节点①应用该方法，返回结果是 ① ② ④ ⑤ ③ ⑥ ⑦ ⑧。

4. public Enumeration postorderEnumeration()

创建并返回按后序遍历以此节点为根的树的一个枚举。由枚举的 nextElement()方法返回的第一个节点是最右边的叶节点。返回结果与深度优先遍历相同。

5. public Enumeration pathFromAncestorEnumeration(TreeNode ancestor)

创建并返回沿着从 ancestor 到此节点的路径的一个枚举。枚举的 nextElement()方法首先返回 ancestor，然后返回 ancestor 的子节点，以此类推，最后返回此节点。

6. public Enumeration children()

创建并返回此节点的子节点的正向枚举。

注意：通过插入、删除或移动节点修改树都会使修改前创建的任何枚举无效。

此外，对树 JTree 组件的展开操作也会返回枚举。

1. protected Enumeration < TreePath > getDescendantToggledPaths(TreePath parent)

该方法返回已展开且为 parent 的子路径的枚举 Enumeration。

2. public Enumeration < TreePath > getExpandedDescendants(TreePath parent)

返回当前展开的 parent 路径的子路径的 Enumeration。如果当前没有展开 parent，将返回 null。如果在返回的 Enumeration 上迭代时展开/折叠节点，则不能返回所有展开的路径，或者可能返回不再展开的路径。

10.3.3 选择路径

在树中选取一个或一些节点是比较常见的树操作。树的选择状态使用路径 TreePath 描述。TreeSelectionModel 接口表示树选择组件的当前状态，定义了三个常量用于配置选择路径的方式：SINGLE_TREE_SELECTION 只允许选取一条路径，CONTIGUOUS_TREE_SELECTION 允许选取多条连续路径，DISCONTIGUOUS_TREE_SELECTION 允许选取多条不连续的路径。

对所选取节点的描述除了路径之外，还可以使用它在树中的行数。从 TreePath 到整数的映射通过 RowMapper 实例的方式完成。RowMapper 是一个接口，只定义了下列一个方法。

int[] getRowsForPaths(TreePath[]path)：返回显示 path 中的 TreePath 实例的行。应返回与传入数组长度相同的数组，如果 path 中的 TreePath 之一无效，则应将该数组中的对应条目设置为−1。

javax.swing.tree.DefaultTreeSelectionModel 类实现了 TreeSelectionModel 接口，提供了向选择中添加路径的方法、设置和检测选择方式的方法、获取选择路径的方法等。

当选择或取消选择一个树节点时触发树组件的重要事件——TreeSelectionEvent 事件，使用 TreeSelectionListener 监听器处理。后者只有下列一个方法。

void valueChanged(TreeSelectionEvent e)：每当选择值发生更改时调用。

例如，对如图 10.4 所示的树，为该树组件注册节点选择事件监听器，编写以下事件处理方法，则运行时单击某个节点会输出该节点的内容（字符串）。

```
private void jTree1ValueChanged(javax.swing.event.TreeSelectionEvent evt) {
    System.out.println(((JTree)evt.getSource()).getLastSelectedPathComponent());
}
```

又如，对图 10.9 的树（TreeDemo1 窗体），由于系统中文件可能很多，在创建该树时就创建各个盘所包含的文件和子文件夹节点，则可能造成长时间等待。更好的方法是在选择某个盘及其子文件夹节点时再创建它的子节点。为此，需要为该树组件创建选择事件 TreeSelectionEvent 监听器，并编写事件处理方法。

首先为该树组件 jTree1 编写创建树一级节点的方法，先在树中列出各个磁盘驱动器，方法名为 getFileTree，代码如下。

```
DefaultMutableTreeNode getFileTree() {
    DefaultMutableTreeNode treeNodeRoot = new DefaultMutableTreeNode();
    File[] files = File.listRoots();
    for (File file : files) {
```

```
        DefaultMutableTreeNode treeNode = new
                                    DefaultMutableTreeNode(file.getAbsolutePath());
        treeNodeRoot.add(treeNode);
    }
    return treeNodeRoot;
}
```

单击该树组件，在快捷菜单中单击 Customize Code 菜单项，在对话框的初始化代码框中选择 Custom Creation 选项，代码为“jTree1＝new javax. swing. JTree(**getFileTree ()**)；”。

最后为该树组件注册节点选择事件监听器，编写事件处理方法。代码如下。

```
private void jTree1ValueChanged(javax.swing.event.TreeSelectionEvent evt) {
    JTree thisTree = (JTree) evt.getSource();
    String fileName = "";
    int i ;
    DefaultMutableTreeNode fileNode = (DefaultMutableTreeNode)
                                    thisTree.getLastSelectedPathComponent();
    if (fileNode != null) {
        fileNode.setAllowsChildren(true);
        Object[] paths = fileNode.getUserObjectPath();
        for(i = 0;i < paths.length - 1;i++) {
            if(fileName!= null)
                fileName += paths[i] + "\\" ;
        }
        fileName += paths[i] ;
        if(fileName.startsWith("null\\")) {
            fileName = fileName.substring(5);
        }
        File file = new File(fileName) ;
        File[] fileArr = file.listFiles();
        for (i = 0; fileArr != null && i < fileArr.length; i++) {
            fileNode.add(new DefaultMutableTreeNode(fileArr[i].getName()));
        }
    }
}
```

完成修改后运行程序，确实可以比较快地在单击某个磁盘(如 c:)或文件夹时生成被选择节点的子文件夹节点。但是，未单击之前文件夹的图标不对(见图 10.12)。

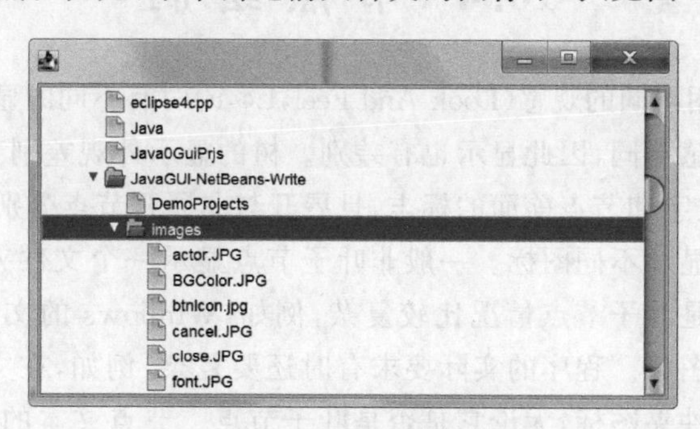

图 10.12　磁盘文件浏览程序示例

10.3.4 子树的展开与折叠

展开树及非叶子节点的子树，以便查看、选择节点或路径。这是对树最常用的操作之一。为了便于查看，同样需要折叠展开的树和子树。树的展开与折叠会触发 TreeExpansionEvent 事件。TreeExpansionEvent 类对象用于标识展开与折叠树中单个路径的事件，它的方法 public TreePath getPath()返回到达已被扩展/折叠的路径。

对于路径事件，有以下两个监听器。

1. TreeWillExpandListener

该监听器侦听用户已经做出了展开或折叠路径的触发操作，路径即将展开或折叠时触发的 TreeExpansionEvent 事件。这个监听器提供了以下两个方法。

1）void treeWillExpand(TreeExpansionEvent event) throws ExpandVetoException

每当树中的一个节点将被扩展时调用。

2）void treeWillCollapse(TreeExpansionEvent event) throws ExpandVetoException

每当树中的一个节点将被折叠时调用。

利用这个监听器允许程序在展开或折叠路径之前执行一些预处理代码。例如，对图 10.9(TreeDemo1)的树，不是在选择节点时添加下级节点，而是在用户即将展开某个子树之前为其添加下级节点，那样就可以避免 10.3.3 节遇到的问题。因为如果展开的是一个文件夹，已经为其添加了其中的文件或子文件夹，所以显示是正常的。

2. TreeExpansionListener

该监听器侦听用户做出了展开或折叠路径的操作，且路径已经展开或折叠时触发的 TreeExpansionEvent 事件。这个监听器提供了以下两个方法。

(1) void treeExpanded(TreeExpansionEvent event)：每当树中的一个项被扩展时调用。

(2) void treeCollapsed(TreeExpansionEvent event)：每当树中的一个项被折叠时调用。

利用该监听器可以在分支变成展开或者折叠状态的时候做出某些反应，执行一些继发处理代码，例如，加载或者保存数据等。

10.4 节点绘制

树组件在程序采用不同的观感(Look And Feel，L&F)时有不同的显示外观(见图 10.13)。不同的系统默认的观感不同，因此显示也有差别。树的显示外观差别主要体现在节点上，包括节点的显示图标、文字和节点前面的标志，且展开与非展开节点分别显示不同图标。对叶子节点和非叶子节点显示不同图标。一般非叶子节点显示一个文件夹图标，叶子节点默认显示一张纸图标。但是叶子节点情况比较复杂，例如，Windows 的文件浏览器等对不同的文件类型显示不同的图标。程序的实际要求有时还要复杂，例如，在文件浏览器中，只要是文件夹就应该显示文件夹图标，无论它是否是叶子节点。节点文本的显示也可能会有不同的要求，因此需要定制树节点的绘制。

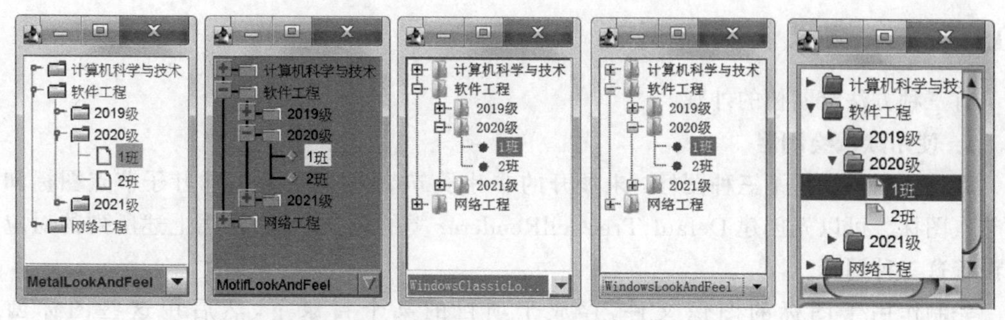

图 10.13 采用不同 L&F 时树的显示外观

10.4.1 cellRenderer 属性

可以通过定制 cellRenderer 属性对树组件的绘制进行定制。该属性需要通过 Customize Code 进行设置。在该组件的 cellRenderer 属性定制对话框中,代码输入区域需要 javax.swing.tree.TreeCellRenderer 类型的对象。

TreeCellRenderer 是一个接口,定义针对显示树节点的对象的要求。该接口只定义了以下一个方法。

```
Component getTreeCellRendererComponent(JTree tree, Object value, boolean selected,
                        boolean expanded, boolean leaf, int row, boolean hasFocus)
```

该方法将当前树单元格的值设置为 value。如果 selected 为 true,则将单元格作为已选择的单元格进行绘制。如果 expanded 为 true,则目前已扩展该节点;如果 leaf 为 true,则该节点表示叶节点;如果 hasFocus 为 true,则该节点当前拥有焦点。tree 是为其配置接收者的树组件。返回渲染器用来绘制节点值的 Component。

DefaultTreeCellRenderer 是该接口的默认实现类,它同时继承自 JLabel,使用标签组件作为返回的 Component。这是树组件的默认绘制器。该类提供了一系列方法供改变外观。

Font getFont():获取此组件的字体。

Icon getLeafIcon():返回用于表示叶节点的图标。

Icon getOpenIcon():返回用于表示扩展的非叶子节点的图标。

Icon getClosedIcon():返回用于表示没有扩展的非叶子节点的图标。

void setClosedIcon(Icon newIcon):设置用于表示没有扩展的非叶子节点的图标。

void setFont(Font font):如果 font 为 null 或 FontUIResource,则此操作可以使 JTree 的字体完全显示。如果 font 为非 null,并且不是 FontUIResource,则该字体变成 font。

void setLeafIcon(Icon newIcon):设置用于表示叶子节点的图标。

void setOpenIcon(Icon newIcon):设置用于表示扩展的非叶子节点的图标。

void setTextNonSelectionColor(Color newColor):设置未选定该节点时绘制文本所使用的颜色。

void setTextSelectionColor(Color newColor):设置选定节点时绘制文本所使用的颜色。

可以通过这些方法来个性化设置,也可以扩展该类,实现自己的 TreeCellRender。

10.4.2 自定义树的绘制器

有三种方法定制树的外观。

1. 使用默认绘制器

默认绘制器提供了三种图标：未展开的非叶子节点图标、展开的非叶子节点图标和叶子节点图标。可以先创建 DefaultTreeCellRenderer 类的对象，然后调用上述所列的对应方法设置这三种图标。

先制作用于图标的图像文件，存放于项目的某个目录下，然后用这些图标创建 ImageIcon 类的对象，再作为实参传给上面的方法。最后将这个 DefaultTreeCellRenderer 类的实例变量名填写到该树组件 cellRenderer 属性的代码输入区域。

2. 实现 TreeCellRenderer 接口

可以编写一个类实现 TreeCellRenderer 接口，给出该接口所指定的 getTreeCellRendererComponent()方法。在方法实现中根据程序要求，对每一个或不同类型的节点返回不同的图标和显示文本。

应注意，TreeCellRenderer 也负责呈现表示树当前 DnD(拖放)放置位置的单元格(如果有)。如果渲染器关心呈现 DnD 放置位置，则它应该直接查询该树以查看给定行是否表示放置位置，典型程序结构如下。

```
JTree.DropLocation dropLocation = tree.getDropLocation();
if (dropLocation != null && dropLocation.getChildIndex() == -1
        && tree.getRowForPath(dropLocation.getPath()) == row) {
    //这个 row 行就是当前的下展开位置
    //所以特别地绘制该行，例如用不同的颜色绘制
}
```

3. 扩展 DefaultTreeCellRenderer 类

由于 DefaultTreeCellRenderer 类已经实现了树绘制器的功能，并且提供了一些易于使用的常用方法，可以用该类为基类，在此基础上扩展功能实现程序要求。

但应注意，与 DefaultTableCellRenderer 不同，DefaultTreeCellRenderer 类并未提供一个钩子方法：setValue() 用于格式化数据。因此，如果想要格式化数据，需要实现这方面的扩展功能，在返回绘制组件 Component 之前格式化数据。按照标准，业务数据应该存放在 UserObject 中，通过 UserObject 获取数据，再进行格式化。

例如，上文对使用树浏览计算机各个磁盘文件的程序(见图 10.9，TreeDemo1)，10.3.3 节所设计的程序尽管读取和显示速度可以满足要求，但是显示界面是存在问题的(见图 10.12)。首先磁盘显示为文件图标，其次未选择之前文件夹的图标不对，另外，树的节点所存储的并不是一个文件对象，而是文件名字符串，程序不够简练。为此，修改该程序。

(1) 首先在该树组件的 Code Customizer 对话框中，修改初始化代码为 Custom Creation，定制代码为“jTree1=new javax.swing.JTree(File.listRoots());”。

(2) 为该树组件注册并编写节点选择事件监听器，监听方法代码如下。

```
private void jTree1ValueChanged(javax.swing.event.TreeSelectionEvent evt) {
    JTree thisTree = (JTree) evt.getSource();
```

```
        DefaultMutableTreeNode fileNode = (DefaultMutableTreeNode)
                                                thisTree.getLastSelectedPathComponent();
        if (fileNode != null) {
            fileNode.setAllowsChildren(true);
            File file = (File) fileNode.getUserObject();
            File[] fileArr = file.listFiles();
            for (int i = 0; fileArr != null && i < fileArr.length; i++) {
                fileNode.add(new DefaultMutableTreeNode(fileArr[i]));
            }
        }
    }
```

(3) 前两个步骤完成后运行程序,发现界面显示存在问题。图标的问题与前述相同,节点文本显示文件路径和文件名(见图 10.14)。为解决这些问题,自定义树的绘制器。

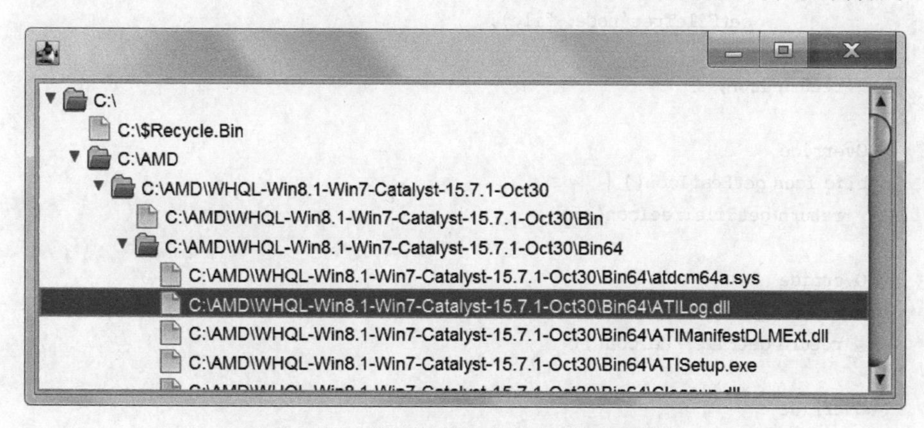

图 10.14　显示文件全名的文件浏览程序

先修改 10.3.3 节设计的 getFileTree()方法,添加两个参数"DefaultMutableTreeNode node, File dir",参数 node 赋值给 treeNodeRoot,将 dir.listFiles() 赋值给数组 File[] files,for 循环中用 File 对象创建树节点。这样可以使包含子文件夹或文件的目录和盘符前面显示 Handle(即箭头或加减号)。同时,注销该树组件节点选择事件监听器,避免重复添加节点。

接着编写自定义树绘制器类 FileTreeRenderer,扩展 DefaultTreeCellRenderer 类,覆盖有关方法,使例题的树组件分别对磁盘、文件夹和文件显示不同的图标。每个节点的用户对象是该节点所显示的 File 对象,并重写返回组件 JLabel 的 getText()方法,只在树节点上显示该文件的文件名。同时添加磁盘或目录的下级节点,以便显示 Handle。该类的代码如下。

```
class FileTreeRenderer extends DefaultTreeCellRenderer {
    File file ;
    DefaultMutableTreeNode node = null;
    @Override
    public Component getTreeCellRendererComponent(JTree tree, Object value,
                boolean sel, boolean expanded, boolean leaf, int row, boolean hasFocus) {
        node = (DefaultMutableTreeNode)value;
        file = (File)node.getUserObject();
```

```
        return super.getTreeCellRendererComponent(tree, value, sel, expanded, leaf,
                                                          row, hasFocus);
    }
    ImageIcon getFileTreeIcon() {
        ImageIcon icon = null;
        if(file.getPath().endsWith("\\")) {                 //磁盘
            icon = new ImageIcon("icons/disk.jpg");
            if(file.list()!= null && file.list().length > 0 && node.getChildCount() == 0)
                getFileTree(node, file);
        }else if(file.isFile()) {                           //普通文件
            icon = new ImageIcon("icons/file.jpg");
        } else if(file.isDirectory()) {                     //目录
            icon = new ImageIcon("icons/folder.jpg");
            if(file.list()!= null && file.list().length > 0 && node.getChildCount() == 0)
                getFileTree(node, file);
        }
        return icon;
    }
    @Override
    public Icon getLeafIcon() {
        return getFileTreeIcon();
    }
    @Override
    public Icon getClosedIcon() {
        return getFileTreeIcon();
    }
    @Override
    public Icon getOpenIcon() {
        return getFileTreeIcon();
    }
    @Override
    public String getText() {
        if(file!= null) {
            if(file.getPath().endsWith("\\")) {
                return file.getPath().substring(0, 2);
            }
            return file.getName();
        }
        return super.getText();
    }
}
```

其中,所用图标制作好并存放到项目目录下的 icons 文件夹中。

(4) 设置 cellRenderer 属性值为 new FileTreeRenderer()。

完成上述修改后再运行程序,界面已经符合要求(见图 10.15)。

例 10.2 改进前面在例 8.3 中所完成的项目 TextFileReader0.7,将拆分窗格左边采用通用的树形文件列表形式。

分析:利用上文例子所使用的技术,已经构造了一个可以较好地显示磁盘文件目录的树。只需使用这个树组件替换原项目中主界面上的列表组件即可。

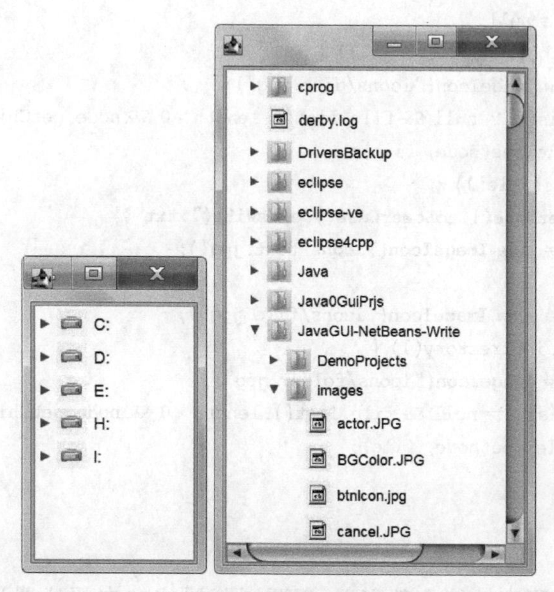

图 10.15　使用自定义绘制器的文件浏览程序

解：按照以下步骤设计。

(1) 通过复制项目 TextFileReader0.7 新建项目 TextFileReader0.8。双击新项目中的 MyFileReader.java 文件，打开 MyFileReader 窗体。

(2) 删除拆分窗格左边窗格的列表组件。在该窗格中创建一个树组件 jTree1。

(3) 单击选择树组件 jTree1，重复本节上述(1)～(4)操作步骤。

(4) 修改树组件选择事件监听器，使文本文件节点选取时读取并在右边窗格显示文件内容。由于在绘制树节点的类中已经添加了下级节点，删除为当前节点添加子节点的代码。修改后的事件监听方法代码如下。

```
private void jTree1ValueChanged(javax.swing.event.TreeSelectionEvent evt) {
    JTree thisTree = (JTree) evt.getSource();
    DefaultMutableTreeNode fileNode = (DefaultMutableTreeNode)
                                    thisTree.getLastSelectedPathComponent();
    if (fileNode != null) {
        File file = (File) fileNode.getUserObject();
        if(file.isFile()&&file.getName().toLowerCase().endsWith(".txt")) {
            newIFT(file.getAbsolutePath());
            jTextPaneText.setText("");
            new TextReaderWorker(file).execute();
        }
    }
}
```

(5) 扩充树绘制器，在自定义绘制器的工具方法 getFileTreeIcon()中增加对文本文件显示特定图标。扩充代码以黑体显示。为文本文件制作图标文件，并存放于项目的图标文件夹 icons 下。

```
ImageIcon getFileTreeIcon() {
```

```
        ImageIcon icon = null;
        if(file.getPath().endsWith("\\")) {
            icon = new ImageIcon("icons/disk.jpg");
            if(file.list()!= null && file.list().length > 0 && node.getChildCount() == 0)
                getFileTree(node, file);
        }else if(file.isFile()) {
            if(file.getName().toLowerCase().endsWith(".txt"))
                icon = new ImageIcon("icons/text.jpg");
            else
                icon = new ImageIcon("icons/file.jpg");
        } else if(file.isDirectory()) {
            icon = new ImageIcon("icons/folder.jpg");
            if(file.list()!= null && file.list().length > 0 && node.getChildCount() == 0)
                getFileTree(node, file);
        }
        return icon;
    }
```

完成上述步骤后，程序功能全部实现，资源浏览器式文本阅读器程序的开发基本完成。按照一般软件开发要求，进行测试(见图 10.16)。然后按照 2.7 节所述制作安装包，并进行部署。

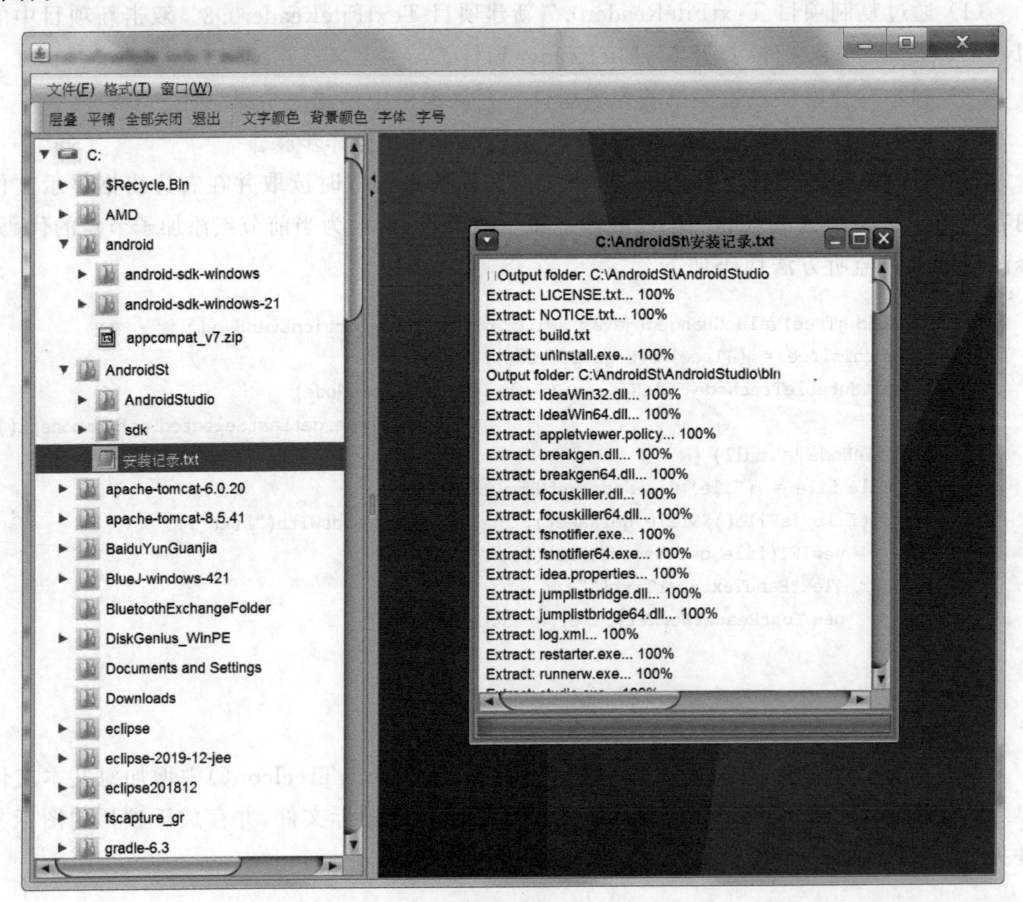

图 10.16　资源浏览器式文本阅读器运行界面

10.5 树的编辑

在程序运行过程中，可以对树的节点进行编辑，还可以增加和删除树的节点而动态地改变一棵树。

10.5.1 树节点内容的编辑

要编辑树的节点，首先需要设置该树组件的 editable 属性为 true(详见 10.1.2 节)。运行时，鼠标左键连续三次单击树的节点即可在该节点出现插入点，该节点的显示文本被选择，可以直接编辑。或者一次单击之后，暂停一会儿，再单击并延迟 1200ms 也可启动对树节点文本的编辑。不提供 TreeCellEditor 的情况下，使用默认的文本字段 TextField。但是，程序中可能需要提供其他的编辑器，例如复选框、组合框等，这就需要编写自己的 TreeCellEditor，并对树组件的 cellEditor 属性进行设置。在树组件的 Properties 窗口中单击 cellEditor 属性行右侧的"…"按钮，在该组件的 cellEditor 属性设置对话框中选择 Customize Code，发现该属性设置方法需要传递一个 TreeCellEditor 对象(见图 10.17)。

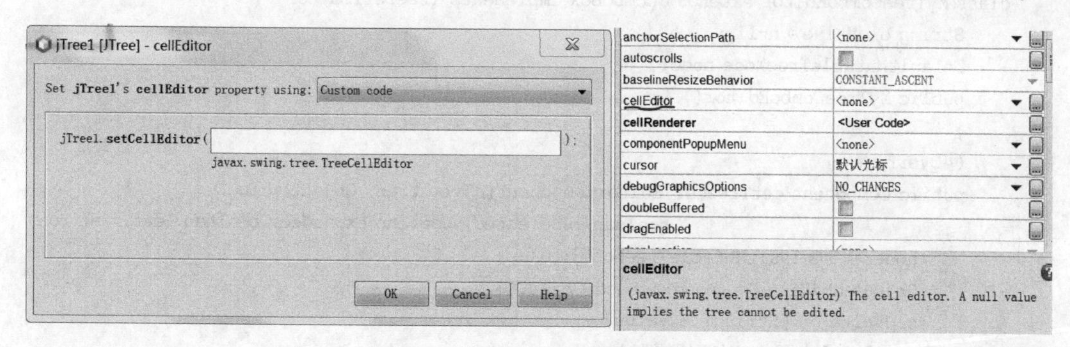

图 10.17 树节点编辑器的定制

javax.swing.tree.TreeCellEditor 是一个接口，它继承了 CellEditor 接口，与表格单元编辑器有一定的共性。该接口向 CellEditor 添加配置树中编辑器必需的扩展，其中只有下列方法。

```
Component getTreeCellEditorComponent(JTree tree, Object value, boolean isSelected,
                                     boolean expanded, boolean leaf, int row)
```

该方法设置编辑器的初始值。如果在该编辑器正在编辑时调用此方法，则将导致编辑器停止编辑，并丢失所有未编辑完的值。方法返回的是能够绘制和接收用户输入的组件。其中，参数 tree 是要请求编辑器进行编辑的 JTree，可以为 null；value 是要编辑的单元格的值；如果将呈现单元格并在选择时高亮显示，isSelected 参数值为 true；如果该节点被扩展，则 expanded 参数值为 true；如果该节点是叶子节点，则 leaf 参数值为 true；row 是正在编辑的节点的行索引。

DefaultCellEditor 类实现了 TreeCellEditor 接口，并提供了复选框、组合框和文本字段三种编辑器。可以使用该类为树节点提供编辑器，但是使用起来有些问题。Swing 还提供了另一个 TreeCellEditor 实现，即 DefaultTreeCellEditor。

DefaultTreeCellEditor 是个装饰者，它装饰 TreeCellEditor 的一个实现（通常是 DefaultCellEditor），并在内部保留了 DefaultTreeCellRenderer 的句柄，通过绘制器 Renderer 得到图标，返回一个包含图标和 TreeCellEditor 组件的容器，在编辑时也保留了图标。该类提供了以下两个构造方法。

(1) DefaultTreeCellEditor(JTree tree，DefaultTreeCellRenderer renderer)：使用指定的绘制器 renderer 和默认编辑器，为树组件 tree 构造一个 DefaultTreeCellEditor 对象。

(2) DefaultTreeCellEditor (JTree tree, DefaultTreeCellRenderer renderer, TreeCellEditor editor)：使用指定的绘制器 renderer 和指定的编辑器 editor，为 tree 构造一个 DefaultTreeCellEditor 对象。

可以提供一个根据 DefaultTreeCellRenderer 中的图标布局的 TreeCellEditor editor。如果不提供，将使用 TextField。

例如，对 10.1.1 节中创建的图 10.4 的树可以提供一个组合框编辑器。设计步骤如下。

(1) 首先设计一个 TreeCellEditor 接口的实现类，该类使用 JComboBox 为基类，为不同类型的节点提供相应的下拉列表选项。该类代码如下。

```
class MyTreeComboEditor extends JComboBox implements TreeCellEditor  {
    String oldValue = null ;
    DefaultMutableTreeNode node;
    public MyTreeComboEditor() {
    }
    @Override
    public Component getTreeCellEditorComponent(JTree tree, Object value,
                              boolean isSelected, boolean expanded, boolean leaf, int row) {
        node = (DefaultMutableTreeNode)value;
        Object objValue = node.getUserObject();
        oldValue = (String)objValue;
        if(oldValue.endsWith("级")) {
            Calendar date = Calendar.getInstance();
            this.removeAllItems();
            this.addItem(date.get(Calendar.YEAR) - 3 + "级");
            this.addItem(date.get(Calendar.YEAR) - 2 + "级");
            this.addItem(date.get(Calendar.YEAR) - 1 + "级");
            this.addItem(date.get(Calendar.YEAR) + "级");
            this.addItem(date.get(Calendar.YEAR) + 1 + "级");
        } else if(oldValue.endsWith("班")) {
            this.removeAllItems();
            this.addItem("1 班");
            this.addItem("2 班");
            this.addItem("3 班");
            this.addItem("4 班");
        } else if(node.isRoot()) {
            this.removeAllItems();
            this.addItem("信息工程学院");
        } else {
            this.removeAllItems();
            this.addItem("计算机科学与技术");
            this.addItem("软件工程");
```

```
            this.addItem("教育技术");
        }
        node.setUserObject(this.getSelectedItem());
        return this;
    }
    @Override
    public Object getCellEditorValue() {
        node.setUserObject(this.getSelectedItem());
        return this.getSelectedItem();
    }
    @Override
    public boolean isCellEditable(EventObject anEvent) {
        return true;
    }
    @Override
    public boolean shouldSelectCell(EventObject anEvent) {
        return true;
    }
    @Override
    public boolean stopCellEditing() {
        return true;
    }
    @Override
    public void cancelCellEditing() {
    }
    @Override
    public void addCellEditorListener(CellEditorListener l) {
    }
    @Override
    public void removeCellEditorListener(CellEditorListener l) {
    }
}
```

(2) 为该树组件设置 cellEditor 属性。在 Properties 窗口中单击 cellEditor 属性行右侧的"…"按钮,在该属性的 cellEditor 设置对话框中选择 Customize Code,在代码输入区输入:

```
new DefaultTreeCellEditor(jTree1, (DefaultTreeCellRenderer)jTree1.getCellRenderer(), new
MyTreeComboEditor())
```

此设置使用该树组件的默认绘制器,创建一个自定义的 TreeCellEditor 实现类的对象作为该树组件的编辑器。运行程序,三击节点,能够按照要求工作(见图 10.18)。

10.5.2 树的编辑

对树的各个节点可以在程序运行时进行动态改变,例如,前述文件浏览树就是根据用户展开的文件夹层次动态添加它的子节点的。此外,还可以动态地移动和删除节点。实际上,这些操作在 DefaultTreeModel 中已经提供了支持。其中下面两个方法分别进行节点的插入和删除操作,而节点移动可以采用先插入后删除的方法。

```
public void insertNodeInto(MutableTreeNode newChild,MutableTreeNode parent, int index)
```

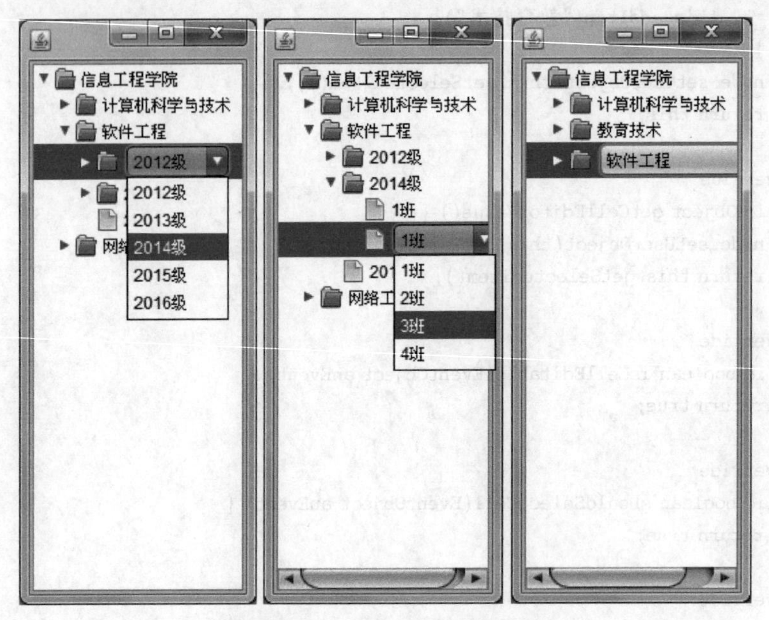

图 10.18　树节点的组合框编辑器

该方法在 parent 节点的 index 子节点处插入 newChild。然后，通知 nodesWereInserted 创建适当的事件。这是添加子节点的首选方法，因为它会创建适当的事件。

```
public void removeNodeFromParent(MutableTreeNode node)
```

该方法从其父节点中移除 node 节点，并通知 nodesWereRemoved 创建适当事件。这是移除节点的首选方法。

1. 移动节点

基本思路是侦测鼠标事件，确定节点移动的位置，确保合理移动。示例代码如下。

```
//按下鼠标键时获得被拖动的节点
public void mousePressed(MouseEvent e) {
    //如果需要唯一确定某个节点，必须通过 TreePath 来获取
    TreePath tp = jTree1.getPathForLocation(e.getX(), e.getY());
    if (tp != null) {
        movePath = tp;
    }
}
//鼠标松开时获得需要拖到哪个父节点
@Override
public void mouseReleased(MouseEvent e) {
    //根据鼠标松开时的 TreePath 来获取 TreePath
    TreePath tp = jTree1.getPathForLocation(e.getX(), e.getY());
    if (tp != null && movePath != null) {
        //阻止向子节点拖动
        if (movePath.isDescendant(tp) && movePath != tp) {
            JOptionPane.showMessageDialog(jf, "目标节点是被移动节点的子节点，
                                    无法移动!", "非法操作", JOptionPane.ERROR_MESSAGE);
        }
```

```
        //既不是向子节点移动,且鼠标按下、松开的不是同一个节点
        else if (movePath != tp) {
            //add()方法可以先将原节点从原父节点删除,再添加到新父节点中
            ((DefaultMutableTreeNode) tp.getLastPathComponent()).add(
                            (DefaultMutableTreeNode) movePath.getLastPathComponent());
            movePath = null;
            jTree1.updateUI();
        }
    }
}
```

2. 添加兄弟节点

先找到父节点,再找到新节点插入位置(索引),然后使用 insertNodeInto()方法插入。示例代码如下。

```
//获取选中节点
DefaultMutableTreeNode selectedNode =
                    (DefaultMutableTreeNode) jTree1.getLastSelectedPathComponent();
//如果节点为空,直接返回
if (selectedNode == null) {
    return;
}
DefaultMutableTreeNode parent;
parent = (DefaultMutableTreeNode) selectedNode.getParent();
//如果父节点为空,直接返回
if (parent == null) {
    return;
}
//创建一个新节点
DefaultMutableTreeNode newNode = new DefaultMutableTreeNode("新节点");
//获取选中节点的索引
int selectedIndex = parent.getIndex(selectedNode);
//在选中位置插入新节点
model.insertNodeInto(newNode, parent, selectedIndex + 1);
//--------下面代码实现显示新节点(自动展开父节点)-------
//获取从根节点到新节点的所有节点
TreeNode[] nodes = model.getPathToRoot(newNode);
//使用指定的节点数组来创建 TreePath
TreePath path = new TreePath(nodes);
//显示指定 TreePath
jTree1.scrollPathToVisible(path);
```

3. 添加子节点

只需将新节点插入到当前节点的子节点末尾即可。示例代码如下。

```
DefaultMutableTreeNode selectedNode;
selectedNode = (DefaultMutableTreeNode) jTree1.getLastSelectedPathComponent();
//如果节点为空,直接返回
if (selectedNode == null) {
    return;
}
```

```
//创建一个新节点
DefaultMutableTreeNode newNode = new DefaultMutableTreeNode("新节点");
//直接通过 model 来添加新节点,则无须通过调用 JTree 的 updateUI()方法
model.insertNodeInto(newNode, selectedNode, selectedNode.getChildCount());
//---------下面代码实现显示新节点(自动展开父节点)-------
TreeNode[] nodes = model.getPathToRoot(newNode);
TreePath path = new TreePath(nodes);
jTree1.scrollPathToVisible(path);
```

4. 删除节点

使用 removeNodeFromParent()方法删除，示例代码如下。

```
DefaultMutableTreeNode selectedNode =
                (DefaultMutableTreeNode) jTree1.getLastSelectedPathComponent();
if (selectedNode != null && selectedNode.getParent() != null) {
    //删除指定节点
    model.removeNodeFromParent(selectedNode);
}
```

使用以上技术可以对树进行动态修改，从而提供很大的灵活性。应用示例请参看 11.2.1 节班级设置程序的实现。

习　题

1. 使用树组件将你班同学的来源描绘出来。例如，根节点是国家，一级节点是省或直辖市，二级节点是地级市，三级节点是县，学生姓名是叶子节点。

2. 试将图 10.19 学生信息表转换为树形结构显示。要求以政治面貌为一级节点，性别为二级节点，籍贯的省份为三级节点，姓名为叶子节点；表格中的数据存放在以逗号分隔字段的文本文件中，每行为一个学生数据，也可以采用数据库存放。

学生信息表

编号	姓名	性别	出生年月	政治面貌	籍贯	所在公寓	入学成绩	平均成绩	名次	备注
001	马依鸣	男	Aug-81	党员	山东省日照市莒县	17#E103	628	125.5	1	
002	高英	女	Apr-82	党员	山东省滨州市无棣县	19#N713	621	124.2	2	
003	郭建华	男	Jan-81	团员	山西省阳泉市	17#E103	619	123.8	3	
004	张厚营	男	Jun-81	团员	河北省唐山市玉田县	17#E103	618	123.6	4	
005	周广冉	男	Sep-81	团员	山东省荷泽市郓城县	17#E103	616	123.2	5	
006	张琳	男	Mar-82	党员	山东省威海市环翠区	17#E103	611	122.2	6	
007	马刚	男	Jan-83	团员	甘肃省天水市成县	18#E605	609	121.8	7	
008	田清涛	男	Sep-80	团员	广东省东莞市	18#E605	603	120.6	8	
009	白景泉	男	Jun-82	团员	吉林省九台市	18#E605	601	120.2	9	
010	张以恒	男	Dec-82	团员	云南省大理市永平镇	18#E605	600	120.0	10	
011	荆艳霞	女	Feb-81	党员	山东省济宁市开发区	19#N713	598	119.6	11	
012	林丽娜	女	Feb-83	团员	山东省烟台市莱山区	19#N713	597	119.4	12	
013	刘丽	女	Feb-82	团员	河北省廊坊市	19#N713	593	118.6	13	
014	何孝艳	女	Jun-82	党员	浙江省嘉兴市	19#N713	589	117.8	14	
015	胡小灵	女	Jul-83	党员	江苏省杭州市	19#N713	589	117.8	15	
016	李春铃	女	Dec-82	团员	山东省日照市莒县	19#N713	587	117.4	16	
017	郑妤	女	Mar-82	团员	江西省南昌市	19#N713	586	117.2	17	

图 10.19　学生信息表(来自百度图片)

3. 试对习题 1 所设计的树组件扩展功能，当选择一个叶子节点时，从该节点的祖先节点获取该生的籍贯，并弹出对话框显示。

4. 试对习题 2 所设计的树组件中的性别节点分别显示男性和女性的头像图标。

5. 试对习题 1 所设计的树组件添加编辑功能，使用户能够编辑节点文字。进一步为各级节点提供适当的编辑器。

第11章 综合实例

前面章节陆续设计了简易学生成绩管理系统的部分界面和模块，目的在于介绍Swing GUI组件的可视化设计与应用。本章以此为基础设计一个基本完整的应用系统，介绍Java GUI应用程序的开发思路和实现方法，展示主要界面组件的应用，相关界面的衔接与跳转，实现模块功能的事件监听器的编写、项目中数据库的应用等。最后，对这些界面和模块进行组装，最终使它们构成一个基本完整的软件。

本章的完整代码请参看/StdScoreManager0.6/src/文件夹下的有关Java程序源文件。本书主要阐述Java GUI程序的设计，本示例项目的程序源码在book.stdscoreui包中。但是，Java程序对数据库的操作也十分重要，有关模块请参阅book.stdscore.data包中的程序。

11.1 功能模块的划分

按照一般简单学生成绩管理的流程，以及前面各章逐步设计的简易学生成绩管理系统模块，该系统大体可以分为用户登录和管理、系统管理、专业设置、课程设置、成绩管理等方面。用户共分为三种角色：管理员、教师和学生。不同角色对系统的功能具有不同的应用需求和使用权限，如学生仅能浏览和查询成绩，教师可以修改、浏览和查询所任课程和班级的学生成绩，管理员则进行专业、班级和课程的设置、对系统中用户进行管理。因此分别给这三类用户设计不同的工作界面并实现程序功能。

11.1.1 登录模块

用户登录模块是单一窗口界面，包括登录和修改密码两个子模块，前面完成的设计是从磁盘文件读取用户注册信息，但是现在用户数据存放在数据库中，需要修改。

11.1.2 学生模块

学生模块只提供该生本人成绩的浏览、查询和输出。由于功能较少，用工具栏给出命令接口。具体划分如下。

(1) 浏览成绩：以表格形式列出该生本人所有课程的成绩表，可以按课程类别和成绩排序。需要访问student、student_course和course数据库表。

(2) 按课程名查询：在输入对话框中输入课程名后，在表格中显示成绩。需要访问course和student_course数据库表。

(3) 按分数查询：输入查询的分数段后，在表格中显示出符合条件的课程成绩。

(4) 系统帮助：提供该系统的使用说明。已在前面完成了程序的设计，只需在工具栏给出用户接口即可。

11.1.3 教师模块

教师模块包含 5 个子模块，以工具栏方式给出命令接口。具体划分如下。

1. 成绩登录模块

界面左边采用例 10.1 所示的树形课程和班级列表（见图 10.8），右边显示在左边所选课程的成绩表格。在表格中输入和修改学生成绩。需要访问 teacher_course、department、department_ grade_class、student、student_course 和 course 数据库表。

2. 成绩查询

(1) 按班级浏览：与成绩登录界面相同，在左边树中单击该班级名称即可以看到该班所有学生成绩。

(2) 按分数查询：增加设置查询条件的界面，在表格中显示出符合条件的学生成绩。

(3) 按学生查询：弹出对话框输入学号，与学生模块的浏览成绩子模块相同。

3. 成绩统计

统计成绩基本指标。以树的形式提供对班级的选择，以表格形式显示统计数据。包括班级人数、及格人数、平均分、最高分和最低分等项目。

4. 成绩输出

输出以逗号（,）分隔字段的文本文件，可以用 Excel 等电子表格软件打开，以便进一步处理。

5. 系统帮助

提供该系统的使用说明。已在前面完成了程序的设计，只需在菜单中给出用户接口即可。

11.1.4 管理员模块

管理员模块功能较多，划分的子模块也比较多，需要使用工具栏和菜单两种方式给出命令接口。大多数模块都具有输入、修改和查询等操作。

1. 专业与班级设置

(1) 专业名称设置：输入、修改和浏览专业名称等，处理 department 数据库表中的记录。

(2) 专业的年级和班级设置：输入、修改和查询年级与班级等，处理 department_grade_class 数据库表中的记录。

2. 课程设置

输入、修改和查询各专业的课程。对 course 和 department_course 数据库表进行操作。

3. 用户注册

(1) 学生注册：注册学生信息，包括添加、修改、删除和查询操作。对 student 数据库表操作。把学生选课信息单独存储在 student_course 表中，且由管理员对班级整体安排课程和任课教师。添加子模块基本采用前面设计好的界面，增加工具栏，删除下部按钮。修改子模块首先用输入对话框获得需要修改记录的学号，修改界面与输入相同。删除子模块用输入对话框获得需要删除的学号,然后从数据库中直接删除。查询子模块提供以学号、姓名、专业、年级、班级等条件查询。

(2) 教师注册:注册教师信息,对 teacher 数据库表操作。程序界面、子模块划分和功能设计与学生注册模块基本相同。

4. 选课排课

(1) 管理员排课:由管理员以班为单位,将某个班的某门课程安排给具体教师。当选择了具体班级后在已选学生列表中列出该班所有学生,再由管理员把那些休学、免修等学生从已选学生列表移到未选学生列表。主要对数据库表 teacher_course 和 student_course 操作。

(2) 学生选课:给专业开设的课程表 department_course 增加开课学期或时间字段,还可以增设学分字段,界面中列出课程和开课教师列表,操作 student_course 和 teacher_course 表。

5. 账户管理

(1) 销户:把毕业的学生、调离的教师等账户信息从用户数据库表 users 中删除。此外,调离教师的信息应该从数据库表 teacher 和 teacher_course 中删除,毕业学生的信息保留一段时间后也需要从数据库表 student 和 student_course 中删除。

(2) 修改用户密码:一些用户忘记密码,为其重设密码。

(3) 系统备份与恢复:备份即导出数据库表的 SQL 语句,恢复则是执行备份时导出的 SQL 语句。

6. 系统帮助

提供该系统的使用说明。利用前面完成的设计,只需在菜单中给出用户接口即可。

在 9.1 节叙述了本系统数据库的设计,请读者按照表 9.1～表 9.9 自行完成数据库的创建。9.2 节叙述了实体类的创建思想和方法,请读者自行完成其余实体类及 DAO 类的设计。

11.2 管理员子系统设计与实现

本节根据 11.1 节的模块划分和功能设计,完成各模块的设计和编码工作。

11.2.1 专业设置模块

1. 专业名称的设置

该模块的界面如图 11.1 所示,主要设计步骤如下。

(1) 创建 JFrame 窗体 DepartmentManager,设置边框式布局。设置窗体的 defaultClose Operation 属性为 DISPOSE。

(2) 在窗体上部(North)创建工具栏,在工具栏上创建四个按钮,变量名和文字分别为(添加,jButtonAdd)、(修改,jButtonModify)、(删除,jButtonDelete)、(退出,jButtonQuit)。设置"删除"按钮的 enabled 属性为 false(未选取状态)。

(3) 在窗体中央区域(Center)创建列表组件,设置 model 属性为 loadListItems()。后者是一个为装载专业列表项设计的方法,从数据库中获取各专业名称,并加载到列表模型中。

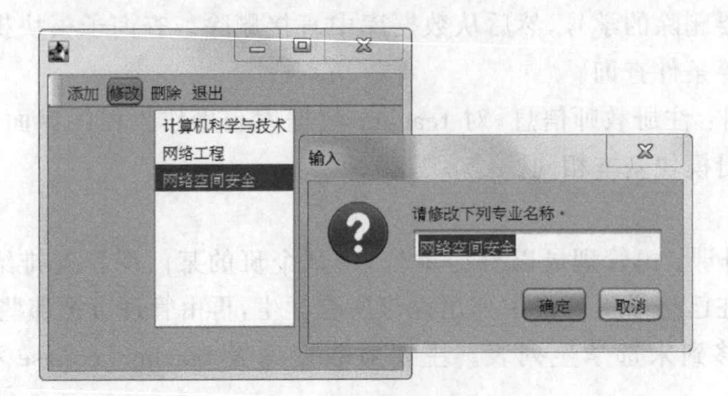

图 11.1　专业设置模块界面

```
DefaultListModel loadListItems() {
    Vector < Department > deptAll = DepartmentDAO.getDepartmentAll();
    DefaultListModel listModel = new DefaultListModel() ;
    listModel.addAll(deptAll);
    return listModel;
}
```

(4) 在窗体的左右两边(West、East)创建水平接合填充器，设置最小尺寸为[50, 0]，首选尺寸为[80, 0]；在窗体下部(South)创建垂直 Strut 组件，设置高度为 30px。

(5) 为"添加"按钮注册 ActionEvent 事件监听器，设计事件处理方法。

```
private void jButtonAddActionPerformed(java.awt.event.ActionEvent evt) {
    String deptName = JOptionPane.showInputDialog(rootPane,"输入要添加的专业名称");
    if (deptName != null && !"".equals(deptName)) {
        int deptId = DepartmentDAO.insertToDB(deptName);
        if (deptId > 0) ((DefaultListModel) jList1.getModel()).addElement(deptName);
    }
}
```

(6) 为"修改"按钮注册 ActionEvent 事件监听器，设计事件处理方法。

```
private void jButtonModifyActionPerformed(java.awt.event.ActionEvent evt) {
    int selIdx = jList1.getSelectedIndex();
    Department selItem = (Department) jList1.getSelectedValue();
    String selModi = JOptionPane.showInputDialog(rootPane, "请修改下列专业名称。",
                                                            selItem.getName());
    if (selModi != null && !selModi.equals("") && !selModi.equals(selItem.getName())) {
        selItem.setName(selModi);
        if (DepartmentDAO.updateToDB(selItem) > 0) {
            ((DefaultListModel) jList1.getModel()).set(selIdx, selModi);
        } else {
            JOptionPane.showMessageDialog(rootPane, "不能修改专业名!");
        }
    }
}
```

(7) 为"退出"按钮注册 ActionEvent 事件监听器，事件处理方法体中添加语句"this.dispose();"。

2. 班级设置

班级设置子模块的主要设计步骤如下。

(1) 创建 JFrame 窗体 GradeClassManager，设置窗体的 defaultCoseOperation 属性为 DISPOSE。

(2) 创建树组件显示各专业下的年级和班级。

(3) 创建弹出式菜单，作为各专业增加年级、各年级增加班级的入口。并将该菜单设置为树组件的 componentPopupMenu 属性。

(4) 在窗体右边创建一个文本区域，显示对程序使用方法的提示和指导。

(5) 在窗体上创建一个“退出”按钮，用于关闭该窗体。设计界面如图 11.2 所示。

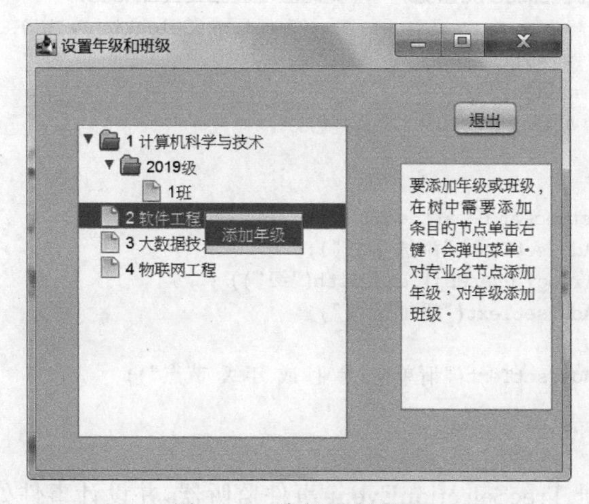

图 11.2 班级设置界面

(6) 设计方法 createTreeNodes()，创建树的各节点，代码如下。

```
DefaultMutableTreeNode createTreeNodes() {
    String root = "root";
    DefaultMutableTreeNode rootNode = new DefaultMutableTreeNode(root);
    DefaultMutableTreeNode deptNode;
    DefaultMutableTreeNode classNode;
    DefaultMutableTreeNode gradeNode;
    Vector< Short > gradeVector = null;
    Vector< Short > classVector = null;
    Vector< Department > deptVector = DepartmentDAO.getDepartmentAll();
    for(Department dept : deptVector) {
        deptNode = new DefaultMutableTreeNode(dept);
        rootNode.add(deptNode);
        gradeVector = DepartmentGradeClassDAO.getGradeFromDB(dept.getId());
        for(Short grade : gradeVector) {
            gradeNode = new DefaultMutableTreeNode(grade + "级");
            deptNode.add(gradeNode);
           classVector = DepartmentGradeClassDAO.getClassFromDB(dept.getId(), grade);
            for(Short class1 : classVector) {
                classNode = new DefaultMutableTreeNode(class1 + "班");
                gradeNode.add(classNode);
            }
    }
```

```
    }
    return rootNode;
}
```


（7）定制树的初始化代码，创建树的语句改为"定制创建"，添加实参后变为：

```
jTree1 = new javax.swing.JTree(createTreeNodes());
```

（8）设计方法 showMenu()，根据用户选择的不同节点修改弹出式菜单项的文字。代码如下。

```
void showMenu() {
    DefaultMutableTreeNode selNode = (DefaultMutableTreeNode)
                                jTree1.getSelectionPath().getLastPathComponent();
    Object userObj = null;
    if (selNode != null) {
        userObj = selNode.getUserObject();
    }

    if (userObj instanceof Department) {
        jMenuItemAdd.setText("添加年级");
    } else if (((String) userObj).endsWith("级")) {
        jMenuItemAdd.setText("添加班级");
    } else {
        jMenuItemAdd.setText("请单击 专业 或 年级 节点");
    }
}
```

（9）给树组件注册 TreeSelectionEvent 事件监听器，并设计事件处理方法，方法体中调用 showMenu()方法，根据用户选择的节点修改菜单项文字。

（10）给弹出式菜单项注册 ActionEvent 事件监听器，编写事件处理方法。根据用户选择的节点类型，弹出对话框要求输入要添加的年级或班级名，然后添加为当前节点的子节点，并在添加班级后将新数据保存到数据库。方法代码如下。

```
private void jMenuItemAddActionPerformed(java.awt.event.ActionEvent evt) {
    TreePath selPath = jTree1.getSelectionPath();
    Object[] nodes = selPath.getPath();
    if("添加年级".equals(jMenuItemAdd.getText())) {
      String newGrade = JOptionPane.showInputDialog("输入新年级名(如 2010 级):");
      addChildMyNode(newGrade);
      JOptionPane.showMessageDialog(rootPane, "必须给该年级添加班级才能保存",
                                    "请添加班级", JOptionPane.WARNING_MESSAGE);
    } else if("添加班级".equals(jMenuItemAdd.getText())) {
        String newClass = JOptionPane.showInputDialog("输入新班级名(如 3 班):");
        addChildMyNode(newClass);
        Department dept = (Department)((DefaultMutableTreeNode)nodes[1]).getUserObject();
        String grade = (String)((DefaultMutableTreeNode)nodes[2]).getUserObject();
        short gradeNum = Short.parseShort (grade.replaceAll("级", ""));
        short classNum = Short.parseShort (newClass.replaceAll("班", ""));
        int r = DepartmentGradeClassDAO.insertToDB(dept.getId(),gradeNum,classNum);
        if(r>0)
            JOptionPane.showMessageDialog(rootPane, "添加成功并已保存");
    }
}
```

(11) 按 10.5.2 节所介绍的方法，设计为当前节点添加新创建子节点的方法，代码如下。

```
void addChildMyNode(String nodeText) {
    DefaultTreeModel modelThis = (DefaultTreeModel) jTree1.getModel();
    DefaultMutableTreeNode selectedNode;
    selectedNode = (DefaultMutableTreeNode)
                                        jTree1.getLastSelectedPathComponent();
    //如果节点为空，直接返回
    if (selectedNode == null) {
     return;
    }
    //创建一个新节点
    DefaultMutableTreeNode newNode = new DefaultMutableTreeNode(nodeText);
    //直接通过 model 来添加新节点，则无需通过调用 JTree 的 updateUI 方法
    modelThis.insertNodeInto(newNode, selectedNode,
                                          selectedNode.getChildCount());
    //---------下面代码实现显示新节点(自动展开父节点)-------
    TreeNode[] nodes = modelThis.getPathToRoot(newNode);
    TreePath path = new TreePath(nodes);
    jTree1.scrollPathToVisible(path);
}
```

(12) 为"退出"按钮注册 ActionEvent 事件监听器，事件处理方法中关闭该窗口。

11.2.2 课程设置与管理模块

课程设置与管理模块主要是添加各个专业所开设的课程。课程数据库表 course 中课程名和类型的组合是一门不重复的课程。同时，为专业开设的课程表 department_course 添加一条记录。

主要设计步骤如下。

(1) 创建 JFrame 窗体 CourseManager，设置窗体的 defaultCoseOperation 属性为 DISPOSE。

(2) 在窗体中添加选择专业组合框，设置 model 属性值为定制代码 new DefaultComboBoxModel(DepartmentDAO.getDepartmentAll())。

(3) 在窗体中添加课程类型组合框。设置列表项为[公共基础课，专业基础课，专业选修课]。

(4) 为专业组合框和课程类型组合框注册 ItemEvent 事件监听器，设计事件处理方法，填充课程列表。为此，设计实用方法 setTheCourses()，为课程列表组件设置列表项。

```
ListModel setTheCourses() {
    jListCourse.removeAll();
    DefaultListModel crmodel = new DefaultListModel();
    Department dept = DepartmentDAO.getFromDB(jComboBoxDept.getSelectedItem().toString());
    ArrayList<Course> coursesList = DepartmentCourseDAO.getCoursesListFromDB(dept.getId());
    for (int i = 0; coursesList != null && i < coursesList.size(); i++) {
        if (coursesList.get(i) != null &&
        jComboBoxType.getSelectedItem().toString().equals(coursesList.get(i).getType())) {
            crmodel.addElement(coursesList.get(i).getName());
        }
    }
    jListCourse.setModel(crmodel);
```

```
    return jListCourse.getModel();
}
```


(5) 在窗体中添加课程列表 jListCourse,设置其 model 属性值为定制代码 setTheCourses()。并在窗体中添加"添加课程"按钮 jButtonAdd、"修改课程"按钮 jButtonModiCourse、"退出"按钮 jButtonQuit。

(6) 为"添加课程"按钮注册 ActionEvent 事件监听器,设计事件处理方法,当输入新的课程名并单击"添加课程"按钮时,将新课程添加到数据库的 COURSE 表和 DEPARTMENT_COURSE 表。

```
private void jButtonAddActionPerformed(java.awt.event.ActionEvent evt) {
    String name = jTextFieldName.getText();
    String type = jComboBoxType.getSelectedItem().toString();
    String dept = jComboBoxDept.getSelectedItem().toString();
    int deptID = DepartmentDAO.getFromDB(dept).getId();
    int courseID = CourseDAO.insertToDB(name, type);
    if(courseID > 0 && DepartmentCourseDAO.inertToDB(deptID,courseID)> 0) {
        ((DefaultListModel)(jListCourse.getModel())).addElement(name);
    }
}
```

其中,DepartmentCourseDAO 类的方法 inertToDB()实现将新课程添加到数据库表 DEPARTMENT_COURSE 的功能。

(7) 为"退出"按钮注册并设计 ActionEvent 事件监听器,单击时关闭窗口。

图 11.3 是该模块运行的界面。该模块的"修改课程"按钮需要单独在一个对话框中实现,界面与图 11.3 基本相同,但是"课程类型"组合框不需要注册事件监听器,并更新有关数据库表,具体实现此处省略。

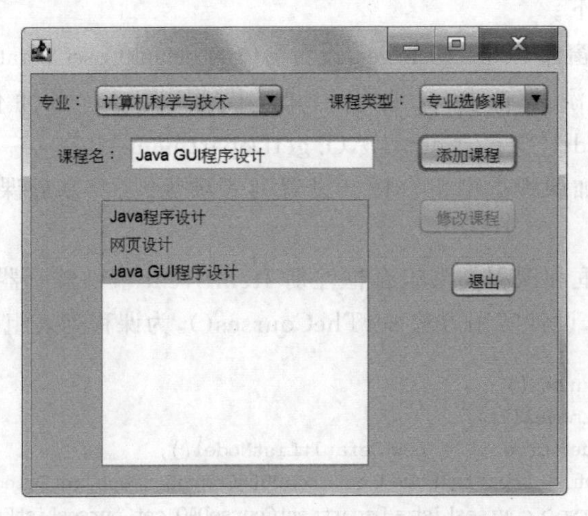

图 11.3 课程设置与管理模块的主界面

11.2.3 用户注册模块

前面已经完成了学生注册和教师注册的"添加"界面设计,但是还没有实现模块功能。其中,修改用户和添加用户注册信息的界面基本相同,程序实现也大同小异。删除子模块则比较简单,但在删除 student 表中记录的同时还要删除 student_course 表中该生所有记录。查询子模块则采用表格界面,工具栏中提供执行各种查询的工具按钮。为节省篇幅,此处仅给出添加用户的程序实现。

1. 学生注册

在完成例 6.1 之后,学生注册和教师注册的添加用户界面如图 6.6 所示。例 6.9 和例 6.10 已经实现了学生和教师照片上传功能。在此基础上继续开发。

(1) 打开 StdRegister 窗体,为“专业”组合框设置列表项。即设置 model 属性值为定制代码 new DefaultComboBoxModel(DepartmentDAO. getDepartmentAll())。

(2) 将年级和班级文本字段替换为组合框。“年级”组合框变量名为 jComboBoxGrade,model 属性值为定制代码 new DefaultComboBoxModel(DepartmentGradeClassDAO. getGradeFromDB(DepartmentDAO. getFromDB(jComboBoxDept. getSelectedItem(). toString()). getId()));“班级”组合框变量名为 jComboBoxClass,model 属性值为定制代码 new DefaultComboBoxModel(DepartmentGradeClassDAO. getClassFromDB(DepartmentDAO. getFromDB(jComboBoxDept. getSelectedItem(). toString()). getId(), Short. parseShort(jComboBoxGrade. getSelectedItem(). toString())))。当选择学生所在专业后重新填充这两个组合框中的列表项。

(3) 为“专业”组合框注册选择事件监听器,当用户选择专业后,为“年级”下拉列表框生成列表项。事件处理方法代码如下。

```
private void jComboBoxDeptItemStateChanged(java.awt.event.ItemEvent evt) {
    Department dept = DepartmentDAO.getFromDB(
                                    jComboBoxDept.getSelectedItem( ).toString());
    jComboBoxGrade.setModel(new DefaultComboBoxModel(
                                    DepartmentGradeClassDAO.getGradeFromDB(dept.getId())));
    if(jComboBoxGrade.getSelectedItem()!= null) {
        short grade = Short.parseShort(jComboBoxGrade.getSelectedItem().toString());
        jComboBoxClass.setModel(new DefaultComboBoxModel(
                                DepartmentGradeClassDAO.getClassFromDB(dept.getId(), grade)));
    }
}
```

(4) 为“年级”组合框生成选择事件监听器,当用户选择了专业和年级后生成班级列表项。事件处理方法代码如下。

```
private void jComboBoxGradeItemStateChanged(java.awt.event.ItemEvent evt) {
    Department dept = DepartmentDAO.getFromDB(
                                    jComboBoxDept.getSelectedItem( ).toString());
    if(jComboBoxGrade.getSelectedItem()!= null) {
        short grade = Short.parseShort(jComboBoxGrade.getSelectedItem().toString());
        jComboBoxClass.setModel(new DefaultComboBoxModel(
                                DepartmentGradeClassDAO.getClassFromDB(dept.getId(), grade)));
    }
}
```

(5) 为“保存”按钮注册 ActionEvent 事件监听器,设计事件处理方法。检查数据有效性之后,把该学生数据存入数据库。代码如下。

```
private void jButton1ActionPerformed(java.awt.event.ActionEvent evt) {
    String stdName = jTextFieldName.getText().trim();
    short deptid = DepartmentDAO.getFromDB(
                        jComboBoxDept.getSelectedItem().toString()).getId();
    short grade = Short.parseShort(jComboBoxGrade.getSelectedItem().toString());
    Short cClass = Short.parseShort(jComboBoxClass.getSelectedItem().toString());
    String stdPicImg = "pictures/std/" + stdNum + ".jpg";    //为加载照片修改
    String stdInterest = jTextArea1.getText();
    Student currStudent = new Student(stdNum, stdName, deptid, grade, cClass,
                                            stdPicImg, stdInterest);
    int r = StudentDAO.insertToDB(currStudent);
    Users user = new Users(currStudent.getId() + "","123", (short)0);
    if(r == -1)
      JOptionPane.showMessageDialog(rootPane, "该生注册失败,请反馈给管理员。");
    else if(r > 0)
      r += UsersDAO.insertDbUser(user);
    if(r >= 2)
      JOptionPane.showMessageDialog(rootPane, stdName +
                              "成功注册为学生账号。\n初始密码为 123 ,请及时修改。");
    else
      JOptionPane.showMessageDialog(rootPane, stdNum + "账号建立失败,请反馈给管理员。");
}
```

(6) 为“清除”按钮注册 ActionEvent 事件监听器，设计事件处理方法如下。

```
private void jButton2ActionPerformed(java.awt.event.ActionEvent evt) {
    jTextFieldID.setText("");
    jTextFieldName.setText("");
    jTextAreaInterest.setText("");
}
```

(7) 为“关闭”按钮注册并设计 ActionEvent 事件监听器，单击时关闭窗口。

完成上述设计步骤后运行该模块程序，满足设计要求(见图 11.4)。

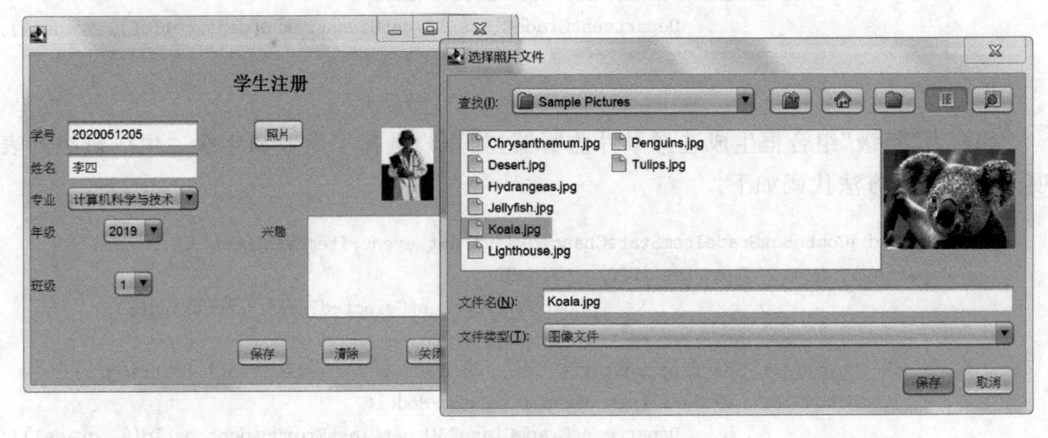

图 11.4　学生注册模块运行界面

2. 教师注册

教师注册基本采用前面设计的界面(见图 6.6 的右图)，工号和年龄输入修改为格式化字段，两个性别单选按钮设置在一个按钮组，其他组件大小和位置稍作调整。以专业为部门,但没有“年级”和“班级”组合框及相关处理代码。“保存”按钮事件监听器的实现与学生注册模块的实现基本相同,以下给出实现代码。

```
int id = Integer.parseInt(jFormattedTextFieldID.getText().trim());
String name = jTextFieldName.getText().trim();
String sex = jRadioButtonMale.isSelected() ? "男" : "女";
int age = Integer.parseInt(jFormattedTextFieldAge.getText().trim());
Department dept = DepartmentDAO.getFromDB(jComboBoxDept.getSelectedItem().toString());
String addr = jTextFieldAddr.getText().trim();
String intro = jTextAreaIntro.getText().trim();
String tchPicImg = "pictures/tch/" + id + ".jpg";
Teacher teacher = new Teacher(id, name, sex, (short) age, dept.getId(),addr,tchPicImg,intro);
int r = TeacherDAO.insertToDB(teacher);
Users user = new Users(teacher.getId() + "","456", (short)1);
//与学生注册界面的"保存"按钮提示基本相同
```

“清除”按钮事件处理方法也是清空各个输入框的文字。

此外,对学生注册和教师注册界面的“学号”和“工号”输入组件注册对失去焦点事件的监听,确保输入了内容。例如,“工号”输入组件的 FocusEvent 事件处理方法如下。

```
private void jFormattedTextFieldIDFocusLost(java.awt.event.FocusEvent evt) {
    String tchNum = this.jFormattedTextFieldID.getText();
    if(tchNum == null || tchNum.trim().equals("")){
        JOptionPane.showMessageDialog(rootPane, "工号不能为空!",
                tchNum + "工号为空", JOptionPane.ERROR_MESSAGE);
        jFormattedTextFieldID.requestFocus();
    } else if(TeacherDAO.getFromDB(Integer.parseInt(tchNum)) != null) {
        JOptionPane.showMessageDialog(rootPane, "该工号教师数据已经存在!",
                tchNum + "工号重复", JOptionPane.ERROR_MESSAGE);
        jFormattedTextFieldID.requestFocus();
    }
}
```

11.2.4 排课选课

按照班级排课涉及教师、课程、专业、年级和班级等对象,这些对象所涉及的数据库表有紧密联系和制约,且选择有一定的次序要求,程序较为复杂。本模块左边采用树结构,右边以表为主,运行界面见图 11.5。以下介绍主要开发步骤。

(1) 新建 JFrame 窗体,类名为 AssignCourses。采用边框式布局,设置大小和标题等属性。

(2) 在窗体中部创建拆分窗格。在左边窗格创建树组件,使用默认名。树模型的生成先复制 11.2.1 节“2. 班级设置”模块的步骤(6)设计的方法 createTreeNodes()代码,然后在最内层循环体内添加以下代码段。

```
for (String type : courseType) {
    typeNode = new DefaultMutableTreeNode(type);
    classNode.add(typeNode);
    coursesList = DepartmentCourseDAO.getCoursesListFromDB(dept.getId());
```

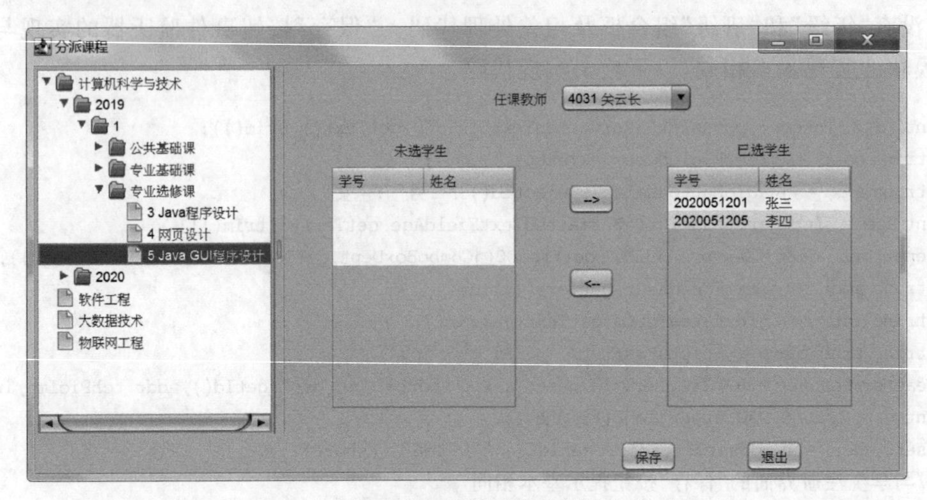

图 11.5　按照班级排课子模块的运行界面

```
        for (Course course : coursesList) {
            if (course.getType().equals(type)) {
                courseNode = new DefaultMutableTreeNode(course);
                typeNode.add(courseNode);
            }
        }
}
```

其中,courseType 是在循环外边定义的数组"String[] courseType = new String[] {"公共基础课", "专业基础课", "专业选修课"};"。将该方法作为参数传递给该树组件的创建语句。

(3) 在窗体的下部(南)创建面板 jPanel1。在右边窗格创建面板组件 jPanel2。采用自由设计布局。

(4) 在 jPanel1 面板上创建"保存"和"退出"按钮。变量名分别为 jButtonSave 和 jButtonExit。设置 jButtonSave 的 enabled 属性为 false。

(5) 在 jPanel2 上部创建组合框显示任课教师信息,变量名为 jComboBoxTeacher。在用户选择了课程之后,从数据库表 TEACHER 提供教师名为列表项。

(6) 在 jPanel2 左中部创建表 jTableUnselected 用于显示未选课学生,在右中部创建表 jTableSelected 用于显示选课学生。两表中间创建两个按钮,"-->"按钮用于将未选课学生添加到选课学生表中,"<--"按钮用于将选课学生添加到未选课学生表中。

(7) 为左窗格树组件注册 TreeSelectionEvent 事件监听器,编写事件处理方法。该方法根据用户选择的树路径显示所选班级的学生名单到选课学生表中。

```
private void jTree1ValueChanged(javax.swing.event.TreeSelectionEvent evt) {
    selStdmodel = new DefaultTableModel();
    unSelStdmodel = new DefaultTableModel();
    TreePath treePath = evt.getPath();
    Object[] elements = treePath.getPath();
    if (elements.length < 6) {
        return;
```

```
    }
    selStdmodel.addColumn("学号");
    selStdmodel.addColumn("姓名");
    unSelStdmodel.addColumn("学号");
    unSelStdmodel.addColumn("姓名");
    Department dept = (Department) ((DefaultMutableTreeNode)elements[1]).getUserObject();
    short grade = (Short) ((DefaultMutableTreeNode) elements[2]).getUserObject();
    short cClass = (Short) ((DefaultMutableTreeNode) elements[3]).getUserObject();
    Course course = (Course) ((DefaultMutableTreeNode) elements[5]).getUserObject();
    Vector<Student> stdList = StudentDAO.getFromDB(dept.getId(), grade, cClass);
    for (Student std : stdList) {
        selStdmodel.addRow(new String[]{std.getId() + "",std.getName()});
    }
    jTableSelected.setModel(selStdmodel);
    jTableUnselected.setModel(unSelStdmodel);
    jButtonSave.setEnabled(true);
}
```

(8) 为"<--"按钮注册 ActionEvent 事件监听器,编写事件处理方法。该方法将选课学生添加到未选课学生表中,并从选课学生表中删除这些学生。

```
private void jButtonRemoveActionPerformed(java.awt.event.ActionEvent evt) {
    DefaultTableModel restModel = new DefaultTableModel();
    restModel.addColumn("学号");
    restModel.addColumn("姓名");
    int sels[] = jTableSelected.getSelectedRows();
    boolean inc = false;
    for (int r = 0; r < selStdmodel.getRowCount(); r++) {
        inc = false;
        for (int i = 0; i < sels.length; i++) {
            if (r == sels[i]) {
                unSelStdmodel.addRow(new String[]{selStdmodel.getValueAt(sels[i],
                    0).toString(), selStdmodel.getValueAt(sels[i], 1).toString()});
                inc = true;
                break;
            }
        }
        if (!inc) {
            restModel.addRow(new String[]{selStdmodel.getValueAt(r, 0).toString(),
                selStdmodel.getValueAt(r, 1).toString()});
        }
    }
    selStdmodel = restModel;
    jTableSelected.setModel(selStdmodel);
    jButtonSave.setEnabled(true);
}
```

(9) 为"-->"按钮注册 ActionEvent 事件监听器,编写事件处理方法。该方法将未选课学生添加到选课学生表中,并从未选课学生表中删除这些学生。

```
private void jButtonAddActionPerformed(java.awt.event.ActionEvent evt) {
```

```
    DefaultTableModel restModel = new DefaultTableModel();
    restModel.addColumn("学号");
    restModel.addColumn("姓名");
    int sels[] = jTableUnselected.getSelectedRows();
    boolean inc = false;
    for (int r = 0; r < unSelStdmodel.getRowCount(); r++) {
        inc = false;
        for (int i = 0; i < sels.length; i++) {
            if (r == sels[i]) {
                selStdmodel.addRow(new String[]{unSelStdmodel.getValueAt(sels[i],
                    0).toString(), unSelStdmodel.getValueAt(sels[i], 1).toString()});
                inc = true;
                break;
            }
        }
        if (!inc) {
            restModel.addRow(new String[]{unSelStdmodel.getValueAt(r, 0).toString(),
                unSelStdmodel.getValueAt(r, 1).toString()});
        }
    }
    unSelStdmodel = restModel;
    jTableUnselected.setModel(unSelStdmodel);
    jButtonSave.setEnabled(true);
}
```

(10) 为“保存”按钮注册 ActionEvent 事件监听器，编写事件处理方法。该方法保存学生选课和教师排课信息到数据库表中。

```
private void jButtonSaveActionPerformed(java.awt.event.ActionEvent evt) {
    if ((unSelStdmodel == null && selStdmodel == null)
        || (unSelStdmodel.getRowCount() == 0 && selStdmodel.getRowCount() == 0)) {
        return;
    }
    TreePath treePath = jTree1.getSelectionPath();
    Object[] elements = treePath.getPath();
    if (elements.length < 6) {
        return;
    }
    Department dept = (Department) ((DefaultMutableTreeNode) elements[1]).getUserObject();
    short grade = (Short) ((DefaultMutableTreeNode) elements[2]).getUserObject();
    short cClass = (Short) ((DefaultMutableTreeNode) elements[3]).getUserObject();
    Course course = (Course) ((DefaultMutableTreeNode) elements[5]).getUserObject();
    for (int i = 0; i < selStdmodel.getRowCount(); i++) { //学生选课数据保存
        StudentCourseDAO.inertIntoDB(Integer.parseInt(selStdmodel.getValueAt(i,
                                            0).toString()), course.getId());
    }
    for (int i = 0; i < unSelStdmodel.getRowCount(); i++) { //退出学生选课数据保存
        StudentCourseDAO.deleteFromDD(Integer.parseInt(
                        unSelStdmodel.getValueAt(i, 0).toString()), course.getId());
    }
    //保存教师排课数据
```

```
        String tidStr = jComboBoxTeacher.getSelectedItem().toString();
        String[] tid = tidStr.split(" ");
        int tchID = Integer.parseInt(tid[0]);
        TeacherCourseDAO.insertIntoDB(dept.getId(), course.getId(), tchID, grade, cClass);
        jButtonSave.setEnabled(false);
    }
```

(11) 为"退出"按钮注册 ActionEvent 事件监听器,编写事件处理方法。该方法提供用户最后保存数据的机会,并关闭窗口。

```
private void jButtonExitActionPerformed(java.awt.event.ActionEvent evt) {
    if (jButtonSave.isEnabled() {
        int showConfirmDialog = JOptionPane.showConfirmDialog(rootPane,
                "有排课数据,需要保存并退出吗?", "保存退出",
                                                JOptionPane.YES_NO_CANCEL_OPTION);
        if (showConfirmDialog == JOptionPane.YES_OPTION) {
            jButtonSaveActionPerformed(evt);
            this.dispose();
        } else if (showConfirmDialog == JOptionPane.NO_OPTION) {
            this.dispose();
        }
    } else {
        this.dispose();
    }
}
```

11.2.5 账户管理

在为学生和教师注册时已经产生了他们的登录账户,账户名是学号或工号,各类账户初始密码都相同。学生或教师首先需要修改密码,已经在登录界面给出接口。修改密码界面如图 11.6 所示。主要设计步骤如下。

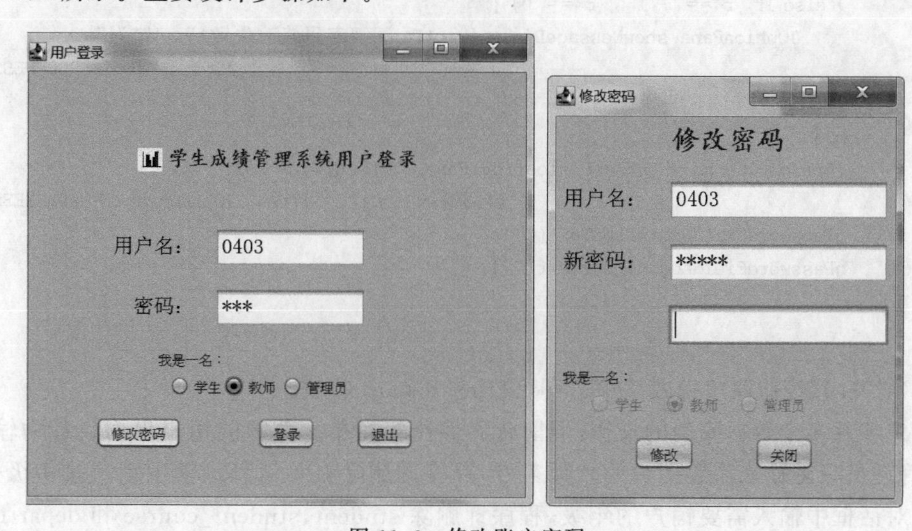

图 11.6 修改账户密码

(1) 为 ModifyPassword 类添加字段变量"private Users user1;"。

(2) 为 ModifyPassword 类添加有一个 Users 类型参数的构造方法，代码如下。

```
public ModifyPassword(Users user) {
    this.user1 = user;
    initComponents();
    this.jTextFieldUserName.setEditable(false);
    this.jTextFieldUserName.setText(user.getName());
    this.jRadioButtonStd.setEnabled(false);
    this.jRadioButtonTch.setEnabled(false);
    this.jRadioButtonAdmin.setEnabled(false);
    if (user.getJob() == 0) {
        this.jRadioButtonStd.setSelected(true);
    } else if (user.getJob() == 1) {
        this.jRadioButtonTch.setSelected(true);
    } else if (user.getJob() == 2) {
        this.jRadioButtonAdmin.setSelected(true);
    }
}
```

(3) 为"修改"按钮注册 ActionEvent 事件监听器，事件处理方法代码如下。

```
private void jButtonOKActionPerformed(java.awt.event.ActionEvent evt) {
    String pass1 = new String(this.jPasswordFieldLogin.getPassword());
    String pass2 = new String(this.jPasswordFieldLogin1.getPassword());
    if (pass1 != null && pass2 != null && pass1.trim().equals(pass2.trim())) {
        user1.setPassword(pass1.trim());
        jButtonClose.setEnabled(true);
        jButtonOK.setEnabled(false);
        int r = UsersDAO.updateDbUser(user1);
        if (r == 1) {
            JOptionPane.showMessageDialog(rootPane, "密码修改成功!");
        } else if (r == -1 || r == 0) {
            JOptionPane.showMessageDialog(rootPane, "密码修改失败!", "错误",
                                                        JOptionPane.ERROR_MESSAGE);
        }
    } else {
        JOptionPane.showMessageDialog(rootPane, "前后密码不一致," +
                                    "请再输入一次!", "错误", JOptionPane.ERROR_MESSAGE);
        jPasswordFieldLogin.setText("");
        jPasswordFieldLogin1.setText("");
    }
}
```

(4) "关闭"按钮简单销毁该窗口即可(this.dispose();)。

销户涉及多个数据库表的操作，但前台界面比较简单。教师的销户界面设计为输入对话框，管理员只需输入需要销户的教师工号，程序即删除有关信息。学生销户按年级处理，只需在对话框中输入需要销户的年级，程序即删除 student、student_course 和 department_grade_class 表中指定年级各班级及其学生的记录。系统备份和恢复界面及程序处理都比较简单，对该模块的设计和实现不再细述。

11.2.6　管理员子系统主控模块

管理员子系统主控模块将前面已经设计的管理员子系统各模块以菜单和工具栏两种接口提供给用户，程序实现比较简单。用户界面设计见图 11.7，由于使用可视化组件设计工具，界面设计也比较容易。设计步骤如下。

1. 工具栏的设计

在工具栏中添加“专业设置”“班级设置”“课程设置”“学生注册”“教师注册”“编排课程”“密码重置”和“帮助”工具按钮。每个工具按钮都是创建对应窗体对象，然后显示窗体。通过为各工具按钮设计和注册选择事件监听器实现。例如，为“专业设置”工具按钮注册 ActionEvent 事件监听器，事件处理方法如下。

```
private void jButton3ActionPerformed(java.awt.event.ActionEvent evt) {
    new DepartmentManager().setVisible(true);
}
```

其他工具按钮事件处理与此相同，即先创建窗体对象，然后显示窗体。

2. 菜单系统的设计

设计如图 11.7 所示的菜单系统。其中，“系统设置”菜单下有“初始化”“专业设置”“班级设置”“课程设置”和“退出”菜单项，“用户管理”菜单下有“学生注册”“教师注册”和“密码重置”菜单项，“排课”菜单下有“编排课程”和“学生选课”菜单项，“帮助”菜单下有“使用帮助”和“关于”菜单项。为每个菜单项设计和注册选择事件监听器，创建对应窗体对象，并打开窗体。其中，“学生选课”模块没有实现，只是给出菜单项及界面。

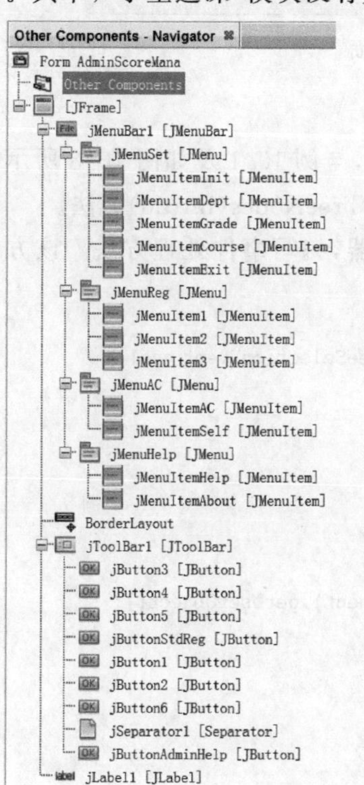

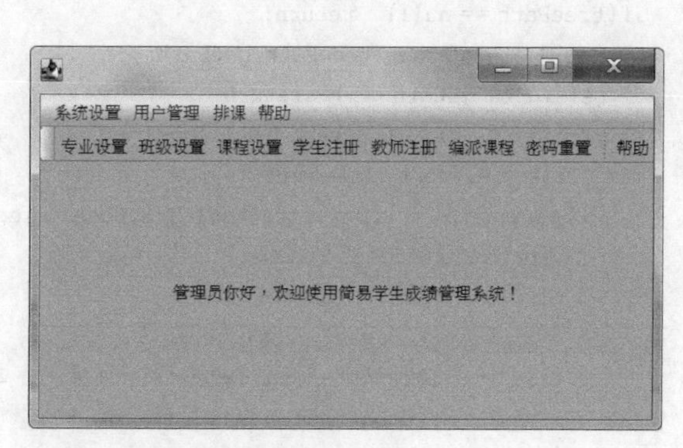

图 11.7　管理员子系统主控界面设计

每个菜单项的事件处理与对应工具按钮相同。

11.3 教师子系统设计与实现

教师子系统包括 5 个功能模块，主要使用了表格和树组件。本部分主要程序设计工作是树的构建及相关事件处理。

11.3.1 成绩登录

成绩登录模块设计主要使用树和表格组件，重点在树结构的创建、表格模型中数据的获取、成绩的保存与修改更新等。主要设计步骤如下。

(1) 创建窗体 TchMana，设计如图 11.8 所示的用户界面。其中，左边是一棵树，把不同课程的选课学生按照专业和班级等层次结构组织起来。右边用一个表格显示左边所选班级的学生成绩表。界面设计步骤不再叙述。

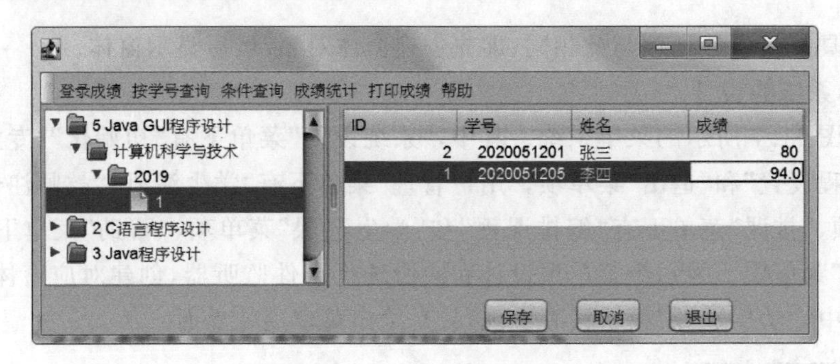

图 11.8 成绩登录界面

(2) 成绩归属树设计。

student 表包含 departmentID、grade 和 class 字段，与例 10.1 及如图 10.8 所示的成绩表结构一致，直接使用 10.2.1 节例 10.1 设计的 createTreeNodes(int tid)方法。

(3) 为树组件注册 TreeSelectionEvent 事件监听器，编写事件处理方法。该方法根据所选班级设置右边成绩表格中的数据。

```
private void jTree1ValueChanged(javax.swing.event.TreeSelectionEvent evt) {
    TreePath treePath = jTree1.getSelectionPath();
    if(treePath == null)  return;
    Object[] elements = treePath.getPath();
    if (elements.length < 5)  return;
    short cid = 0, did = 0, grade = 0, class1 = 0;
    for (Object element : elements) {
        Object data = ((DefaultMutableTreeNode) element).getUserObject();
        if (data instanceof Teacher) {
        } else if (data instanceof Course) {
            cid = ((Course) data).getId();
        } else if (data instanceof Department) {
            did = ((Department) data).getId();
        } else if (Integer.parseInt(data.toString()) > 2000) {
```

```java
                grade = Short.parseShort(data.toString());
            } else {
                class1 = Short.parseShort(data.toString());
            }
        }
        Vector<Student> stdList = StudentDAO.getFromDB(did, grade, class1);
        StudentCourse sc = null ;
        stdScoreArray = new Vector();
        for(Student std : stdList) {
            sc = StudentCourseDAO.getFromDB(std.getId(), cid);
            stdScoreArray.add(new Object[]{sc.getId(),sc.getStudentid(), std.getName(),
                                                                        sc.getScore()});
        }
        Object[][] dataObj = new Object[stdScoreArray.size()][4];
        for (int i = 0; i < dataObj.length; i++)
            dataObj[i] = (Object[]) stdScoreArray.get(i);
        String colsName[] = new String[]{"ID", "学号", "姓名", "成绩"};
        final DefaultTableModel tableData = new DefaultTableModel(dataObj, colsName) {
            Class[] types = new Class[]{java.lang.Long.class, java.lang.Long.class,
                                         java.lang.String.class, java.lang.Float.class};
            boolean[] canEdit = new boolean[]{false, false, false, true};
            @Override
            public Class getColumnClass(int columnIndex) {
                return types[columnIndex];
            }

            @Override
            public boolean isCellEditable(int rowIndex, int columnIndex) {
                return canEdit[columnIndex];
            }
        };
        tableData.addTableModelListener(new TableModelListener() {
            @Override
            public void tableChanged(TableModelEvent e) {
                //处理数据更改
                Object[] crow = new Object[]{tableData.getValueAt(e.getFirstRow(), 0),
                                 tableData.getValueAt(e.getFirstRow(), e.getColumn())};
                changedScore.add(crow);
                jButtonSave.setEnabled(true);
                jButtonCancel.setEnabled(true);
            }
        });
        jTable1.setModel(tableData);
    }
```

(4) 为"保存"按钮注册 ActionEvent 事件监听器，编写事件处理方法。该方法将教师输入和修改的成绩存入数据库表中。

```java
private void jButtonSaveActionPerformed(java.awt.event.ActionEvent evt) {
    if (changedScore.size() == 0) return;
    int r = 0 ;
```

```
    for (int i = 0; i < changedScore.size(); i++) {
        Object[] row = (Object[]) changedScore.get(i);
        r += StudentCourseDAO.updateScoreDB((Integer) row[0],(Float) row[1]);
    }
    jButtonSave.setEnabled(false);
    jButtonCancel.setEnabled(false);
    jTable1.setEnabled(false);
    changedScore.clear();
}
```

(5) 为“取消”按钮注册 ActionEvent 事件监听器，编写事件处理方法。该方法重新加载成绩数据，取消对表中成绩数据的修改。

```
private void jButtonCancelActionPerformed(java.awt.event.ActionEvent evt) {
    jTree1.setModel(new DefaultTreeModel(createTreeNodes(Integer.parseInt(user.getName()))));
    jTree1.doLayout();
    changedScore.clear();
    jButtonCancel.setEnabled(false);
    jButtonSave.setEnabled(false);
    jTable1.setModel(new DefaultTableModel());
    jTable1.doLayout();
}
```

(6) 为“退出”按钮注册 ActionEvent 事件监听器，编写事件处理方法。该方法提示数据修改，允许用户保存数据或放弃修改的数据，还可以取消退出动作。

```
private void jButtonExitActionPerformed(java.awt.event.ActionEvent evt) {
    if(changedScore.size()> 0) {
        int showConfirmDialog = JOptionPane.showConfirmDialog(rootPane,
                                    "修改了成绩,需要保存并退出吗?", "保存退出",
                                    JOptionPane.YES_NO_CANCEL_OPTION);
        if(showConfirmDialog == JOptionPane.YES_OPTION) {
            jButtonSaveActionPerformed(evt);
            System.exit(0);
        } else if(showConfirmDialog == JOptionPane.NO_OPTION) {
            System.exit(0);
        }
    } else {
        System.exit(0);
    }
}
```

11.3.2 成绩查询

实现三种成绩查询方式：按班级浏览、查询选定班级指定分数段的学生及查询指定学生的成绩。

查询主界面与如图 11.8 所示的成绩登录界面基本相同。按班级浏览模块关闭编辑表格成绩列的功能，可以设置表格的 enabled 属性为 false 实现，注销“保存”和“退出”按钮保存数据的事件处理。查询选定班级指定分数段的学生则弹出一个对话框，允许设置查询条件，查询结果在主界面的表格中显示。查询指定学生的成绩模块则显示对话框供输入学生学号，然后查询结果显示在表格中。

1. 按学号查询

该模块通过为主界面的“按学号查询”工具按钮注册 ActionEvent 事件监听器，编写事件处理方法。首先弹出对话框输入学号，然后将查询结果显示在表格中(见图 11.9)。

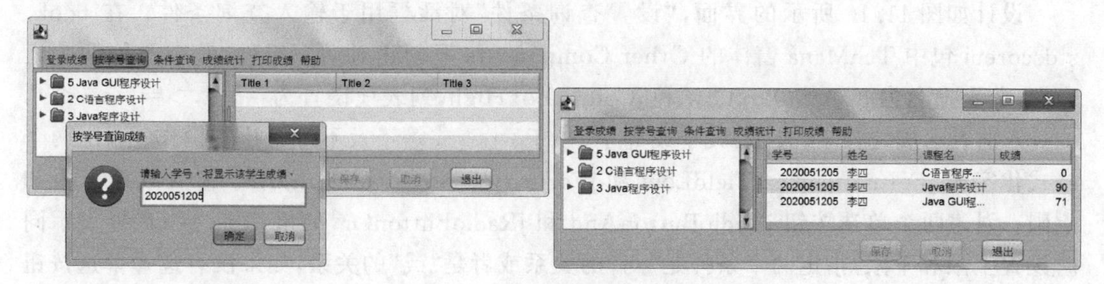

图 11.9 按姓名查询运行界面

该方法代码如下。

```
private void jButtonIDActionPerformed(java.awt.event.ActionEvent evt)
    String inputID = JOptionPane.showInputDialog(rootPane, "请输入学号，
        将显示该学生成绩。", "按学号查询成绩", JOptionPane.QUESTION_MESSAGE);
    if (inputID == null) {
        return;
    }
    int studentId = Integer.parseInt(inputID);
    Vector stds = StudentCourseDAO.queryScoreById(studentId);
    Object[][] dataObj = new Object[stds.size()][4];
    for (int i = 0; i < dataObj.length; i++) {
        dataObj[i] = (Object[]) stds.get(i);
    }
    String colsName[] = new String[]{"学号", "姓名", "课程名", "成绩"};
    final DefaultTableModel tableData = new DefaultTableModel(dataObj, colsName) {
        Class[] types = new Class[]{
            java.lang.Long.class, java.lang.String.class, java.lang.String.class,
                                                                 java.lang.Float.class
        };
        boolean[] canEdit = new boolean[]{
            false, false, false, false
        };
        @Override
        public Class getColumnClass(int columnIndex) {
            return types[columnIndex];
        }
        @Override
        public boolean isCellEditable(int rowIndex, int columnIndex) {
            return canEdit[columnIndex];
        }
    };
    jTable1.setModel(tableData);
    jTable1.setEnabled(true);
    jTable1.setAutoCreateRowSorter(true);
}
```

2. 指定分数段查询

以下介绍按分数查询模块设计和实现步骤。

(1) 查询界面设计。

设计如图 11.10 所示的界面，“设置查询条件”对话框用于输入查询条件。在 book.stdscoreui 包中 TchMana 窗体的 Other Components 下创建对话框组件，其中添加两个组合框，分别命名为 jComboBoxLow 和 jComboBoxHigh，列表项设置为=，>，>=，<，<=，<>，分别表示成绩等于、大于、大于或等于、小于、小于或等于及不等于比较操作；添加两个格式化字段 jFormattedTextFieldLow 和 jFormattedTextFieldHigh，用于输入成绩下限和上限；创建两个单选按钮 jRadioButtonAnd 和 jRadioButtonOr，如果其中之一选择表示同时设置上限和下限，指定两个条件是“与”的关系或者是“或”的关系，如果没有选择单选按钮则按照第一个条件查询。单击“确定”按钮 jButtonOK 将提交查询条件，单击“清除”按钮 jButtonClear 清除以前所设查询条件，单击“关闭”按钮 jButtonQX 则取消本次查询动作。

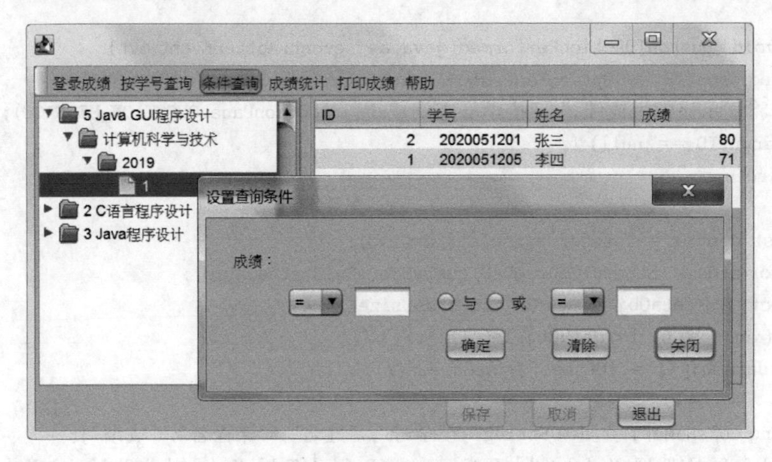

图 11.10 指定分数段查询的运行界面

(2) 为单选按钮 jRadioButtonAnd 和 jRadioButtonOr 注册 ActionEvent 事件监听器，编写事件处理方法。该方法确保同一时段最多只能选择其中之一。

```
private void jRadioButtonAndActionPerformed(java.awt.event.ActionEvent evt) {
    if(jRadioButtonAnd.isSelected() && jRadioButtonOr.isSelected())
        jRadioButtonOr.setSelected(false);
}
private void jRadioButtonOrActionPerformed(java.awt.event.ActionEvent evt) {
    if(jRadioButtonOr.isSelected() && jRadioButtonAnd.isSelected())
        jRadioButtonAnd.setSelected(false);
}
```

(3) 为“确定”按钮注册 ActionEvent 事件监听器，编写事件处理方法。

首先检查和处理输入条件，确保输入合法数值，且将下限及其比较符作为第一条件。之后针对“与”及“或”的选择组合查询条件。代码如下。

```
private void jButtonOKActionPerformed(java.awt.event.ActionEvent evt) {
    Object[][] dataObj;
    float condi1 = -1;
```

```
float condi2 = -1;
String opr1 = null;
String opr2 = null;
//检查输入条件,确保输入合法数值,且将下限及其比较符作为第一条件
try {
    if (jFormattedTextFieldLow.getText() != null
            && !"".equals(jFormattedTextFieldLow.getText())) {
        condi1 = Float.parseFloat(jFormattedTextFieldLow.getText());
    }
    if (jFormattedTextFieldHigh.getText() != null
                    && !"".equals(jFormattedTextFieldHigh.getText())) {
        condi2 = Float.parseFloat(jFormattedTextFieldHigh.getText());
    }
} catch (NumberFormatException e1) {
    JOptionPane.showMessageDialog(rootPane,
                                    "必须在该比较符旁边的文本框中输入一个数值。",
                                    "必须输入数值", JOptionPane.ERROR_MESSAGE);
    return;
}
opr1 = jComboBoxLow.getSelectedItem().toString();
opr2 = jComboBoxHigh.getSelectedItem().toString();
if (condi1 != -1 || condi2 != -1) {
    if ((jRadioButtonAnd.isSelected()||jRadioButtonOr.isSelected()) && condi1 > condi2) {
        float tmp = condi1;
        condi1 = condi2;
        condi2 = tmp;
        String str = opr1;
        opr1 = opr2;
        opr2 = str;
    }
}
//本班全体学生数据已在 stdScoreArray 中,按照上述条件提取
TreePath treePath = jTree1.getSelectionPath();
Object[] elements = treePath.getPath();
if (elements.length < 5) {
    JOptionPane.showMessageDialog(rootPane, "必须选择班级才能查询。",
                                    "数据不够", JOptionPane.ERROR_MESSAGE);
    return;
}
int courseId = -1;
Vector stds = new Vector();
String sqlCondi;
int stdID;
for (Object element : elements) {
    Object data = ((DefaultMutableTreeNode) element).getUserObject();
    if (data instanceof Course) {
        courseId = ((Course) data).getId();
        break;
    }
}
if (condi1 != -1 && condi2 != -1 && jRadioButtonAnd.isSelected()) {
```

```
        sqlCondi = " and STUDENT_COURSE.SCORE" + opr1 + condi1 +
                        " and STUDENT_COURSE.SCORE" + opr2 + condi2;
    } else if (condi1 != -1 && condi2 != -1 && jRadioButtonOr.isSelected()) {
        sqlCondi = " and (STUDENT_COURSE.SCORE" + opr1 + condi1 +
                        " or STUDENT_COURSE.SCORE" + opr2 + condi2 + ")";
    } else {
        sqlCondi = " and STUDENT_COURSE.SCORE" + opr1 + condi1;
    }
    for (int i = 0; i < stdScoreArray.size(); i++) {
        stdID = (int) ((Object[]) stdScoreArray.get(i))[1];
        StudentCourseDAO.queryScoreByCondi(stdID, courseId, sqlCondi, stds);
    }
    dataObj = new Object[stds.size()][4];
    for (int i = 0; i < dataObj.length; i++) {
        dataObj[i] = (Object[]) stds.get(i);
    }
    String colsName[] = new String[]{"学号", "姓名", "课程名", "成绩"};
    DefaultTableModel tableData = new DefaultTableModel(dataObj, colsName) {
        Class[] types = new Class[]{
            java.lang.Long.class, java.lang.String.class, java.lang.String.class,
                                                        java.lang.Float.class
        };
        boolean[] canEdit = new boolean[]{
            false, false, false, false
        };
        @Override
        public Class getColumnClass(int columnIndex) {
            return types[columnIndex];
        }
        @Override
        public boolean isCellEditable(int rowIndex, int columnIndex) {
            return canEdit[columnIndex];
        }
    };
    jTable1.setModel(tableData);
    jTable1.setEnabled(true);
    jTable1.setAutoCreateRowSorter(true);
    jDialog1.setVisible(false);
}
```

（4）为“清除”按钮注册 ActionEvent 事件监听器，设计事件处理方法。

```
private void jButtonClearActionPerformed(java.awt.event.ActionEvent evt) {
    jFormattedTextFieldLow.setText("");
    jFormattedTextFieldHigh.setText("");
    jRadioButtonAnd.setSelected(false);
    jRadioButtonOr.setSelected(false);
}
```

11.3.3 成绩统计

成绩统计采用如图 11.11 所示界面，统计选定班级成绩的人数、平均分、最高分、最低分和及格人数。统计数据利用数据库的查询获得，程序逻辑较为简单。

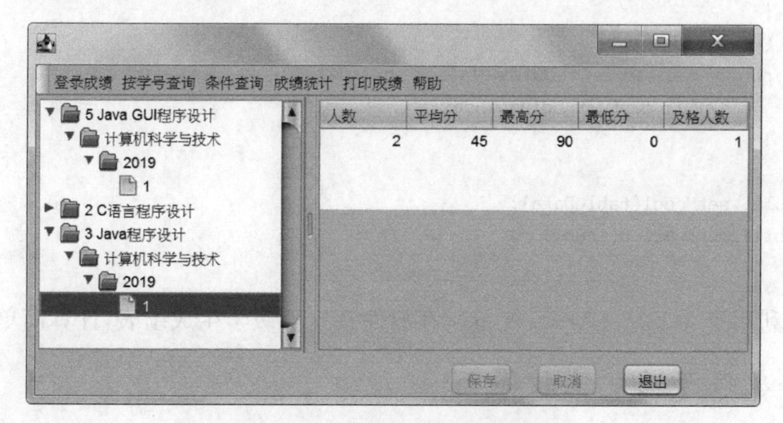

图 11.11　成绩统计数据表格界面

“成绩统计”工具按钮的 ActionEvent 事件处理方法如下。

```
private void jButtonStatActionPerformed(java.awt.event.ActionEvent evt) {
    int sumPeaple = 0;                                  //人数
    float sumScore = 0.0F;                              //分数合计
    float max = -1.0F;                                  //最高分
    float min = 1000F;                                  //最低分
    int abovePeaple = 0;                                //及格人数
    float cj ;
    for(int i=0;i<stdScoreArray.size();i++) {
        cj = (Float)((Object[])stdScoreArray.get(i))[3];
        sumScore += cj ;
        if(cj<min)
            min = cj ;
        if(cj>max)
            max = cj ;
        if(cj>=60)
          abovePeaple++;
        sumPeaple++;
    }
    Object[][] dataObj;
    Object[] r = new Object[]{sumPeaple, sumScore/sumPeaple, max, min, abovePeaple} ;
    dataObj = new Object[1][5];
    dataObj[0] = r;
    String colsName[] = new String[]{"人数", "平均分", "最高分", "最低分","及格人数"};
    DefaultTableModel tableData = new DefaultTableModel(dataObj, colsName) {
        Class[] types = new Class[]{
            java.lang.Integer.class, java.lang.Float.class, java.lang.Float.class,
                                        java.lang.Float.class, java.lang.Integer.class
        };
        boolean[] canEdit = new boolean[]{
            false, false, false, false,false
        };
        @Override
        public Class getColumnClass(int columnIndex) {
```

```
                return types[columnIndex];
            }
            @Override
            public boolean isCellEditable(int rowIndex, int columnIndex) {
                return canEdit[columnIndex];
            }
        };
        jTable1.setModel(tableData);
        jTable1.setEnabled(true);
    }
```

该方法利用了 stdScoreArray 变量所存放的选定班级学生成绩表，计算简单。

11.3.4 教师子系统主控界面

“打印成绩”工具按钮事件处理十分简单，直接调用 jTable1 组件的 print()方法即可。“帮助”工具按钮则与管理员主界面中的相同，在该按钮 ActionEvent 事件处理方法中创建 MyFileReader 类对象，设置它的显示属性为 true 即可。

教师子系统主控模块与前面各功能模块使用同一界面，用工具栏作为接口（见图 11.11）。

11.4 学生子系统的设计与实现

学生子系统的操作较为单一，使用一个界面完成交互。设计如图 11.12 所示的界面。

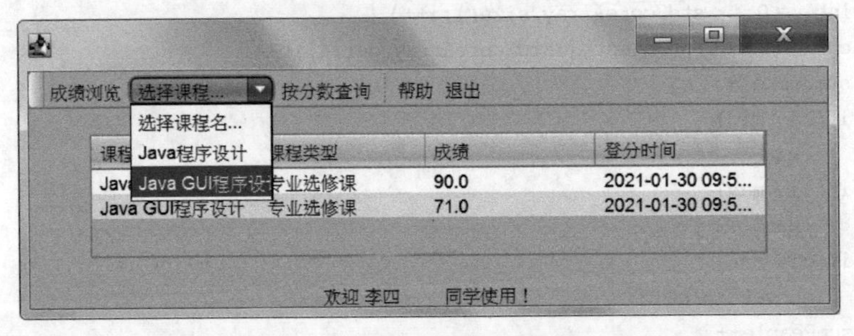

图 11.12　学生子系统的按分数查找运行界面

登录学生的课程成绩信息存放在一个 ArrayList 实例变量 stdList 中，并在构造方法中初始化，代码如下。

```
public StdScoreMana(UserBean user) {
    this.user = user ;
    initComponents();
    stdID = Integer.parseInt(user.getName()) ;
    stdList = new ArrayList();
    loadIT("");
    loadComboCourse();
}
```

其中，loadIT()方法将数据装入课程成绩列表和表模型中。该方法调用 StudentCourseDAO 类的 getStdCourseFromDB (stdID，condi)方法，从数据库中查询学号为 stdID，查询条件为

condi 的课程记录,返回一个 ArrayList。

```
void loadIT(String sql) {
    stdList.clear();
    DefaultTableModel tm = new DefaultTableModel();
    String[] colsName = new String [] {"课程名", "课程类型", "成绩", "登分时间"};
    tm.setColumnIdentifiers(colsName);
    Object[] rowObj;
    stdList = StudentCourseDAO.getStdCourseFromDB(stdID, condi);
    tm.setDataVector((Object[][])stdList.toArray(new Object[stdList.size()][4]),colsName);
    jLabel1.setText("欢迎 " + StudentDAO.getFromDB(stdID).getName().trim() +" 同学使用!");
    jTable1.setModel(tm);
}
```

方法 loadComboCourse()装载并初始化选择课程组合框列表项。

```
void loadComboCourse() {
    jComboBoxCourse.removeAllItems();
    jComboBoxCourse.addItem("选择课程名…");
    for(int i = 0;i < stdList.size();i++) {
        jComboBoxCourse.addItem(((Object[])stdList.get(i))[0].toString());
    }
}
```

为按课程查询组合框注册 ItemEvent 事件监听器,设计事件处理方法如下。

```
private void jComboBoxCourseItemStateChanged(java.awt.event.ItemEvent evt) {
    loadIT("");
    String selCourse = jComboBoxCourse.getSelectedItem().toString() ;
    Object[] rowObj = null ;
    if(!"选择课程名…".equals(selCourse)) {
        for(int i = 0;i < stdList.size();i++) {
            if(selCourse.trim().equals(((Object[])stdList.get(i))[0].toString().trim())) {
                rowObj = (Object[])stdList.get(i) ;
                break;
            }
        }
    }
    DefaultTableModel tm = new DefaultTableModel();
    String[] colsName = new String [] {"课程名", "课程类型", "成绩", "登分时间"};
    tm.setColumnIdentifiers(colsName);
    tm.addRow(rowObj);
    jTable1.setModel(tm);
}
```

为"按分数查询"工具按钮设计一个对话框用于显示设置查询条件,界面与教师模块的对应功能界面相同(见图 11.13)。为该对话框的"确定"按钮注册 ActionEvent 事件监听器,设计事件处理方法如下。

```
private void jButtonOKActionPerformed(java.awt.event.ActionEvent evt) {
    loadIT("");
    float condi1 = -1, condi2 = -1;
```

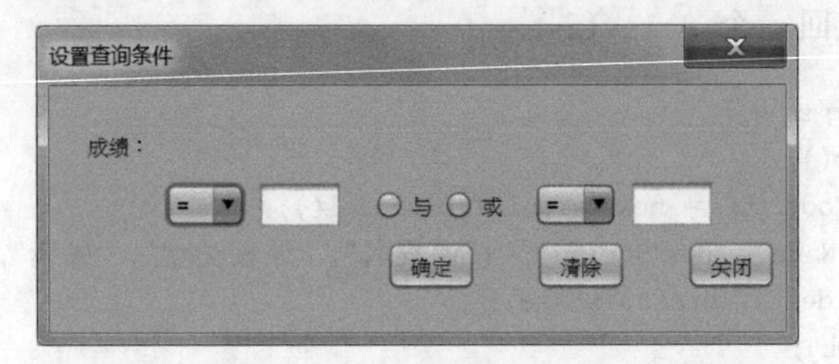

图 11.13　按分数查询“设置查询条件”对话框

```
    String opr1 = null, opr2 = null;
    //检查输入条件,确保输入合法数值,且将下限及其比较符作为第一条件
    try {
        if (jFormattedTextFieldLow.getText() != null
            && !"".equals(jFormattedTextFieldLow.getText())) {
            condi1 = Float.parseFloat(jFormattedTextFieldLow.getText());
        }
        if (jFormattedTextFieldHigh.getText() != null
                                    && !"".equals(jFormattedTextFieldHigh.getText())) {
            condi2 = Float.parseFloat(jFormattedTextFieldHigh.getText());
        }
    } catch (NumberFormatException e1) {
        JOptionPane.showMessageDialog(rootPane,
                                    "必须在该比较符旁边的文本框中输入一个数值。",
                                            "必须输入数值", JOptionPane.ERROR_MESSAGE);
        return;
    }
    opr1 = jComboBoxLow.getSelectedItem().toString();
    opr2 = jComboBoxHigh.getSelectedItem().toString();
    if (condi1 != -1 || condi2 != -1) {
        if ((jRadioButtonAnd.isSelected() || jRadioButtonOr.isSelected()) &&
                                                            condi1 > condi2) {
            float tmp = condi1;
            condi1 = condi2;
            condi2 = tmp;
            String str = opr1;
            opr1 = opr2;
            opr2 = str;
        }
    }
    String sqlComp ;
    if (condi1 != -1 && condi2 != -1 && jRadioButtonAnd.isSelected()) {
        sqlComp = sql + " and STUDENT_COURSE.SCORE" + opr1 + condi1 +
                                        " and STUDENT_COURSE.SCORE" + opr2 + condi2;
    } else if (condi1 != -1 && condi2 != -1 && jRadioButtonOr.isSelected()) {
        sqlComp = sql + " and (STUDENT_COURSE.SCORE" + opr1 + condi1 +
                                    " or STUDENT_COURSE.SCORE" + opr2 + condi2 + ")";
    } else {
        sqlComp = sql + " and STUDENT_COURSE.SCORE" + opr1 + condi1;
    }
    loadIT(sqlComp);
}
```

“关闭”与“清除”按钮与教师模块的处理方法相同。

主界面的“帮助”和“退出”工具按钮设计与教师模块的相同。

11.5 系统部署

Java GUI 软件交付给用户后要脱离开发环境(NetBeans IDE)运行，因此需要制作分发包，最后将分发包安装到用户计算机上，并应用到生产环境。

11.5.1 在 Java GUI 程序中启动和关闭 Derby 数据库服务器

在 Java GUI 软件的启动模块，即 UserLogin 类中调用 Derby 的 Network Server API 启动 Derby 数据库服务器。设计步骤如下。

(1) 为该类添加字段变量“private static NetworkServerControl server = null;”。

(2) 编写 startDerbyServer()方法启动 Derby 数据库服务器。对新安装的系统，调用 book.stdscore.data.SysInit 类的 rebuild()方法创建并初始化数据库。该方法代码如下。

```
static void startDerbyServer() {
    try {
        server = new NetworkServerControl(InetAddress.getByName("localhost"),1527);
        server.start(null);
        if (! new File("scoremanege").exists())  SysInit.rebuild();
    } catch (UnknownHostException ex) {
        Logger.getLogger(UserLogin.class.getName()).log(Level.SEVERE, null, ex);
    } catch (Exception ex) {
        Logger.getLogger(UserLogin.class.getName()).log(Level.SEVERE, null, ex);
    }
}
```

(3) 在构造方法的第一个语句处调用该方法。

(4) 在“退出”按钮事件处理方法中关闭 Derby 数据库服务器。该语句块如下。

```
try {
    server.shutdown();
} catch (Exception ex) {
    Logger.getLogger(UserLogin.class.getName()).log(Level.SEVERE, null, ex);
}
```

(5) 为 UserLogin 窗体注册 WindowClosing 事件监听器，在其事件处理方法中关闭 Derby 数据库服务器。

此外，在 AdminScoreMana、StdScoreMana、TchMana 类中分别添加字段变量“private static NetworkServerControl server = null;”，在它们的构造方法中首行添加语句“server=UserLogin.getServer();”。还要在这 3 个窗体的“退出”按钮和菜单项的事件处理方法中添加步骤(4)给出的语句块。

11.5.2 程序分发包

至此，本书开发的演示性实例项目简易学生成绩管理系统主要模块全部开发完成，按照

2.7.3 节所述准备程序分发包。本项目使用使用了 Java 15 新增的语法，需要使用 JDK 15 及以上版本。示例项目使用 JDK 15.0.1，构建生成\StdScoreManager0.6\dist\StdScoreManager0.6.jar 文件，包含项目 src 目录下的所有内容，如系统使用帮助文件 helpPages 和程序使用的图标文件 images 等。dist 目录下的 lib 子目录中还包含本项目使用的 Derby 数据库 JDBC 驱动程序，创建数据库表实体类时加载的库等(见图 11.14)。此外，还需要在 dist 目录下创建学生和教师注册时上传的图像存放目录 pictures 及其子目录 std 和 tch。

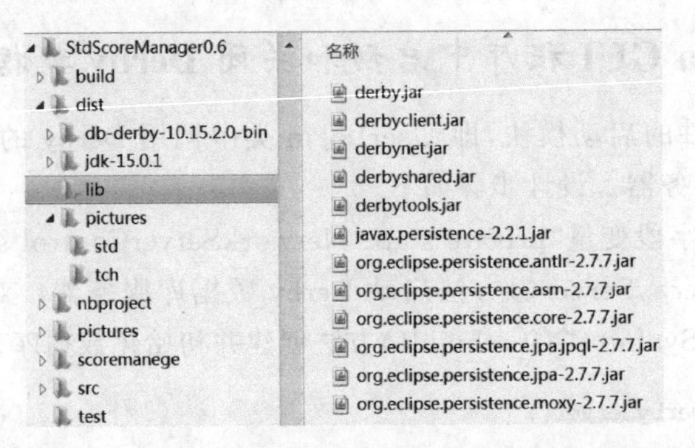

图 11.14　示例项目 StdScoreManager0.6 的分发目录

在 dist 文件夹中编写批处理文件 runstdscore.bat，内容是：

```
Start  .\jdk-15.0.1\bin\javaw  -jar  StdScoreManager0.6.jar
```

将 dist 文件夹压缩生成 StdScoreManager.zip 文件，分发给用户。

在用户计算机上解压缩分发文件 StdScoreManager.zip，运行 runstdscore.bat 批命令启动程序，进行试运行。首次运行会在 dist 目录下创建数据库和表，系统中只有 admin 用户，需要在管理员子系统中进行专业、课程、班级设置，注册教师和学生，编排课程，之后才能进入教师和学生子系统。试运行没有问题则可投入业务运行。

图 书 资 源 支 持

感谢您一直以来对清华版图书的支持和爱护。为了配合本书的使用，本书提供配套的资源，有需求的读者请扫描下方的“书圈”微信公众号二维码，在图书专区下载，也可以拨打电话或发送电子邮件咨询。

如果您在使用本书的过程中遇到了什么问题，或者有相关图书出版计划，也请您发邮件告诉我们，以便我们更好地为您服务。

我们的联系方式：

地　　址：北京市海淀区双清路学研大厦 A 座 714

邮　　编：100084

电　　话：010-83470236　010-83470237

客服邮箱：2301891038@qq.com

QQ：2301891038（请写明您的单位和姓名）

资源下载：关注公众号“书圈”下载配套资源。

资源下载、样书申请

书圈

获取最新书目

观看课程直播